元素名と元素記号

原子番号	元素名	元素記号	原子番号	元素名	元素記号
1	水素（hydrogen）	H	60	ネオジム（neodymium）	Nd
2	ヘリウム（helium）	He	61	プロメチウム（promethium）	Pm
3	リチウム（lithium）	Li	62	サマリウム（samarium）	Sm
4	ベリリウム（beryllium）	Be	63	ユウロピウム（europium）	Eu
5	ホウ素（boron）	B	64	ガドリニウム（gadolinium）	Gd
6	炭素（carbon）	C	65	テルビウム（terbium）	Tb
7	窒素（nitrogen）	N	66	ジスプロシウム（dysprosium）	Dy
8	酸素（oxygen）	O	67	ホルミウム（holmium）	Ho
9	フッ素（fluorine）	F	68	エルビウム（erbium）	Er
10	ネオン（neon）	Ne	69	ツリウム（thulium）	Tm
11	ナトリウム（sodium）	Na	70	イッテルビウム（ytterbium）	Yb
12	マグネシウム（magnesium）	Mg	71	ルテチウム（lutetium）	Lu
13	アルミニウム（aluminium, aluminum）	Al	72	ハフニウム（hafnium）	Hf
14	ケイ素（silicon）	Si	73	タンタル（tantalum）	Ta
15	リン（phosphorus）	P	74	タングステン（tungsten）	W
16	硫黄（sulfur）	S	75	レニウム（rhenium）	Re
17	塩素（chlorine）	Cl	76	オスミウム（osmium）	Os
18	アルゴン（argon）	Ar	77	イリジウム（iridium）	Ir
19	カリウム（potassium）	K	78	白金（platinum）	Pt
20	カルシウム（calcium）	Ca	79	金（gold）	Au
21	スカンジウム（scandium）	Sc	80	水銀（mercury）	Hg
22	チタン（titanium）	Ti	81	タリウム（thallium）	Tl
23	バナジウム（vanadium）	V	82	鉛（lead）	Pb
24	クロム（chromium）	Cr	83	ビスマス（bismuth）	Bi
25	マンガン（manganese）	Mn	84	ポロニウム（polonium）	Po
26	鉄（iron）	Fe	85	アスタチン（astatine）	At
27	コバルト（cobalt）	Co	86	ラドン（radon）	Rn
28	ニッケル（nickel）	Ni	87	フランシウム（francium）	Fr
29	銅（copper）	Cu	88	ラジウム（radium）	Ra
30	亜鉛（zinc）	Zn	89	アクチニウム（actinium）	Ac
31	ガリウム（gallium）	Ga	90	トリウム（thorium）	Th
32	ゲルマニウム（germanium）	Ge	91	プロトアクチニウム（protactinium）	Pa
33	ヒ素（arsenic）	As	92	ウラン（uranium）	U
34	セレン（selenium）	Se	93	ネプツニウム（neptunium）	Np
35	臭素（bromine）	Br	94	プルトニウム（plutonium）	Pu
36	クリプトン（krypton）	Kr	95	アメリシウム（americium）	Am
37	ルビジウム（rubidium）	Rb	96	キュリウム（curium）	Cm
38	ストロンチウム（strontium）	Sr	97	バークリウム（berkelium）	Bk
39	イットリウム（yttrium）	Y	98	カリホルニウム（californium）	Cf
40	ジルコニウム（zirconium）	Zr	99	アインスタイニウム（einsteinium）	Es
41	ニオブ（niobium）	Nb	100	フェルミウム（fermium）	Fm
42	モリブデン（molybdenum）	Mo	101	メンデレビウム（mendelevium）	Md
43	テクネチウム（technetium）	Tc	102	ノーベリウム（nobelium）	No
44	ルテニウム（ruthenium）	Ru	103	ローレンシウム（lawrencium）	Lr
45	ロジウム（rhodium）	Rh	104	ラザホージウム（rutherfordium）	Rf
46	パラジウム（palladium）	Pd	105	ドブニウム（dubnium）	Db
47	銀（silver）	Ag	106	シーボーギウム（seaborgium）	Sg
48	カドミウム（cadmium）	Cd	107	ボーリウム（bohrium）	Bh
49	インジウム（indium）	In	108	ハッシウム（hassium）	Hs
50	スズ（tin）	Sn	109	マイトネリウム（meitnerium）	Mt
51	アンチモン（antimony）	Sb	110	ダームスタチウム（darmstadtium）	Ds
52	テルル（tellurium）	Te	111	レントゲニウム（roentgenium）	Rg
53	ヨウ素（iodine）	I	112	コペルニシウム（copernicium）	Cn
54	キセノン（xenon）	Xe	113	ニホニウム（nihonium）	Nh
55	セシウム（caesium, cesium）	Cs	114	フレロビウム（flerovium）	Fl
56	バリウム（barium）	Ba	115	モスコビウム（moscovium）	Mc
57	ランタン（lanthanum）	La	116	リバモリウム（livermorium）	Lv
58	セリウム（cerium）	Ce	117	テネシン（tennessine）	Ts
59	プラセオジム（praseodymium）	Pr	118	オガネソン（oganesson）	Og

Fundamental Polymer Chemistry

基本高分子化学

柴田充弘

三共出版

はじめに

　本書は，大学の理工系学部で有機化学や物理化学の基礎を学んだ後に，初めて高分子化学を学ぼうとする学生のための教科書あるいは参考書として執筆したものである。高分子化学に関する教科書や参考書は数多く出版されており，高分子合成化学あるいは高分子物性に関する内容をまとめたもの，両方の内容を含んだもの，高分子化学全般に加えて高分子材料まで含めてまとめたものなど様々である。他の高分子化学に関する教科書と比較して，普遍的に重要な項目の内容については大きく変わるものではないが，特に以下の五つの点に特色を出すように心掛けた。

　まず，高分子化学の内容のうち「高分子鎖の形と大きさ」と「高分子溶液の性質」に関しては，統計論や数学の公式を用いて重要な式を導くことが多いが，式の誘導が意外と複雑であることが多く，筆者の学生時代の経験として分からないまま次に進んでしまい結局中途半端な理解しか得られない場合も多かった。そこで本書では，使用した数学の公式や数式の導出はなるべく省略することなく記載するようにした。また，それ以外の内容についても，あえて記載した内容については基礎的なことも含めて省略することなく説明するようにした。

　二つ目は，大学で授業を熱心に聞いてくれている学生たちのうち，将来，高分子化学のある専門分野の学者になる人は一握りで，大部分は企業や公的な研究機関で直接的あるいは間接的に高分子に係わる人達であろうと思われるので，将来多くの人が間接的にでも関連する知識を必要とする可能性の高い項目に絞って記載することにした。また，大学の教育課程の多様化やセメスター制への移行から，高分子科学全般に係わる講義時間数も圧縮される傾向にある。高分子化学においてよく使用する電子顕微鏡観察，原子間力顕微鏡などの表面分析法，赤外分光法や核磁気共鳴吸収などのスペクトル法などに関する内容，導電性高分子，イオン伝導性高分子，圧電性・焦電性高分子などに関する内容，天然高分子のうちDNAやRNAなど核酸塩基に関する内容は，それぞれ，機器分析学，高分子材料，生物化学の講義でより詳しく学ぶと思われるので，中途半端に記載することはやめてあえて省略することにした。

　三つ目は，昨今，太陽光，風力，水力，地熱などの自然エネルギーや再生可能資源の有効利用が非常に重要になっている。現状ではポリエチレン，ポリプロピレン，ポリスチレンなどの汎用プラスチックのほとんどすべてが石油資源から製造されている。プラスチック廃棄物の焼却処理を含む化石資源に基づく炭酸ガス濃度の増加による地球温暖化，近い将来の石油資源枯渇に対する懸念などから，再生可能資源であるバイオマスから自然環境と調和した形で高分子材料を製造し，また，使用後リサイクルして循環型社会を構築することが非常に重要となっている。そのような観点から，従来の高分子化学の成書における「生体高分子」と「高分子反応」に係る内容は，それぞれ，8章と9章においてバイオマスから誘導されるバイオベースポリマーと熱・光・生分解とリサイクルとの関連でまとめ直し，若い世代の化学者に将来の資源・エネルギー・環境問題を抜本的に解決することのできる技術を開発してほしいという願望から，最先端の研究がど

のような指針で行われているのかも含めて紹介することにした．

　四つ目は，有機化学の基礎を学んだ学生には容易に分かるような反応機構は逐一説明を加えていないが，なぜそのような反応が起こるのか疑問に思うような部分については，反応機構まで示して説明するようにした．また，全般にわたって文章で説明した内容の理解を助けるために，なるべく多くの図表やイラストを入れるように努めた．

　五つ目は，各章末に演習問題を入れ，その解答例を省略することなく記載することにより，自習しながら理解を深められるように工夫した．また，付録として巻末に「高分子命名法」，「主な非プロトン性極性溶媒」，「化学で使われる単位・記号・量」，「数学の公式」，「プラスチックの物性表」をまとめて示し，本文を読みながら付録の対応する部分を参照できるようにした．

　本書は大学の講義として1セメスター15週程度で考えると2セメスター分（1年30週）を必要とする分量の内容である．「高分子化学」の講義が1セメスターで開講されている場合は，例えば，1章から6章の内容から適宜選択して勉強するのが妥当であろうと思う．もし，引き続いて別に「高分子材料」，「機能性材料」，「エコマテリアル」などに関する講義が設定されている場合は，7章から9章の内容から選択して参考書として活用していただければ幸いである．蛇足ではあるが，すでに筆者らが執筆した「E-コンシャス　高分子材料」（三共出版）と併せて勉強すると高分子化学から高分子材料まで幅広くかつ深く学べるように配慮してある．また，大学生以外に大学院生や高分子に関係する研究者・技術者の方々にも，基礎的なことを振り返るための参考書として是非活用していただきたいと考えている．

　最後に，本書の執筆にあたり数多くの高分子科学に関連する教科書や関連書物，インターネットから得られた情報などを活用させていただいた．ここに，それらの出版社や著者に感謝いたします．最後に，「基本高分子化学」執筆のお話をいただき，完成に至るまで多大なご尽力をいただいた同社の秀島功，飯野久子両氏に深謝いたします．

2012年7月

柴田　充弘

目　次

1　序　論
- 1.1　高分子とポリマー ·· 2
- 1.2　ポリマーの分類 ·· 4
- 1.3　高分子化学の誕生と歴史 ··· 6

2　高分子鎖の化学構造と形態
- 2.1　高分子鎖の化学構造 ·· 14
  - 2.1.1　繰返し単位の結合様式 ··· 14
  - 2.1.2　共重合形式 ··· 15
  - 2.1.3　立体規則性 ··· 15
  - 2.1.4　線状高分子の立体配座（回転異性体） ································ 17
- 2.2　高分子鎖の形と大きさ ··· 18
  - 2.2.1　高分子鎖の広がり ·· 19
  - 2.2.2　理　想　鎖 ··· 21
  - 2.2.3　実在鎖における排除体積効果 ·· 30

3　ポリマーの平均分子量と溶液の熱力学的性質
- 3.1　ポリマーの平均分子量と分子量分布 ·· 34
- 3.2　ポリマー溶液の熱力学的性質 ··· 36
- 3.3　ポリマー溶液の相平衡 ··· 42
- 3.4　平均分子量の測定法 ·· 45
  - 3.4.1　浸　透　圧　法 ·· 45
  - 3.4.2　蒸気圧浸透法 ·· 47
  - 3.4.3　光　散　乱　法 ·· 48
  - 3.4.4　粘　度　法 ··· 54
  - 3.4.5　ゲル浸透クロマトグラフィー（GPC） ································ 56
  - 3.4.6　その他の平均分子量の測定法のまとめ ································ 57

4 ポリマーの固体構造

- 4.1 固体中の高分子鎖の形態 ··· 62
- 4.2 X線回折による結晶構造解析 ···································· 63
- 4.3 高分子鎖の結晶内での構造 ······································· 67
- 4.4 ポリマーの結晶形態 ··· 71
- 4.5 液晶ポリマーの構造 ··· 74

5 ポリマーの物性

- 5.1 熱的性質 ··· 78
  - 5.1.1 ガラス転移と融解 ·· 78
  - 5.1.2 熱分析法と熱物性 ·· 78
  - 5.1.3 ポリマーの結晶化挙動の解析 ······························ 83
  - 5.1.4 結晶の融解と融点 ·· 84
  - 5.1.5 耐熱性ポリマーの分子設計 ································· 85
- 5.2 力学的性質 ·· 89
  - 5.2.1 弾性とは ·· 89
  - 5.2.2 粘性とは ·· 91
  - 5.2.3 粘弾性モデル ·· 94
  - 5.2.4 応力とひずみ ·· 98
  - 5.2.5 ポリマー材料の引張特性と曲げ特性 ···················· 100
  - 5.2.6 動的粘弾性 ·· 104
  - 5.2.7 固体ポリマーの粘弾性特性の解析法 ···················· 109
- 5.3 基本的な電気的・光学的性質 ····································· 113
  - 5.3.1 絶縁性と導電性 ·· 114
  - 5.3.2 誘電性 ··· 116
  - 5.3.3 屈折率と複屈折 ·· 121

6 ポリマーの合成

- 6.1 ポリマー合成反応の分類と特徴 ·································· 128
- 6.2 逐次重合 ·· 129
  - 6.2.1 重合度と反応度および官能基比の関係 ················· 129
  - 6.2.2 重合度の分布 ··· 130
  - 6.2.3 重縮合 ··· 132
  - 6.2.4 重付加 ··· 142
  - 6.2.5 付加縮合 ·· 146
- 6.3 連鎖重合 ·· 149
  - 6.3.1 ラジカル重合 ··· 149

	6.3.2 ラジカル共重合	159
	6.3.3 アニオン重合	165
	6.3.4 カチオン重合	169
	6.3.5 配位重合	172
	6.3.6 開環重合	176

7 様々な構造をもつポリマーの合成

7.1	高分子の様々な形状	184
7.2	ブロック共重合体と分岐ポリマーの合成	185
	7.2.1 ブロック共重合体	185
	7.2.2 分岐ポリマー	187
7.3	環状ポリマーの合成	192
	7.3.1 大環状ポリマーの合成	192
	7.3.2 ポリロタキサンとポリカテナン	193
7.4	網目ポリマーの合成	194
	7.4.1 ゲル化	195
	7.4.2 熱硬化反応の利用	197
	7.4.3 光硬化反応と放射線架橋の利用	198
	7.4.4 相互侵入高分子網目	200
	7.4.5 分子間相互作用の利用	201
	7.4.6 ヒドロゲルとオルガノゲル	202

8 バイオベースポリマーの合成

8.1	多糖類の利用	208
	8.1.1 セルロース	211
	8.1.2 デンプン	214
	8.1.3 キチン・キトサン	216
	8.1.4 アルギン酸	216
	8.1.5 プルラン	217
	8.1.6 その他の糖類	218
8.2	植物油脂の利用	220
	8.2.1 油脂の分類	220
	8.2.2 植物油脂の樹脂としての利用	222
8.3	テルペンの利用	223
	8.3.1 テルペンの分類	223
	8.3.2 テルペンから誘導される樹脂	225
8.4	天然ポリフェノールの利用	225

8.5 タンパク質の利用・・ 229
8.6 微生物産生ポリマーを利用する方法・・・・・・・・・・・・・・・・・・・・・・・・・・・・・・・・・・・ 237
8.7 バイオマス由来の基礎化学物質を利用する方法・・・・・・・・・・・・・・・・・・・・・ 239

9 ポリマーの化学反応

9.1 高分子反応の分類と特徴・・・ 252
9.2 高分子の官能基変換・・・ 252
9.3 ポリマーの分解反応とリサイクル・・・・・・・・・・・・・・・・・・・・・・・・・・・・・・・・・・ 256
 9.3.1 熱 分 解・・・ 257
 9.3.2 光 分 解・・・ 262
 9.3.3 生 分 解・・・ 265
 9.3.4 分解反応を用いたリサイクル・・・・・・・・・・・・・・・・・・・・・・・・・・・・・・ 268

演習問題解答・・ 275

付　　録

[付録1] 高分子命名法・・・・・・・・・・・・・・・・・・・・ 285
[付録2] 主な非プロトン性極性溶媒・・・・・・・・・ 287
[付録3] 化学で使われる単位・記号・量・・・・・・ 288
[付録4] 数学の公式・・・・・・・・・・・・・・・・・・・・・・ 291
[付録5] ポリマーの物性表・・・・・・・・・・・・・・・・ 294

図表引用文献と参考文献・・・ 297
索　　引・・ 299

序論

1

ヘルマン・シュタウディンガー
Hermann Staudinger
(1881〜1965年,ドイツの化学者)

高分子科学の先駆的開拓者,
1953年にノーベル化学賞を受賞[1]。

1.1 高分子とポリマー

　われわれの身体を構成するタンパク質，核酸，多糖類から，生活において身近に使用するプラスチック，ゴム，繊維に至るまで，高分子からなる物質は非常に多く存在する。ここでいう高分子とは分子量（分子の相対質量）が大きい分子を意味している。高分子以外にポリマーという用語もよく用いられるが，二つの用語をあまり厳密に区別せずに使用することが多い。しかしながら，国際純正応用化学連合（IUPAC）の高分子命名法委員会において**高分子**（macromolecule），ポリマー分子（polymer molecule）は，"相対分子質量（分子量）の大きな分子で，相対分子質量の小さい分子から実質的または概念的に得られる単位（モノマー単位）の多数回の繰返しで構成された構造をもつもの"と定義されている。"macromolecule"の直訳は巨大分子であるが，最近は"高分子"が対応づけられている。ここで"分子量の大きい分子"とみなす基準は"1個あるいは数個の構成単位（モノマー単位）の増減によってその分子の諸特性が影響を受けないのなら，その分子は相対分子質量の大きい分子とみなされる"と説明されている。一方，**ポリマー，重合体**（polymer）は"高分子からなる物質"と定義されており，高分子の集合体としての物質を表す。また，高分子の基本構造の構成単位となりうる分子はモノマー分子（monomer molecule），それからなる物質は**モノマー**（monomer）と呼ばれ，高分子中に含まれるモノマー単位の数を**重合度**（degree of polymerization）という。なお，高分子に対して，中程度の相対分子質量をもった分子を**オリゴマー分子**（oligomer molecule）と呼び，オリゴマー分子からなる物質を**オリゴマー**（oligomer）という。

　例えば，エチレン（ethylene）というモノマーを重合すると，ポリエチレン（polyethylene）というポリマーが得られる。ただし，エチレンとポリエチレンという名称は慣用名であり，IUPAC命名法によれば，それぞれエテン（ethene）とポリ（メチレン）（poly(methylene)）となる。以降では，両方の名称を併記すると煩雑になるので慣用名を使用することにする。高分子の命名法については，付録1にまとめたので参照していただきたい。一般的にポリエチレンは，ある分子量分布をもった重合度の異なる高分子の集まりからなる混合物であるが，ある程度重合度が大きくなると物性がほとんど変化しなくなるので，単一な重合度の分子の集まりからなる試料のみを精製することは非常に困難である。したがって，ポリエチレンの重合度や分子量は，平均値として表す必要がある。ポリマーの平均重合度や平均分子量については後述する（3.1参照）。

　図1-1に直鎖状飽和炭化水素であるn-アルカン（n-alkane）の炭素数と沸点（boiling point: b.p.）および融点（melting point: m.p.）の関係を示した。室温（20 ℃）で炭素数が4のブタン（butane, m.p. −138 ℃, b.p. 0 ℃）までは気体であるが，炭素数が5のペンタン（pentane, m.p. −130 ℃, b.p. 36 ℃）から16のヘキサデカン（hexadecane, m.p. 18 ℃, b.p. 287 ℃）までは液体であり，それ以上になると固体となる。沸点と融点は炭素数の増加とともに上昇するが，炭素数が18のオクタデカン（octadecane, m.p. 29 ℃）のb.p.は317 ℃であり，それより炭素数が多くなると沸点に達するまでに分解が起こるため，常圧では沸点を測定することができなくなる。融点は，図1-1に示したように炭素数の増加にともない上昇するが，次第に一定値に近づ

いていく。例えば，ペンタコンタン（pentacontane, $C_{50}H_{102}$：分子量703.3）で m.p. 91 ℃，ヘキサコンタン（hexacontane, $C_{60}H_{122}$：分子量843.6）で m.p. 98 ℃，ドオクタコンタン（dooctacontane, $C_{82}H_{166}$：分子量1 152.2）で m.p. 110 ℃，ヘクタン（hectane, $C_{100}H_{202}$：分子量1 404.7）で m.p. 115 ℃ と，次第に炭素数が増加してもあまり融点が上昇しなくなる。ポリエチレンは分子量分布をもつ混合物なので単純には比較できないが，ゲル浸透クロマトグラフィーにより測定した重量平均分子量が約15 000，数平均分子量5 500のポリエチレンの m.p. は112 ℃である。一般的に，平均分子量が1万を越えると，融点などの物性値に鎖長依存性がなくなり，フィルム形成が可能になるといったポリマーとしての特性が発現してくる。構成繰返し単位をもった物質の分子量がどのくらいになったときにポリマーというのかという厳密な定義はないが，そういう意味で，平均分子量が約1万以上のものをポリマー，それ以下のものをオリゴマーというのが通例である。

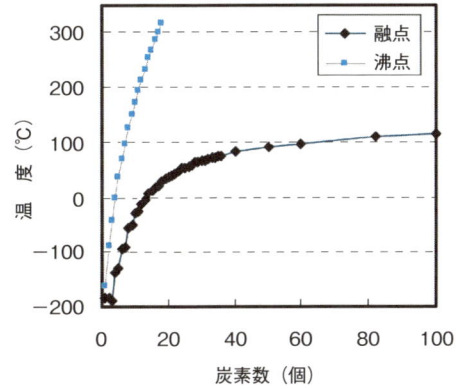

図1-1　*n*-アルカンの炭素数と沸点および融点の関係

　多くの高分子は，簡単な化学構造をもつ構造単位が単結合（single bond）により多数回繰り返された構造をもつ。単純な低分子量の直鎖状アルカンでさえ，炭素-炭素単結合のまわりの内部回転によりいくつかの立体配座（conformation）をとることができるので，多数の単結合からなる高分子では，膨大な数の分子形態をとることになる（2．1．4参照）。この多様な分子形態により，高分子鎖は無秩序な凝集構造をとったり，分子間や分子内の相互作用により秩序だった凝集構造をとることができる点に高分子らしさの本質がある。さらに分子量の異なる高分子の集合体からなるポリマーでは，すべての分子を規則的に並べることは不可能であり，結晶領域と非晶領域が混在することになる。一般的に，力学的な強さや硬さをもたらす結晶領域と柔軟性や靭性をもたらす非晶領域の割合（結晶化度）を変えることにより，1種類のポリマーでも異なった特性をもつ物質ができる。例えば，ポリエチレンでは，高分子鎖の枝分かれを制御することにより，結晶化度の異なるポリマーが製造可能である。分岐が少なく結晶化度の高い高密度ポリエチレンはポリバケツなどの強度の必要となる用途に使用できるのに対して，比較的分岐が多く結晶化度の低い低密度ポリエチレンは柔軟性に優れるためフィルム等の用途に多く使用されている。

1.2　ポリマーの分類

　高分子からなる物質，すなわちポリマーはいろいろの観点から分類されており，その主なものを図 1-2 に示す。まず，産出の種別として，自然に産出したり，動植物によってつくられる天然ポリマーとその天然ポリマーから化学的に誘導される半合成ポリマー，人工的に合成される合成ポリマーに分類される。天然ポリマーとしては，セルロースやデンプンなどの多糖類，天然ゴム，タンパク質，核酸の他に石英や雲母などの無機ポリマーなどがある。セルロースとデンプンの主成分であるアミロースはともにグルコースがモノマー単位となっている。グルコースがヘミアセタール化して六員環のグルコピラノース環になるとき，β-1,4-結合しているのがセルロースであり，α-1,4-結合しているのがアミロースである。この結合様式の違いにより，セルロースは一方向に延びた分子鎖が平行に規則正しく配列した結晶構造をもつのに対して，アミロースはらせん状であり，結晶化しにくい構造となっている。天然ゴムはゴムの木の樹液に含まれ，その主成分は cis-1,4-ポリイソプレンである。この物質自体はゴム状ではないが，加硫処理により架橋構造が形成されるとゴム弾性を示すようになる（2.1.1 参照）。タンパク質は 20 種類の α-アミノ酸が縮合反応を繰り返したポリアミドである。実際のタンパク質では DNA の配列に従ってアミノ酸配列が決まっている。半合成ポリマーには，セルロースと無水酢酸/硫酸の反応により得られるセルロースアセテートや，セルロースと硝酸の反応により得られるニトロセルロースなどがある。合成ポリマーには数多くのものがあるが，エチレンや一置換エチレンの付加重合により得られる四大汎用樹脂（ポリエチレン，ポリプロピレン，ポリスチレン，ポリ塩化ビニル）の生産量が全体の約 7 割を占める。合成ポリマーのほとんどが石油資源から製造されているが，バイオマス資源から合成されるポリマーをバイオベースポリマーと呼び，環境にやさしい材料として注目されている（8 章参照）。

　ポリマーを構成する高分子の形状による分類としては，線状ポリマー（linear polymer）と非線状ポリマーとして分岐ポリマー（branched polymer），環状ポリマー（cyclic polymer），網目ポリマー（network polymer）がある。分岐ポリマーは枝分かれの仕方を制御すると，くし型ポリマー（comb-shaped polymer），星型ポリマー（star-shaped polymer），ハイパーブランチポリマー（hyperbranched polymer），デンドリマー（dendrimer）など複雑な形状をもったものを合成することができる（7.1 参照）。また，線状ポリマーに複数の環状化合物を通したポリロタキサンなども合成されている。これらの特殊な構造をもった分岐ポリマーと環状ポリマーには最先端高分子材料として期待が寄せられているものが多い。

(1) 産出の種別による分類

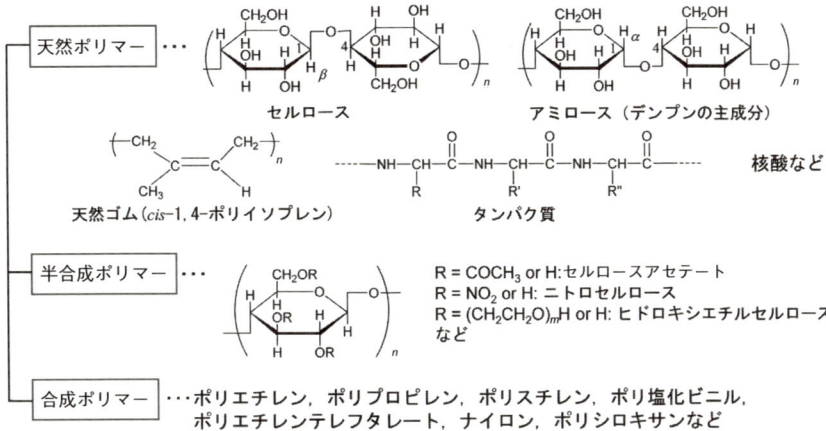

(2) 構造による分類

(3) モノマー組成とその連なり方による分類

(4) 材料の性質，用途による分類

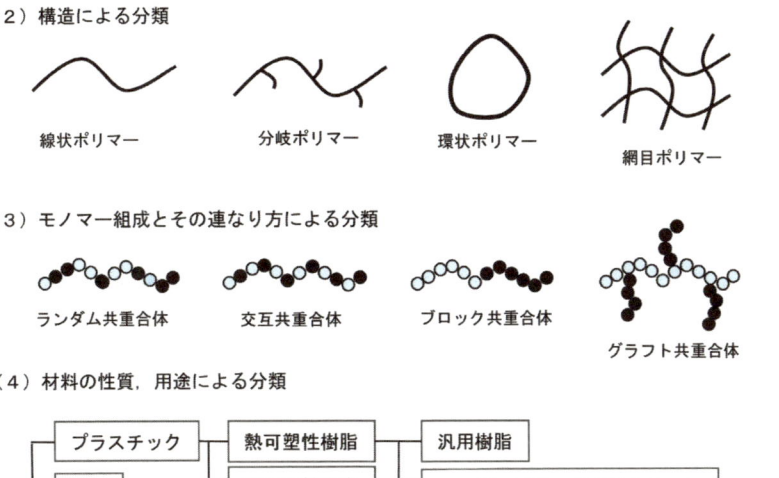

図 1-2　ポリマーの分類

　モノマー組成とその連なり方による分類としては，1種類のモノマーを重合した場合に得られる単独重合体（homopolymer）と複数のモノマーを重合したときに得られる共重合体（copolymer）がある。共重合体は，さらにモノマーの配列に規則性のないランダム共重合体，配列が交互になった交互共重合体，複数の単独重合体が線状に結合したブロック共重合体，それらが側鎖に複数個結合したグラフト共重合体に分類される（2.1参照）。

　材料の性質，用途による分類としては，プラスチック（plastics），ゴム（rubber），繊維（fiber）が代表的である。プラスチックはさらに，加熱によって溶融する熱可塑性樹脂（thermoplastic resin）と加熱により架橋構造を形成し不溶・不融となる熱硬化性樹脂（thermosetting resin）に分類される（7.4参照）。

1.3　高分子化学の誕生と歴史

人類は，有史前からデンプン，タンパク質，セルロースなどの天然ポリマーを食料あるいは材料として生活に利用してきたが，それらがどのような分子であるか実証されたのは，1920年代の半ばのことである。1833年にスウェーデンの化学者 J. J. Berzelius は，"同一の組成を有しているが，分子量を異にする化合物"として"polymer"という用語を最初に提案した。彼の提唱した polymer は典型的な共有結合によるポリマーを包含しているが，それ以外に会合により形成された分子の集団も含まれ，分子量もそれほど大きくなくてよかったので，今日のポリマーの概念に正確にあてはまるものではなかった。1861年にスコットランドの化学者 T. Graham は，肉眼的に結晶として得られる物質（crystalloids）に対して，デンプンやゴムなどのように結晶状として得られない物質をコロイド（colloids）と呼ぶことを提案した。その中で，彼は，前者は溶液中で半透膜を通過するが，コロイドは通過できないので高分子である可能性を示唆した。1880年代に入って沸点上昇法，凝固点降下法，浸透圧法などによって，デンプン，硝酸セルロース，ゴムなどの溶液を用いた分子量測定が行われ1〜4万程度の値が得られたが，その精度を問題視する声もあり，高分子が存在することの確証とはならなかった。

一方1890〜1900年代の初期にかけて，分子間相互作用による会合という現象が化学者の興味をよび，セルロースやゴムも基本分子が多数会合して高分子的挙動を示しているのだろうという考えが提案された。例えば，1904年に，A. G. Green はセルロースは $C_6H_{10}O_5$ を基本分子とした会合体であるとする考えを提唱した（図1-3（a））。また，同年には C. D. Harries が，ゴムはイソプレンの二量体が環状に結合した分子 $(C_5H_8)_2$ の会合体であるとする考えを提唱している（図1-3（b））。1907年になると，ドイツの化学者 W. Ostward は，Graham が提唱したように物質に二つの種類があるのではなく，例えば，金は結晶でクリスタロイドであるが，条件次第で金が水に分散したコロイド状として存在できることを示した。この実験結果は，コロイド形成に対して，必ずしも高分子を考える必要はないことを示したものであった。共有結合により大きな分子となる考え方は少数となり，低分子‐ミセル説が優勢となった。

その当時，ドイツの有機化学者 H. Staudinger は，Harries が考えたようにゴムが二重結合の分子間相互作用による会合体であるならば，そのゴムを水素添加するとジメチルシクロオクタンが生成するので蒸留も可能になると考えた。実際に得られた水素化物は，蒸留することのできないゴムに似たコロイド状物質であった。この実験結果に基づきゴムが高分子であることを主張したが，当時定着しつつある低分子説を覆すには至らなかった。しかし1925年ごろから高分子説を示唆する実験データが出始めた。R. O. Herzog はセルロースは $C_6H_{10}O_5$ が多数連結した分子が平行に配列して単位胞を形成している可能性を指摘した。M. Polanyi らによってセルロースの繊維軸方向の反復単位の長さが 1.03 nm であり，分子鎖の繰返し構造であるグルコースユニット2個分の長さに相当することが示された。

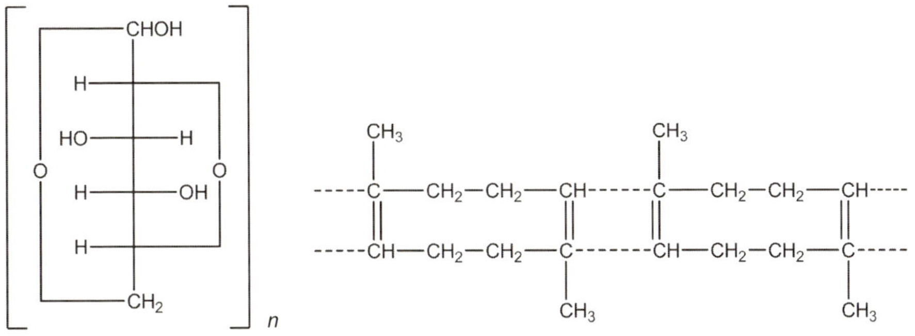
CHOH
H
HO
H
O
O
H
OH
H
CH2
n
CH3
CH3
C
CH2
CH2
CH
C
CH2
CH2
CH
CH
CH2
CH2
C
CH
CH2
CH2
C
CH3
CH3

(a) A.G. Greenが推定した会合体によるセルロースの構造　(b) ゴム（ポリイソプレン）の構造

図 1-3　会合に基づき推定されたセルロースと天然ゴムの構造

1926 年ごろから Staudinger は分子量と粘度の関係に注目し，パラフィン同族列について比粘度 η_{sp}，濃度 c_{gm} と分子量 M の間に式（1-1）の関係が成立することを明らかにした。

$$\frac{\eta_{SP}}{c_{gm}} = k_m M \tag{1-1}$$

この式は Staudinger の粘度律と呼ばれている。さらに彼は，等重合度反応（polymer analogous reaction）と呼ばれる図 1-4 に示した有機化学的手法によっても巨大分子の存在を立証した。デンプンやセルロースを酢酸エステル誘導体に変換し，再び加水分解により元に戻した場合の，各段階の重合度を浸透圧法により各種溶媒を用いて測定した。その結果，いずれの場合も実質的に重合度は変化していないことが明らかとなった。もしデンプンやセルロースが低分子会合体であるならば，エステル誘導体に変え，溶媒が変われば，会合度が一定であるとは考えられないことから，高分子が存在することが裏付けられた。その後，セルロースの末端基から求めた真の分子

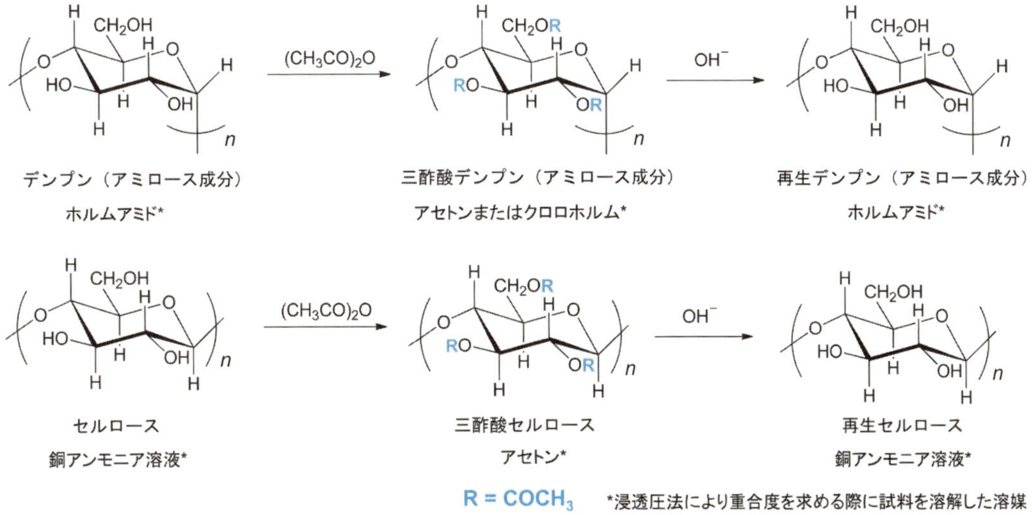
(CH3CO)2O
OH−
デンプン（アミロース成分）
ホルムアミド*
三酢酸デンプン（アミロース成分）
アセトンまたはクロロホルム*
再生デンプン（アミロース成分）
ホルムアミド*
(CH3CO)2O
OH−
セルロース
銅アンモニア溶液*
三酢酸セルロース
アセトン*
再生セルロース
銅アンモニア溶液*
R = COCH3
*浸透圧法により重合度を求める際に試料を溶解した溶媒

図 1-4　Staudinger のデンプンとセルロースの等重合度反応

量，浸透圧法による分子量，彼の粘度則から求めた分子量の三者がよく一致することが実験的に明らかになるに及んで，高分子説が実証された．これらの研究業績に対して，1953年にStaudinger にノーベル化学賞が贈られた（1章中扉の写真参照）．

共有結合による高分子の存在が周知のこととなり始めた1930年代初期に，W. H. Carothers は，Staudinger の考えに従ってポリイソプレンの合成を試みていたが，イソプレンに似た構造をもつアセチレンの二量体と三量体の混合物を精製する過程で得られた液状物質を放置しておいたところ，ゴム状物質が得られた．これは二量体と三量体を合成する過程で用いた塩酸がビニルアセチレンに付加してクロロプレン（2-クロロ-1,3-ブタジエン）が生成し，これが重合したものと分かった．Du Pont 社では，これをネオプレンと名づけて工業化した．同じころ，Carothers は主にジカルボン酸とジオールからできる脂肪族ポリエステルの研究をしていたが重合度が低く融点も低かったので，実用性の観点からジカルボン酸とジアミンから合成されるポリアミドの研究に転向し，1934年に1,6-ヘキサメチレンジアミンとアジピン酸からナイロン66の合成に成功した．1938年にDu Pont 社では「石炭と空気と水から得られた，タンパク質類似の構造をもつ，鉄鋼より強く，蜘蛛の糸よりも細い，天然繊維より優れた弾性と美しい光沢をもつ繊維」というキャッチフレーズでナイロン66を売り出した（6章中扉の写真参照）．

同じ時期の1931年，イギリスのICI社では1 000 atm 以上の圧力で低密度ポリエチレンが合成されることを見出し，ポリセンという商品名で1939年に工業化されている．低圧法による高密度ポリエチレンができたのは，1952年にZiegler 触媒が見つかってからである．K. Ziegler は最初トリエチルアルミニウムを用いて100 atm，100 ℃程度でポリエチレンの合成を行っていたが，高分子量体が得られなかった．そのときNi を含んだV2A 鋼のオートクレーブを用いて重合を行っていたが，二量体のブタンしか得られなかった．彼は，その原因がオートクレーブを硝酸で洗浄したときに溶出したNi による連鎖反応の停止であることを突き止めた．そこでNi 以外の遷移金属の触媒を系統的に調べた結果，Ti は連鎖反応の中断をおこさず，低圧で高分子量のポリエチレンを生成することを見出した．これがZiegler 触媒（$TiCl_4/Et_3Al$）を生むきっかけとなった（6章中扉の写真参照）．その後，G. Natta が $TiCl_3/Et_3Al$ を触媒に用いて立体規則性のポリプロピレンの合成に成功し，1958年に工業化している．Ziegler とNatta は，この功績により1963年にノーベル化学賞を受賞している．ポリエステルに関しては，英国の化学者J. R. Whinfield とJ. T. Dickson により1941年に芳香族ジカルボン酸としてテレフタル酸を用いることにより，高融点のポリエチレンテレフタレート（poly(ethylene terephthalate)：PET）が合成されている．

そのように各種ポリマーの重合方法が確立される中，式（1-1）の粘度律がすべてのポリマーに対して成立しないことに端を発し，線状ポリマーのとりうるさまざまな形態の統計論的な解析が1930年代半ばから行われるようになり，ゴム弾性の統計理論（1935年：Meyer, Ferri, Kuhn），高分子溶液の格子理論（1942年：P. J. Flory, W. Huggins）や排除体積効果の理論（1949年：P. J. Flory）が確立され，1953年にFlory の著書 "Principle of Polymer Chemistry" として集大成される．このFlory の優れた業績に対して1974年にノーベル化学賞が贈られた（3章中扉の写真参照）．

1950年代になると生体高分子に関する大きな進展がみられる。インシュリンの一次構造（1950年：F. Sanger），タンパク質のα-ヘリックス構造（1951年：L. Pauling），DNAの二重らせん構造（1953年：J. D. Watson, F. Crick）などが明らかとなる。さらに1963年にはR. B. Merrifieldによりタンパク質やDNAの自動合成への基礎となるポリスチレンゲルを高分子担体として用いる固相ペプチド合成法（1984年ノーベル化学賞）が確立される（8.5参照）。

　ポリマーの分子量測定に関しては，1964年にJ. C. Mooreが多孔性のスチレン・ジビニルベンゼン共重合ゲルを用いてポリマーを大きさにより分離し，サイズ排除クロマトグラフィーの基礎を築いた。現在ではポリマーの相対平均分子量の測定法として広く利用されている。1987年には，田中耕一氏がマトリックス支援レーザー脱着イオン化質量分析法を開発し，生体高分子などの分解しやすい高分子の絶対分子量が測定できるようになった。同じくソフトなイオン化法としてエレクトロスプレー法を開発したJ. B. Fenn，NMR法により生体高分子の構造を解析する方法を開発したK. Wüthrichとともに生体高分子の分析手法の進展に寄与したことによりノーベル化学賞（2002年）が贈られている（3.4.6参照）。

　高分子化学の学問体系の確立とともに，工業界における高分子材料に関する技術も大きく進展した。例えば，高強度繊維の紡糸技術に関して，1967年にDu Pont社より芳香族ポリアミドの液晶紡糸法による高弾性率繊維の製造に関する特許が出願されており，現在もケブラー（Kevlar®）という商品名で防弾チョッキなどに利用されている（4.5参照）。また，1974年には溶融成形したポリエチレンの延伸による高弾性率化がR. S. PorterとI. M. Wardにより独立に行われ，1976年にはA. J. Penningsがp-キシレンの準希薄溶液をかくはんしながら紡糸する表面成長法を開発している。さらに，1980年にはDSM社のP. Smithが超高分子量ポリエチレンのデカリン準希薄溶液から得られるゲルを紡糸することにより，100 GPaを超える高弾性率ポリエチレン繊維が開発され，現在まで広く使用されている（4.4参照）。

　機能性高分子に関しては，1967年に白川英樹博士が，薄膜状ポリアセチレンを得るための重合方法を発見した。その後，1977年にはA. G. MacDiamid, A. Heegerとの共同研究により，ポリアセチレンフィルムをヨウ素やアルカリ金属でドーピング処理することにより，10 S cm^{-1}程度の導電性ポリマーとなることを見出し，2000年に3名でノーベル化学賞を受賞している。1985年にはH. W. Kroto, R. E. Smalley, R. F. Curl（1996年ノーベル化学賞）がサッカーボール状のフラーレンC_{60}を発見し，1991年にはAT&T Bell研究所のグループによりカリウムでドーピングした$C_{60}K_3$が19.6 Kで超電導体となることが示された。また，1991年には当時NEC社の飯島澄男博士がアーク放電した炭素電極の陰極側の堆積物から透過型電子顕微鏡観察によりカーボンナノチューブを発見した。また，最近では導電性高分子を用いた有機エレクトロルミネッセンス（organic electro-luminescence：OEL）ディスプレイなどが開発されるに至っている。

　以上，Staudingerにより共有結合により結合した高分子が存在することが証明されて以来，高分子化学は目覚しい発展を遂げてきた。現在では身の回りの生活必需品から自動車，電気・電子機器など幅広い分野において汎用プラスチック，エンジニアリングプラスチック，機能性高分子など様々な高分子材料が使用されている。Staudingerが高分子説を唱えたころ，相反する考え方として会合説があったが，最近，炭素-炭素結合などの共有結合からなる高分子に対して，

複数の分子が静電力（electrostatic force），van der Waals 力，水素結合（hydrogen bond），配位結合（coordination bond），疎水性相互作用（hydrophobic interaction），電荷移動（charge transfer）相互作用などの共有結合以外の分子間力により秩序だって集合した**超分子高分子**（supramolecular polymer）が新たな観点で注目されている。図1-5にジピリジル化合物とジカルボン酸からなる水素結合型の液晶性超分子高分子（Ⅰ）とウレイドピリミジンユニットの四重水素結合による超分子高分子（Ⅱ）を示した。

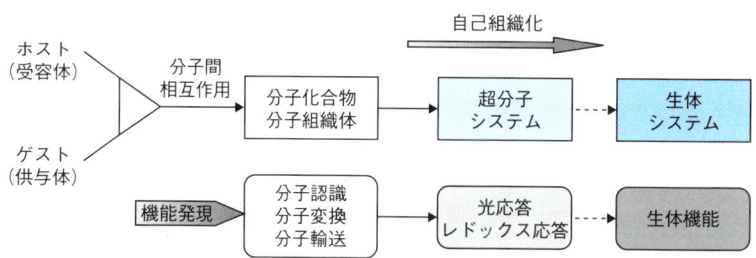

図1-5　超分子高分子の例

図1-6　超分子を活用した新しい機能性高分子

　超分子の形成に利用される結合や相互作用は可逆的であり，その意味において超分子は動的な分子集合体・組織体とみなすことができる。歴史的には1967年にC. J. Pedersenによるアルカリ金属をイオンの大きさにより分子認識して錯体を形成するクラウンエーテルの発見に続き，D. J. Cramがクラウンエーテルの精密な化学修飾により，さまざまな分子システムに展開してホスト-ゲスト化学という分野を開拓した。その後，1978年にJ. M. Lehnにより，自己集合体なども包括的に含んだ超分子化学の提唱へとつながっていった。Pedersen，Cram，Lehnはそれらの業績により1987年にノーベル化学賞を受賞した。このように分子間の特別な相互作用を用いて自己組織化させることにより，新しい機能性高分子の創製が期待されている（図1-6）。

演習問題

1. 高分子とは何か。
2. 重合度とは何か。
3. 構成繰返し単位が単結合により多数回繰り返された高分子について，その高分子らしさはどこから発現するのか。
4. Staudinger の粘度律は，なぜ低分子-ミセル説と矛盾し，高分子説が正しいことを支持するのか説明せよ。
5. 高分子説を証明するために用いた Staudinger の等重合度反応について説明せよ。
6. 超分子高分子とはどのような分子か。

高分子鎖の化学構造と形態

2

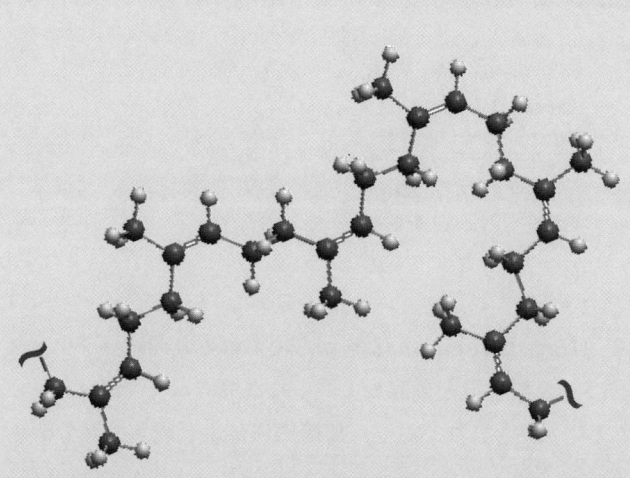

cis-ポリ-1,4-ポリイソプレンのMM2によりエネルギー最小化した安定構造の一部

2.1 高分子鎖の化学構造

高分子は1種類あるいは数種類の繰返し単位がつながった分子量の大きな分子である。その高分子の集合体であるポリマーの性質は，原料となるモノマーの種類だけでなく，モノマーが反応して結合したときの結合様式や重合度によっても大きく左右される。ここでは，モノマーの化学結合の仕方によって決定される結合様式，共重合形式と立体規則性，化学結合の回転によって生ずる立体配座について考える。線状，分岐，環状構造などのより大きな高分子鎖の形状については7章で説明する。

2.1.1 繰返し単位の結合様式

ビニルモノマーを $CH_2=CHR$ で表し，CH_2 を尾，CHR を頭とすると以下に示した3通りの結合の仕方がある。実際のポリマーでは頭-尾（head-to-tail）結合が圧倒的に優勢で，ラジカル重合により合成したポリスチレンやポリメタクリル酸メチルでは，ほぼ100%が頭-尾結合からなっている。それに対して，ポリ塩化ビニルやポリ酢酸ビニルでは数%，ポリフッ化ビニリデンでは10%以上の頭-頭（head-to-head）結合と尾-尾（tail-to-tail）結合が含まれている。一般的にラジカル重合では，頭-尾結合により生成するラジカル種（$CHR\cdot$）の方が，頭-頭結合により生成するラジカル種（$CH_2\cdot$）よりも安定であるため，頭-尾結合が優先される。しかしいったん，頭-頭結合により不安定な $CH_2\cdot$ が生成すると，次は尾-尾結合により再び安定な $CHR\cdot$ が生成する。その結果，頭-頭結合と尾-尾結合はほぼ同じ量存在することになる。

$$CH_2=CHR \longrightarrow \underset{\text{頭-尾結合}}{-CH_2CH-CH_2CH-}_{\underset{R}{|}\ \underset{R}{|}} \quad \underset{\text{頭-頭結合}}{-CH_2CH-CHCH_2-}_{\underset{R}{|}\ \underset{R}{|}} \quad \underset{\text{尾-尾結合}}{-CHCH_2-CH_2CH-}_{\underset{R}{|}\ \underset{R}{|}}$$

また，共役ジエンとして，例えばイソプレン（2-メチル-1,3-ブタジエン）を付加重合した場合，生成する繰返し単位の構造には，以下に示したように1,2-，3,4-，1,4-付加の三つの結合様式があり，さらに1,4-付加ではシス（*cis*）とトランス（*trans*）体の二つの幾何異性体（geometrical isomer）ができる。

トウザイグサ科のパラゴムノキ（*Hevea brasiliensis*）から得られる乳濁液（ラテックス）に酢酸やギ酸を加えて樹脂分を凝固させ水溶性分と分離して得られる生ゴム（天然ゴム）には，ほぼ100% シス型の1,4-ポリイソプレンが含まれており，加硫処理により硫黄で部分架橋すると

ゴム弾性を示すようになる（7.4.2参照）。一方，アカテツ科の樹液からとれるガタパーチャまたはグッタペルカ（Gutta Percha）の主成分は *trans*-1,4-ポリイソプレンであり，柔軟性のあるゴム弾性は示さず，硬い弾性体である。また，アカテツ科のサポジラ（*Sapodilla*）の樹液から得られるチクル（Chicle）はシス/トランス比が約 65/35 の混合物であり，チューインガムの原料として使用されている。それらの天然物に対して，イソプレンの付加重合により合成されるポリイソプレンは，用いる触媒の種類によりシス/トランス比が異なる。例えば，Ziegler 触媒（$R_3Al/TiCl_4$）を用いると，シス体を約 97% 含んだ天然ゴムに近い合成ゴムが得られるのに対し，Natta 触媒（$R_3Al/TiCl_3$）を用いるとトランス体を主成分とするポリイソプレンが得られる。

2.1.2 共重合形式

1種類のモノマーから得られるポリマーを**単独重合体**（homopolymer）というのに対して，2種類以上のモノマーから得られるポリマーを**共重合体**（copolymer）と呼ぶ。2種類のモノマーからなる共重合体は二元共重合体（bipolymer），3種類あるいは4種類のモノマーからなる共重合体は三元共重合体（terpolymer）あるいは四元共重合体（quaterpolymer），三元共重合体以上を多元共重合体（multi-component copolymer）と呼び区別することがある。

2種類のモノマーからなる共重合体では，下に示したように，それらのモノマーユニットの配列の仕方により，規則性のない**ランダム共重合体**（random copolymer），配列が交互になった**交互共重合体**（alternating copolymer），複数の単独重合体が線状に結合した**ブロック共重合体**（block copolymer），それらが側鎖に複数個結合した**グラフト共重合体**（graft copolymer）に分類される。

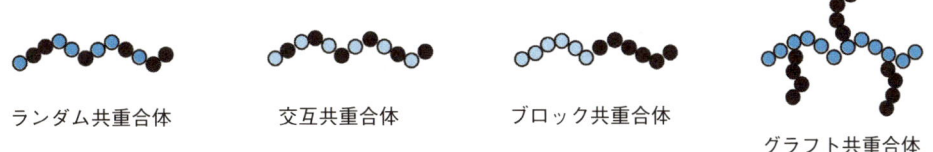

ランダム共重合体　　交互共重合体　　ブロック共重合体　　グラフト共重合体

2.1.3 立体規則性

ビニルモノマー $CH_2=CHR$ を重合して得られる頭-尾結合からなるポリマーの繰返し単位は $-CH_2-C^*HR-$ で表される。側鎖 R が結合した炭素（C^*）において，少なくとも両側の2種類のメチレン鎖の長さが異なるため結合する四つの置換基がすべて異なる。したがって，C^* の置換基の R と H が入れ替わった配置は重ね合わすことのできない別の化合物となる。このような炭素（C^*）を**不斉炭素**（asymmetric carbon）と呼び，旋光性の違いにより d または l（絶対配置では R または S）の二つの**立体配置**（configuration）が生じる。

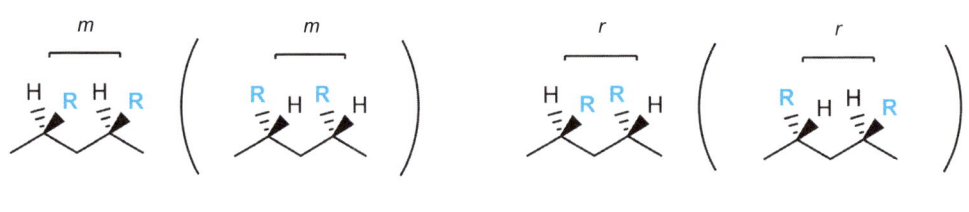

高分子の場合は不斉炭素の両側における重合度 m と n の違いは明確ではないため，一つの不斉炭素の立体配置よりは，隣り合う2個の繰返し単位（二連子，ダイアド (diad)）の立体配置が重要になる．C-C結合を同一平面（紙面）上に引き伸ばしたジグザグ構造とした場合，sp^3 混成した炭素の四つの結合の結合角は正四面体角（109.5°）なので，側鎖 R は紙面に対して上下のどちらかの方向を向いており，隣り合う二つの R の相対的な配置については下に示したメソ (meso) 二連子とラセモ (racemo) 二連子がある．

メソ二連子（*dd* 体または *ll* 体）　　　ラセモ二連子（*dl* 体または *ld* 体）

また，三連子（トリアド，triad）の場合は *mm* (*ddd* または *lll*)，*mr* (*ddl*, *dll*, *lld* または *ldd*)，*rr* (*dld* または *ldl*) の3種類の相対的な立体配置があり，それぞれイソタクチック (isotactic, *it* と略す)，ヘテロタクチック (heterotactic)，シンジオタクチック (syndiotactic, *st* と略す) 三連子とも呼ばれ，これらの三連子の繰返しにより構成されるポリマーはそれぞれイソタクチックポリマー，ヘテロタクチックポリマー，シンジオタクチックポリマーと呼ばれる．それに対して，R の相対的な立体配置に規則性のないポリマーはアタクチックポリマー (atactic polymer) と呼ばれる．四連子については6種類（*mmm, mmr, mrm, mrr, rmr, rrr*），五連子については10種類（*mmmm, mmmr, mmrm, mmrr, mrmr, mrrm, rmmr, mrrr, rmrr, rrrr*）の配置があり，より長い連子を考えた場合にアタクチックでなくなる場合があるので注意が必要である．

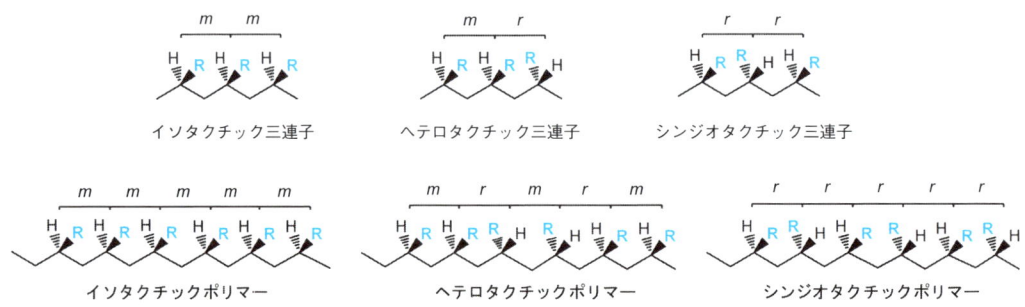

イソタクチック三連子　　ヘテロタクチック三連子　　シンジオタクチック三連子

イソタクチックポリマー　　ヘテロタクチックポリマー　　シンジオタクチックポリマー

このような側鎖 R の並び方を高分子の立体規則性（stereoregularity or tacticity）という。通常，置換オレフィンのラジカル重合ではアタクチックポリマーが得られるのに対し，遷移金属触媒を用いた配位重合では立体規則性ポリマーが得られ，用いる触媒やモノマーの種類によりイソタクチックあるいはシンジオタクチックポリマーが選択的に得られる。二連子や三連子などの比較的短い連子の立体規則性を調べるのには ^{1}H-NMR が，さらに長い連子を調べるためには ^{13}C-NMR が有効である。たとえば，メソ二連子の中央の二つのメチレン水素は ^{1}H-NMR では磁気的に非等価であるが，ラセモ二連子のそれらは等価なので識別することができる。

2.1.4 線状高分子の立体配座（回転異性体）

d 体と l 体は立体異性体（stereoisomer），C=C 二重結合まわりのシスとトランスは幾何異性体と呼ばれるが，このような立体配置の違いによる異性体は通常の条件で分離することが可能である。しかし，C-C 単結合まわりの回転によって生じる回転異性体（rotational isomer）は，その内部回転にそれほど大きなエネルギーを必要としないので，通常の条件では分離することはできない。このような単結合まわりの内部回転によって生じる空間的な原子の配置のことを立体配座（conformation）あるいはコンホメーションという。したがって化学結合により立体配置が決められても，単結合まわりの回転により分子はさまざまな形をとることができる。

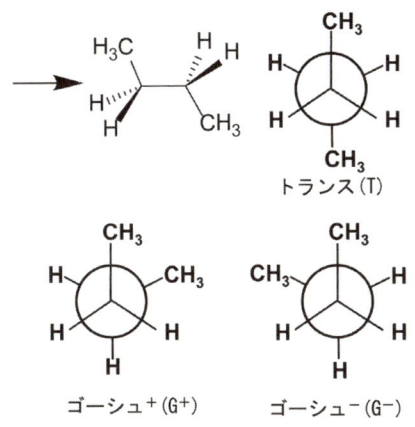 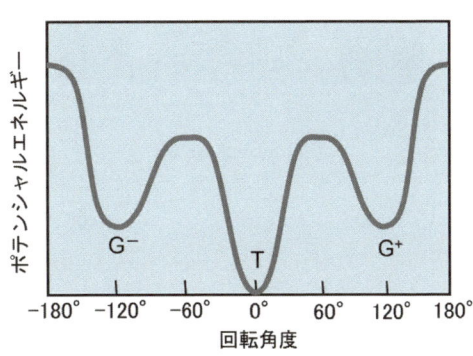

図 2-1　ブタンの立体配座とポテンシャルエネルギー

今，ポリエチレンのモデル化合物としてブタンの中央の CH_2-CH_2 結合の回転による立体配座の違いにより生ずる回転異性体について考える。図 2-1 にブタンを矢印の方向からみた Newman 投影式を示した。両末端のメチル基が最も離れた位置にくるトランス（trans:T または t）形がエネルギー的に最も安定である。このときの回転角を 0° とすると，±120° 回転することによりゴーシュ$^+$（gauche$^+$:G$^+$ または g$^+$）形とゴーシュ$^-$（gauche$^-$:G$^-$ または g$^-$）形というトランス形よりも少し不安定な状態となる。±180° 回転すると二つのメチル基が重なり合い，最も不安定な状態となる。この状態を重なり（eclipsed）形という。したがって，ブタン

はTとG$^+$あるいはG$^-$のエネルギー差によって決まるある割合で存在している。TとG$^+$あるいはG$^-$のポテンシャルエネルギーの山は，室温付近の熱エネルギーと比較してそれほど高くないので，相互に変換可能となる。なお，回転角の＋と－が不明であるが，鏡像異性体の関係にある二つのゴーシュを表す場合は，Gと$\overline{\mathrm{G}}$の記号が用いられることもある。

ブタンの場合はT，G$^+$，G$^-$の3種類のエネルギー的に安定な立体配座が存在する。それに対して，一つ炭素数が増えたペンタンでは，$3^2=9$通りの立体配座が考えられるが，分子の対称性から六つ（(T,T), (T,G$^+$)＝(G$^+$,T), (T, G$^-$)＝(G$^-$,T), (G$^+$,G$^+$), (G$^+$,G$^-$)＝(G$^-$,G$^+$), (G$^-$,G$^-$)）の立体配座が存在する。そのうち，図2-2に示したC(1)-C(2)-C(3)-C(4)の結合がG$^+$またはG$^-$，C(2)-C(3)-C(4)-C(5)の結合がG$^-$またはG$^+$になる立体配座（(G$^+$,G$^-$)）は，各元素の占有体積を考慮すると両端のメチル基の水素が重なりあうため実際には不可能となる。このような効果をペンタン効果という。

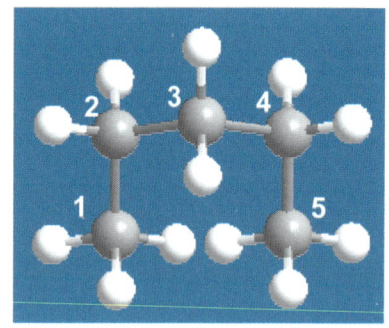
Ball & Stick Model

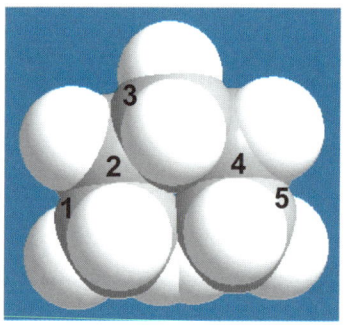
Space Filling Model

図2-2　ペンタン効果

ポリエチレン分子はC-C単結合が何度も繰返された構造をもつので，それぞれの結合についての内部回転を考えると非常に多くの立体配座が可能となる。実際，高温の溶融状態では曲がりくねったランダムコイル状の形態をとる。溶融状態から冷却過程において形成されるポリエチレンの結晶構造は最安定なトランスが繰り返されたT_2型の平面ジグザグ構造をとっている。その構造に関しては，4.3で詳しく述べる。

2.2　高分子鎖の形と大きさ

一本の高分子鎖のかたちは，前項で述べたようにさまざまな立体配座をとるため，特に溶液中では，溶媒分子との衝突により時々刻々とその形態が変化する。高分子鎖のこのような熱運動をミクロブラウン運動（micro-Brownian motion）と呼ぶ。このように形態の変化する高分子鎖の大きさを表すには，ある瞬間における特定の形態の形と大きさではなく，とりうるすべての形

態についての平均的な大きさを考えるべきである。この平均的な大きさを**高分子鎖の広がり**（average chain dimension）と呼び，その広がりを表すのに**平均二乗両端間距離**（mean-square end-to-end distance）$\langle R^2 \rangle$ と**平均二乗回転半径**（mean-square radius of gyration）$\langle S^2 \rangle$ が用いられる。

2.2.1 高分子鎖の広がり

1) 平均二乗両端間距離

線状高分子の主鎖の原子を，端から $0, 1, \cdots, n$ 番目としたとき，$i-1$ から i へ結んだベクトル $\boldsymbol{b}_i$ をボンドベクトル（bond vector）と呼ぶ。このとき，0番目の原子の中心から n 番目の原子の中心へのベクトル，両末端間ベクトル $\boldsymbol{R}$ は

$$\boldsymbol{R} = \boldsymbol{b}_1 + \boldsymbol{b}_2 + \cdots + \boldsymbol{b}_{n-1} + \boldsymbol{b}_n = \sum_{i=1}^{n} \boldsymbol{b}_i \tag{2-1}$$

で表せる（図2-3）。等方的状態では $\boldsymbol{b}_i$ の平均 $<\boldsymbol{b}_i>$ はゼロなので $\boldsymbol{R}$ の平均もゼロになる。しかし，その二乗の平均すなわち平均二乗両端間距離 $<R^2>$ は有限な値をもつ。

$$\langle R^2 \rangle = \langle \boldsymbol{R} \cdot \boldsymbol{R} \rangle = \sum_{i=1}^{n} \langle b_i^2 \rangle + 2 \sum_{i=1}^{n-1} \sum_{j=i+1}^{n} \langle \boldsymbol{b}_i \cdot \boldsymbol{b}_j \rangle \tag{2-2}$$

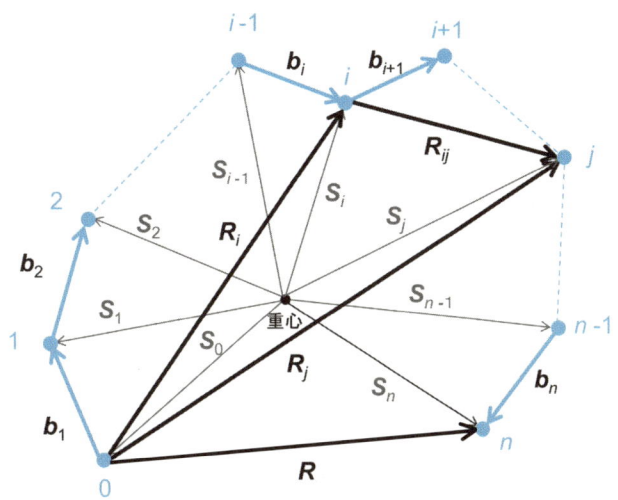

図2-3 高分子鎖のモデル

高分子のある瞬間の立体配座はボンドベクトルの組 $(\boldsymbol{b}_1, \boldsymbol{b}_2, \cdots, \boldsymbol{b}_n)$ で決まる。ここで，$\boldsymbol{a} \cdot \boldsymbol{b}$ の表記は $\boldsymbol{a}$ と $\boldsymbol{b}$ の内積を表す。また，b_i は $\boldsymbol{b}_i$ の大きさを表し，$b_i = |\boldsymbol{b}_i|$ である。$<\boldsymbol{b}_i \cdot \boldsymbol{b}_j>$ が計算できれば，式（2-2）により $\langle R^2 \rangle$ が計算できる。

2) 平均二乗回転半径

図2-3に示した高分子鎖のモデルにおいて，分子鎖全体の重心から i 番目の原子へのベクトル $\boldsymbol{S}_i$ の大きさ S_i を用いて，高分子鎖の回転半径（radius of gyration）S の二乗は，

$$S^2 \equiv \frac{1}{n+1}\sum_{i=0}^{n} S_i^2 \tag{2-3}$$

で定義される。i 番目の原子から j 番目の原子へのベクトル $\bm{R}_{ij}$ は $\bm{R}_{ij} = \bm{S}_j - \bm{S}_i$ なので

$$\bm{R}_{ij} \cdot \bm{R}_{ij} = R_{ij}^2 = S_j^2 + S_i^2 - 2\bm{S}_i \cdot \bm{S}_j \tag{2-4}$$

となる。また，重心の定義から $\sum_{i=0}^{n} \bm{S}_i = 0$ となるから

$$\sum_{i=0}^{n}\sum_{j=0}^{n} R_{ij}^2 = \sum_{i=0}^{n}\sum_{j=0}^{n} S_j^2 + \sum_{i=0}^{n}\sum_{j=0}^{n} S_i^2 - 2\sum_{i=0}^{n}\sum_{j=0}^{n} \bm{S}_i \cdot \bm{S}_j$$

$$= (n+1)\sum_{j=0}^{n} S_j^2 + (n+1)\sum_{i=0}^{n} S_i^2 - 2\sum_{i=0}^{n} \bm{S}_i \cdot \sum_{j=0}^{n} \bm{S}_j = 2(n+1)\sum_{i=0}^{n} S_i^2 \tag{2-5}$$

となる。式 (2-3) と式 (2-5) より

$$S^2 = \frac{1}{2(n+1)^2}\sum_{i=0}^{n}\sum_{j=0}^{n} R_{ij}^2 = \frac{1}{(n+1)^2}\sum_{i=0}^{n-1}\sum_{j=i+1}^{n} R_{ij}^2 \tag{2-6}$$

よって，S^2 の平均値である平均二乗回転半径 $\langle S^2 \rangle$ は

$$\langle S^2 \rangle = \frac{1}{(n+1)^2}\sum_{i=0}^{n-1}\sum_{j=i+1}^{n} \langle R_{ij}^2 \rangle \tag{2-7}$$

となり，光散乱法を用いて実験的に決定することのできる量である。

3) 近接相互作用と遠隔相互作用

高分子鎖の広がりを考える際に，高分子鎖の骨格に沿って近接した部分の間に働く近接相互作用（short-range interaction）と骨格に沿って遠く離れた部分の間に働く遠隔相互作用（long-range interaction）に分けて考えると便利である。前者は結合長，結合角とともに高分子鎖の局所的な形態・曲がりやすさ・高分子鎖の固さなどを決める分子鎖骨格に関連した作用である。後者は二つ以上の異なる分子鎖が接近したときに，互いに同一場所を占有できない排除体積効果（excluded-volume effect）と呼ばれる作用である。

1本の高分子鎖の形態を実験的に調べるには，高分子鎖を真空中に浮かべて孤立状態にし，他の分子鎖の影響を除けばよいが，実際には困難である。通常は，高分子を溶媒に溶解し，分子同士の影響が無視できるような希薄な濃度でその性質を調べることになる。その際に，高分子鎖の繰返し単位間の相互作用以外に，繰返し単位と溶媒分子の相互作用，溶媒分子同士の相互作用を考える必要がある。そのため，高分子のみを考慮した理論では溶媒分子の存在を直接考慮することはないが，繰返し単位間の相互作用の中に溶媒分子を介した間接的な相互作用も取り入れた平均力ポテンシャルを考える。先の遠隔相互作用はこの平均力ポテンシャルで記述することができ，斥力と引力からなる。適当な溶媒を選択すると，この斥力と引力が打ち消し合って，見かけ上，遠隔相互作用のないような状態をつくることができる。このような状態を提唱者（P. J. Flory）の名を冠して Flory のシータ状態（theta state）と呼ぶ。また，遠隔相互作用を考慮する必要のないシータ（Θ）状態における高分子鎖を理想鎖という。

2.2.2 理想鎖

ポリエチレンやポリプロピレンなどのC-C単結合が連なった鎖状高分子は，熱運動による結合まわりの分子内回転が起きやすく，その形態が容易に変化する。このような高分子を**屈曲性高分子**（flexible polymer）という。それに対して，セルロース誘導体，ポリイソシアネート，DNAのように，主鎖がC-C単結合であっても置換基の立体障害や相互作用によって分子内回転が起きにくい高分子を**半屈曲性高分子**（semi-flexible polymer）と呼ぶ。ここでは，排除体積効果のない屈曲性高分子のモデルとして自由連結鎖，自由回転鎖と束縛回転鎖，半屈曲性高分子のモデルとしてみみず鎖についての高分子鎖の広がりについて考える。

1) 自由連結鎖

排除体積効果のない屈曲性高分子の最も単純なモデルは，主鎖の原子がすべて同種であり，その結合長もすべて同じ長さ b の自由に動く継ぎ手でつないだ**自由連結鎖**（freely jointed chain）である。自由連結鎖は**ランダムコイル鎖**（random-coil chain）とも呼ばれる。その場合，式 (2-2) は

$$\langle R^2 \rangle = nb^2 + 2\sum_{i=1}^{n-1}\sum_{j=i+1}^{n} \langle \boldsymbol{b}_i \cdot \boldsymbol{b}_j \rangle \tag{2-8}$$

となる。このとき任意の二つの結合の間には相関はないので，θ_{ij} を $\boldsymbol{b}_i$ と $\boldsymbol{b}_j$ のなす角とすれば

$$\langle \boldsymbol{b}_i \cdot \boldsymbol{b}_j \rangle = b^2 \langle \cos\theta_{ij} \rangle = 0 \tag{2-9}$$

なので

$$\langle R^2 \rangle = nb^2 \tag{2-10}$$

となり，$\langle R^2 \rangle$ がボンド数 n に比例することになる。

自由連結鎖モデルにおける分子鎖の両末端間距離の分布は，長さ b の結合が n 個つながった分子鎖の一端を原点にとり，他端 $\boldsymbol{R}(x, y, z)$ がその位置にある確率 $P(\boldsymbol{R})$ を求めることと等価であり（図2-4），歩幅 b の酔っ払いが，原点から出発して n 歩目に原点からどれくらい離れたところにいるかという**酔歩**（random walk）の問題に対応している。この場合，x, y, z 軸方向への動きは独立と考えてよいから $P(x, y, z)$ は

$$P(x, y, z) = P(x)P(y)P(z)$$

と書くことができるので，まず一次元の酔歩の問題について考える。

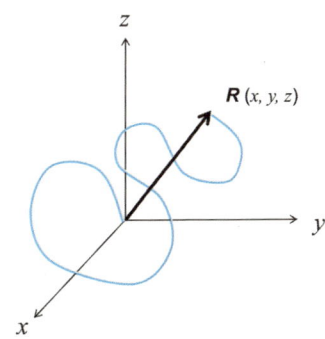

図2-4　自由連結鎖における両末端間ベクトル $\boldsymbol{R}$ の座標系

直線上の一点（原点）を出発して，この直線上を正か負の方向に無秩序に歩く場合を考える。n 歩後に原点から直線距離にして m 歩のところにいる確率を $P(m,n)$ とする。ランダムに正方向に n_+ 歩，負方向に n_- 歩，合計 n 歩いたとすると，$m = n_+ - n_-$，$n = n_+ + n_-$ なので

$$n_+ = (n+m)/2, \quad n_- = (n-m)/2 \tag{2-11}$$

である。歩行者が n 歩正か負の方向に歩くときの行き方の場合の数は 2^n であり，原点から直線距離で m 歩の位置までの歩いて行き方の場合の数は $n!/(n_+!n_-!)$ になる。したがって，歩行者が直線距離で m 歩の位置にいる確率は

$$P(m, n) = \frac{1}{2^n}\frac{n!}{n_+!n_-!} = \frac{1}{2^n}\frac{n!}{\left(\dfrac{n+m}{2}\right)!\cdot\left(\dfrac{n-m}{2}\right)!} \tag{2-12}$$

で表せる。ここで Stirling の近似

$$\ln n! \cong \ln(2\pi)^{1/2} + \left(n + \frac{1}{2}\right)\ln n - n \tag{2-13}$$

を用いると

$$\begin{aligned}
\ln\left(\frac{n+m}{2}\right)! &\cong \ln(2\pi)^{1/2} + \left(\frac{n+m+1}{2}\right)\ln\frac{n+m}{2} - \frac{n+m}{2} \\
&= \ln(2\pi)^{1/2} + \left(\frac{n+m+1}{2}\right)\ln\frac{n}{2}\left(1+\frac{m}{n}\right) - \frac{n+m}{2} \\
&= \ln(2\pi)^{1/2} + \left(\frac{n+m+1}{2}\right)\left[\ln n - \ln 2 + \ln\left(1+\frac{m}{n}\right)\right] - \frac{n+m}{2} \tag{2-14}
\end{aligned}$$

$$\ln\left(\frac{n-m}{2}\right)! \cong \ln(2\pi)^{1/2} + \left(\frac{n-m+1}{2}\right)\left[\ln n - \ln 2 + \ln\left(1-\frac{m}{n}\right)\right] - \frac{n-m}{2} \tag{2-15}$$

となり，式 (2-12) の対数をとり，式 (2-13) から式 (2-15) を代入すると

$$\begin{aligned}
\ln P(m, n) &= -n\ln 2 + \ln n! - \ln\left(\frac{n+m}{2}\right)! - \ln\left(\frac{n-m}{2}\right)! \\
&\cong -n\ln 2 - \ln(2\pi)^{1/2} - \frac{1}{2}\ln n + (n+1)\ln 2 - \left(\frac{n+m+1}{2}\right)\ln\left(1+\frac{m}{n}\right) - \left(\frac{n-m+1}{2}\right)\ln\left(1-\frac{m}{n}\right) \\
&= -\ln(2\pi)^{1/2} - \ln n^{1/2} + \ln 2 - \left(\frac{n+m+1}{2}\right)\ln\left(1+\frac{m}{n}\right) - \left(\frac{n-m+1}{2}\right)\ln\left(1-\frac{m}{n}\right) \\
&= \ln\left(\frac{2}{\pi n}\right)^{1/2} - \left(\frac{n+m+1}{2}\right)\ln\left(1+\frac{m}{n}\right) - \left(\frac{n-m+1}{2}\right)\ln\left(1-\frac{m}{n}\right) \tag{2-16}
\end{aligned}$$

ここで公式 (AP-52) と (AP-53) より，$\ln(1\pm x) \cong \pm x - x^2/2$ の近似を使い，n についての $1/n$ の項までをまとめ $1/n^2$ の項を無視すると

$$\begin{aligned}
\ln P(m, n) &= \ln\left(\frac{2}{\pi n}\right)^{1/2} - \left(\frac{n}{2} + \frac{m+1}{2}\right)\ln\left(1+\frac{m}{n}\right) - \left(\frac{n}{2} + \frac{-m+1}{2}\right)\ln\left(1-\frac{m}{n}\right) \\
&\cong \ln\left(\frac{2}{\pi n}\right)^{1/2} - \left(\frac{n}{2} + \frac{m+1}{2}\right)\left(\frac{m}{n} - \frac{m^2}{2n^2}\right) - \left(\frac{n}{2} + \frac{-m+1}{2}\right)\left(-\frac{m}{n} - \frac{m^2}{2n^2}\right)
\end{aligned}$$

$$= \ln\left(\frac{2}{\pi n}\right)^{1/2} - \left(\frac{m}{2} - \frac{m^2}{4n} + \frac{m^2+m}{2n}\right) - \left(-\frac{m}{2} - \frac{m^2}{4n} - \frac{-m^2+m}{2n}\right)$$

$$= \ln\left(\frac{2}{\pi n}\right)^{1/2} - \frac{m^2}{2n} \tag{2-17}$$

となる。よって

$$P(m,\ n) = \left(\frac{2}{\pi n}\right)^{1/2} \exp\left(-\frac{m^2}{2n}\right) \tag{2-18}$$

ここで一歩の歩幅 b を導入すると，原点からの距離 x は mb に等しい。例えば $n=2$ の場合を考えると，正方向に2歩で $x=2$，正方向に1歩と負方向に1歩で $x=0$，負方向に2歩で $x=-2$ となり，$\mathrm{d}m$ の最少単位は必ず2になるので，$\mathrm{d}x/\mathrm{d}m = 2b$ でなければならない。したがって，n 歩後の位置が x と $x+\mathrm{d}x$ の間にある確率 $P(x)\mathrm{d}x$ は

$$P(x)\mathrm{d}x = P(m,\ n)\frac{\mathrm{d}m}{\mathrm{d}x}dx = P(m,\ n)\frac{\mathrm{d}x}{2b} = \left(\frac{1}{2\pi nb^2}\right)^{1/2}\exp\left(-\frac{x^2}{2nb^2}\right)\mathrm{d}x \tag{2-19}$$

で表せる。式 (2-19) はガウス関数であり，n 歩後に原点にいる確率が一番高い左右対称なつりがね状の分布（正規分布あるいはガウス分布）となる。これを三次元に拡張するには n 歩のステップを各方向で均等にとるため，n を $n/3$ で置き換えて三方向の解の積をとればよい。

$$P(x,\ y,\ z) = \left(\frac{3}{2\pi nb^2}\right)^{3/2}\exp\left\{-\frac{3(x^2+y^2+z^2)}{2nb^2}\right\} \tag{2-20}$$

ここで，両端間距離ベクトルを $\boldsymbol{R}$ とすれば，$R^2 = x^2+y^2+z^2$ なので，式 (2-20) は次のように書くこともできる。

$$P(\boldsymbol{R}) = \left(\frac{3}{2\pi nb^2}\right)^{3/2}\exp\left(-\frac{3R^2}{2nb^2}\right) \tag{2-21}$$

いま，鎖の両端間距離の絶対値 $|\boldsymbol{R}|$ が R と $R+\mathrm{d}R$ の間にくる確 $P(R)\mathrm{d}R$ は，$P(\boldsymbol{R})$ を方向だけで積分したものなので，球の表面積 $4\pi R^2\mathrm{d}R$ を $P(\boldsymbol{R})$ にかければよい。

$$P(R)\mathrm{d}R = \left(\frac{3}{2\pi nb^2}\right)^{3/2}\cdot 4\pi R^2\exp\left(-\frac{3R^2}{2nb^2}\right)\mathrm{d}R \tag{2-22}$$

このような末端間の分布を与える鎖を **ガウス鎖**（Gaussian chain）または **理想鎖**（ideal chain）とよぶ。この分布関数を用いると平均二乗末端間距離は次のように計算される。

$$\langle R^2 \rangle = \int_0^\infty R^2 P(R)\mathrm{d}R = 4\pi\left(\frac{3}{2\pi nb^2}\right)^{3/2}\int_0^\infty R^4\exp\left(-\frac{3R^2}{2nb^2}\right)\mathrm{d}R \tag{2-23}$$

この積分を行うには公式（AP-28）を用いて

$$\int_0^\infty \exp(-ax^2)\mathrm{d}x = \frac{1}{2}\left(\frac{\pi}{a}\right)^{1/2}$$

の両辺を公式（AP-15）と（AP-24）を用いて a で2度微分すると，公式（AP-32）に示したように

$$\int_0^\infty x^4\exp(-ax^2)\mathrm{d}x = \frac{1}{2}\cdot\frac{1}{2}\cdot\frac{3}{2}\pi^{1/2}a^{-5/2} \tag{2-24}$$

となる。式 (2-23) と式 (2-24) から $a = 3/(2nb^2)$ なので

$$\langle R^2 \rangle = 4\pi \left(\frac{3}{2\pi nb^2}\right)^{3/2} \frac{1}{2} \cdot \frac{1}{2} \cdot \frac{3}{2} \pi^{1/2} a^{-5/2} = nb^2 \tag{2-25}$$

この式は式 (2-10) に一致しており，ガウス鎖でもやはり $\langle R^2 \rangle$ が要素の数 n に比例するという重要な結論が導かれた。

例えば，$\langle R^2 \rangle = nb^2 = 400$ nm のときの $\boldsymbol{R}$ の絶対値 R と分布関数 $P(\boldsymbol{R})$ および確率密度 $4\pi R^2 P(\boldsymbol{R})$ の関係を図 2-5 に示す。$P(\boldsymbol{R})$ は R の増加に対して単純に減少するが，$4\pi R^2 P(\boldsymbol{R})$ の極大値を示す R は次式より求められる。

$$\frac{\mathrm{d}R^2 P(R)}{\mathrm{d}R} = \left(\frac{3}{2\pi nb^2}\right)^{3/2} \cdot \exp\left(-\frac{3R^2}{2nb^2}\right) \cdot \left(2R - \frac{3R^3}{nb^2}\right) = 0 \tag{2-26}$$

式 (2-26) より $4\pi R^2 P(\boldsymbol{R})$ は $R = (2nb^2/3)^{1/2} \cong 16$ nm 付近に極大をもつ関数であることがわかる。$R = \langle R^2 \rangle^{1/2} = 20$ nm において，$P(\boldsymbol{R})$ は $R = 0$ の 2 割程度までに減少しており，$\langle R^2 \rangle^{1/2}$ は $4\pi R^2 P(\boldsymbol{R})$ のピーク位置を少し越えている。

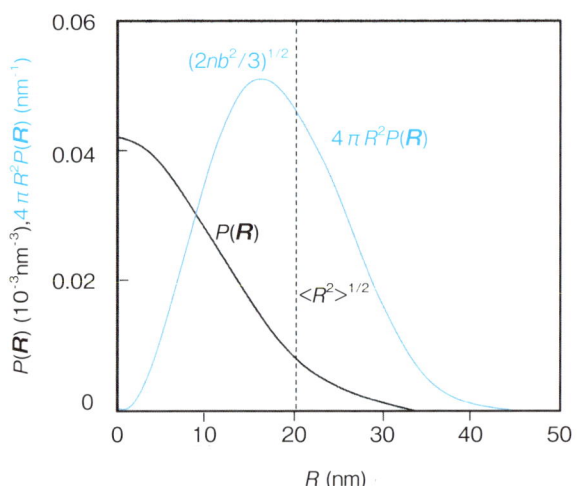

図 2-5　ガウス鎖の両末端間距離の分布関数

自由連結鎖の $\langle S^2 \rangle$ は，式 (2-25) の関係を i 番目と j 番目の原子の間の $\langle R_{ij}^2 \rangle$ に適用して式 (2-7) に代入すると

$$\langle S^2 \rangle = \frac{1}{(n+1)^2} \sum_{i=0}^{n-1} \sum_{j=i+1}^{n} |i-j| b^2 \tag{2-27}$$

となる。付録の数学公式 (AP-48) を使うと式 (2-27) は

$$\langle S^2 \rangle = \frac{n(n+2)b^2}{6(n+1)} = \frac{nb^2}{6} + \frac{b^2}{6} - \frac{b^2}{6(n+1)} \tag{2-28}$$

となる。n が充分に大きいときは，平均二乗回転半径 $\langle S^2 \rangle$ は

$$\langle S^2 \rangle = \frac{nb^2}{6} = \frac{\langle R^2 \rangle}{6} \tag{2-29}$$

2) 自由回転鎖

次に，結合長 b が一定で隣り合ったボンドが一定の結合角（$\pi - \theta$）をもち，図 2-6 のように各ボンドが直前のボンドに対して各結合回りの内部回転により自由に回転できる分子鎖を考える。すなわち，内部回転角 ϕ が 0 から 360° のすべての値を等しい確率でとれると仮定する。これを<u>自由回転鎖</u>（freely rotating chain）という。この場合，隣り合ったボンドベクトルの内積は結合角の補角 θ を用いて

$$\langle \bm{b}_i \cdot \bm{b}_{i+1} \rangle = b^2 \cos\theta \tag{2-30}$$

となる。

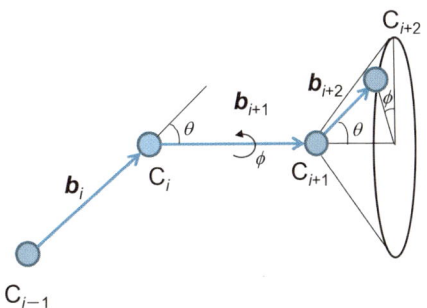

図 2-6　自由回転鎖

図 2-6 において $\bm{b}_i$ と $\bm{b}_{i+1}$ を紙面に固定したとき $\bm{b}_{i+2}$ は図の円錐状を自由に回転しているので $\bm{b}_{i+2}$ の平均の方向は $\bm{b}_{i+1}$ と一致し，大きさは $b\cos\theta$ となる。したがって

$$\langle \bm{b}_i \cdot \bm{b}_{i+2} \rangle = \langle \bm{b}_i \cdot \bm{b}_{i+1} \rangle \cos\theta = b^2 \cos^2\theta \tag{2-31}$$

以下，同様にして

$$\langle \bm{b}_i \cdot \bm{b}_{i+k} \rangle = b^2 \cos^k\theta \tag{2-32}$$

ここで $p = \cos\theta$ とおき，数学公式（AP-40）と（AP-41）を使うと

$$\sum_{i=1}^{n-1}\sum_{j=i+1}^{n} \langle \bm{b}_i \cdot \bm{b}_j \rangle = \sum_{i=1}^{n-1}\sum_{k=1}^{n-i} \langle \bm{b}_i \cdot \bm{b}_{i+k} \rangle = b^2 \sum_{k=1}^{n-1}(n-k)p^k = nb^2 \sum_{k=1}^{n-1} p^k - b^2 \sum_{k=1}^{n-1} kp^k$$

$$= nb^2 \frac{p-p^n}{1-p} - b^2 \frac{p[1-np^{n-1}+(n-1)p^n]}{(1-p)^2} \tag{2-33}$$

式（2-33）を式（2-8）に代入して整理すると

$$\langle R^2 \rangle = nb^2 + 2nb^2 \frac{p-p^n}{1-p} - 2b^2 \frac{p[1-np^{n-1}+(n-1)p^n]}{(1-p)^2}$$

$$= nb^2\left(1 + \frac{2p}{1-p}\right) - nb^2\left\{\frac{2p^n}{1-p} + \frac{2p[1-np^{n-1}+(n-1)p^n]}{n(1-p)^2}\right\}$$

$$= nb^2 \left[\frac{1+p}{1-p} - \frac{2p(1-p^n)}{n(1-p)^2}\right] \tag{2-34}$$

となる。n が十分に大きいとき右辺第2項は無視できて

$$\langle R^2 \rangle = nb^2 \frac{1+\cos\theta}{1-\cos\theta} \tag{2-35}$$

となる。自由連結鎖の場合と同様に $\langle R^2 \rangle$ は n に比例することがわかる。特に結合角 $(\pi-\theta)$ が正四面体角のときは $\cos\theta = 1/3$ であり，$\langle R^2 \rangle = 2nb^2$ となる。これは自由連結鎖の2倍である。

自由回転鎖の $\langle R_{ij}^2 \rangle$ は式 (2-34) の n を $|i-j|$ で置き換えた式で与えられる。それを式 (2-7) に代入して公式（AP-46），（AP-48）と（AP-49）を利用して整理すると

$$\langle S^2 \rangle = \frac{b^2}{(n+1)^2} \sum_{i=0}^{n-1} \sum_{j=i+1}^{n} \left[\frac{1+p}{1-p}|i-j| - \frac{2p}{(1-p)^2}(1-p^{|i-j|})\right]$$

$$= \frac{n(n+1)(n+2)b^2}{6(n+1)^2} \frac{1+p}{1-p} - \frac{2b^2 p}{(n+1)^2(1-p)^2}\left[\frac{1}{2}n(n+1) - \frac{np}{1-p} + \frac{p^2(1-p^n)}{(1-p)^2}\right]$$

$$= \frac{nb^2(n+1)}{6(n+1)} \frac{1+p}{1-p} + \frac{nb^2}{6(n+1)} \frac{1+p}{1-p} - \frac{b^2 pn}{(n+1)(1-p)^2} + \frac{2b^2 np^2}{(n+1)^2(1-p)^3} - \frac{2b^2 p^3(1-p^n)}{(n+1)^2(1-p)^4}$$

$$= \frac{nb^2}{6}\frac{1+p}{1-p} + \frac{b^2(n+1)}{6(n+1)}\frac{1-6p-p^2}{(1-p)^2} + \frac{6b^2 p - b^2 + b^2 p^2}{6(n+1)(1-p)^2} + \frac{2b^2 np^2}{(n+1)^2(1-p)^3} - \frac{2b^2 p^3(1-p^n)}{(n+1)^2(1-p)^4}$$

$$= \frac{nb^2}{6}\frac{1+p}{1-p} + \frac{b^2}{6}\frac{1-6p-p^2}{(1-p)^2} + \frac{b^2(n+1)}{6(n+1)^2}\frac{-1+7p+7p^2-p^3}{(1-p)^3} - \frac{2b^2 p^2}{(n+1)^2(1-p)^3} - \frac{2b^2 p^3(1-p^n)}{(n+1)^2(1-p)^4}$$

$$= \frac{nb^2}{6}\frac{1+p}{1-p} + \frac{b^2}{6}\frac{1-6p-p^2}{(1-p)^2} + \frac{b^2}{6(n+1)}\frac{-1+7p+7p^2-p^3}{(1-p)^3} - \frac{2b^2 p^2}{(n+1)^2}\frac{1-p^{n+1}}{(1-p)^4} \tag{2-36}$$

となる。n が十分に大きいとき右辺第2項以下が無視できて

$$\langle S^2 \rangle = \frac{nb^2}{6}\frac{1+\cos\theta}{1-\cos\theta} = \frac{\langle R^2 \rangle}{6} \tag{2-37}$$

で近似できる。

3) 束縛回転鎖

次に，内部回転角 ϕ の回転ポテンシャルを考えた束縛回転鎖（hindered rotating chain）の場合を考える。今，$\text{-(CH}_2)_n\text{-}$ で表されるポリメチレン鎖において，結合角は一定として，結合 $\boldsymbol{b}_i$ のまわりに結合 $\boldsymbol{b}_{i+1}$ が角 ϕ_i だけ回転しているとすると，結合 $\boldsymbol{b}_{i+1}$ の回転ポテンシャルはトランス（T）の位置を $0°$ にとると近似的に先に示した図2-1のように表される。すなわち，Tが最も安定であり，$120°$ と $-120°$ の位置，すなわちゴーシュ，G^+ と G^- が次に安定となる。現実には $\boldsymbol{b}_i$ の回転は ϕ_{i-1}，ϕ_{i+1} にも依存しているが，ここでは $\boldsymbol{b}_i$ の回転ポテンシャルが ϕ_i のみの関数として表される独立回転鎖（chain with independent rotation）としての近似を導入すると，n が大きい場合には

$$\langle R^2 \rangle = nb^2 \frac{1+\cos\theta}{1-\cos\theta} \cdot \frac{1+\langle\cos\phi\rangle}{1-\langle\cos\phi\rangle} \tag{2-38}$$

と記述できる。ここで $\langle\cos\phi\rangle$ は $\cos\phi$ の統計平均であり

$$\langle\cos\phi\rangle = \frac{\int_{-\pi}^{\pi}\cos\phi\exp\left(-\frac{U(\phi)}{kT}\right)d\phi}{\int_{-\pi}^{\pi}\exp\left(-\frac{U(\phi)}{kT}\right)d\phi} \tag{2-39}$$

で表される。内部回転ポテンシャル関数 $U(\phi)$ が分かれば，式（2-39）より $\langle\cos\phi\rangle$ が求まり $\langle R^2 \rangle$ が計算できるが，具体的な積分が困難な場合が多い。そこで，T の回転ポテンシャルを $U(0°) = 0$ としたとき，G^+ と G^- の回転ポテンシャルを $U(120°)=U(-120°)=E_g$ とし，回転ポテンシャルが連続関数ではなくて，T，G^+，G^- の三つの状態のみが存在するという回転異性体近似モデル（rotational isomeric state model）を考えると

$$\int_{-\pi}^{\pi}\exp\left(-\frac{U(\phi)}{kT}\right)d\phi = \exp\left(-\frac{U(0)}{kT}\right) + 2\exp\left(-\frac{E_g}{kT}\right) = 1 + 2\exp\left(-\frac{E_g}{kT}\right) \tag{2-40}$$

となるので，$\exp(-E_g/kT) = \sigma$ とおくと

$$\langle\cos\phi\rangle = \frac{\cos 0 \cdot 1 + \cos(120°)\cdot\sigma + \cos(-120°)\cdot\sigma}{1+2\sigma} = \frac{1-\sigma}{1+2\sigma} \tag{2-41}$$

となる。式（2-41）を式（2-38）に代入すると

$$\langle R^2 \rangle = nb^2 \frac{1+\cos\theta}{1-\cos\theta} \cdot \frac{2+\sigma}{3\sigma} \tag{2-42}$$

と表される。例えば，413 K のポリエチレンの $\langle R^2 \rangle / (nb^2)$ の実験値は 6.7 であるのに対し，$E_g = 2\,100$ J mol^{-1} のとき，$\sigma \cong \exp[-2\,100/(1.38\times10^{-23}\times413\times6.02\times10^{23})] \cong 0.54$ で，$\theta = 68°$ とすると式（2-42）より計算値は 3.4 となり実験値よりもずいぶん小さくなる。このことは，独立回転ポテンシャルによる近似では不十分であり，三つの結合間の相互作用を考慮する必要があることを示している。

いままで検討してきた高分子鎖モデルの平均二乗両端間距離を $\langle R^2 \rangle = C_n nb^2$ で表すと，$n \to \infty$ において C_∞ は一定値となり

・自由連結鎖　$C_\infty = 1$

・自由回転鎖　$C_\infty = \dfrac{1+\cos\theta}{1-\cos\theta}$

・束縛回転鎖（独立回転鎖）　$C_\infty = \dfrac{1+\cos\theta}{1-\cos\theta}\cdot\dfrac{1+\langle\cos\phi\rangle}{1-\langle\cos\phi\rangle}$

となる。C_n は特性比（characteristic ratio）と呼ばれる。

4) みみず鎖

排除体積効果のない半屈曲性高分子は**みみず鎖**（worm-like chain）モデルによって表すことができる。みみず鎖は提唱者（O. Kratky, G. Porod）の頭文字をとって**KP鎖**とも呼ばれる。

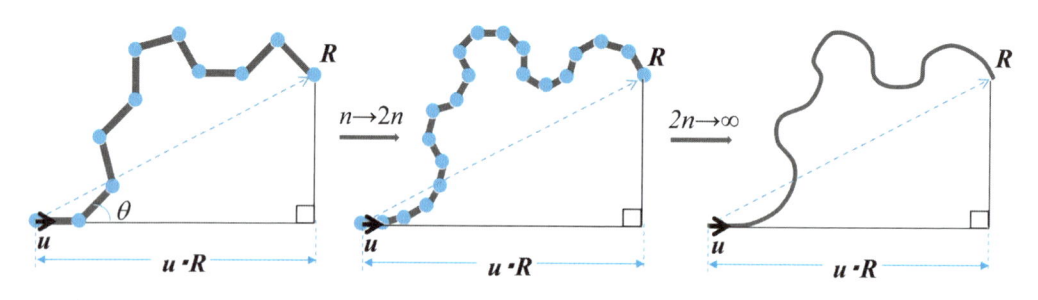

図 2-7 みみず鎖モデル

図2-7に示したように，自由回転鎖の結合ベクトル $\boldsymbol{b}_1$ に平行な単位ベクトルを $\boldsymbol{u}(=\boldsymbol{b}_1/b)$ とすると，$\boldsymbol{b}_1$ の方向への $\boldsymbol{R}$ の射影長の平均は $\langle\boldsymbol{u}\cdot\boldsymbol{R}\rangle$ と書け，式 (2-32) より $\langle\boldsymbol{b}_1\cdot\boldsymbol{b}_i\rangle = b^2\cos^{i-1}\theta$ なので，公式（AP-40）を用いると

$$\langle\boldsymbol{u}\cdot\boldsymbol{R}\rangle = \langle\frac{\boldsymbol{b}_1}{b}\cdot\boldsymbol{R}\rangle = \frac{1}{b}\langle\boldsymbol{b}_1\cdot\left(\sum_{i=1}^{n}\boldsymbol{b}_i\right)\rangle = b\frac{1-\cos^n\theta}{1-\cos\theta} \tag{2-43}$$

となる。$n\to\infty$ における $\langle\boldsymbol{u}\cdot\boldsymbol{R}\rangle$ の極限値を**持続長**（persistence length）q と定義する。

$$q = \lim_{n\to\infty}\langle\boldsymbol{u}\cdot\boldsymbol{R}\rangle = \frac{b}{1-\cos\theta} \tag{2-44}$$

式 (2-44) と自由回転鎖の全鎖長 $l = nb$ より

$$\cos\theta = 1 - \frac{l}{nq} \tag{2-45}$$

となる。q は高分子鎖が最初の結合方向に平均的にどれだけ伸びるか，すなわち剛直性の目安となり，他の高分子鎖モデルについても定義できる。例えば，自由連結鎖の場合は $q = b$ である。全鎖長 l と持続長 q を一定に保ったまま $n\to\infty$（$b\to 0$）としたときの連続極限を考える。数学の公式（AP-3）より

$$e^a = \lim_{n\to\infty}\left(1 + \frac{a}{n}\right)^n$$

と式 (2-45) より

$$\lim_{n\to\infty}\cos^n\theta = \lim_{n\to\infty}\left(1 - \frac{l}{nq}\right)^n = e^{-l/q} \tag{2-46}$$

となる。$l = nb$ であること及び式 (2-44) と式 (2-45) を使い，式 (2-34) を書き換えると

$$\langle R^2\rangle = nb^2\left[\frac{1+p}{1-p} - \frac{2p(1-p^n)}{n(1-p)^2}\right] = \frac{b}{1-p}\cdot nb\left[1 + p - \frac{2b}{1-p}\cdot\frac{1}{nb}\cdot p(1-p^n)\right]$$

$$= ql\left\{1 + p - \frac{2qp}{l}\left[1 - \left(1 - \frac{l}{nq}\right)^n\right]\right\} \tag{2-47}$$

で表される。式 (2-47) で $\theta \to 0$ ($\cos\theta = p \to 1$) の極限をとり，$n \to \infty$における式 (2-46) を使うと

$$\langle R^2 \rangle = 2ql - 2q^2(1 - e^{-l/q}) \tag{2-48}$$

となる。式 (2-36) も同様に書き換えると，

$$\langle S^2 \rangle = \frac{nb^2}{6}\frac{1+p}{1-p} + \frac{b^2}{6}\frac{1-6p-p^2}{(1-p)^2} + \frac{b^2}{6(n+1)}\frac{-1+7p+7p^2-p^3}{(1-p)^3} - \frac{2b^2p^2}{(n+1)^2}\frac{1-p^{n+1}}{(1-p)^4}$$

$$= \frac{ql}{6}(1+p) + \frac{q^2}{6}(1-6p-p^2) + \frac{q^3}{6nb(1+1/n)}(-1+7p+7p^2-p^3) - \frac{2q^4}{n^2b^2(1+1/n)^2}$$

$$\left[1 - \left(1 - \frac{l}{nq}\right)^{n+1}\right]$$

となり，先と同様に極限をとると

$$\langle S^2 \rangle = \frac{ql}{3} - q^2 + \frac{2q^3}{l} - \frac{2q^4}{l^2}(1 - e^{-l/q}) \tag{2-49}$$

となる。$l/q \ll 1$ のとき，すなわち真っ直ぐ連なった棒状高分子では，公式（AP-51）を用いて，

$$\langle R^2 \rangle = 2ql - 2q^2 \left[\frac{l}{q} - \frac{1}{2}\left(\frac{l}{q}\right)^2 + \frac{1}{6}\left(\frac{l}{q}\right)^3 - \cdots\right] \cong l^2 \tag{2-50}$$

$$\langle S^2 \rangle = \frac{l}{3}q - q^2 + \frac{2}{l}q^3 - \frac{2q^4}{l^2}\left[\frac{l}{q} - \frac{1}{2}\left(\frac{l}{q}\right)^2 + \frac{1}{6}\left(\frac{l}{q}\right)^3 - \frac{1}{24}\left(\frac{l}{q}\right)^4 + \cdots\right] \cong \frac{l^2}{12} \tag{2-51}$$

で表すことができる。よって

$$\langle S^2 \rangle = \frac{\langle R^2 \rangle}{12} = \frac{n^2 b^2}{12} \propto M^2$$

となる。

$l/q \gg 1$ のとき，式 (2-48) と式 (2-49) における $e^{-l/q} \cong 0$ なので

$$\langle R^2 \rangle \cong 2ql - 2q^2 = 2ql\left(1 - \frac{q}{l}\right) \cong 2ql = \frac{2nb^2}{1-\cos\theta} \tag{2-52}$$

$$\langle S^2 \rangle \cong \frac{ql}{3} - q^2 + \frac{2q^3}{l} - \frac{2q^4}{l^2} = ql\left[\frac{1}{3} - \left(\frac{q}{l}\right) + 2\left(\frac{q}{l}\right)^2 - 2\left(\frac{q}{l}\right)^3\right] \cong \frac{ql}{3}$$

$$= \frac{nb^2}{3} \cdot \frac{1}{1-\cos\theta}$$

$$\tag{2-53}$$

で表すことができる。式の変形には式 (2-44) と $l = nb$ の関係を利用した。よって，

$$\langle S^2 \rangle = \frac{\langle R^2 \rangle}{6} = \frac{nbq}{3} \propto M \tag{2-54}$$

となる。すなわち，みみず鎖は真っ直ぐな棒とランダムコイル鎖を両極限として含んだモデルであるといえる。

２．２．３　実在鎖における排除体積効果

前項の近接相互作用を考慮したモデルでは，両端の高分子鎖同士が重なり合うことは考えていなかった。高分子鎖同士が重なり合った配置を考えた場合，高分子鎖自身は体積をもち，実際には同一空間に二つ以上の異なった分子鎖を重ね合わせる配置は取れない。この高分子鎖の排除体積効果により，高分子鎖はより広がることになる。実際の高分子では分子量が大きくなるにつれて，排除体積効果による相互作用が分子鎖の広がりに大きな影響を与える。ここでは，より実在鎖に近い遠隔相互作用を考慮した Flory 理論について，その導出は省略して結果のみについて紹介する。

前項で考えた理想鎖の $\langle R^2 \rangle$ と $\langle S^2 \rangle$ を，ここでは排除体積を考慮していないことを明示するために，添字 0 をつけて $\langle R^2 \rangle_0$, $\langle S^2 \rangle_0$ と書くことにし，添字の付かない $\langle R^2 \rangle$, $\langle S^2 \rangle$ は排除体積効果を考慮した物理量であることを表す。$\langle R^2 \rangle$ と $\langle R^2 \rangle_0$ の比 α_R^2, $\langle S^2 \rangle$ と $\langle S^2 \rangle_0$ の比 α_S^2 を考え，$\langle R^2 \rangle$ と $\langle S^2 \rangle$ をそれぞれ次のように表す。

$$\langle R^2 \rangle = \langle R^2 \rangle_0 \alpha_R^2 \tag{2-55}$$

$$\langle S^2 \rangle = \langle S^2 \rangle_0 \alpha_S^2 \tag{2-56}$$

α_R と α_S は膨張因子（expansion factor）と呼ばれ，両者を区別する必要がある場合は，それぞれ両端間膨張因子（end-distance expansion factor），回転半径膨張因子（gyration-radius expansion factor）と呼ばれる。

P. J. Flory は高分子鎖の繰返し単位が反発して広がりを大きくする作用と高分子鎖ができる限り多くの形態をとり得るように広がりを小さくする作用の釣り合いによって高分子鎖の広がりが決定されるという考えに基づき，膨張因子について次の関係式を導いた。

$$\alpha_S^5 - \alpha_S^3 \propto \left(1 - \frac{\Theta}{T}\right) M^{1/2} \tag{2-57}$$

Flory 理論では $\alpha_R = \alpha_S$ である。式（2-57）より $T = \Theta$ のとき $\alpha_S = 1$ となり，高分子鎖の広がりは理想鎖で表すことができる。また，$T > \Theta$ のとき α_S（＞1）は M に依存し，$M \to \infty$ のとき $\alpha_S \gg 1$ となり式（2-57）において α_S^3 は α_S^5 に対して無視できるので，

$$\lim_{M \to \infty} \alpha_S^5 \propto M^{1/2} \tag{2-58}$$

となる。式（2-56），式（2-58）と $\langle S^2 \rangle_0 \propto M$ より

$$\lim_{M \to \infty} \langle S^2 \rangle^{1/2} = \lim_{M \to \infty} \langle S^2 \rangle_0^{1/2} \alpha_S \propto M^{1/2} \cdot (M^{1/2})^{1/5} = M^{0.6} \tag{2-59}$$

となる。この指数 0.6 は Flory 指数（Flory exponent）と呼ばれている。高分子を溶かしにくい貧溶媒（poor solvent）中では $\alpha_S = 1$，すなわち $\langle S^2 \rangle \propto M$ となる温度を実現できる高分子／溶媒系が存在し，その温度をシータ温度（theta temperature）という。貧溶媒中で $T > \Theta$ ならば $\alpha_S > 1$ となり排除体積効果を生じて高分子は溶媒に溶解し拡がる。$T < \Theta$ ならば $\alpha_S < 1$ となり高分子は溶けにくくなる。高分子をよく溶かす良溶媒（good solvent）中では，繰返し単位の間に働く平均力ポテンシャルの斥力が引力に勝るので，M の大きい領域では常に $\alpha_S > 1$ となる。

演習問題

1. フッ化ビニリデンの重合で生成する高分子の構成繰返し単位2個分の連結した化学構造について，CH_2 を尾，CF_2 を頭とした場合の考えられる3種類の結合様式を書け。

2. 以下のジエンモノマーを付加重合した場合の生成しうる構成繰返し単位の構造をすべて書け。
   (1) 1,3-ブタジエン (1,3-butadiene)
   (2) シクロヘキサ-1,3-ジエン (cyclohexa-1,3-diene)

3. ビニルモノマー A と B から得られる共重合体について，考えられるすべてのモノマー連鎖の三連子を書き，交互共重合体にみられる連鎖とブロック共重合体にみられる連鎖に分類せよ。

4. ビニルモノマー $CH_2=CHR$ の立体規則性の n 連子は何種類あるか n が偶数と奇数の場合に分けて答えよ。

5. C-C 結合数が100個からなるポリエチレン鎖について以下の問に答えよ。
   (1) 主鎖が全トランス状態をとるときの両端間距離 R を求めよ。ただし，C-C 結合長を 0.153 nm，C-C-C 結合角を 112° とする（図4-7参照）。
   (2) ポリエチレン鎖が自由回転鎖であると仮定した場合の $\langle R^2 \rangle^{1/2}$ を求め，(1)の R の何倍になるか答えよ。
   (3) ポリエチレン鎖が束縛回転鎖であると仮定し，回転異性体モデルを適応した場合の $\langle R^2 \rangle^{1/2}$ を求め，(2)の $\langle R^2 \rangle^{1/2}$ の何倍になるか答えよ。ただし，$E_g = 2 \text{ kJ mol}^{-1}$，$T = 300 \text{ K}$ とする。

6. 式 (2-3) を用いて 0 番目から n 番目までの $n+1$ 個のモノマー単位が等間隔 b で直線状に並んだ棒状分子の $\langle S^2 \rangle$ を求めよ。

7. 重合度 n のポリエチレンについて，$n \to \infty$ のときのみみず鎖モデルにおいて定義した持続長 q を求めよ。ただし，ポリエチレンの実測の特性比 C は 6.7，C-C 結合長を 0.153 nm，C-C-C 結合角を 112° とする。

8. 二重らせん構造をもつデオキシリボ核酸 (DNA) は太さ（直径）が 2 nm，水溶液中での持続長 q は 60 nm である。いま，全長 $l = 3$ cm の DNA について，排除体積効果は働かないとして，DNA の回転半径 $\langle S^2 \rangle^{1/2}$ を求めよ。また，この DNA が隙間なく球状に凝集した状態での球の半径を求め，水溶液中での $\langle S^2 \rangle^{1/2}$ と比較せよ。

ポリマーの平均分子量と溶液の熱力学的性質

3

ポール・ジョン・フローリー
Paul John Flory

（1910-1985年，アメリカの化学者）

Flory-Huggins 理論など高分子溶液論の研究や，大著Principles of Polymer Chemistry（コーネル大学出版）などで有名。高分子化学の理論と実験にわたる基礎的研究で1974年にノーベル化学賞を受賞[2]。

孤立した個々の分子に割り当てられる性質を**分子特性**（molecular characteristic）といい，この性質を定量的に決定する技術を**分子特性解析法**（molecular characterization）という。低分子には見られない高分子特有の性質の多くは，分子量が大きいという理由に基づいており，高分子の分子特性として分子量は常に重要な値である。1章で述べたように，高分子は1個あるいは数個の繰返し単位が増減しても諸特性がほとんど変化しないほどの分子量をもった分子であるが，分子量がいくら以上ならば高分子なのかという厳密な定義はなく，分子量で1万以上，重合度で100以上が高分子の目安となる。実際に我々が身の回りで取り扱う高分子物質（ポリマー）は，酵素や一部の天然高分子物質を除いて，モノマー単位の繰返し数（重合度）の異なる同族体の混合物として存在することが多い。したがって，その分子量は平均値として取り扱われる。ポリマーの平均分子量を測定するためには，高分子間の強い分子間相互作用の影響がでないように，分子をバラバラに分散させる必要がある。しかし，高分子は熱分解することなしに気体にすることができないので，一般的には**希薄溶液**（dilute solution）が用いられる。希薄溶液では，ポリマー濃度が十分に低く，高分子鎖同士は十分に離れているため互いに相互作用を持たない状態にある。高分子鎖間に相互作用があるが比較的濃度の低い状態を**準希薄溶液**（semi-dilute solution）という。さらに濃度が高くなると高分子鎖が互いに絡み合った粘稠な**濃厚溶液**（concentrated solution）となる。気体の場合とは異なり，ポリマー溶液の性質は溶質高分子の特性以外に溶媒の性質や溶質・溶媒の相互作用にも左右される。本章では，まずポリマーの各種平均分子量の定義について述べたのち，ポリマー溶液を用いた平均分子量測定の基礎となる統計熱力学と熱力学的性質について紹介する。

3.1　ポリマーの平均分子量と分子量分布

　モノマーの重合により得られるポリマーは，繰返し単位の重合度が異なる高分子の同族体の混合物からできているため，**分子量分布**（molecular distribution）をもっているのが一般的であり，その分子量は平均値として表される。

　今，分子量の異なる成分 $i = 1, 2, \cdots q$ からなるポリマー試料において，M_i を成分 i の分子量，N_i を成分 i の分子数とすると，成分 i の**モル分率**（molar fraction）n_i と**重量分率**（weight fraction）w_i は以下のように表される。

$$n_i = \frac{N_i}{\sum_{i=1}^{q} N_i} \tag{3-1}$$

$$w_i = \frac{N_i M_i}{\sum_{i=1}^{q} N_i M_i} \tag{3-2}$$

　それらを用いるとポリマー試料の**数平均分子量**（M_n），**重量平均分子量**（M_w）と **z 平均分子量**（M_z）は，それぞれ次のように定義される。

・数平均分子量（number-average molecular weight）

$$M_\mathrm{n} = \frac{\sum_{i=1}^{q} N_i M_i}{\sum_{i=1}^{q} N_i} = \sum_{i=1}^{q} n_i M_i = \frac{1}{\sum_{i=1}^{q} (w_i / M_i)} \tag{3-3}$$

・重量平均分子量（weight-average molecular weight）

$$M_\mathrm{w} = \frac{\sum_{i=1}^{q} N_i M_i^2}{\sum_{i=1}^{q} N_i M_i} = \sum_{i=1}^{q} w_i M_i \tag{3-4}$$

・z 平均分子量（z-average molecular weight）

$$M_\mathrm{z} = \frac{\sum_{i=1}^{q} N_i M_i^3}{\sum_{i=1}^{q} N_i M_i^2} = \frac{\sum_{i=1}^{q} w_i M_i^2}{\sum_{i=1}^{q} w_i M_i} \tag{3-5}$$

M_n は，ポリマーの全重量をポリマーの全分子数で割ったもの，すなわち，分子の数で平均した分子量である．ポリマー溶液の滴定や NMR による末端基定量法，膜浸透圧法，蒸気圧浸透法などの分子数により変化する物性値から求めることができる．それに対して，M_w はそれぞれの成分の重みを加味した重量分率により平均した分子量であり，光散乱法や沈降平衡法など，分子の数よりも質量が反映されやすい測定法により求めることができる．

例えば，分子量が 1 万の高分子をアボガドロ数（N_A）個，すなわち 1 mol（10 kg）と分子量が 10 万の高分子を N_A 個，すなわち 1 mol（100 kg）を混合した試料について，M_n と M_w は

$$M_\mathrm{n} = \frac{N_\mathrm{A} \times 10^4 + N_\mathrm{A} \times 10^5}{N_\mathrm{A} + N_\mathrm{A}} = \frac{1}{2} \times 10^4 + \frac{1}{2} \times 10^5 = 5.50 \times 10^4$$

$$M_\mathrm{w} = \frac{N_\mathrm{A} \times (10^4)^2 + N_\mathrm{A} \times (10^5)^2}{N_\mathrm{A} \times 10^4 + N_\mathrm{A} \times 10^5} = \frac{1}{11} \times 10^4 + \frac{10}{11} \times 10^5 \cong 9.18 \times 10^4$$

となり M_w の方が M_n よりも約 1.67 倍大きくなる．これは，その計算式において，M_n では分子量 1 万と 10 万の高分子のモル分率がともに 1/2 であるのに対して，M_w ではそれぞれの高分子の重量分率が 1/11 と 10/11 となることに基づいている．

M_z はさらに重量の影響を強く反映する平均分子量であり，超遠心機を用いた沈降平衡法により求めることができる．z の添え字は遠心機のドイツ語 zentrifuge の頭文字である．

上で述べた平均分子量の測定法はいずれも分子量既知の標準物質を必要としない絶対法であるが，測定に熟練を要する場合が多い．それに対して，ゲル浸透クロマトグラフィー（gel permeation chromatography: GPC）や粘度法は，校正のための高分子標準物質を必要とする相対法であるが，比較的容易に測定することができる．特に，GPC は $M_\mathrm{n}, M_\mathrm{w}, M_\mathrm{z}$ のすべてを求めることができるので，一般的によく用いられる．ただし，対象となるポリマーと同じ種類の高分子標準物質がなければ，およその換算分子量しか得られないので注意する必要がある．ただし，光散乱検出器を装備した GPC 装置では絶対分子量を測定することができる．

上で定義した平均分子量以外に，Staudinger が導入した希薄溶液の粘度と分子量の関係に基づく平均分子量がある。後述するが，ポリマーの固有粘度 $[\eta]$ と平均分子量 M の間には定数 K と a を用いて，$[\eta] = KM^a$ の関係がある（3. 4. 4 参照）。この方法で求まる平均分子量は粘度平均分子量（M_v）と呼ばれ，次式のように表すことができる。

・粘度平均分子量（viscosity-average molecular weight）

$$M_v = \left(\frac{\sum_{i=1}^{q} N_i M_i^{a+1}}{\sum_{i=1}^{q} N_i M_i} \right)^{1/a} = \left(\sum_{i=1}^{q} w_i M_i^a \right)^{1/a} \tag{3-6}$$

式（3-6）における a が 1 の場合は $M_v = M_w$ となるが，通常 a は 0.5 〜 0.8 の範囲にあり，これらの平均分子量の間には $M_n \leq M_v \leq M_w \leq M_z$ の関係が成り立つ（図3-1）。化学構造と分子量が同じ高分子からなる分子量分布のないポリマーは均一ポリマー（uniform polymer）あるいは単分散ポリマー（monodisperse polymer）と呼ばれ，$M_n = M_v = M_w = M_z$ となる。核酸や酵素などの天然物には均一ポリマーが存在する。一方，合成ポリマーは，通常，分子量分布をもった不均一ポリマー（non-uniform polymer）あるいは多分散ポリマー（polydisperse polymer）である。M_w/M_n の値は分子量分布の広さの尺度であり，1 に近いほど分子量分布が狭く，1 よりも大きいほど分子量分布の幅が広いことを表している。

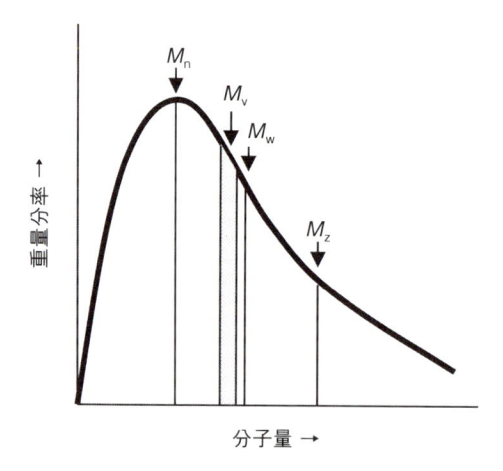

図 3-1 ポリマーの分子量分布と平均分子量

3.2　ポリマー溶液の熱力学的性質

温度 T と圧力 P が一定であるとき，溶液の熱力学的性質は次式で定義されるギブズの自由エネルギー（Gibbs free energy）G で決まる。

$$G = H - TS = U + PV - TS \tag{3-7}$$

式中で H はエンタルピー (enthalpy)，S はエントロピー (entropy)，U は内部エネルギー，V は体積を表す．溶媒と溶質を混合して溶液としたときの系全体の G の変化 $\Delta_m G$ は

$$\Delta_m G = \Delta_m H - T\Delta_m S = \Delta_m U + P\Delta_m V - T\Delta_m S \tag{3-8}$$

$\Delta_m H$，$\Delta_m S$，$\Delta_m U$，$\Delta_m V$ は，それぞれ混合のエンタルピー，エントロピー，内部エネルギー，体積の変化である．ただし，高分子の場合，$\Delta_m V$ は無視しうる．$\Delta_m G < 0$ のときは系内の溶質と溶媒が均一に混じりあい，$\Delta_m G > 0$ のとき，系は元の状態，すなわち溶質と溶媒が分離した状態に戻る．熱力学の基本法則より T，P が一定で系が平衡にあるためには G が極小値をとらなければならないからである．

溶液はそれぞれ1種類の溶質と溶媒の少なくとも2成分からなる系であり，このような多成分系では各成分が G にどの程度寄与するかが重要である．この寄与の大きさは，化学ポテンシャル (chemical potential) $\mu_i(T, P, x_i)$ で表される．

$$\mu_i(T, P, x_i) = \left(\frac{\partial G}{\partial n_i}\right)_{T, P, n_j\,(j \neq i)} \quad (i = 1, \cdots q) \tag{3-9}$$

ここで q は成分数，n_i は成分 i の量（モル），x_i は成分 i のモル分率である．また，下付の T，P，$n_j\,(j \neq i)$ はそれぞれ T，P および i 以外の成分量を一定に保つことを示す．したがって，G は次式で表される．

$$G = \sum_{i=1}^{q} \mu_i(T, P, x_i)\, n_i \tag{3-10}$$

純 i 成分の化学ポテンシャルを $\mu^\circ_i(T, P)$ で表し，混合による成分 i の化学ポテンシャル変化 $\Delta_m \mu_i = \mu_i(T, P, x_i) - \mu^\circ_i(T, P)$ とすると，

$$\Delta_m G = \sum_{i=1}^{q}\left[\mu_i(T, P, x_i) - \mu^\circ_i(T, P)\right]n_i = \sum_{i=1}^{q} \Delta_m \mu_i n_i \tag{3-11}$$

となる．

ポリマー溶液の混合ギブズ自由エネルギー $\Delta_m G$ は，P. J. Flory と W. Huggins により，それぞれ独立に格子モデルを用いた統計熱力学理論（フローリー・ハギンス理論）により定式化されている（1942年）．いま，図3-2に例示したように，N_1 個の溶媒分子と N_2 個の高分子からなる系の混合を考える．1本の高分子は x 個のセグメントからなり，セグメント1個の大きさは溶媒分子の大きさと同じと仮定する．すなわち，x は高分子と溶媒のモル体積の比になる．格子点の全数を N 個とすると

$$N = N_1 + xN_2 \tag{3-12}$$

である．また，アボガドロ数を N_A，溶媒分子のモル数を n_1，高分子のセグメント換算のモル数を xn_2，全モル数を n とすると，$n_1 = N_1/N_A$，$n_2 = N_2/N_A$，$n = n_1 + xn_2$ である．

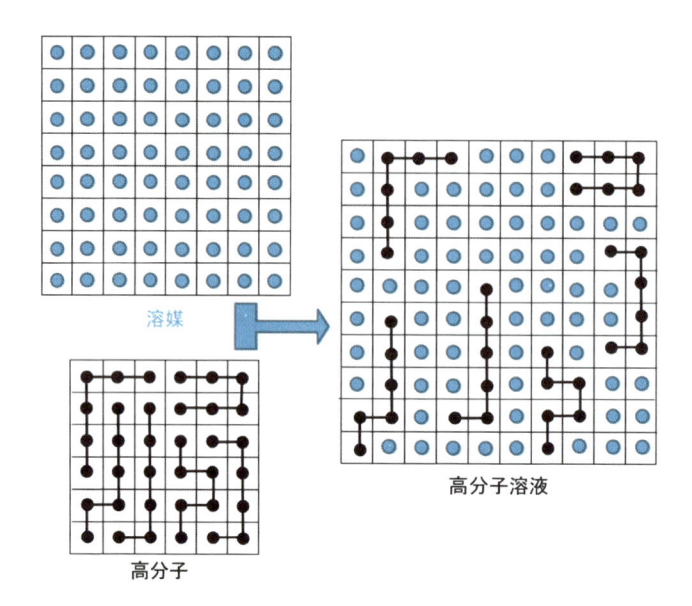

図3-2 格子モデルによる高分子と溶媒の混合の様子

今，N_2 個の高分子に番号を付け，番号順に格子点に配置する。i 番目の高分子まで配置したとすると，$(i+1)$ 番目の高分子の1番目のセグメントを配置できる格子点の数は，$N-xi$ である。1つの格子点に最近接する格子点の数を配位数 z（図に示した二次元単純格子なら4，三次元単純格子なら6）で定義すると，2番目のセグメントの置き方は配位数 z だけあるはずであるが，このうち，すでに配置した i 個の高分子鎖が占めている確率が xi/N であるので，$z(1-xi/N)$ となる。3番目以降のセグメントの置き方は平均的に $(z-1)(1-xi/N)$ となる。したがって，$(i+1)$ 番目の高分子を配置する方法の数 w_{i+1} は

$$w_{i+1} = (N-xi)z\left(1-\frac{xi}{N}\right)\left[(z-1)\left(1-\frac{xi}{N}\right)\right]^{x-2} = z(z-1)^{x-2}\frac{(N-xi)^x}{N^{x-1}} \tag{3-13}$$

（$i+1$）番目の高分子の1番目のモノマーの置き方
（$i+1$）番目の高分子の2番目のモノマーの置き方
（$i+1$）番目の高分子の3番目から x 番目までのモノマーの置き方

で表すことができる。N_2 個の高分子が互いに見分けがつくものとすれば，全部の高分子を格子の上に並べる仕方の数は $w_1 \cdot w_2 \cdots w_{N_2}$ となる。しかし，高分子は互いに区別できないので，重複分は $N_2!$ である。よって N 個の格子点に N_2 個の高分子鎖を配置する方法の数 W は次式のようになる。

$$W = \frac{1}{N_2!}w_1 \cdot w_2 \cdots w_{N_2} = \frac{1}{N_2!}\prod_{i=1}^{N_2}w_i \tag{3-14}$$

式（3-13）の w_{i+1} を w_i の形に変換して式（3-14）に代入すると

$$W = \frac{1}{N_2!} \frac{z^{N_2}(z-1)^{N_2(x-2)}}{N^{N_2(x-1)}} \prod_{i=1}^{N_2}[N - x(i-1)]^x \tag{3-15}$$

ここで,式 (3-12) より $N_1 = N - xN_2$ なので

$$\prod_{i=1}^{N_2}\{N - x(i-1)\}^x = x^{N_2 x} \prod_{i=1}^{N_2}\left[\frac{N}{x} - (i-1)\right]^x$$

$$= x^{N_2 x}\left[\left(\frac{N}{x}\right)\left(\frac{N}{x} - 1\right)\left(\frac{N}{x} - 2\right)\cdots\left(\frac{N}{x} - N_2 + 1\right)\right]^x$$

$$= x^{N_2 x}\left[\frac{\left(\frac{N}{x}\right)!}{\left(\frac{N}{x} - N_2\right)!}\right]^x = x^{N_2 x}\left[\frac{(N/x)!}{(N_1/x)!}\right]^x \tag{3-16}$$

式 (3-16) を式 (3-15) に代入すると

$$W = \frac{1}{N_2!} x^{N_2 x}\left[\frac{(N/x)!}{(N_1/x)!}\right]^x \frac{z^{N_2}(z-1)^{N_2(x-2)}}{N^{N_2(x-1)}} \tag{3-17}$$

となる。

混合のエントロピー S は Boltzmann の式,$S = k\ln W$(k は Boltzmann 定数)で表されるので式 (3-17) および Stirling の近似 (AP-10),$\ln N! \cong N\ln N - N$ と式 (3-12) を用いて

$$S(N_1, N_2) = k\ln\left\{\frac{1}{N_2!}x^{N_2 x}\left[\frac{(N/x)!}{(N_1/x)!}\right]^x \frac{z^{N_2}(z-1)^{N_2(x-2)}}{N^{N_2(x-1)}}\right\}$$

$$= k\left\{-\ln(N_2!) + N_2 x\ln x + x\left[\ln\left(\frac{N}{x}\right)! - \ln\left(\frac{N_1}{x}\right)!\right]\right.$$

$$\left. + N_2\ln z + N_2(x-2)\ln(z-1) - N_2(x-1)\ln N\right\}$$

$$\cong -k\left(N_1\ln\frac{N_1}{N} + N_2\ln\frac{N_2}{N}\right) + kN_2\left[\ln z(z-1)^{x-2} + (1-x)\right] \tag{3-18}$$

となる。混合のエントロピー変化 ΔS_{mix} は

$$\Delta_m S = S(N_1, N_2) - S(N_1, 0) - S(0, N_2) \tag{3-19}$$

で表すことができる。

式 (3-18) と式 (3-12) より

$S(N_1, 0) = 0$, $S(0, N_2) = kN_2[\ln z(z-1)^{x-2} + (1-x) + \ln x]$ となるので,式 (3-19) は

$$\Delta_m S = -k\left(N_1\ln\frac{N_1}{N} + N_2\ln\frac{N_2}{N} + N_2\ln x\right)$$

$$= -k\left(N_1\ln\frac{N_1}{N} + N_2\ln\frac{xN_2}{N}\right)$$

$$= -kN_A\left(\frac{N_1}{N_A}\ln\frac{N_1}{N} + \frac{N_2}{N_A}\ln\frac{xN_2}{N}\right)$$

$$= -R(n_1\ln\phi_1 + n_2\ln\phi_2) \tag{3-20}$$

と求まる。ここでは ϕ_1 は溶媒分子の体積分率，ϕ_2 は高分子の体積分率であり

$$\phi_1 = \frac{N_1}{N} = \frac{n_1}{n} = \frac{n_1}{n_1 + xn_2} = 1 - \phi_2 \tag{3-21}$$

$$\phi_2 = \frac{xN_2}{N} = \frac{xn_2}{n} = \frac{xn_2}{n_1 + xn_2} = 1 - \phi_1 \tag{3-22}$$

である。

次に混合のエンタルピー変化 $\Delta_\mathrm{m} H$ を求める。高分子の場合 $\Delta_\mathrm{m} V \cong 0$ なので，式（3-8）より $\Delta_\mathrm{m} H$ は $\Delta_\mathrm{m} U$ で近似できる。溶媒と高分子を混合したとき，2組の最近接格子対で溶媒分子（●）と高分子セグメント（●）の位置交換が起こる。

$$(\bullet \cdots \bullet) + (\bullet \cdots \bullet) \to 2(\bullet \cdots \bullet) \tag{3-23}$$

この組み換えにともなう内部エネルギーの増加 Δu は，溶媒分子間，セグメント間，溶媒分子とセグメント間の相互作用エネルギーを，それぞれ u_{11}，u_{22}，u_{12} とすると

$$\Delta u = u_{12} - \frac{u_{11} + u_{22}}{2} \tag{3-24}$$

となる。また，高分子セグメントと溶媒分子の平均接触数を p_{12} とすると，$\Delta_\mathrm{m} H$ は

$$\Delta_\mathrm{m} H = \Delta u \cdot p_{12} \tag{3-25}$$

で表される。高分子セグメントは全部で xN_2 個あり，着目する各セグメント単位が存在する格子点に近接する最近接格子点は z 個ある。任意の格子点が溶媒分子で占められている確率は ϕ_1 に等しいので，p_{12} は

$$p_{12} = zxN_2\phi_1 = zxN_A n_2 \phi_1 \tag{3-26}$$

となる。
式（3-26）を式（3-25）に代入すると

$$\Delta_\mathrm{m} H = \Delta u \cdot zxN_A n_2 \phi_1 \tag{3-27}$$

となる。ここで，混合エンタルピーを無次元化した χ_{12} を導入する。

$$\chi_{12} = \frac{z\Delta u}{kT} \tag{3-28}$$

χ_{12} は Flory-Huggins の相互作用パラメーター（interaction parameter）と呼ばれる。式（3-28）を用いると式（3-27）は次のように書き換えられる。

$$\Delta_\mathrm{m} H = \Delta u \cdot zxN_A n_2 \phi_1 = kN_A T\left(\frac{z\Delta u}{kT}\right) xn_2 \phi_1 = RT\chi_{12} xn_2 \phi_1 \tag{3-29}$$

さらに式（3-22）を用いると式（3-29）は

$$\Delta_\mathrm{m} H = RT\chi_{12}(n_1 + n_2 x)\phi_1 \phi_2 = nRT\chi_{12}\phi_1 \phi_2 \tag{3-30}$$

で表すことができる。式（3-20）と（3-30）を式（3-8）に代入すると

$$\begin{aligned}\Delta_\mathrm{m} G &= \Delta_\mathrm{m} H - T\Delta_\mathrm{m} S = nRT\chi_{12}\phi_1\phi_2 + RT(n_1 \ln\phi_1 + n_2 \ln\phi_2) \\ &= RT(n_1\ln\phi_1 + n_2\ln\phi_2 + n\chi_{12}\phi_1\phi_2)\end{aligned} \tag{3-31}$$

となる。

次に，ポリマー溶液の相平衡や浸透圧などの議論に必要な化学ポテンシャルを求めておく。式

(3-31) は
$$\Delta_m G = RT[n_1\ln(1-\phi_2) + n_2\ln\phi_2 + (n_1+xn_2)\chi_{12}(1-\phi_2)\phi_2] \tag{3-32}$$
と書き換えることができる。溶媒の化学ポテンシャル μ_1 は，純溶媒状態の化学ポテンシャル $\mu_1°$ として，式 (3-9) と式 (3-11) を用いると
$$\mu_1 - \mu°_1 = \frac{\partial(\Delta_m G)}{\partial n_1} \tag{3-33}$$
となる。ここで数学の公式 (AP-14) を用いて式 (3-22) の ϕ_2 を n_1 で偏微分すると
$$\frac{\partial \phi_2}{\partial n_1} = -\frac{xn_2}{(n_1+xn_2)^2} = -\frac{\phi_2}{n}$$
となる。この式を用いて $\Delta_m G$ を n_1 で偏微分すると
$$\mu_1 - \mu°_1 = \frac{\partial(\Delta_m G)}{\partial n_1}$$
$$= RT\left[\ln(1-\phi_2) + n_1\frac{-1}{1-\phi_2}\left(-\frac{\phi_2}{n}\right) + n_2\frac{1}{\phi_2}\left(-\frac{\phi_2}{n}\right) + \chi_{12}(\phi_2 - \phi_2^2)\right.$$
$$\left. + n\chi_{12}(1-2\phi_2)\left(-\frac{\phi_2}{n}\right)\right]$$
$$= RT\left[\ln(1-\phi_2) + \frac{n_1}{n}\frac{\phi_2}{1-\phi_2} - \frac{n_2}{n} + \chi_{12}(\phi_2 - \phi_2^2 - \phi_2 + 2\phi_2^2)\right]$$
$$= RT\left[\ln(1-\phi_2) + (1-\phi_2)\frac{\phi_2}{1-\phi_2} - \frac{\phi_2}{x} + \chi_{12}\phi_2^2\right]$$
$$= RT\left[\ln(1-\phi_2) + \left(1-\frac{1}{x}\right)\phi_2 + \chi_{12}\phi_2^2\right] \tag{3-34}$$
と表される。また，式 (3-31) は
$$\Delta_m G = RT\{n_1\ln\phi_1 + n_2\ln(1-\phi_1) + (n_1+xn_2)\chi_{12}\phi_1(1-\phi_1)\} \tag{3-35}$$
と書き換えられるので，高分子の化学ポテンシャル μ_2 と高分子のみの化学ポテンシャル $\mu°_2$ の差は，$\Delta_m G$ を n_2 で偏微分して
$$\mu_2 - \mu°_2 = \frac{\partial(\Delta_m G)}{\partial n_2} = RT\left[n_1\frac{1}{\phi_1}\left(-\frac{x\phi_1}{n}\right) + \ln(1-\phi_1) + \frac{-1}{1-\phi_1}\left(-\frac{x\phi_1}{n}\right)n_2 + \right.$$
$$\left. \chi_{12}x(\phi_1 - \phi_1^2) + n\chi_{12}(1-2\phi_1)\left(-\frac{x\phi_1}{n}\right)\right]$$
$$= RT[-x\phi_1 + \ln(1-\phi_1) + \phi_1 + \chi_{12}x(\phi_1 - \phi_1^2) + \chi_{12}x(2\phi_1^2 - \phi_1)]$$
$$= RT[\ln(1-\phi_1) - (x-1)\phi_1 + \chi_{12}x\phi_1^2]$$
$$= RT[\ln\phi_2 - (x-1)(1-\phi_2) + \chi_{12}x(1-\phi_2)^2] \tag{3-36}$$
となる。

3.3 ポリマー溶液の相平衡

熱平衡状態において n 個の成分からなる系が二つの異なる濃度の相に分離している場合，系が相平衡状態にあるための条件は，共存している相 α と β の成分 i の化学ポテンシャルを μ_i^α と μ_i^β とすると，すべての成分 i ($i=1, 2, \cdots, n$) について

$$\mu_i^\alpha = \mu_i^\beta \tag{3-37}$$

が成立していることである．式 (3-37) を**拡散平衡の式**という．いま，貧溶媒（成分1，体積分率 ϕ_1）とポリマー（成分2，体積分率 ϕ_2）からなる混合系が，熱平衡状態においてポリマーの希薄相 α（ポリマーの体積分率 ϕ_A）と濃厚相 β（ポリマーの体積分率 ϕ_B）に相分離している場合，$i = 1$ と 2 について式 (3-37) が成立している．詳細は割愛するが式 (3-34)，(3-36)，(3-37) より得られる連立方程式を解くことにより図 3-3 に模式的に示した相図が得られる．温度 $T = T_1$ では，ϕ_2 がどのような値でも相分離が起こらないが，$T = T_3$ では $\phi_A < \phi_2 < \phi_B$ であればポリマーの希薄相 α（ポリマーの体積分率 ϕ_A）と濃厚相 β（ポリマーの体積分率 ϕ_B）に相分離する．この ϕ_A と ϕ_B を温度に対してプロットすると図中の実線で示した 1 本の曲線が描ける．この曲線を**共存曲線**（coexistence curve）または**バイノーダル**（双交）**曲線**（binodal curve）という．図中の**臨界点**（critical point）は共存相のポリマーの体積分率 ϕ_A と ϕ_B が無限に近づく特別な点である．臨界点の ϕ_2 と χ_{12} は次式の関係により求めることができる．

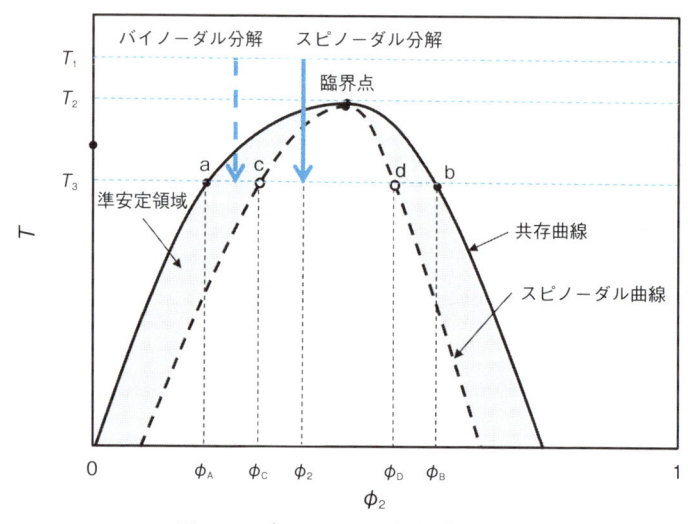

図 3-3　ポリマー／貧溶媒系の相図

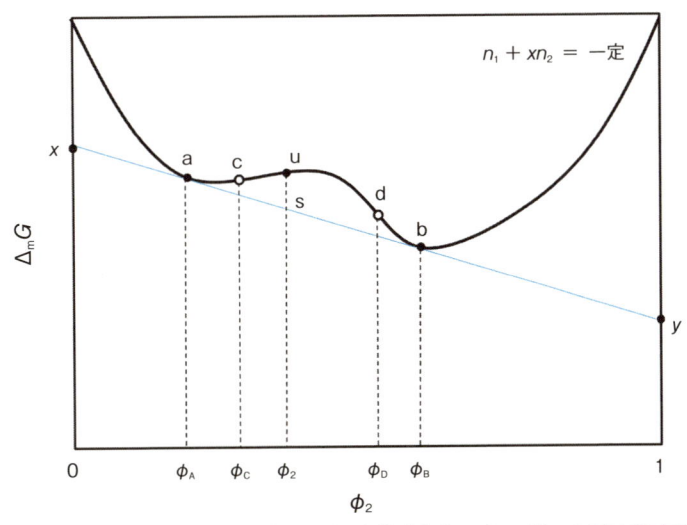

図3-4 ポリマー／貧溶媒系の混合ギブズ自由エネルギーの濃度依存性

$$\left(\frac{\partial^2 \Delta_m G}{\partial \phi_2^2}\right)_{n_1+xn_2} = \left(\frac{\partial^3 \Delta_m G}{\partial \phi_2^3}\right)_{n_1+xn_2} = 0 \tag{3-38}$$

先に導いた $\Delta_m G$ を表す式（3-31）は次式で書き換えられる。

$$\Delta_m G = RT(n_1 \ln\phi_1 + n_2 \ln\phi_2 + n\chi_{12}\phi_1\phi_2)$$
$$= (n_1 + xn_2)RT\left[(1-\phi_2)\ln(1-\phi_2) + \frac{\phi_2}{x}\ln\phi_2 + \chi_{12}(1-\phi_2)\phi_2\right] \tag{3-39}$$

式（3-39）を $n_1 + xn_2$ 一定で，ϕ_2 で順次偏微分していくと以下の式が得られる。

$$\left(\frac{\partial \Delta_m G}{\partial \phi_2}\right)_{n_1+xn_2} = (n_1 + xn_2)RT\left[-\ln(1-\phi_2) - 1 + \frac{1}{x}(1+\ln\phi_2) + \chi_{12}(1-2\phi_2)\right] \tag{3-40}$$

$$\left(\frac{\partial^2 \Delta_m G}{\partial \phi_2^2}\right)_{n_1+xn_2} = (n_1 + xn_2)RT\left(\frac{1}{1-\phi_2} + \frac{1}{x\phi_2} - 2\chi_{12}\right) \tag{3-41}$$

$$\left(\frac{\partial^3 \Delta_m G}{\partial \phi_2^3}\right)_{n_1+xn_2} = (n_1 + xn_2)RT\left[\frac{1}{(1-\phi_2)^2} - \frac{1}{x\phi_2^2}\right] \tag{3-42}$$

式（3-38）より，式（3-41）と（3-42）がゼロになる ϕ_2 と χ_{12} は

$$\phi_2 = \frac{1}{1+\sqrt{x}} \qquad \chi_{12} = \frac{1}{2}\left(1 + \frac{1}{\sqrt{x}}\right)^2 \tag{3-43}$$

で与えられる。$x \to \infty$ のとき，すなわち分子量が非常に大きいときは，臨界点における χ_{12} は 1/2 となる。次節でも説明するが，これが実現する温度はシータ温度（theta temperature, Θ）と呼ばれ，ここから χ_{12} と T は，よく次式で表される。

$$\frac{1}{2} - \chi_{12} = \varphi_1(1 - \Theta/T) \tag{3-44}$$

式（3-44）の関係から $T = \Theta$ で $\chi_{12} = 1/2$ となる。

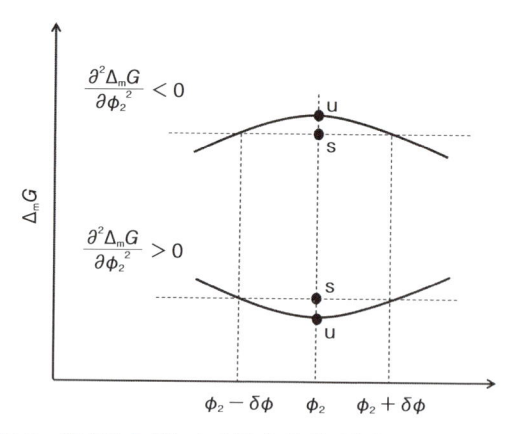

図3-5 濃度ゆらぎによる混合ギブズ自由エネルギーの変化

図3-3の相図に対応させて，相分離が起こり始める温度における混合のギブズ自由エネルギー $\Delta_m G$ の $n = n_1 + xn_2$ 一定のもとでの濃度（ϕ_2）依存性を表す曲線を図3-4に示した。図中のu点近傍で図3-5に示したように濃度が ϕ_2 から $\phi_2 \pm \delta\phi$ にゆらぎによって変化すると，$\Delta_m G$ はu点の高さからs点の高さに変化する。図3-3の曲線にように上に凸の曲線，すなわち，$\partial^2 \Delta_m G/\partial \phi_2^2 < 0$ の条件ではu点の方がs点よりも自由エネルギーが高い状態にあるので不安定となり相分離が起こる。逆に $\partial^2 \Delta_m G/\partial \phi_2^2 > 0$ のときは下に凸の曲線になりu点の方がs点より低くなるので1相状態の方が安定で，$\Delta_m G > 0$ なら濃度ゆらぎが繰返されながら最終的には相分離するが，$\Delta_m G < 0$ ならば1相状態に戻る。図3-4中に青線で示した共通接線の組成 ϕ_A と ϕ_B の二つの接点aとbでは接線の傾きが等しいので式（3-37）を満足しており平衡状態において相分離する。図中のc点とd点は $\partial^2 \Delta_m G/\partial \phi_2^2 = 0$ となる変曲点であり，共通接線が引けるためにはその変曲点を二つもつ必要がある。これらの点を各温度で求め図3-3の相図中にプロットすると点線で示した曲線が得られる。この点線で示した曲線をスピノーダル曲線（spinodal curve）という。この曲線の内部では溶液は微小の濃度ゆらぎに対して不安定になり，連続的な濃度変化により相分離が進み，T_3 では最終的に ϕ_A と ϕ_B の濃度をもつ2相に分離する。このような相分離をスピノーダル分解（spinodal decomposition）という。それに対してスピノーダル曲線と共存曲線の間の領域（図中灰色部分）では，濃度ゆらぎに対して準安定状態となり，最終的に相分離した状態と同じ濃度（T_3 では ϕ_A と ϕ_B）をもった核が生成して成長する過程（nucleation and growth process）により相分離が進む。このような相分離をバイノーダル分解（binodal decomposition）という。これらの分解過程の違いは特に2種類以上のポリマーブレンドのモルフォロジー制御において重要となる。

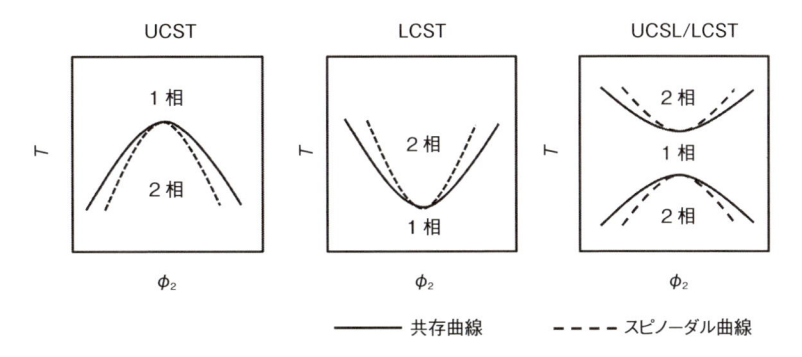

図3-6 ポリマー／貧溶媒，ポリマーブレンドの相図

図3-6のように1相領域から温度を下げたときに相分離する場合は上限臨界共溶温度（upper critical solution temperature:UCST）型と呼ばれ，逆に温度を上げたときに相分離する場合は下限臨界共溶温度（lower critical solution temperature:LCST）型と呼ばれる。また，UCSTとLCSTを両方もつ系もある。分子間に水素結合などの特別な相互作用がある場合はLCST型，非極性あるいは極性の弱い混合系はUCSTとなることが多い。

3.4 平均分子量の測定法

3.4.1 浸透圧法

高分子溶液と溶媒が溶媒分子のみを通す半透膜で仕切られているとき，溶液側の界面が浸透圧（osmotic pressure）Π によって上昇する（図3-7）。

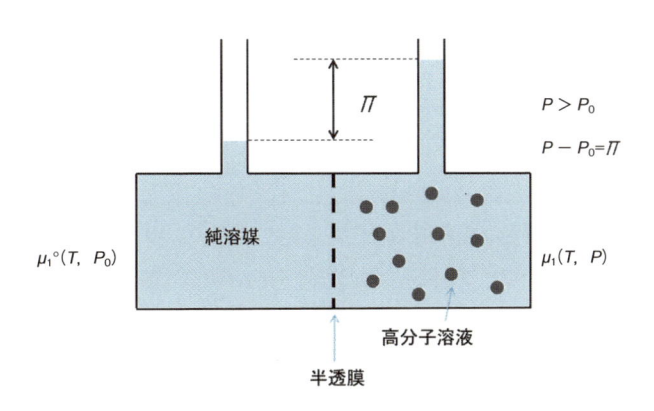

図3-7 浸透圧測定の模式図

これは溶液側の圧力 P は溶媒側の圧力 P_0 よりも高くなるためである。また，圧力 P 下での溶液中の溶媒の化学ポテンシャル $\mu_1(T, P)$ と圧力 P_0 下での純溶媒の化学ポテンシャル $\mu_1°(T, P_0)$ とが等しい平衡条件が成立している。式（3-34）より，平衡条件では

$$\mu_1(T,P) = \mu^\circ{}_1(T,P) + RT\left[\ln(1-\phi_2) + \left(1-\frac{1}{x}\right)\phi_2 + \chi_{12}\phi_2{}^2\right] = \mu^\circ{}_1(T,P_0) \quad (3\text{-}45)$$

となる。溶媒のモル体積を V_1 とすると

$$\left(\frac{\partial \mu^\circ{}_1(T,P)}{\partial P}\right)_T = V_1 \quad (3\text{-}46)$$

である。これを用いて $\mu_1^\circ(T,P) - \mu_1^\circ(T,P_0) \cong (P-P_0)V_1 = \Pi V_1$ と近似できる。したがって，式 (3-45) は

$$\Pi V_1 = -RT\left[\ln(1-\phi_2) + \left(1-\frac{1}{x}\right)\phi_2 + \chi_{12}\phi_2{}^2\right] \quad (3\text{-}47)$$

となる。$\phi_2 \ll 1$ の十分に希薄な高分子溶液では，公式（AP-52）より

$$\Pi = \frac{RT}{V_1}\left[\frac{\phi_2}{x} + \left(\frac{1}{2} - \chi_{12}\right)\phi_2{}^2 + \frac{1}{3}\phi_2{}^3 + \cdots\right] \quad (3\text{-}48)$$

と展開できる。高分子の分子量を M，部分比体積を v_p，質量濃度を c とすると $\phi_2 = cv_\mathrm{p}$, $Mv_\mathrm{p} = xV_1$ である。これらの関係を式 (3-48) に代入すると

$$\Pi = RT\left[\frac{c}{M} + \left(\frac{1}{2} - \chi_{12}\right)\frac{v_\mathrm{p}{}^2}{V_1}c^2 + \frac{v_\mathrm{p}{}^3}{3V_1}c^3 + \cdots\right] \quad (3\text{-}49)$$

となる。非理想気体のビリアル方程式のように浸透圧 Π は質量濃度 c のべき級数展開

$$\Pi = RT\left[\frac{c}{M} + A_2 c^2 + A_3 c^3 + \cdots\right] \quad (3\text{-}50)$$

で表すことができる。ここで

$$A_2 = \left(\frac{1}{2} - \chi_{12}\right)\frac{v_\mathrm{p}{}^2}{V_1}, \qquad A_3 = \frac{v_\mathrm{p}{}^3}{3V_1} \text{である。}$$

A_2 が大きい，すなわち χ_{12} が小さいと高分子と溶媒は混合しやすくなる。逆に χ_{12} が大きくなると両者は混ざりにくくなる。$\chi_{12} = 1/2$ では 0 となり高分子溶液は理想溶液のように振舞う。相互作用パラメータ χ_{12} は温度の関数なので $(1/2 - \chi_{12})$ を $\varphi_1(1-\Theta/T)$ で書き換えると

$$A_2 = \frac{v_\mathrm{p}{}^2 \varphi_1}{V_1}\left(1 - \frac{\Theta}{T}\right) \quad (3\text{-}51)$$

と表される。φ_1 は高分子と溶媒の親和性を表すパラメータで，Θ は $A_2 = 0$ となる温度（Θ 温度）である。

式 (3-50) より濃度 c を変数として Π を測定し，$c \to 0$ に外挿すると

$$\lim_{c \to 0} \frac{\Pi}{RTc} = \frac{1}{M} \quad (3\text{-}52)$$

となり，平均分子量 $\overline{M}$ が求められる。したがって，分子量分布をもつ高分子では $c \to 0$ で

$$\frac{\overline{M}}{c} = \sum_i \frac{M_i}{c_i} \quad (3\text{-}53)$$

となる。$c = \sum_i c_i$, $c_i = N_i M_i$ なので

$$\overline{M} = \sum_i \frac{M_i}{c_i} \sum_i c_i = \frac{\sum_i N_i M_i}{\sum_i N_i} = M_n \tag{3-54}$$

が得られる。分子量既知の高分子標準物質を必要としない（表3-2中の絶対法）数平均分子量を測定することのできる方法である。浸透圧法における実験上の重要な問題は半透膜である。透過性がよい膜は短時間で平衡状態になるが，低分子量成分の膜もれが起こりやすい。逆に膜もれのない緻密な膜は，透過性が悪く測定に時間がかかりすぎて実用的ではない。したがって，分子量分布の広い試料の M_n を求めるには，蒸気圧浸透法やGPC法を用いる方がよい。

3.4.2　蒸気圧浸透法

図3-8に蒸気圧浸透法（vapor pressure osmometry:VPO）の分子量測定装置の概略を示す。

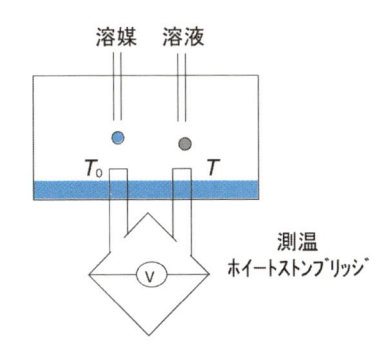

図3-8　蒸気圧浸透法の装置概略図

　溶液中の溶媒成分の蒸気圧 P_1 は，それと同じ温度の純溶媒の蒸気圧 P_1^0 よりも小さい。これは蒸気圧降下といわれる現象である。全く蒸気圧をもたない不揮発性溶質を溶解した溶液の液滴と純溶媒の液滴を，同じ温度 T_0 の純溶媒の飽和蒸気圧 P_1^0 の雰囲気下に静置すると，純溶媒の溶液滴への凝縮速度が溶液滴からの蒸発速度より大きく，そのため溶液滴の温度は雰囲気の溶媒滴の温度よりも高くなる。溶液滴と溶媒滴の温度差 $T - T_0$ は，溶液中の溶媒成分の蒸気圧降下の程度に関係する。したがって，温度差 ΔT を測定すれば，溶質の分子量を決定できる。これを式で書けば，$\Delta T \propto P_1^0 - P_1$ で表され，式（3-50）と同じように，次式のような濃度 c の展開式で記述できる。

$$\frac{\Delta T}{c} = K_s \left(\frac{1}{M_n} + A_2 c + A_3 c^2 + \cdots \right) \tag{3-55}$$

ここで，K_s（cm^{3}K mol^{-1}）は溶質・溶媒の性質や装置の形，大きさ，雰囲気によって決まる定数であり，あらかじめ分子量既知の基準物質（ベンジル：$C_6H_5COCOC_6H_5$ がよく用いられる）の各濃度における $\Delta T/c$ を測定し，式（3-55）により K_s を決定しておけば，この値を利用して未知試料の M_n を測定することができる。蒸気圧浸透法で測定可能な分子量範囲は50程度から数万までである。任意の温度で測定することができ，沸点上昇法のように高温測定の必要がな

く，実験操作も容易で少量の試料量で短時間に測定できることから，比較的分子量の低いポリマーにはよく使用される方法である。

3.4.3 光散乱法

ポリマー溶液中の分子の熱運動に基づく濃度ゆらぎに起因した屈折率 n の不均一性によって散乱される光の強度から重量平均分子量を求めることができる。光は電磁波なので，図3-9に示したように電場と磁場が協同しながら，それぞれ x 軸方向と y 軸方向に振動して z 軸方向に伝搬している。丸印で示した散乱体を座標原点に配置する。入射光の座標原点での電場の強さ E_0 は，時刻 t において

$$E_0 = E°\cos(2\pi ft) \quad \text{あるいは} \quad E_0 = E°\exp(2\pi ift) \tag{3-56}$$

で与えられる。オイラーの公式（図5-22参照）より $\exp(2\pi ift)=\cos(2\pi ft)+i\sin(2\pi ft)$ であるが，ここでは実部の $\cos(2\pi ft)$ の項のみ記載した。ここで，$E°$ と f は，それぞれ入射光電場の振幅と周波数である。この電場により散乱体は x 軸方向に分極し，双極子 p が誘起される。散乱体の分極率を α とすると，誘起双極子は $p = \alpha E°\cos(2\pi ft)$ あるいは $p = \alpha E°\exp(2\pi ift)$ で表され，新たな電磁波を四方に放射する。これが散乱光である。原点から r だけ離れた場所での散乱光の電場 E は

$$E = \left(\frac{2\pi}{\lambda}\right)^2 \frac{\alpha E°}{r} \cos\left[2\pi f\left(t-\frac{r}{v}\right)\right] \quad \text{あるいは} \quad E = \left(\frac{2\pi}{\lambda}\right)^2 \frac{\alpha E°}{r} \exp\left[2\pi if\left(t-\frac{r}{v}\right)\right] \tag{3-57}$$

と書ける。ここで，λ は光の波長，v は光速である。

次に，座標原点 O から $\boldsymbol{S}_j$ だけ離れた位置に存在する高分子の j 番目の構成単位からの散乱は，入射光と散乱光の進行方向の単位ベクトルをそれぞれ，$\boldsymbol{e}_z$ と $\boldsymbol{e}_f$ とすると図3-10に示すように，入射光が原点と同位相の点 A を通過して $\boldsymbol{S}_j\cdot\boldsymbol{e}_z$ だけさらに進んでから起こる。また，散乱光の検出器までの経路は原点からの散乱光よりも $\boldsymbol{S}_j\cdot\boldsymbol{e}_f$ だけ短い。以上より，j 番目の構成単位から散乱された光の検出面における電場 $E^{(j)}$ は次式で与えられる。

$$E^{(j)} = \left(\frac{2\pi}{\lambda}\right)^2 \frac{\alpha E°}{r} \exp\left[2\pi if\left(t-\frac{\boldsymbol{S}_j\cdot\boldsymbol{e}_z}{v}-\frac{r-\boldsymbol{S}_j\cdot\boldsymbol{e}_f}{v}\right)\right] \tag{3-58}$$

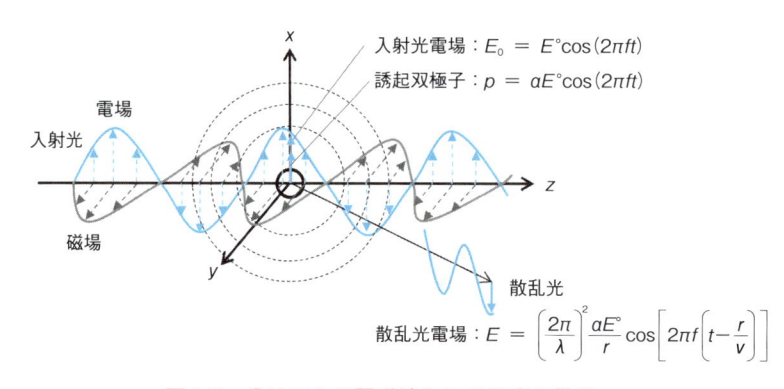

図3-9 分子による電磁波としての光の散乱

ここで，式 (3-58) の S_j にかかったベクトル

$$\boldsymbol{k} \equiv \left(\frac{2\pi f}{v}\right)(\boldsymbol{e}_\mathrm{f} - \boldsymbol{e}_\mathrm{z}) \tag{3-59}$$

は散乱ベクトルと呼ばれ，その絶対値 k は入射光と散乱光のなす角度を θ とすると，図 3-10 から明らかなように

$$k = \frac{4\pi f}{v}\sin(\theta/2) = \frac{4\pi n_0}{\lambda}\sin(\theta/2) \tag{3-60}$$

となる。ただし，n_0 は溶媒の屈折率で $v = f\lambda/n_0$ を用いた。

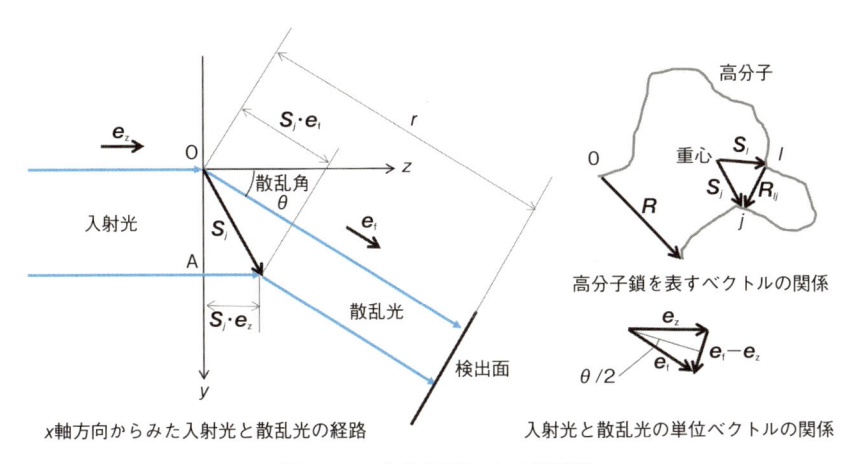

図 3-10 高分子鎖による光散乱

式 (3-59) を使うと式 (3-58) は

$$E^{(j)} = \left(\frac{2\pi}{\lambda}\right)^2 \frac{\alpha E^\circ}{r} \exp\left[2\pi i f\left(t - \frac{r}{v}\right) + i\boldsymbol{k}\cdot\boldsymbol{S}_j\right] \tag{3-61}$$

となる。高分子溶液の散乱光は，高分子の構成成分からの散乱と溶媒成分からの散乱の和として表されるので，式 (3-61) のすべての成分についての和をとると散乱光電場 E が得られる。光散乱実験では E 自体ではなく，その絶対値の二乗 $|E|^2 = E^*E$，(E^* は E の複素共役) で与えられる散乱光強度を測定する。高分子溶液の散乱光強度 I_θ から溶媒の散乱光強度 I_0 を差し引いた過剰散乱光強度 I が，高分子のみからの散乱光強度と見なすことができる。ここで，入射光強度 I° や散乱位置から検出面までの距離 r，散乱に寄与する粒子を含む系の体積 V に依存しない散乱光強度を表す物理量として過剰レイリー比 (excess Rayleigh ratio) R_θ を次式で定義する。

$$R_\theta = \frac{(I_\theta - I_0)r^2}{I^\circ V} = \frac{Ir^2}{I^\circ V} \tag{3-62}$$

一本の高分子鎖からの散乱光の強度 I_1 は

$$I_1 = \left|\sum_{j=0}^n E^{(j)}\right|^2 = \sum_{l=0}^n \sum_{j=0}^n E^{(l)*} E^{(j)} \tag{3-63}$$

により計算できるので，式 (3-61) を代入すると

$$I_1 = \left(\frac{2\pi}{\lambda}\right)^4 \frac{\alpha^2 E^{\circ 2}}{r^2} \sum_{l=0}^{n} \sum_{j=0}^{n} \exp\left[-2\pi i f\left(t-\frac{r}{v}\right) - i\boldsymbol{k}\cdot\boldsymbol{S}_l\right] \exp\left[2\pi i f\left(t-\frac{r}{v}\right) + i\boldsymbol{k}\cdot\boldsymbol{S}_j\right]$$

$$= \left(\frac{2\pi}{\lambda}\right)^4 \frac{\alpha^2 I^{\circ}}{r^2} \sum_{l=0}^{n} \sum_{j=0}^{n} \exp[i\boldsymbol{k}\cdot(\boldsymbol{S}_j - \boldsymbol{S}_l)] = \left(\frac{2\pi}{\lambda}\right)^4 \frac{\alpha^2 I^{\circ}}{r^2} \sum_{l=0}^{n} \sum_{j=0}^{n} \exp(i\boldsymbol{k}\cdot\boldsymbol{R}_{lj}) \quad (3\text{-}64)$$

となる。

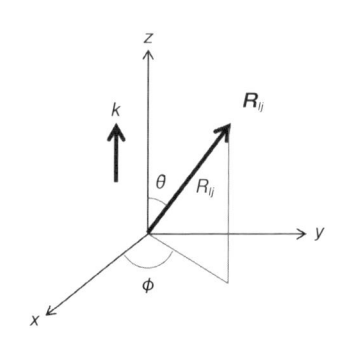

図 3-11 z 軸を k の方向に選んだ極座標

ここで，ベクトル $\boldsymbol{R}_{lj}$ を表すのに図 3-11 に示した z 軸を $\boldsymbol{k}$ の方向に選んだ極座標 $(R_{lj}, \tilde{\theta}, \phi)$ を用いると，関数 $\exp(i\boldsymbol{k}\cdot\boldsymbol{R}_{lj}) = \exp(ikR_{lj}\cos\tilde{\theta})$ の $\boldsymbol{R}_{lj}$ の向きに関する等方平均は

$$\langle\exp(ikR_{lj}\cos\tilde{\theta})\rangle_{\tilde{\theta},\phi} = \frac{1}{4\pi}\int_0^\pi \sin\tilde{\theta}d\tilde{\theta}\int_0^{2\pi} d\phi \exp(ikR_{lj}\cos\tilde{\theta}) = \frac{1}{2}\int_0^\pi \exp(ikR_{lj}\cos\tilde{\theta})\sin\tilde{\theta}d\tilde{\theta}$$

$$= -\frac{1}{2}\int_1^{-1} \exp(ikR_{lj}x)dx = \frac{1}{2}\left[\frac{\exp(ikR_{lj}x)}{ikR_{lj}}\right]_{-1}^{1}$$

$$= \frac{\exp(ikR_{lj}) - \exp(-ikR_{lj})}{2ikR_{lj}}$$

$$= \frac{\cos(kR_{lj}) + i\sin(kR_{lj}) - \cos(kR_{lj}) + i\sin(kR_{lj})}{2ikR_{lj}} = \frac{\sin(kR_{lj})}{kR_{lj}}$$

$$(3\text{-}65)$$

ここで，上式の途中，$x \equiv \cos\tilde{\theta}$，$dx = \sin\tilde{\theta}d\tilde{\theta}$ とおいた。式 (3-64) と式 (3-65) より

$$I_1 = \left(\frac{2\pi}{\lambda}\right)^4 \frac{\alpha^2 I^{\circ}}{r^2} \sum_{l=0}^{n} \sum_{j=0}^{n} \langle\exp(ikR_{lj}\cos\tilde{\theta})\rangle_{\tilde{\theta},\phi} = \left(\frac{2\pi}{\lambda}\right)^4 \frac{\alpha^2 I^{\circ}}{r^2} \sum_{l=0}^{n} \sum_{j=0}^{n} \frac{\sin(kR_{lj})}{kR_{lj}}$$

$$= \left(\frac{2\pi}{\lambda}\right)^4 \frac{\alpha^2 I^{\circ}}{r^2} \sum_{l=0}^{n} \sum_{j=0}^{n} \left[1 - \frac{(kR_{lj})^2}{6} + \cdots\right]$$

$$= \left(\frac{2\pi}{\lambda}\right)^4 \frac{\alpha^2 I^{\circ}}{r^2}\left[(n+1)^2 - \frac{k^2}{6}\sum_{l=0}^{n}\sum_{j=0}^{n}\langle R_{lj}^2\rangle + \cdots\right] \quad (3\text{-}66)$$

となる。式の変形には，公式 (AP-65) より

$$\sin x = \sum_{n=0}^{\infty} \frac{(-1)^n}{(2n+1)!} x^{2n+1} = x - \frac{x^3}{6} + \cdots$$

を用いた。ここで，高分子の構成単位の分極率 α は

$$\alpha = \left(\frac{M_0}{2\pi N_A}\right) n_0 \left(\frac{\partial n}{\partial c}\right) \tag{3-67}$$

で表すことができる。M_0 は高分子の構成単位（モノマー単位）のモル質量，N_A はアボガドロ数，c は高分子濃度（単位は g cm^{-3}），$\partial n/\partial c$ は溶液の屈折率の濃度変化量である。式 (3-67) を式 (3-66) に代入すると

$$\begin{aligned} I_1 &= \left(\frac{2\pi}{\lambda}\right)^4 \frac{I^\circ}{r^2} \left(\frac{M_0}{2\pi N_A}\right)^2 n_0^2 \left(\frac{\partial n}{\partial c}\right)^2 \left[(n+1)^2 - \frac{k^2}{6} \sum_{l=0}^{n} \sum_{j=0}^{n} \langle R_{lj}^2 \rangle + \cdots \right] \\ &= \frac{4\pi^2 n_0^2}{N_A \lambda^4} \left(\frac{\partial n}{\partial c}\right)^2 \frac{M_0^2}{N_A} \frac{I^\circ}{r^2} \left[(n+1)^2 - \frac{k^2}{6} \sum_{l=0}^{n} \sum_{j=0}^{n} \langle R_{lj}^2 \rangle + \cdots \right] \\ &= K \frac{M_0^2}{N_A} \frac{I^\circ}{r^2} \left[(n+1)^2 - \frac{k^2}{6} \sum_{l=0}^{n} \sum_{j=0}^{n} \langle R_{lj}^2 \rangle + \cdots \right] \end{aligned} \tag{3-68}$$

となる。ここで光学定数 K は

$$K \equiv \frac{4\pi^2 n_0^2}{N_A \lambda^4} \left(\frac{\partial n}{\partial c}\right)^2 \tag{3-69}$$

で定義される量である。今，高分子鎖間に相互作用が働いていないときには，散乱体内に存在する N 本の高分子鎖からなる散乱光強度 I は NI_1 となるので，式 (3-62) と (3-68) より

$$\begin{aligned} R_\theta &= \frac{NI_1 r^2}{I^\circ V} = K \frac{M_0^2}{N_A} \frac{N}{V} \left[(n+1)^2 - \frac{k^2}{6} \sum_{l=0}^{n} \sum_{j=0}^{n} \langle R_{lj}^2 \rangle + \cdots \right] \\ &= K \frac{M_0^2 (n+1)^2}{N_A} \frac{N}{V} \left[1 - \frac{k^2}{6(n+1)^2} \sum_{l=0}^{n} \sum_{j=0}^{n} \langle R_{lj}^2 \rangle + \cdots \right] \\ &= K \frac{NM_0(n+1)}{N_A V} M_0(n+1) \left[1 - \frac{k^2}{6(n+1)^2} \sum_{l=0}^{n} \sum_{j=0}^{n} \langle R_{lj}^2 \rangle + \cdots \right] \\ &= K \frac{NM}{N_A V} M \left[1 - \frac{k^2}{6(n+1)^2} \sum_{l=0}^{n} \sum_{j=0}^{n} \langle R_{lj}^2 \rangle + \cdots \right] \\ &= KcM \left[1 - \frac{k^2}{6(n+1)^2} \sum_{l=0}^{n} \sum_{j=0}^{n} \langle R_{lj}^2 \rangle + \cdots \right] \end{aligned} \tag{3-70}$$

ここで，式 (2-7) より平均回転二乗半径 $\langle S^2 \rangle$ は

$$\langle S^2 \rangle = \frac{1}{(n+1)^2} \sum_{i=0}^{n-1} \sum_{j=i+1}^{n} \langle R_{ij}^2 \rangle = \frac{1}{2(n+1)^2} \sum_{l=0}^{n} \sum_{j=0}^{n} \langle R_{lj}^2 \rangle \tag{3-71}$$

と書き換えられるので，式 (3-70) は

$$R_\theta = KcM \left[1 - \frac{1}{3} \langle S^2 \rangle k^2 + \cdots \right] \tag{3-72}$$

公式 (AP-66) より $|x| \ll 1$ のとき，$(1-x)^{-1} \cong 1 + x + x^2 \cdots$ を用いると

$$\frac{Kc}{R_\theta} = \frac{1}{M}\left[1 + \frac{1}{3}\langle S^2\rangle k^2 + O(k^4)\right] \tag{3-73}$$

となる。なお，O はランダウの記号で括弧内の関数の定数倍の項を含んでいることを表す。
一般に高分子鎖間に相互作用が働いている場合には，R_θ は c には比例せず，高分子間相互作用の強さを表す第二ビリアル係数 A_2 を用いて，次式が成り立つことが知られている。

$$\frac{Kc}{R_\theta} = \frac{1}{M}\left[1 + \frac{1}{3}\langle S^2\rangle k^2 + O(k^4)\right] + 2A_2[1 + O(k^2)]c + O(c^2) \tag{3-74}$$

分子量分布をもつポリマーを用いた場合は，分子量 M_i の成分の個数を N_i，濃度を c_i とすると，c_i と式 (3-72) は，k^4 の項を無視すると

$$c_i = \frac{M_i N_i}{N_A V} = c\frac{M_i N_i}{\sum_i M_i N_i} \tag{3-75}$$

$$R_\theta = Kc_i M_i\left[1 - \frac{1}{3}\langle S^2\rangle_i k^2\right] \tag{3-76}$$

と書ける。多分散試料溶液の R_θ が各成分の散乱光強度の総和であることを用いて

$$R_\theta = Kc\frac{\sum_i M_i^2 N_i\left(1 - \frac{k^2}{3}\langle S^2\rangle_i\right)}{\sum_j M_j N_j} = Kc\left(\frac{\sum_i M_i^2 N_i}{\sum_j M_j N_j} - \frac{k^2}{3}\frac{\sum_i \langle S^2\rangle_i M_i^2 N_i}{\sum_j M_j N_j}\right)$$

$$= Kc\left(\frac{\sum_i M_i^2 N_i}{\sum_j M_j N_j} - \frac{k^2}{3}\frac{\sum_i M_i^2 N_i}{\sum_j M_j N_j}\cdot\frac{\sum_i \langle S^2\rangle_i M_i^2 N_i}{\sum_i M_i^2 N_i}\right) = KcM_w\left(1 - \frac{k^2}{3}\frac{\sum_i M_i^2 N_i \langle S^2\rangle_i}{\sum_i M_i^2 N_i}\right)$$

$$= KcM_w\left(1 - \frac{k^2}{3}\frac{\dfrac{\sum_i M_i N_i M_i \langle S^2\rangle_i}{\sum_i M_i N_i}}{\dfrac{\sum_i M_i^2 N_i}{\sum_i M_i N_i}}\right) = KcM_w\left(1 - \frac{k^2}{3}\frac{\sum_i w_i M_i \langle S^2\rangle_i}{M_w}\right) \tag{3-77}$$

となる。すなわち，多分散試料について光散乱法で求まる分子量は重量平均分子量である。また，式 (3-5) で定義される z 平均分子量との類推から式 (3-77) の $\left(\sum w_i M_i \langle S^2\rangle_i\right)/M_w$ は z 平均二乗回転半径と呼ばれる。

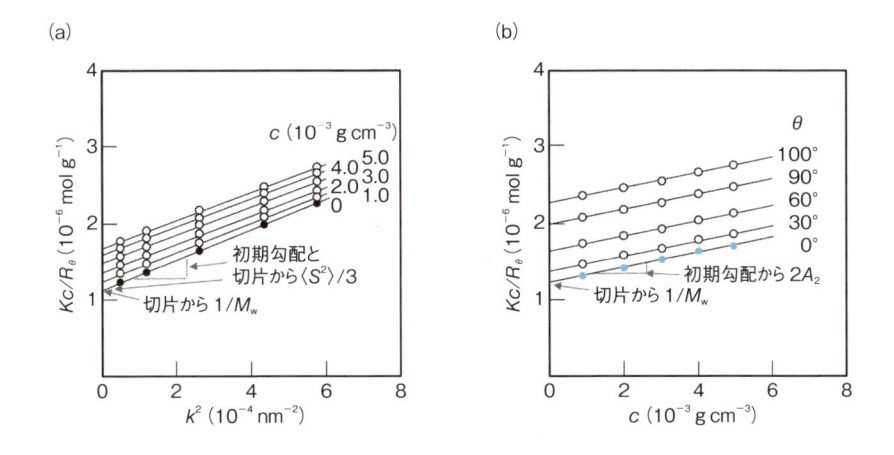

図 3-12　過剰レイリー比の散乱角度と濃度依存性の概略図

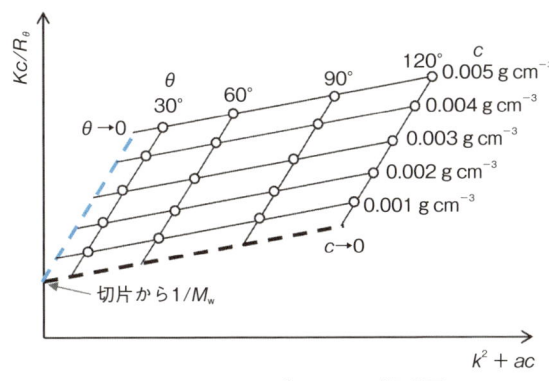

図 3-13　Zimm プロットの概略図

実際の光散乱実験により得られるデータの解析法は以下のとおりである。測定により得られた R_θ から Kc/R_θ を計算し，図 3-12(a) と (b) に示したグラフを描く。(b) の濃度依存性のグラフにおいて各散乱角の直線関係のプロットを $c \to 0$ に外挿した縦軸の切片の値から (a) に示した $c = 0$ のときの黒丸のプロットを得る。その黒丸プロットは式 (3-74) で $c = 0$ とおけるので，切片から $1/M_w$，初期勾配と切片の比から $\langle S^2 \rangle /3$ が求まる。また，(a) の各濃度の直線関係のプロットを $k \to 0$ に外挿した切片の値から (b) に示した $k = 0$ ($\theta = 0°$) のときの青丸のプロットを得る。その青丸プロットは式 (3-74) で k (または θ) $= 0$ とおけるので，切片から $1/M_w$，初期勾配から $2A_2$ が求まる。また，図 3-13 に示したように横軸に $k^2 + ac$ (a は適当に選んだ定数) を用いると，濃度・角度依存性を一つのグラフに描くことができ，$c \to 0$ および k (または θ) $\to 0$ へ外挿した切片 (交点) から $1/M_w$ が求まる。また，$c \to 0$ に外挿した直線プロット (黒い点線) の初期勾配から $\langle S^2 \rangle /3$，k (または θ) $\to 0$ に外挿した直線プロット (青い点線) の初期勾配から $2A_2$ が求まる。この方法はその考案者にちなんでジムプロット (Zimm plot) と呼ばれる。ここで説明してきたのはゆらいでいる散乱光強度の時間平均値を解析する静的光散乱法

(static light scattering) であるが，もう一つの方法として動的光散乱法（dynamic light scattering）があり，散乱光強度のゆらぎ自体を解析することにより高分子溶液の拡散係数を求めることができる。また，光よりも波長の非常に短い電磁波のX線を用いたX線小角散乱や物質波の性質をもつ中性子線を用いた中性子散乱も同様な原理を適応できる分析法であり，サイズの小さな高分子の $\langle S^2 \rangle$ を求めるのに有利な分析法である。ただし，ここではそれらの詳細については割愛するので，専門書を参考にされたい。

3.4.4 粘度法

Staudinger がポリマー溶液の粘性を分子量の指標として高分子説を唱えて以来，粘度法は簡便にポリマーの相対平均分子量を測定する方法として，現在も広く用いられている。

濃度 c のポリマー希薄溶液の粘性率 η は，溶媒の粘性率 η_0，固有粘度（あるいは極限粘度数）$[\eta]$ を用いて，

$$\eta = \eta_0(1 + [\eta]c + k'[\eta]^2c^2 + k''[\eta]^3c^3 + \cdots) \tag{3-78}$$

で表せる。k' は Huggins 係数と呼ばれる量であり，高分子や溶媒の種類によらず 0.3～0.6 の値をとることが知られている。$[\eta]$ は，ポリマー添加による溶液粘度の増加分の目安となるポリマーに固有の値である。式 (3-78) は，表 3-1 に定義した比粘度 η_{sp} を用いると

$$\frac{\eta_{sp}}{c} = [\eta] + k'[\eta]^2c + k''[\eta]^3c^2 + \cdots \tag{3-79}$$

と書き換えられる。式 (3-79) において，濃度 c をゼロに外挿すると，固有粘度が得られる。

$$[\eta] = \lim_{c \to 0} \frac{\eta_{sp}}{c} \tag{3-80}$$

表 3-1 希薄溶液の粘度

慣用名	IUPAC 名	定義
相対粘度 (relative viscosity)	粘度比 (viscosity ratio)	$\eta_r = \dfrac{\eta}{\eta_0}$
比粘度 (specific viscosity)	—	$\eta_{sp} = \eta_r - 1$
還元粘度 (reduced viscosity)	粘度数 (viscosity number)	$\eta_{red} = \dfrac{\eta_{sp}}{c}$
インヘレント粘度 (inherent viscosity)	対数粘度数 (logarithmic viscosity number)	$\eta_{inh} = \dfrac{\ln \eta_r}{c}$
固有粘度 (intrinsic viscosity)	極限粘度数 (limiting viscosity number)	$[\eta] = \lim\limits_{c \to 0} \dfrac{\eta_{sp}}{c}$

表 3-1 に示した粘度のうち相対粘度 η_r と比粘度 η_{sp} の単位は無次元である。c として（溶質の質量）/（溶液の体積）で表される濃度を用いた場合，還元粘度 η_{red}，インヘレント粘度 η_{inh} および固有粘度 $[\eta]$ の SI 単位は $m^3 kg^{-1}$ であり，実用的には $cm^3 g^{-1}$（$= 10^{-3} m^3 kg^{-1}$）あるいは $dL g^{-1}$（$= 10^{-2} m^3 kg^{-1}$）が使われることが多い。

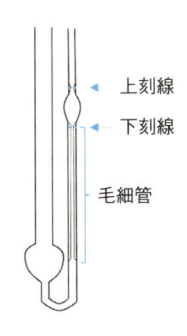

(a) オストワルド型
基本的な粘度計であり，溶媒量一定で粘度計が傾かないようにする必要がある。

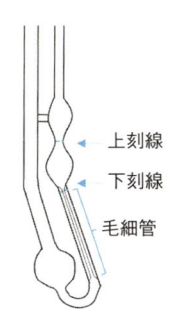

(b) キャノン・フェンスケ型
毛細管上部の測時球と下部の試料だめ球が中心軸上にあるので粘度計の傾きの影響ができにくい。溶媒量一定である必要がある。

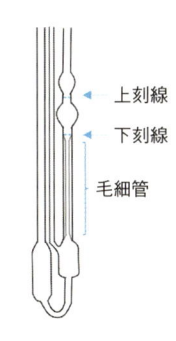

(c) ウベローデ型
側管から空気が入り毛細管下部に溶液がない状態で測定する。溶液量の影響を受けないので精度の高い測定ができる。

図 3-14 毛細管粘度計の種類

ポリマーの希薄溶液の粘度測定は，図 3-14 に示したオストワルド（Ostwald）型，キャノンフェンスケ（Cannon-Fenske）型あるいはウベローデ（Ubbelohde）型などの毛細管粘度計（capillary viscometer）を用いて測定される。図中の上刻線から下刻線まで溶媒およびポリマー希薄溶液が流下する時間 t_0 および t を測定する。ポリマー溶液は，一般的に非ニュートン液体なので粘度は測定時のずり速度に依存する。しかし，実験の精度を考慮すると，ポリマーの希薄溶液を用いている限りニュートン液体とみなしてよい。

ポリマー溶液の毛細管粘度測定法における粘性率 η は後で示す式（5-22）で表されるので，上刻線から下刻線までの液貯めの容積を V として，その式中の液体の流速 Q を V/t で置き換えると

$$\eta = \frac{\pi \Delta P R^4}{8LQ} = \frac{\pi \Delta P R^4 t}{8VL} \tag{3-81}$$

で表すことができる。ここで圧力差 ΔP は（液高）×（溶液の密度）×（重力加速度 g）である。それぞれの値を求めて η を求めると誤差が大きくなるので，溶液と溶媒の粘性率の比，すなわち相対粘度 η_r は，同じ粘度計を使用して測定している限り R, V, L は一定なので

$$\eta_r = \frac{\eta}{\eta_0} = \frac{t\rho}{t_0\rho_0} \cong \frac{t}{t_0} \tag{3-82}$$

で表せる。ここで，ρ_0 と ρ はそれぞれ溶媒とポリマー溶液の密度であるが，希薄溶液では同じと考えてよい。希薄溶液の範囲内の各種濃度で流下時間を測定し，図 3-15 に示したグラフを作成し，濃度ゼロに外挿したときの縦軸切片の値から $[\eta]$ を求めることができる。

粘度法により求めた $[\eta]$ で表される固有粘度あるいは極限粘度数（limiting viscosity number）から，次式で示されるマーク・ホーウィンク・桜田（Mark・Houwink・Sakurada）の式により分子量 M を求めることができる。

$$[\eta] = KM^a \tag{3-83}$$

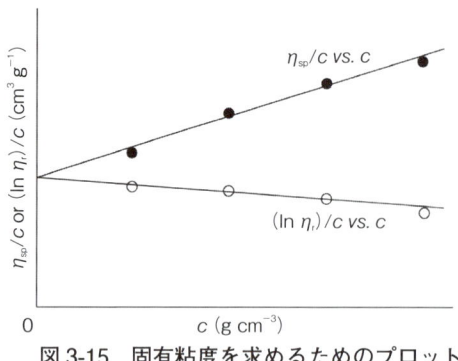

図3-15 固有粘度を求めるためのプロット

K と a は高分子，溶媒および温度によって決まる定数である．粘度指数 a が，0.5のときはΘ状態にある屈曲性鎖，0.7〜0.8では排除体積効果を受けた屈曲性鎖，0.8以上のときは半屈曲性鎖あるいは剛直性鎖であり，棒状高分子の場合は約1.7となる．過去に膨大な数の高分子－溶媒系について K と a の値が測定され，それらは"Polymer Handbook"（Wiley Interscience Publication）にまとめられている．

多分散ポリマーにおいて，分子量 M_i の高分子鎖は単位体積当り N_i モルの希薄溶液中の $(\eta_{sp})_i$ に寄与するので全体の比粘度は，$\eta_{sp} = \sum_i (\eta_{sp})_i$ となる．$c_i = N_i M_i$，$(\eta_{sp})_i = c_i[\eta]_i$，$[\eta]_i = K M_i^a$ なので

$$[\eta] = \lim_{c \to 0} \frac{\eta_{sp}}{c} = \sum_i \frac{c_i[\eta]_i}{c_i} = K \sum_i \frac{N_i M_i^{a+1}}{N_i M_i} \tag{3-84}$$

となる．したがって，式（3-83）により求まる平均分子量 $\overline{M}$ は

$$\overline{M} = \left(\frac{\sum_i N_i M_i^{a+1}}{\sum_i N_i M_i} \right)^{1/a} = M_v \tag{3-85}$$

式（3-6）で定義した粘度平均分子量 M_v と同じである．ガウス鎖では $M_n < M_v < M_w$ であり，$a = 1$ で $M_v = M_w$ となる．単分散ポリマーでは $M_n = M_v = M_w$ となる．

3.4.5 ゲル浸透クロマトグラフィー（GPC）

GPC は高速液体クロマトグラフィーの一つであり，サイズ排除クロマトグラフィー（size exclusion chromatography：SEC）とも呼ばれる（図3-16）．カラムに充填された多孔性ゲルの逆ふるい効果により，ゲルの網目サイズよりも大きい分子はゲル内に浸透せず，そのまま溶出するのに対して，小さい分子はゲル内の細孔に浸透して溶出しにくくなるため遅れて溶出する．その結果，分子の広がりの大きい順番に溶出してくる．

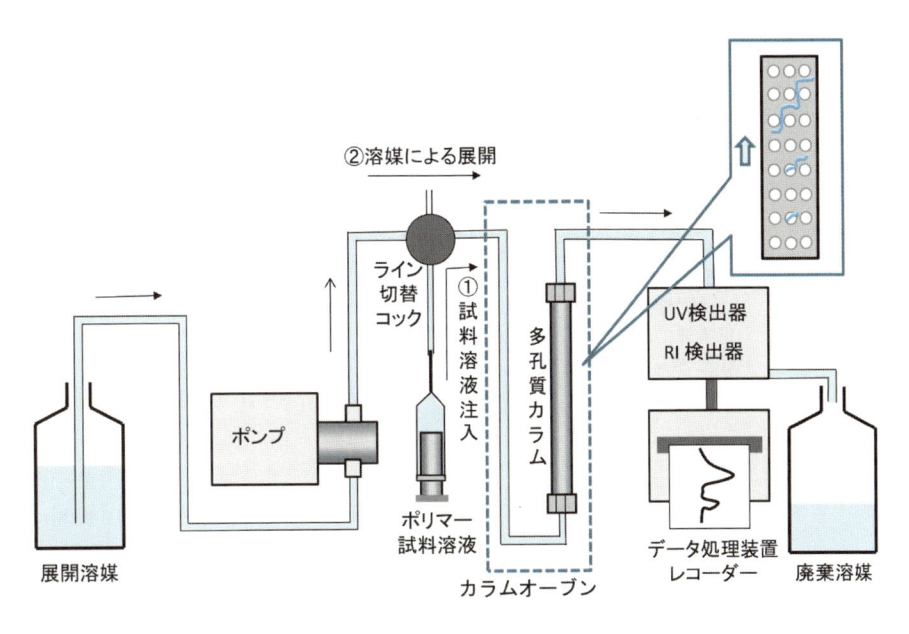

図 3-16 GPC 装置の概略と原理

溶出した高分子は溶媒との屈折率（refractive index:RI）差，紫外線吸収（ultraviolet absorption:UV）あるいは光散乱（light scattering: LS）を用いて検出し，分離に用いた溶媒の溶出体積（elution volume, V_e）の関数として記録される。溶出溶媒としては有機溶媒系ではテトラヒドロフラン（THF）や N,N-ジメチルホルムアミド（DMF），水系ではりん酸緩衝液などがよく用いられる（付録2参照）。カラム充填剤としては，有機溶媒系ではポリ（スチレン-co-ジビニルベンゼン），水系ではアガロースやデキストランゲルなどの多孔性ゲルが用いられる。まず，絶対分子量が既知の複数のポリスチレンやポリエチレンオキシドの標準試料を用いて測定を行い，分子量と V_e の校正曲線を作成する。次いで，未知試料の測定を行い，V_e を分子量に変換することにより，それぞれの分子量とその強度から M_n, M_w, M_z などを計算することができる。あくまで標準試料に対する相対分子量であるが，簡便であり最もよく使用される平均分子量の測定方法である。ただし，光散乱検出器を用いた場合は絶対分子量や平均二乗回転半径を求めることができる。

3.4.6 その他の平均分子量の測定法のまとめ

表 3-2 に主なポリマーの平均分子量の測定方法と測定可能な分子量範囲，相対法と絶対法の区別をまとめて示した。

表3-2 ポリマーの各種平均分子量測定法の特徴

方法	型	平均分子量	有効分子量域
沸点上昇	絶対法	M_n	$<10^4$
凝固点降下	絶対法	M_n	$<10^4$
蒸気圧浸透法	絶対法	M_n	$<10^4$
NMR法	絶対法	M_n	$<10^4$
膜浸透圧法	絶対法	M_n	$10^4 \sim 10^6$
MALDI-MS	絶対法	M_n, M_w	$10^2 \sim 10^5$
光散乱法	絶対法	M_w	$10^3 \sim 10^7$
沈降平衡法	絶対法	M_w, M_z	$10^2 \sim 10^6$
粘度法	相対法	M_v	$10^3 \sim 10^8$
GPC（RI,UV）	相対法	M_n, M_w	$10^2 \sim 10^7$
GPC（光散乱）	絶対法	M_n, M_w	$10^3 \sim 10^7$

　前節までに説明したもの以外にNMR法，沈降平衡法（sedimentation equilibrium method），マトリックス支援レーザー脱着イオン化質量分析法（matrix assisted laser desorption ionization mass spectroscopy: MALDI-MS）などの絶対法がある。NMR法は末端官能基と繰返し単位のある部分の^{1}Hの積分値の比などから求める方法であり，よく用いられる。MALDI-MSは窒素レーザー光を大過剰のマトリックスを混合した試料にパルス照射し，マトリックスのイオン化とともに試料分子をイオン化させ質量分析する方法である。1980年代後半に田中耕一氏らにより開発された方法である。J. B. Fenn博士らにより開発されたエレクトロスプレーイオン化（electrospray ionization: ESI）とともにタンパク質などの分解しやすい生体高分子のソフトなイオン化法として2002年ノーベル化学賞が授与されている。シナピン酸やα-シアノ-4-ヒドロキシ桂皮酸などのマトリックスが一般的であるが，それぞれの高分子試料に適したマトリックスを選定する必要がある。また低分子量成分のイオン化効率が高いため，必ずしも実際の分子量分布を表さない場合があることや，多価イオンやプロトン，マトリックスイオン，アルカリ金属イオンなどが付加したピークが観測される場合が多いので注意する必要がある。オリゴマーの場合，絶対分子量が正確に測定できるので，末端基に関する情報などを得るのには優れた方法である。

演習問題

1. 式 (3-3) から式 (3-6) を用いて次に示す2種類の高分子混合系の M_n, M_w, M_z, M_v, M_w/M_n を求めよ。ただし，$a = 0.6$ とする。その2種類の高分子混合系の分子量分布の広さと求めた値の大小関係について議論せよ。

   (1) $i = 1\sim3$; $N_1 = 10$, $M_1 = 3\times 10^4$; $N_2 = 30$, $M_2 = 5\times 10^4$; $N_3 = 10$, $M_3 = 7\times 10^4$

   (2) $i = 1\sim5$; $N_1 = 5$, $M_1 = 1\times 10^4$; $N_2 = 10$, $M_2 = 3\times 10^4$, $N_3 = 20$, $M_3 = 5\times 10^4$; $N_4 = 10$, $M_4 = 7\times 10^4$; $N_5 = 5$, $M_5 = 9\times 10^4$

2. 図 3-7 に示した浸透圧計を用いて分子量 10 000 のポリマーの濃度 $c = 1.0\times 10^{-3}\,\mathrm{g\,cm^{-3}}$ の希薄溶液の浸透圧 P を測定した。溶液の密度を $1.0\,\mathrm{g\,cm^{-3}}$，重力加速度 g を $9.8\,\mathrm{m\,s^{-2}}$，温度を 300 K，気体定数を $8.31\,\mathrm{J\,mol^{-1}\,K^{-1}}$ として以下の問に答えよ。

   (1) 式 (3-50) の第二ビリアル係数 A_2 を $5\times 10^{-4}\,\mathrm{cm^3\,g^{-2}\,mol}$ とし，c^3 以降の項は無視できるとして，浸透圧 Π を求めよ。

   (2) (1)で求めた浸透圧により生じる純溶媒とポリマー希薄溶液の液柱の高さの差 h を求めよ。ただし，溶液の密度を $1.0\,\mathrm{g\,cm^{-3}}$，重力加速度 g を $9.8\,\mathrm{m\,s^{-2}}$ とする。

3. あるポリマーを Θ 溶媒に溶かし，濃度 $c = 0.001\,\mathrm{g\,cm^{-3}}$ の希薄溶液を調製して静的光散乱実験を行い，$\theta = 30, 90°$ で，それぞれ $R_\theta = 6.08\times 10^{-5}, 5.78\times 10^{-5}\,\mathrm{cm^{-1}}$ という結果を得た。入射光の波長 $\lambda = 633\,\mathrm{nm}$，溶媒の屈折率 $n_0 = 1.5$，溶液の屈折率増分 $\partial n/\partial c = 0.10\,\mathrm{cm^3\,g^{-1}}$ として以下の問に答えよ。

   (1) 式 (3-69) で定義される光学定数 K を求めよ。

   (2) 式 (3-60) を用いて $\theta = 30, 90°$ のときの k^2 を求めよ。

   (3) $\theta = 30, 90°$ のときの Kc/R_θ を求めよ。

   (4) 得られた k^2 と Kc/R_θ の間に直線関係があると仮定して，このポリマーの重量平均分子量と回転半径を求めよ（図 3-12 参照）。

4. オストワルド粘度計を用いたポリビニルアルコール希薄水溶液の粘度法を用いた分子量測定に関して以下の問に答えよ。

   (1) 体積 $10\,\mathrm{cm^3}$ の純水，濃度 $c = 0.005, 0.010\,\mathrm{g\,cm^{-3}}$ のポリビニルアルコール希薄水溶液の流下時間を測定し，それぞれ 120, 150, 190 s という結果を得た。濃度が $0.005\,\mathrm{g\,cm^{-3}}$ と $0.010\,\mathrm{g\,cm^{-3}}$ のポリビニルアルコール水溶液の相対粘度と還元粘度を求めよ。

   (2) 図 3-15 を参考にして濃度と還元粘度の値に直線関係があると仮定し，このポリビニルアルコール水溶液の固有粘度を求めよ。

   (3) 式 (3-83) を用いて測定に用いたポリビニルアルコールの粘度平均分子量を求めよ。ただし，$K = 0.070$, $a = 0.60$ とする。

ポリマーの固体構造

4

ポリ(L-乳酸)の球晶の偏光顕微鏡写真

4.1　固体中の高分子鎖の形態

1.2で述べた線状ポリマー，分岐ポリマー，網目ポリマーの固体構造について考える。線状ポリマーや枝分れの少ない分岐ポリマーは，加熱すると流動性を示してさまざまな形状に成形することができ，冷却固化させて材料として使用することができる，いわゆる熱可塑性樹脂（thermoplastic resin）に分類されるものが多い。熱可塑性樹脂は，加熱して等方性液体とした後，冷却過程において固化する際に，図4-1に示したように，配向のない液体状態から固体になっても結晶化しない非晶性ポリマーとその過程において結晶化する結晶性ポリマーがある。結晶性ポリマーでは希薄溶液からの結晶化などの特殊な条件で結晶化させた場合を除いて，100％結晶化することはなく，結晶領域と非晶領域が共存する。分岐ポリマーは枝分れが多くなると，分子同士が規則的に配向することが困難になり，結晶化しにくくなる。例えば，ポリエチレンでは分岐の少なく結晶化度の高い高密度ポリエチレン（high-density polyethylene:HDPE）と分岐が多く結晶化度の低い低密度ポリエチレン（low-density polyethylene:LDPE）がある。通常，結晶性ポリマーの融液から結晶化させると球晶が形成される。その球晶自体も完全に結晶化しているのではなく，分子鎖が折りたたみ構造をとった結晶ラメラと非晶部分が共存した状態をとっている。また，例えばポリエチレンを高温・高圧下で溶融・結晶化させると高分子鎖がほぼ完全に伸びきった状態で結晶化することも知られている。

非晶性ポリマー　　　　　結晶性ポリマー　　　　　液晶ポリマー
　　　　　　　　　　　　　　　　　　　　　　　（ネマチック構造）

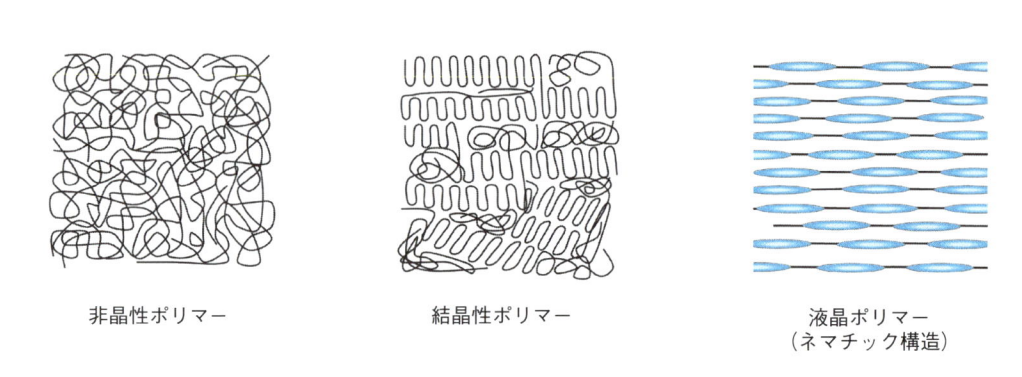

図4-1　非晶性ポリマー，結晶性ポリマー，液晶ポリマーの構造模式図

熱可塑性樹脂でも，工業的に使用されているラジカル重合により合成されるポリスチレンやポリメタクリル酸メチルはアタクチックポリマーであり，複雑な光学異性体の混合物からなるため非晶性ポリマーである。また，重縮合により合成される屈曲したジフェニルスルホンユニットやビスフェノールAユニットをもつポリスルホン，ポリエーテルスルホン，ポリエーテルイミドなどのエンジニアリングプラスチックも非晶性ポリマーである。網目ポリマーとして代表的なエポキシ樹脂，フェノール樹脂，ポリウレタン樹脂などの硬化物は架橋構造をもつため分子鎖の規則的な配向が困難なので，非晶性ポリマーに分類されるものがほとんどである。

　結晶性ポリマーは加熱した液体の状態においてはランダムコイル状の無配向な形態をとってい

るが,液晶ポリマー(liquid crystalline polymer)は,分子鎖あるいは側鎖に剛直なユニットをもつため,液体状態においてもその剛直なユニットの方向性の秩序が保たれているポリマーである。その液晶状態で成形時の流動方向に剛直なユニットを配向させ,そのまま固化させると二次元的な配向をもった構造が形成される。液晶ポリエステルといわれる芳香族ポリエステルなどが代表的である。

4.2　X線回折による結晶構造解析

固体ポリマーの結晶領域の構造を解析するための機器分析としては,X線回折(X-ray diffraction:XRD),電子線回折,赤外分光法およびラマン分光法(infrared and raman spectroscopy),核磁気共鳴(nuclear magnetic resonance:NMR)法などがある。ここでは結晶格子の基本事項をまとめ,最も有力な結晶構造解析法の一つであるXRDによる解析法の概略について概説する。

表 4-1　結晶系とブラベ格子

結晶系	軸長	軸角	ブラベ格子
立方晶系 (cubic)	$a = b = c$	$\alpha = \beta = \gamma = 90°$	単純立方 (P) 体心立方 (I) 面心立方 (F)
正方晶系 (tetragonal)	$a = b \neq c$	$\alpha = \beta = \gamma = 90°$	単純正方 (P) 体心正方 (I)
斜方晶系 (orthorhombic)	$a \neq b \neq c$	$\alpha = \beta = \gamma = 90°$	単純斜方 (P) 体心斜方 (I) 面心斜方 (F) 底心斜方 (C)
三方晶系 (trigonal) [菱面体晶系 (rhombohedral)]	$a = b \neq c$ $a = b = c$	$\alpha = \beta = 90°, \gamma = 120°$ $\alpha = \beta = \gamma \neq 90°$	単純のみ (P)
六方晶系 (hexagonal)	$a = b \neq c$	$\alpha = \beta = 90°, \gamma = 120°$	単純のみ (P)
単斜晶系 (monoclinic)	$a \neq b \neq c$	$\alpha = \gamma = 90° \neq \beta$	単純単斜 (P) 底心単斜 (C)
三斜晶系 (triclinic)	$a \neq b \neq c$	$\alpha \neq \beta \neq \gamma \neq 90°$	単純のみ (P)

結晶格子(crystalline lattice)は,結晶の並進対称性を特徴付ける空間上の格子である。実空間における基本並進ベクトル a, b, c により実格子ベクトル r は

$$r = n_1 a + n_2 b + n_3 c \quad (n_1, n_2, n_3:任意の整数) \tag{4-1}$$

で表される。n_1, n_2, n_3 が0か1となる8種類の組合せで決まる点を結ぶと平行六面体ができ,これを結晶格子の単位格子(あるいは単位胞,unit cell)という。基本並進ベクトルの長さ a, b, c およびそれらの間の角度 $\alpha = \angle(b, c)$,$\beta = \angle(a, c)$,$\gamma = \angle(a, b)$ が格子定数(lattice constant)である。結晶は格子定数により7種類の結晶系とそれらに対応するブラベ格子(Bravais lattice)14種類に分類される。表4-1と図4-2にそれらをまとめて示した。一般に a 軸を h 等分,b 軸を k 等分,c 軸を l 等分する3点を含んだ面を (hkl) 面と呼び,その面間隔は d_{hkl} で表される。図4-3に単位格子における(231)面を例示した。

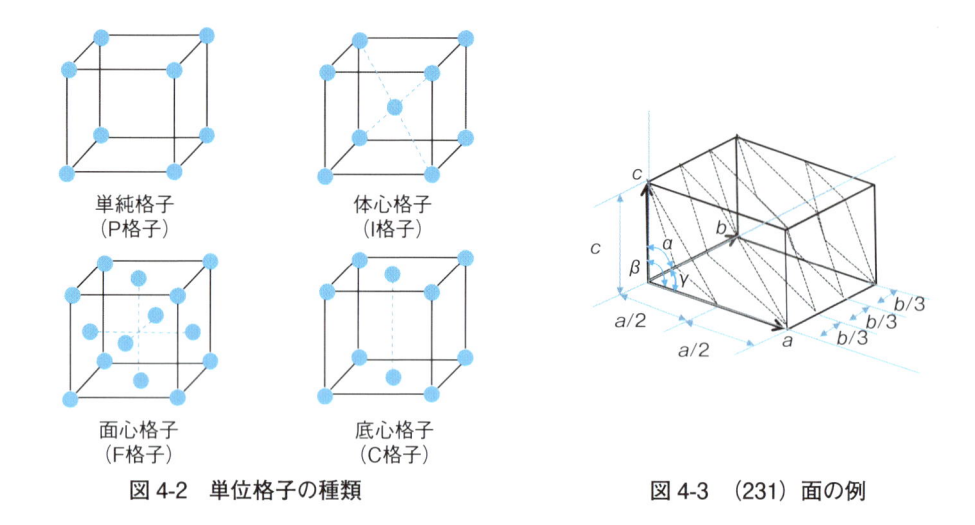

図 4-2　単位格子の種類　　　　　図 4-3　（231）面の例

　構造解析によく用いられる X 線は CuKα 線（波長 λ = 0.1542 nm）で，Ni フィルター，グラファイトあるいは LiF 単結晶のモノクロメーターにより単色化した X 線を試料に照射し，試料から回折される X 線の強度をいろいろな回折角で測定する。面間隔 d で積み重なった（hkl）面に入射角 θ で波長 λ の X 線が入射したとする。原子間隔は X 線の波長と同程度なので各原子からの散乱 X 線は互いに干渉する。図 4-4 の左上に示したように二つの波の光路差は（AB＋BC）であり，$2d\sin\theta$ で表すことができる。その光路差が X 線の波長の整数（n）倍となるブラッグ (Bragg) の条件式

$$2d_{hkl}\sin\theta = n\lambda \tag{4-2}$$

を満たすときだけ，回折角 2θ への方向で強い回折が観測される。実際の分析では，試料に X 線を入射させ，角度が 2θ へ散乱された X 線の強度を測定し，回折ピークを与える散乱角から 2θ を決定する。また，$\alpha = \beta = \gamma = 90°$ のとき

$$\frac{1}{d_{hkl}^2} = \left(\frac{h}{a}\right)^2 + \left(\frac{k}{b}\right)^2 + \left(\frac{l}{c}\right)^2 \tag{4-3}$$

の関係がある。

　次に直線上に間隔 h の一次元格子があるとする（図 4-4 右上）。例えば，延伸により結晶軸の一つ（分子軸）が延伸方向に平行に配列した 1 軸配向ポリエチレン繊維では，分子鎖軸に沿ったエチレン基（-CH$_2$CH$_2$-）を一つの点とみなすと，図に示したような配列を考えることができる。分子鎖軸に垂直に波長 λ の X 線が入射したとすると，各点格子により散乱された X 線は，m を整数として，次のポランニー（Polanyi）式を満足する方向に強い回折を生じる。

$$h\sin\phi = m\lambda \tag{4-4}$$

円筒写真の赤道（$m=0$），第 1 層線（$m=1$），第 2 層線（$m=2$）と一連の反射が生じ，層線間隔がわかれば延伸軸方向の繰返し周期（繊維周期）h を求めることができる。

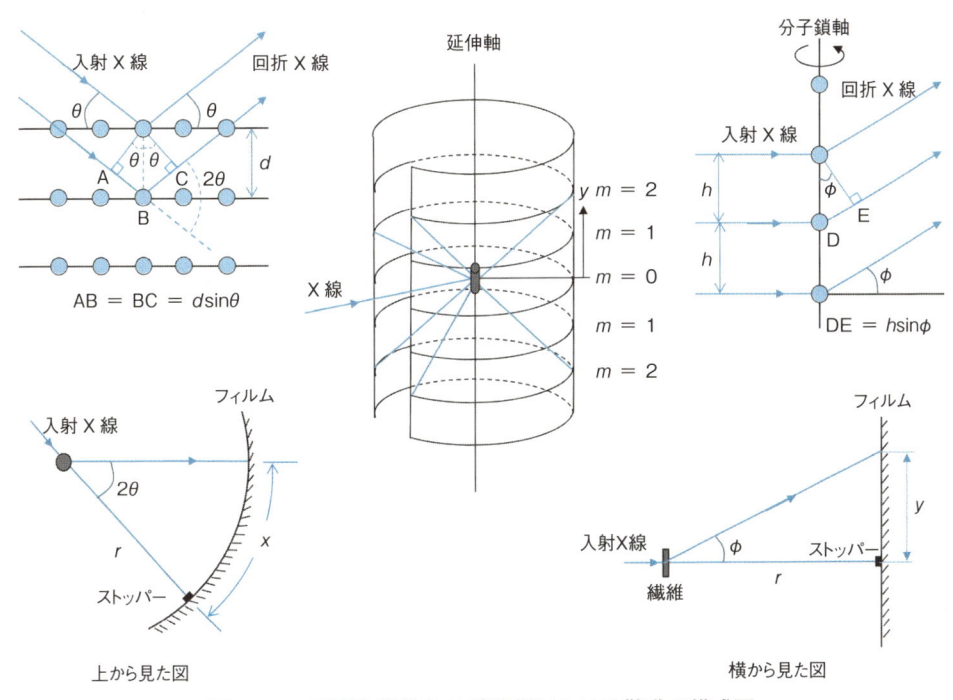

図 4-4　1 軸配向繊維の X 線回折における散乱の模式図

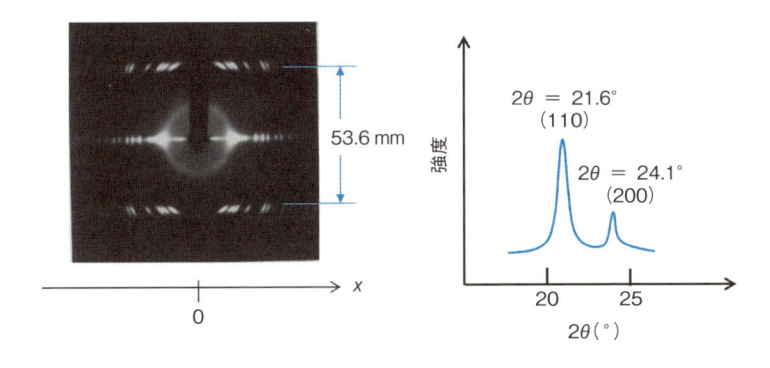

図 4-5　1 軸配向ポリエチレン繊維の円筒カメラによる写真（左）と X 線赤道反射プロフィール（右）

　一軸配向ポリエチレン繊維の円筒カメラ（半径 $r = 35.0$ mm）による写真（X 線繊維図形）と X 線赤道反射プロフィールを図 4-5 に示した。図 4-4 の右下の横から見た図からカメラ半径を r、層線上下間隔を $2y$（$= 53.6$ mm）とすると

$$\tan\phi = \frac{y}{r} \tag{4-5}$$

の関係がある。また，図 4-4 の左下の上から見た図から，θ（ラジアン単位）と x には

$$2\theta \cdot r = x \tag{4-6}$$

の関係がある。式（4-5）に実際に数値を入れて計算すると

$$\tan \phi = \frac{y}{r} = \frac{53.6/2}{35.0} \cong 0.766 \quad \therefore \phi \cong 37.5°, \sin \phi \cong 0.608$$

式（4-4）より

$$h = \frac{m\lambda}{\sin \phi} = \frac{1 \times 0.154}{0.608} \cong 0.253 \text{ nm}$$

ポリエチレンは斜方晶系で延伸軸∥c軸なので，$c = 0.253$ nm となる。また，式（4-2）より（200）および（110）反射の 2θ はそれぞれ 24.1° と 21.6° なので

$$d_{200} = \frac{\lambda}{2 \sin \theta} = \frac{0.154}{2 \times \sin(24.1/2)°} \cong 0.369 \text{ nm}$$

$$d_{110} = \frac{\lambda}{2 \sin \theta} = \frac{0.154}{2 \times \sin(21.6/2)°} \cong 0.411 \text{ nm}$$

となる。また，図 4-6 の左に示した関係から $a = 2d_{200} \cong 2 \times 0.369 = 0.738$ nm となる。式（4-3）または図 4-6 の右に示した関係から

$$\frac{1}{d_{110}^2} = \frac{1}{a^2} + \frac{1}{b^2}$$

となるので，d_{110} と a の値を代入して，$b \cong 0.495$ nm となる。以上のように格子定数 a, b, c を求めることができる。

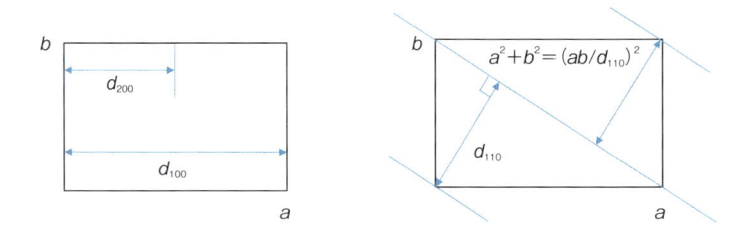

図 4-6 格子定数と面間隔の関係

　最近では写真フィルムの代わりにイメージングプレートを用いて二次元の回折強度データを短時間で計測できる装置が広く使用されている。また，結晶構造モデルが分かっている場合は，粉末回折データを元に Rietveld 解析と呼ばれるカーブフィッティングすることにより格子定数や原子座標を求めるができる。さらに勉強したい人は専門書を参照されたい。

4.3 高分子鎖の結晶内での構造

1) ポリエチレン

ポリエチレンを常圧下で融液から結晶化すると，熱力学的に安定なトランスの立体配座が繰返された T_2 型の平面ジグザグ構造をした分子鎖が分子鎖間のファン・デル・ワールス力により凝集して，図 4-7 に示した結晶構造が形成される。

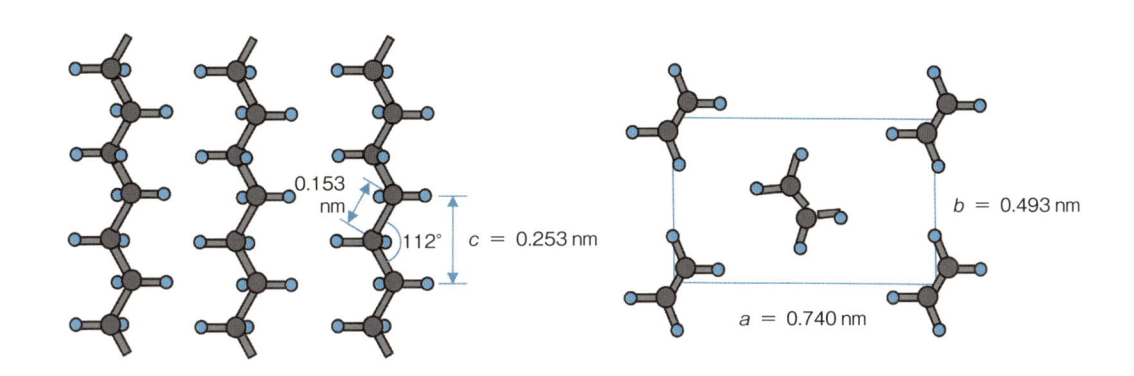

図 4-7 斜方晶系ポリエチレンの結晶構造

結晶の単位格子は斜方晶系に属し，その格子定数は，一軸配向繊維とほぼ同じで，$a = 0.740$ nm, $b = 0.493$ nm, $c = 0.253$ nm である。c 軸が繊維軸（fiber axis），ジグザグ型分子鎖が載っている方向である。したがって，分子鎖は bc 面上にあり，この面に平行な面が格子定数 a を周期として繰返されている。この面は（100）面であり，$d_{100} = a$ となる。この周期の半分の面にも向きの異なる分子鎖が載っており，この面は（200）面である。a 軸と b 軸を同時に横切り，かつ c 軸に平行な面は（110）面である。周期がその半分の面の繰返しは（220）面である（図 4-6 参照）。

2) 1置換ポリオレフィン

プロピレンを Ziegler-Natta 触媒〔$TiCl_3$/Al$(C_2H_5)_3$〕を用いて重合すると，イソタクチックポリプロピレン（iPP）が立体特異的に生成する。iPP は結晶性ポリマーであり，結晶領域における分子鎖は，3 モノマーで 1 回転するらせん構造をとり，立体配置は TGTGTG…の繰返しからなる。これを〔(3/1), (TG)$_3$〕と表現する。iPP のらせん構造には図 4-8 に示した右巻きと左巻きがあり，さらに側鎖のメチル基は上向きと下向きがある。結晶化条件の違いにより，単斜晶系に属する α_1 と α_2 相，六方晶系の β 相，斜方晶系の γ 相の四つの結晶多形が出現することが知られている。α_1 と α_2 相においては，いずれも右巻きと左巻きのらせんが秩序的に配列しているが，主鎖に結合しているメチル基の向きの配列秩序性が異なっている。α_1 相のメチル基の向きに関する up と down の配列は統計的に無秩序であるが，α_2 相では up と down の配列に秩序

がある。β相では分子のらせん巻き方向がどちらか同一方向に揃った領域が形成されている。γ相では右巻きと左巻きのらせんが対になった平行な分子鎖からなる単分子シートが，分子鎖を互いに交叉しながら分子軸と垂直方向に積み重なった特徴的な配列からなる。

図 4-8　イソタクチックポリプロピレンの合成と $(TG)_3$ らせん構造

　汎用プラスチックとして利用されているポリスチレンはラジカル重合で合成される非晶性のアタクチックポリマーである。イソタクチックポリスチレンは結晶性ポリマーであり，iPP と同様に (3/1), $(TG)_3$ らせん構造をもつ。シンジオタクチックポリスチレンは 0.73 nm の繊維周期の中に 4 個のモノマー単位を含む (2/1), (T_2G_2) らせん構造をとっている。このポリマーの融液を氷水中に入れ急冷し，延伸すると T_2 平面ジグザグ構造をとる。この構造は準安定相であり，加熱により T_2G_2 型の安定相に転移する。

　工業的に利用されているポリビニルアルコールは酢酸ビニルのラジカル重合により得られるポリ酢酸ビニルを加水分解することにより得られるアタクチックポリマーであるが，高い結晶性をもつ（9.2 参照）。結晶中で分子鎖は平面ジグザグ構造をとり，ヒドロキシ基の向きはアタクチックなので規則性はないが，全体として主鎖平面の両側にほぼ同じ割合で配置されている。ヒドロキシ基はポリスチレンなどのフェニル基などと比べると立体障害が小さく，かつ分子軸方向からみた図 4-9 右に示したようにヒドロキシ基同士の分子間水素結合により結晶構造が安定化している。

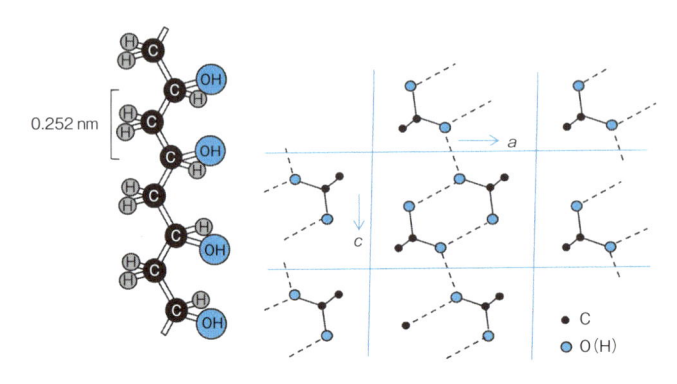

図 4-9　ポリビニルアルコールの結晶構造

3) ポリエステル

ポリエステルとして代表的なポリエチレンテレフタレート（PET）結晶は三斜晶系に属し，図 4-10 に示したように，ほぼ全トランス形の立体配置をとっている（図中の単位格子のうち奥の c 軸に沿った二つの分子鎖は省略してある）。ベンゼン環による分子鎖の屈曲性が束縛されることや分子間でのエステル基のカルボニル酸素（$\delta-$）とエーテル酸素（$\delta+$）の静電相互作用が働いていると考えられる。図には示していないが，PET のメチレン鎖が一つ増えたポリトリメチレンテレフタレート（PTT）結晶も三斜晶系に属するが，メチレン鎖はゴーシュ構造をとり，全体として大きな断面積を有するジグザグ型の立体配置をとる。その結果，高分子鎖軸方向の弾性率（約 3 GPa）は低い。また，ポリブチレンテレフタレート（PBT）もエンジニアリングプラスチックとして工業的に広く利用されているポリマーである。PBT 結晶も三斜晶系に属し，α 型と β 型の 2 種類の構造がある（図 4-10 では水素原子は省略してある）。α 型の方がエネルギー的に安定な構造であり，ブタンジオキシ部分（$-OCH_2CH_2CH_2CH_2O-$）は $GG\overline{T}GG$ のゴーシュ形をとり平面ジグザグ形よりもかなり縮んだ構造をとっている。一軸延伸した α 型試料をさらに引っ張っていくと全トランス形立体配置をもつ β 型への可逆転移が起こり始める。ひずみに応じて β 型への分率が増加していき，約 12 ％で相転移が完了する。

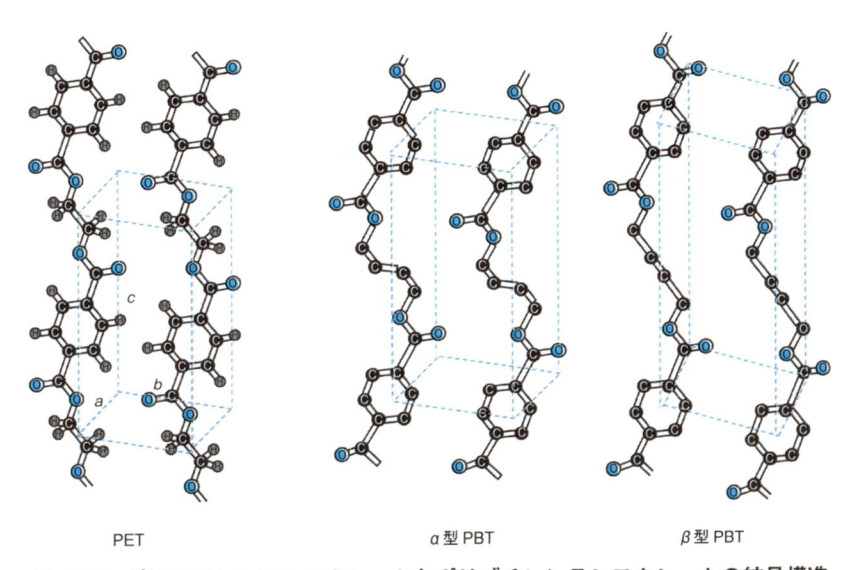

図 4-10 ポリエチレンテレフタレートとポリブチレンテレフタレートの結晶構造

4) ポリアミド

ポリアミドのうち代表的なナイロン66とナイロン6の結晶構造について述べる。ナイロン66の結晶構造は三斜晶系に属し，図4-11左に示したように平面ジグザグ型分子鎖がNH⋯O水素結合により相互作用したシートをつくり，それが互いのac面に平行に並んでファン・デル・ワールス力により弱く積み重なっている。なお，図ではc軸に沿った裏側の分子鎖2本は省略してある。

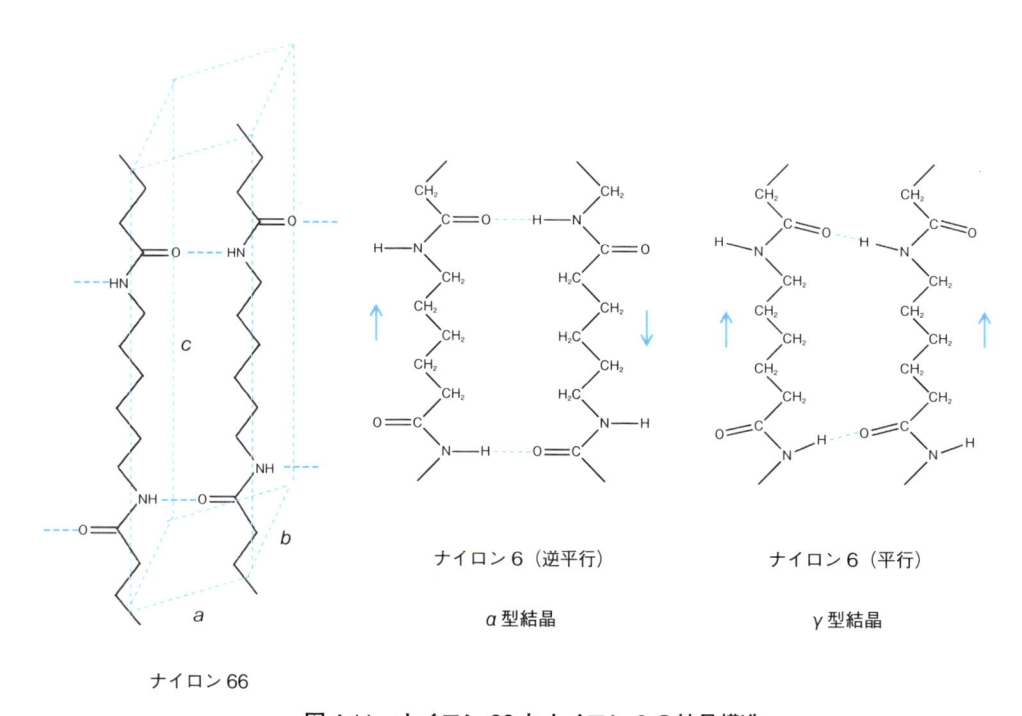

図4-11 ナイロン66とナイロン6の結晶構造

ナイロン66分子は対称中心があるので分子に上向きと下向きの区別はない。ナイロン6ではその区別が生じ，平面ジグザグ型分子鎖が上向きと下向きに交互（逆平行）に並んで分子間水素結合したα型結晶と同じ向き（平行）に並んで分子間水素結合したγ型結晶が存在する。α型結晶では全トランス構造をとっているが，γ型ではアミド結合部分でねじれておりα型よりも約3％縮んだ構造をしている。結晶化温度や延伸条件の違いにより，それらの結晶構造の違いが生じる。また，α型結晶を210 ℃以上に加熱していくとメチレン鎖の立体配座が大きく乱れ，三斜晶系から不安定な擬六方結晶系に変態するブリル転移（Brill transition）がおきる。このブリル転移は種々の脂肪族ポリアミドにおいてもみられる現象である。

4.4　ポリマーの結晶形態

ポリエチレン分子は C-C 単結合の内部回転により，溶融状態や溶液中では規則性のないランダムコイル状の形態をとっている。固体状態では基本的にランダムコイルに近い非晶領域と T_2 型の平面ジグザグ構造からなる結晶領域が共存するが，結晶化の条件の違いにより数種類の結晶形態が知られている。

ポリエチレンの 0.01〜0.05 wt% キシレン溶液を 100 ℃ から冷却して 70 ℃ に保つと，厚みが約 10 nm で長軸と短軸が数 μm 程度のラメラ（lamella）と呼ばれる菱形薄片状の単結晶が得られる。単結晶表面に垂直に電子線を入射して得られる電子線回折図形より，菱形板状晶の長軸と短軸がポリエチレン結晶の a 軸と b 軸方向に対応しており，かつ分子軸が単結晶板面に垂直に配向していることが明らかとなった。分子量数万から数十万のポリエチレン分子が平面ジグザグ構造で伸びきった構造をしていた場合の長さは数百から数千 nm であり，単結晶の厚みの約 10 nm よりも 1 桁以上大きい。このことから，A. Keller（1957）は図 4-12 に示したように分子鎖は一定の長さで折りたたまれていなければならないことを指摘した。

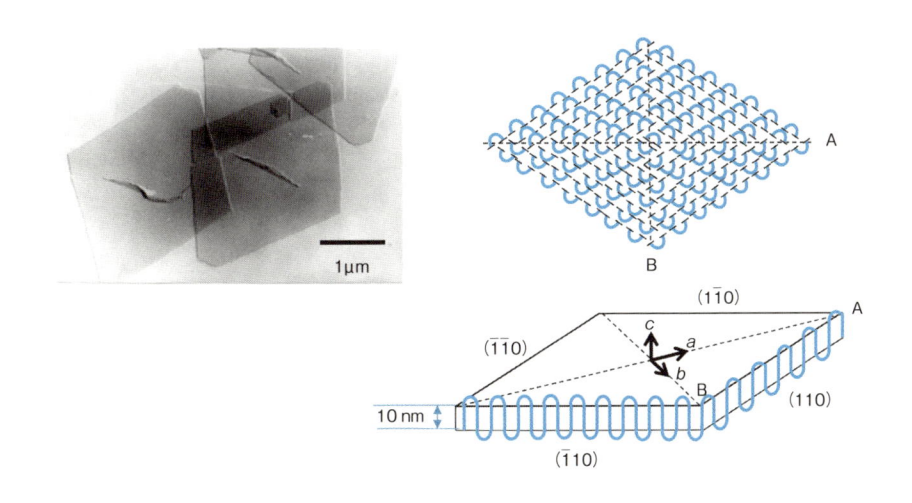

図 4-12　ポリエチレン単結晶の電子顕微鏡写真と折りたたみ構造のモデル[3]

現在ではこのような折りたたみ鎖結晶（folded chain crystals）は高分子の一般的な結晶形態として広く知られている。なお，この乾燥後のポリエチレン単結晶の写真には，しばしば a 軸または b 軸方向にしわが見られることなどから，溶液中で単結晶は分子鎖が折りたたみ方向に傾斜しており，c 軸方向に少し盛り上がった中空ピラミッド状構造をとっており，乾燥により板状になると考えられている。

ポリエチレンを高温で溶融させ，ゆっくりと室温まで冷却したフィルム状試料を偏光顕微鏡で直交する 2 枚の偏光板を組み合わせた直交ニコル（crossed nicols）状態で観察すると，中心から放射状に広がり，同心円状の暗部（消光リング）と 90° ごとに明暗の十字線（Maltese cross）とからなる数 μm サイズの球晶（spherulite）がみられる（図 4-13）。球晶の内部では，折りた

たみ鎖結晶からなるラメラの板状晶が一定周期でよじれながら放射状に成長していく。b 軸は常に半径方向を向いて c と a 軸は共にある周期をもって半径軸のまわりを回転している。屈折率楕円体の γ 軸（結晶 c 軸）が入射光方向と一致したとき，α 軸（a 軸）と β 軸の屈折率がほぼ等しくなり消光する（図の暗の矢印）。また，β 軸（b 軸）が常に半径方向を向いているため，偏光板の直交軸と b 軸が一致したとき消光するため明暗の十字が観測される。この条件が半径方向に沿って周期的に成立するため，同心円状の消光リングが観察される。この周期が球晶の縞模様の周期に対応している。球晶同士は，それぞれ独立に成長するが，互いにぶつかりあって成長を止めるので，球晶は必ずしも球状にはならない。このような球晶はポリエチレン以外にポリエステルなどいろいろなポリマーを溶融状態から結晶化させた場合にみられる（4章中扉の写真参照）。

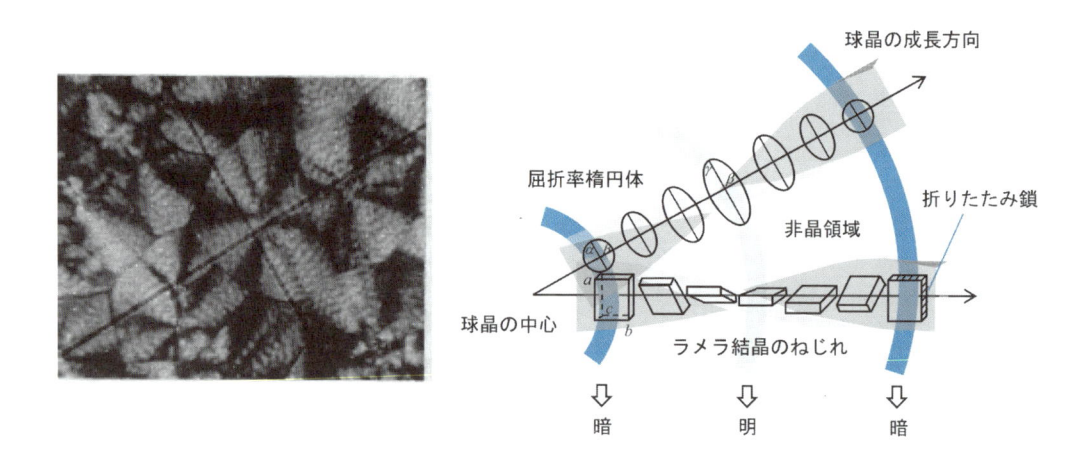

図 4-13　ポリエチレン球晶の偏光顕微鏡写真と球晶内でのラメラ結晶のねじれ[3]

ポリエチレンを 230 ℃以上の高温で融解させた後，約 300 MPa 以上の高圧下に保つと図 4-14 に示した金属様の光沢をもった結晶が得られる。その一つのブロック長は引き伸ばした高分子鎖の末端間距離に相当し，ポリエチレン鎖がほぼ伸びきった結晶状態が実現されている。これを**伸びきり鎖結晶**（extended chain crystal）という。

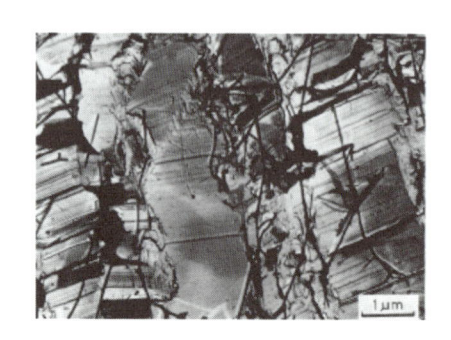

図 4-14　540 MPa，238 ℃で結晶化させたポリエチレンの伸びきり鎖結晶[3]

ポリエチレンの 5% キシレン溶液を 104.5 ℃ でかくはんしながら結晶化させると，糸がガラス棒に巻きつき，図 4-15 に示したような，トルコ料理の串焼き肉料理のシシカバブに似ていることからシシカバブ構造と呼ばれる構造が形成される。串の部分（シシ，shish）が伸びきり鎖結晶，肉の部分（カバブ，kebab）が折りたたみ鎖結晶からなっているといわれている。

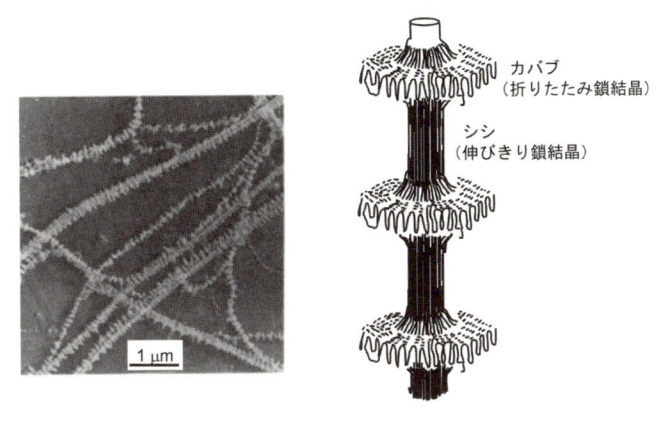

図 4-15　かくはんした溶液から調製したポリエチレンのシシカバブ構造[3]

　デカリンやテトラリンに 150 ℃ で 1 〜 5% の超高分子量ポリエチレンを溶解して調製した準希薄溶液を押し出し，冷却してゲル繊維とし，100 〜 150 ℃ で数十倍に延伸すると高強度・高弾性率のポリエチレン繊維得られる。このゲル紡糸の過程においても，まずシシカバブ構造が形成され，延伸が進むにつれて折りたたみ鎖が引き伸ばされて伸びきり鎖結晶に近づいていくことが明らかとなっている。ポリエチレン以外にポリビニルアルコールもジメチルスルホキシド（dimethyl sulfoxide:DMSO）／水を用いてゲル紡糸し，超延伸することにより高強度繊維が得られる。

　もう一つの構造として図 4-16 に示したような房状ミセル構造（fringed micelle structure）といわれる構造がある。例えばポリエチレンを溶融状態から氷水に入れて急冷し，ゆっくりと延伸（冷延伸）すると，実際には房状ミセルではなく，ある程度ラメラ様の微結晶が延伸方向に配向していると考えられている。ただし，剛直なポリマーに対して同様な処理をした場合は，房状ミセル構造をとっていると考えられている。

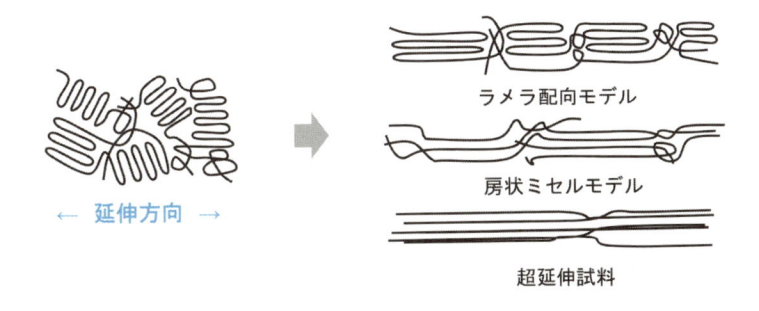

図 4-16　延伸により得られる配向試料における分子鎖集合状態の模式図

4.5 液晶ポリマーの構造

液晶（liquid crystal）とは，結晶と等方性液体の中間的な状態（中間相，mesophase）のうち，粒子の方向の何らかの秩序は保たれているが，三次元的な位置の秩序は失われた流動性をもつ状態である。液晶は，その秩序構造の配列の仕方により，図4-17に示した3種類に分類される。ネマチック相（nematic phase）はメソゲンが一定方向に配列しているが，その重心は互いに異なる配列，スメクチック相（smectic phase）は一次元的配列に加えて重心に関する秩序，すなわち層状構造をもつ配列，コレステリック相（cholesteric phase）は層状構造をもち層内ではネマチック相のように一定方向に配列しており，互いの層の配列方向がらせん状にねじれた配列である。また，液晶を液晶性を発現する状態の違いにより分類すると，加熱溶融した状態で液晶性を示すサーモトロピック液晶（thermotropic liquid crystal）と溶媒に溶解した状態で液晶性を示すリオトロピック液晶（lyotropic liquid crystal）がある。

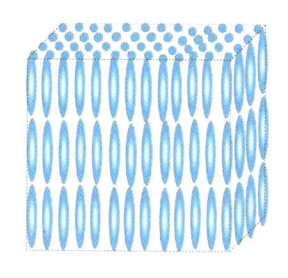

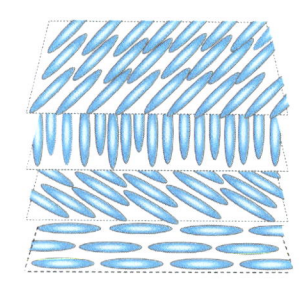

ネマチック液晶　　スメクチック液晶　　コレステリック液晶

図4-17　液晶の集合状態

物質が液晶性を示すためには，棒状あるいは平面状の剛直な分子あるいはメソゲン（mesogen）と呼ばれる剛直な骨格を分子中に含んでいることが必要である。メソゲンとしては芳香族エステル，アゾベンゼンやビフェニル骨格などが代表的である。

液晶性を示すポリマーには，主鎖あるいは側鎖にメソゲンを有するものがある（図4-18）。主鎖型のサーモトロピック液晶としてはポリ(p-ヒドロキシベンゾエート)（poly(p-hydroxybenzoate):PHB）ユニットを含んだ芳香族ポリエステル類が代表的であり，便宜的に荷重たわみ温度の高いものからタイプⅠ，Ⅱ，Ⅲに分類されている。それらの溶融液はネマチック液晶性を示し，射出成形することにより電気・電子用小型精密部品などに利用されている。側鎖型としては柔軟性のあるポリシロキサンやポリエチレン主鎖にメソゲンを側鎖として導入したものがある。リオトロピック液晶としてはポリ(p-フェニレンテレフタルアミド)（poly(p-phenylene terephthalamide):PPTA），ヒドロキシプロピルセルロース（hydroxypropylcellulose:HPC），ポリ(γ-ベンジル-α,L-グルタメート)（poly(γ-benzyl-α,L-glutamate):PBLG）などがある。PPTAは5％以上の濃度の硫酸溶液中でネマチック液晶となり，その溶液を液晶紡糸することにより高強度繊維が得られる。全芳香族ポリアミド（アラミド）繊維としてデュポン

(Du Pont) 社よりケブラー (Kevlar®) という商標で上市されている。HPC と PBLG は，それぞれ水とトルエンなどの溶液中でコレステリック液晶となることが知られている。

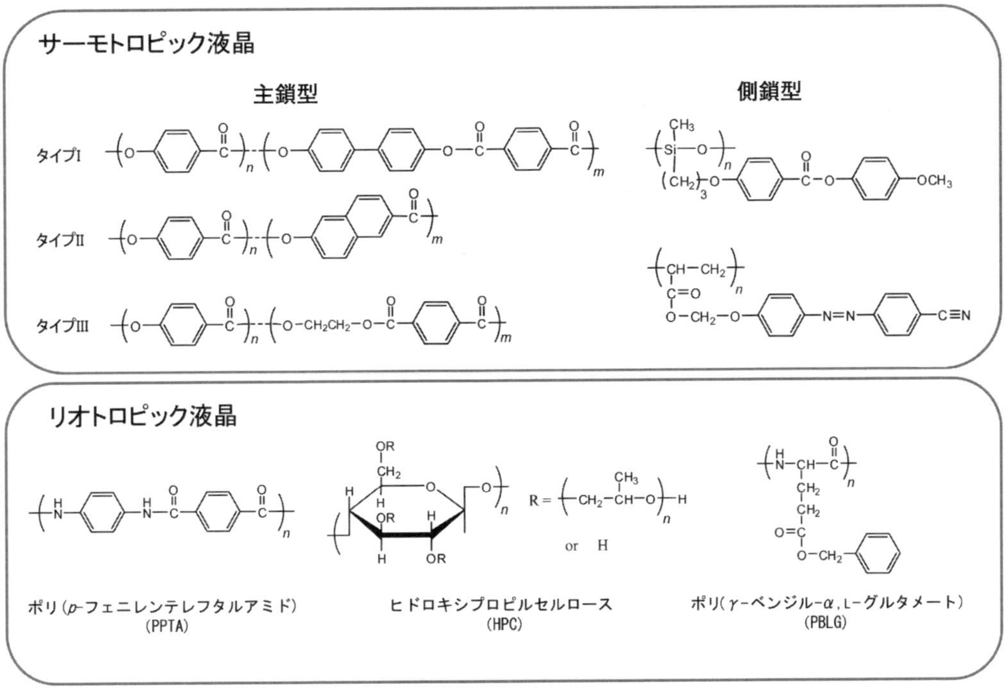

図4-18 サーモトロピック液晶とリオトロピック液晶の例

演習問題

1. ポリエチレン結晶に関して，以下の問に答えよ。

   (1) 図4-7に示した斜方晶系ポリエチレン結晶のC-C結合距離0.153 nmとC-C-C結合角112°を用いて，繊維周期がほぼc軸の格子定数0.253 nmに一致することを確認せよ。

   (2) ポリエチレン結晶の単位格子中にはメチレン鎖（CH_2）が4個含まれている。モル質量MのユニットがZ個単位格子中に含まれている結晶化度$\chi_c = 100\%$の結晶の密度ρ_{cr}は，単位格子の体積をV，アボガドロ定数をN_Aとすると，$\rho_{cr} = ZM/(N_A V)$で与えられる。この式を用いてポリエチレンのρ_{cr}を求めよ。

   (3) 結晶化度がχ_cの試料の密度は，結晶の密度ρ_{cr}と非晶部分の密度ρ_{am}を用いて$1/\rho_{obs} = \chi_c/\rho_{cr} + (1-\chi_c)/\rho_{am}$で与えられる。ポリエチレンの$\rho_{am} = 0.83 \text{ g cm}^{-3}$を用いて，実測密度$\rho_{obs}$が0.97 g cm^{-3}の高密度ポリエチレンの結晶化度を求めよ。

2. ポリブチレンオキシド（-($CH_2CH_2CH_2CH_2O$)$_n$-）結晶に関して，以下の問に答えよ。

   (1) 一軸延伸試料のX線繊維図形を半径$r = 50.0$ mmの円筒カメラを使いCuKα（波長0.154 nm）を用いて測定した。赤道線と第1層線の間隔yが6.4 mmであった。繊維周期hを計算せよ。

   (2) ポリブチレンオキシド結晶はジグザグ構造で繰返し単位二つで繊維周期となっている。C-C結合距離0.153 nm，C-C-C結合角112°，C-O結合距離0.143 nm，C-O-C結合角114°を用いて繊維周期を計算し，(1)で求めた値と比較せよ。

3. イソタクチックポリプロピレン結晶がらせん構造をとる理由について説明せよ。

4. サーモトロピック液晶として代表的な液晶ポリエステルとリオトロピック液晶として代表的な全芳香族ポリアミドの成形方法について説明せよ。

ポリマーの物性

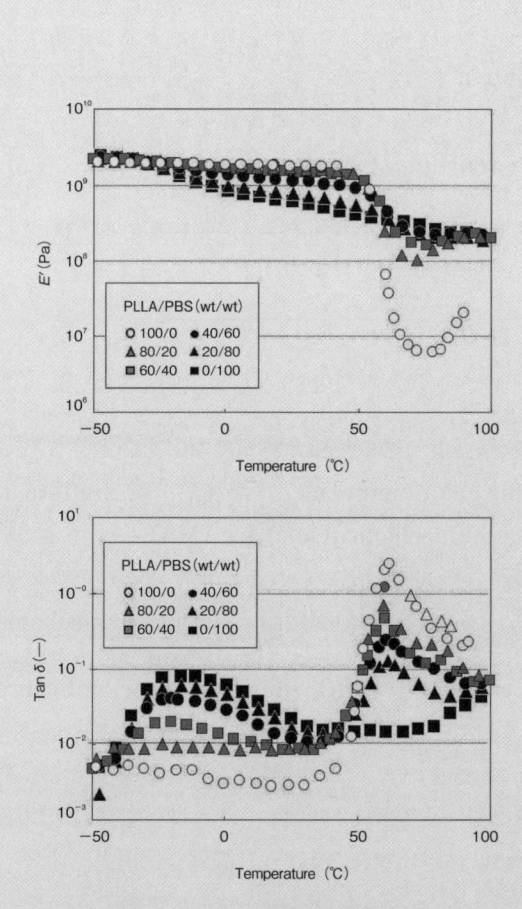

5

ポリ(L-乳酸)(PLLA)とポリブチレンサクシネート(PBS)のブレンドの動的粘弾性曲線[4]

5.1 熱的性質

ポリマーはプラスチック，繊維，ゴムなどの高分子材料として広く使用されており，それら高分子材料の耐熱性や成形性などを考えるうえで，ガラス転移温度，融点，熱分解温度などは非常に重要である。本節では，まず，ポリマーのガラス転移と融解とはどのような現象であるのかを述べた後，それらの転移温度を測定するための熱分析法について紹介する。さらに，融点と結晶化条件との関係，分子構造とそれらの熱物性の関係について述べる。

5.1.1 ガラス転移と融解

3章で述べたように，ポリマーには実質的に結晶化しない非晶領域のみからなる非晶性ポリマーと，通常，結晶領域と非晶領域からなる結晶性ポリマーがある。融解温度または融点（melting temperature：T_m）とは，結晶性ポリマーの結晶領域が温度上昇に伴い，融けて液体状態に変化するときの温度であり，その相転移現象を融解（melting）という。ガラス転移温度（glass transition temperature：T_g）は，非晶性ポリマーや結晶性ポリマーの非晶領域において，高分子鎖のセグメントが短い距離を移動するミクロブラウン運動を開始する温度である。T_g以下ではセグメントの熱運動が通常の観測時間内において凍結されたガラス状態にあり，T_g以上になるとセグメントが熱運動しているゴム状態へと変化する。ただし，ガラス状態といっても主鎖の局所的運動や側鎖の運動などは許容されており，後述する動的粘弾性測定においては主分散のガラス転移より低い温度に，それらの局所的な運動による副分散が観測される。"ガラス転移"という用語が使われているが，熱力学的な相転移ではなく，セグメント運動の凍結・解放に起因した動的な緩和現象であると理解されている。したがって，T_gは観測時間に依存する値であるが，T_g以上の温度から冷却した場合，T_g近傍でのミクロブラウン運動によるセグメントの移動度は急激に減少するため，通常の観測では冷却速度による影響はあまり問題とされず，一つの物質定数として取り扱われることが多い。

5.1.2 熱分析法と熱物性

高分子材料の重要な熱物性値であるガラス転移温度，融点や熱分解温度などを測定するためには，示差走査熱量分析（differential scanning calorimetry：DSC），示差熱分析（differential thermal analysis：DTA），熱機械分析（thermomechanical analysis：TMA），熱重量分析（thermogravimetric analysis：TGA）などの熱分析装置が用いられる。以下にそれぞれの装置の概略と測定できる熱物性値について述べる。なお，動的粘弾性測定（dynamic mechanical analysis：DMA）もよく用いられる熱分析法の一つであるが，これについては5.2.7においてまとめて紹介する。

1) 示差熱分析（DTA）および示差走査熱量分析（DSC）

DTA と DSC の概念図を図 5-1 に示した。いずれの方法においても、粉末やブロック状の試料を、測定温度の上限が 500 ℃ 以下の場合はアルミ皿に、500 ℃ 以上の場合は Pt 皿に入れ、必要に応じて蓋をしてシールをする。DTA は試料と基準物質を炉の中において一定速度で加熱し、両物質間の温度差 ΔT を熱電対により測定する。試料に転移や化学反応などの熱的な変化があると、基準物質との間に ΔT が生じるので、これを温度の関数として記録する方法である。基準物質としては、測定するポリマーの測定温度範囲で熱的な変化を起こさない α-アルミナのような不活性物質が用いられる。DSC も試料と基準物質を炉の中において一定速度で加熱するのは DTA と同じであるが、試料と基準物質に対するエネルギー入力の差を温度の関数として測定する方法であり、エネルギーの測定法の違いにより入力補償型と熱流束型がある。入力補償型 DSC は、両物質間の温度差を 0 にするために示差電力補償回路により電気エネルギーを加え、単位時間当たりに試料と基準物質に加えられた熱量の差を温度の関数として測定する方法である。一方、熱流束型 DSC は、試料ホルダーと基準物質ホルダーが熱抵抗体と熱容量の大きなヒートシンクを介してヒーターに接続されている。この熱抵抗体の定まった場所で温度差を熱電対により検知する。熱はヒートシンク、熱抵抗体、ホルダーを通じて伝達され、試料に熱的な変化が起こるとヒートシンクと試料ホルダーの間に温度差が生じる。試料と基準物質に供給される単位時間あたりの熱量の差は、両ホルダーの温度差に比例することになり、熱量既知の物質であらかじめ温度差と熱量の関係を求めておけば、未知試料の熱量を求めることができる。DTA と DSC のいずれの装置でも T_g や T_m などの温度を測定することができるが、融解エンタルピーなど熱量に係わる物理量を測定するのには DSC が必要になる。

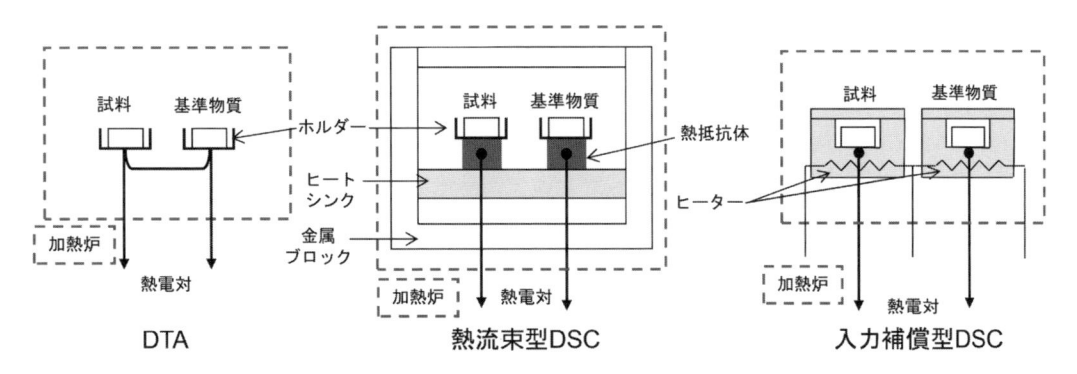

図 5-1 DTA，熱流束型および入力補償型 DSC の装置概略図

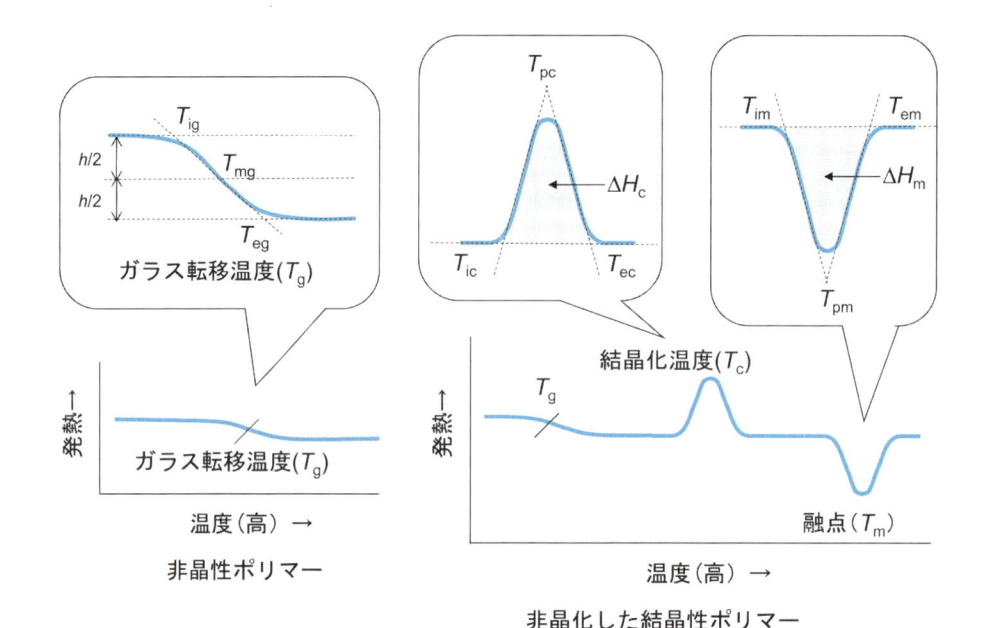

図 5-2　非晶性ポリマーと非晶化した結晶性ポリマーの昇温過程での DSC 曲線

図 5-2 に典型的な非晶性ポリマーと結晶性ポリマーの昇温過程における DSC チャートを模式的に示した。非晶性ポリマーでは結晶領域がないので T_g のみが変曲点として観測される。ポリマーの T_g は拡大図に示したように，吸熱側に変曲し，ベースラインのずれとしてある幅をもって観測される。この図からガラス転移温度を求めるには，T_g 付近の DSC 曲線に補助線を引き，それぞれの交点から低温側の補外ガラス転移開始温度 T_{ig}，中間点ガラス転移温度 T_{mg}，高温側の補外ガラス転移終了温度 T_{eg} を求める。通常 T_{mg} を T_g として表記することが多い。結晶性ポリマーは T_m 以上で融解した後，急冷すると結晶化することなく非晶性のガラス状固体を得ることができる。この試料の昇温過程における DSC を測定した場合，図に示したように T_g より高い温度で非晶領域における分子鎖の熱運動に伴って結晶化が起こり始めると発熱ピークとして<u>結晶化温度</u>（crystallization temperature: T_c）が観測される。この昇温過程において観測される結晶化温度は，融液からの降温過程において観測される通常の結晶化温度と区別するために<u>冷結晶化温度</u>（cold crystallization temperature: T_c' または T_{cc}）といわれることがある。拡大図に示したように結晶化温度は，補外結晶化開始温度 T_{ic}，結晶化ピーク温度 T_{pc}，補外結晶化終了温度 T_{ec} として求められる。通常 T_{pc} を T_c として表記することが多い。また，その面積（図中の灰色部分）から<u>結晶化エンタルピー</u>（crystallization enthalpy: ΔH_c）を求めることができる。なお，あらかじめ十分に結晶化させた試料の DSC を測定すると結晶化による発熱ピークは観測されない。次に T_c からさらに昇温すると生成した結晶が融解し，吸熱ピークとして融解温度が観測される。この場合も，図に示したようにして補外融解開始温度 T_{im}，融解ピーク温度 T_{pm}，補外融解終了温度 T_{em}，<u>融解エンタルピー</u>（melting enthalpy: ΔH_m）が求められ，通常 T_{pm} を T_m として表記することが多い。

2) 熱機械分析（TMA）

TMA はポリマー試料に静的な一定荷重を加えて加熱（または冷却）しながら試料におこる膨張，収縮，または針入れに伴う変形量を温度の関数として測定する方法である。TMA 装置の概略図を図5-3に示す。試料は試料管の底部に置かれ，その試料の上にプローブ（検出棒）が乗せられる。試料は荷重発生部からプローブを介して一定の荷重がかけられた状態で加熱（または冷却）される。試料が変形を起こすとプローブが移動するので，その移動量を位置検出部で計測することにより，熱膨張や熱収縮などを測定することができる。TMA は DSC のような試料容器は用いずに，直接試料を試料管に設置して測定する。使用するプローブによりいくつかの測定モードがある。直角柱や円柱状などの固体試料では圧縮・膨張プローブ，軟化する固体バルク状試料では針入プローブ，フィルム状あるいは繊維状の試料では引張りプローブが用いられる。

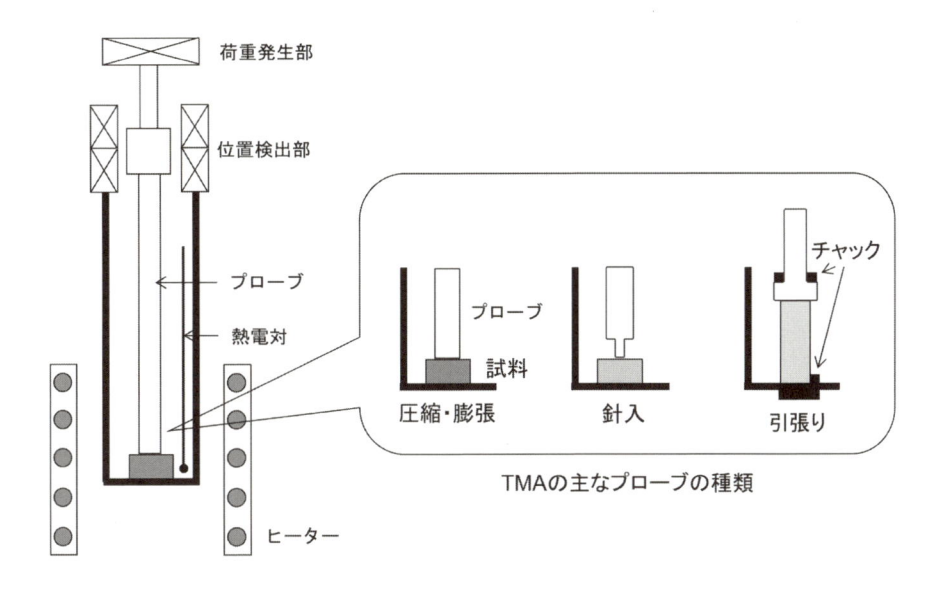

図5-3 TMA 装置概略図と主なプローブの種類

ネットワークポリマーである熱硬化性樹脂の硬化物では，DSC や DTA 測定では明確な T_g を観測できないことが多く，TMA 測定によるチャートから図5-4に示したように**線膨張係数**（coefficient of linear (thermal) expansion:CTE）の不連続に変化する温度から T_g が求められる。線膨張係数は TMA 曲線におけるある温度での接線の傾きから求められる。ある温度 T_1 と T_2 の間の平均線膨張係数（mean coefficient of linear (thermal) expansion）は図中に示した式により求められる。T_g 以下のある温度範囲の代表的な平均線膨張係数 α_1 と T_g 以上のある温度範囲の代表的な平均線膨張係数 α_2 は材料の熱膨張特性を表す物性値としてよく用いられる。熱可塑性樹脂や架橋密度の低い熱硬化性樹脂硬化物の TMA を測定した場合，測定時の荷重が高いと，図5-4のような曲線にはならずに，T_g 近傍でいったん試料が軟化して見かけ上収縮してから，再び温度上昇とともに膨張することがある。

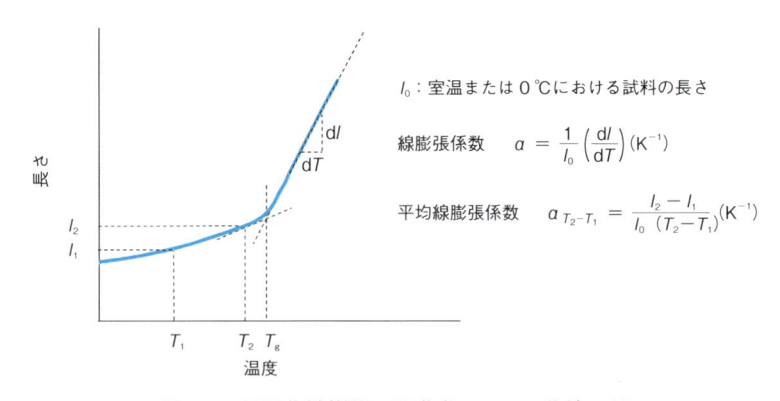

図5-4 熱硬化性樹脂の硬化物のTMA曲線の例

l_0：室温または0℃における試料の長さ

線膨張係数　$\alpha = \dfrac{1}{l_0}\left(\dfrac{dl}{dT}\right)$ (K^{-1})

平均線膨張係数　$\alpha_{T_2-T_1} = \dfrac{l_2-l_1}{l_0\,(T_2-T_1)}$ (K^{-1})

3) 熱重量分析（T G A）

TGAはポリマー試料を加熱しながら，試料の質量を温度の関数として測定する方法である。測定は窒素などの不活性ガス気流下や熱酸化分解性などを調べる場合は空気や酸素気流下で測定される。TGA装置は，図5-5に示したように天秤部と試料のある加熱炉の位置関係により，上皿，吊り下げ，水平型の3種類に大別される。また，図には示していないが，TGAとDTAを組み合わせたTG-DTA装置もよく利用される装置である。TGAの測定によりポリマー試料中に含まれている溶媒含量やポリマーの熱分解温度（thermal decomposition temperature）を測定することができる。

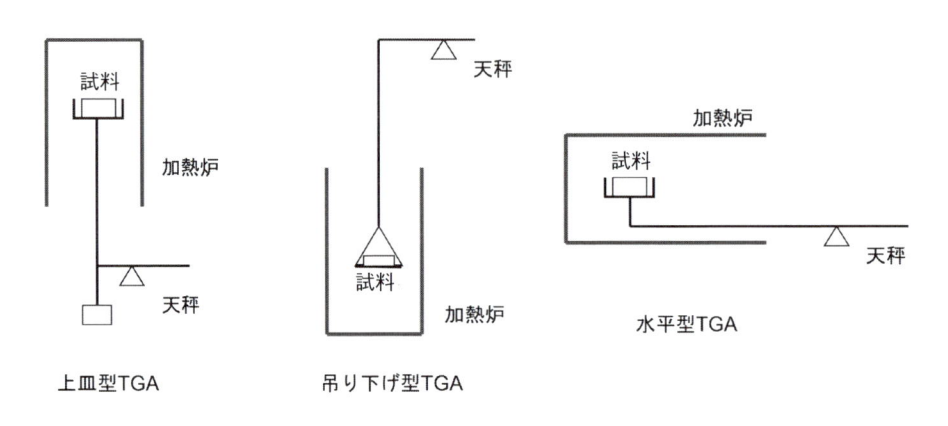

図5-5　TGA装置の概略図

図5-6に溶媒などを含まないポリマーの典型的なTGA曲線を示した。熱分解温度としては，例えば，測定前の試料の質量の5 wt％あるいは10 wt％減少したときの温度として5 wt％あるいは10 wt％重量減少温度（weight loss temperature）として表示されることが多い。それらの温度は測定条件によって変化するので，測定したガスの種類と流量（mL min^{-1}）と昇温速度（℃ min^{-1}）を明記する必要がある。ポリマーの主な熱分解が起こった後の，温度 T_1 での灰分

(char yield) は，測定前の試料の質量を w_0，分解後の温度 T_1 での質量を w_1 とすると，100 w_1/w_0（wt%）で表される。

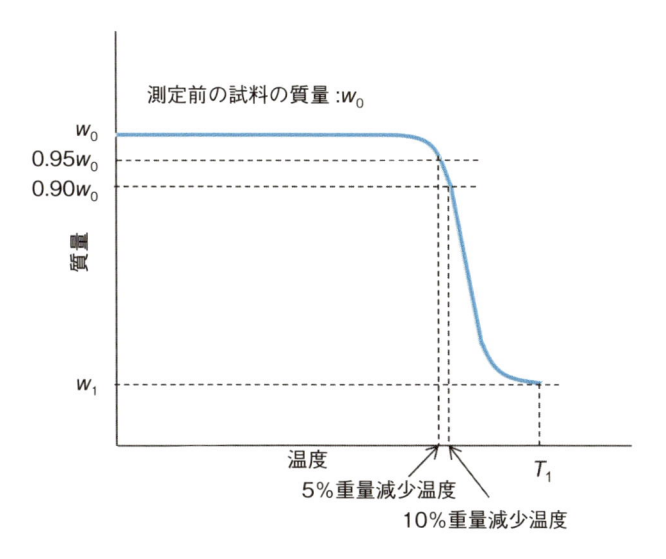

図 5-6 ポリマー試料の TGA 曲線の例

5.1.3 ポリマーの結晶化挙動の解析

結晶性ポリマーから得られるプラスチック製品は，多くの場合，融解温度以上で溶融して金型に注入したり，ノズルから押し出したりしてさまざまな形状にした後，冷却して固化（結晶化）させることにより成形される。したがって，融液からの結晶化挙動を解析することは非常に重要である。融液からの等温結晶化挙動の解析には，次式に示したアブラミの式（Avrami's equation）がよく用いられる。

$$\frac{\chi_c(t)}{\chi_c(\infty)} = 1 - \exp(-kt^n) \tag{5-1}$$

ここで，k は速度定数で核生成速度と結晶成長速度の関数であり，n は Avrami 指数と呼ばれ 1 ～4 の値をとる。式（5-1）は次式のように変形される。

$$\log\left\{-\ln\left[1 - \frac{\chi_c(t)}{\chi_c(\infty)}\right]\right\} = \log k + n \log t \tag{5-2}$$

いま，DSC 測定により結晶性ポリマー試料を融解温度より高い温度で保持して完全に結晶領域を融解させた後，融解温度より低くガラス転移温度よりも高いある結晶化温度（T_c）まで急冷し，その温度に達した時間を $t = 0$ として，発熱が起こらなくなる十分に長い時間まで T_c で等温結晶化を行って発熱量を計測する。得られた実験データから横軸に $\log t$，縦軸に $\log\{-\ln[1 - \chi_c(t)/\chi_c(\infty)]\}$ をプロットし，得られた直線の傾きから n が，切片から $\log k$ を求めることができる。得られる n の値に対して，表 5-1 に示したように成長様式を分類することができる。ポリマーの結晶化は融液内に生じた核が成長していくことにより進行する。一次核の生成に

は，熱運動によって融液内に形成される場合（sporadic nucleation）と，はじめから存在する小さな異物質固体（残存触媒，未融解結晶片など）である場合（pre-determined nucleation）がある．前者はその温度に応じた一定速度で核が次々に発生していくもので均一核生成という．後者は核の数が決まっており，時間とともに変化しなくてよく，これを不均一核生成という．アブラミ指数 n の値は，同じ次元での結晶成長では核数の時間変化のため均一核生成の方が1だけ大きくなる．

表 5-1 結晶の成長様式とアブラミ指数（成長機構：界面過程律速）

成長様式	アブラミ指数 (n)	
	均一核生成	不均一核生成
一次元的（繊維状）	2	1
二次元的（円板状）	3	2
三次元的（球晶）	4	3

融液からの結晶化においては，結晶化初期の核生成は低温ほど起こる確率が高くなる．それに対して，結晶成長は過冷却状態にある分子鎖の運動性による再配列が重要であり，高温ほど粘性が低下し運動性は増大する．この二つの相反する効果により，結晶化速度は融解温度とガラス転移温度の間で極大ピークを示す．結晶化速度の総合的解析にはアブラミ式が使われるが，この場合は核生成過程と成長過程を分離することはできない．さらに詳細に結晶化挙動を解析するには，直接顕微鏡観察で核発生数と球晶の半径方向の成長速度を調べる必要がある．

5.1.4 結晶の融解と融点

先に述べたように，ポリマーの結晶領域の融解温度（T_m）は DSC などの熱分析法により測定することができる．この際，融解熱による吸熱ピークはかなり広い半値幅をもっていることに注意する必要がある．このことはポリマーの結晶領域がさまざまなサイズのラメラ構造の集合体からなることに起因する．今，高分子鎖が伸びきった状態（伸びきり鎖）で結晶化した完全結晶の融解温度を平衡融点（T_m^0）とすると，融解の相平衡転移ではギブズの自由エネルギー変化 ΔG_m は0になるので

$$\Delta G_m = \Delta H_m - T_m^0 \Delta S_m = 0, \quad T_m^0 = \Delta H_m / \Delta S_m \tag{5-3}$$

の関係が得られる．ΔH_m は融解エンタルピーであり，分子間凝集力すなわち分子鎖間の分子間力に関連する因子である．ΔS_m は融解エントロピーであり，分子の秩序性や対称性に関係する因子である．

ラメラ厚 l をもつ結晶の融解温度 $T_m(l)$ と無限大の完全結晶の融解温度（平衡融点）T_m^0 の間に Gibbs-Thomson 式

$$T_m(l) = T_m^0 \left(1 - \frac{2\sigma_e}{\Delta h_f l}\right) \tag{5-4}$$

の関係があることが知られている．ここで，Δh_f は無限大の完全結晶の単位体積あたりの融解エンタルピー，σ_e はラメラ結晶の折りたたみ面の表面自由エネルギーである．このことから，有限サイズのポリマー結晶の融解温度は表面エネルギーの効果により理想結晶の T_m^0 よりも低く

なる。ポリエチレンでは高圧下で得られた伸び切り鎖結晶の融解温度から T_m^0 を求めることができるが，それ以外のポリマーでは次のような方法により実験的に T_m^0 を求めることができる。ポリマーの分解開始温度よりも低く融解温度よりも高い温度にある融液を，融解温度よりも低くガラス転移温度よりも高いある温度 T_c まで急冷し，その温度で保持する。結晶化による発熱が起こらなくなるまで十分長い時間保持した後，再び一定速度で昇温して T_m を測定する。T_c を変化させて結晶化させたさまざまなラメラ厚をもつ結晶の T_m を測定し，図5-7に示したように T_c と T_m の関係をプロットして得られる直線を外挿して $T_m = T_c$ の直線との交点から T_m^0 を求めることができる。表5-2に主なポリマーの T_m^0，ΔH_m と ΔS_m をまとめて示した。同じポリマーについて表5-2に示した T_m^0 よりも表5-3の通常の条件で測定した T_m の値の方が少し低いことがわかる。

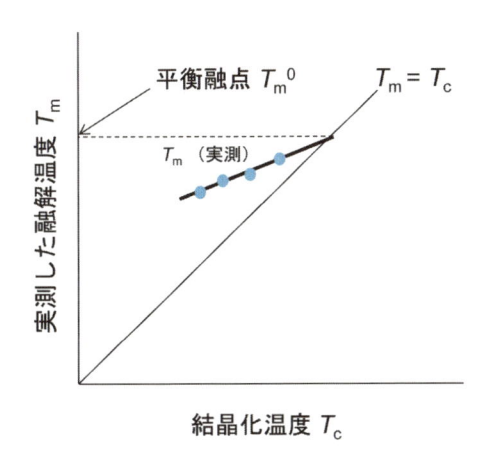

図5-7 ポリマー結晶の平衡融点の求め方

表5-2 代表的なポリマーの平衡融点，融解エンタルピーと融解エントロピー

ポリマー	T_m^0		ΔH_m	ΔS_m
	(K)	(°C)	(kJ mol^{-1})	(J K^{-1} mol^{-1})
ポリエチレン	414.6	141.5	4.11	9.91
it-ポリプロピレン	460.7	187.6	6.95	15.1
cis-1,4-ポリイソプレン	301	28	4.31	14.39
ポリオキシメチレン	458	185	9.96	21.34
ポリエチレンオキシド	342.1	69.0	8.67	25.29
ポリ(ε-カプロラクトン)	337	64	16.24	48
ポリエチレンテレフタレート	553	280	26.88	48.5
ナイロン6	533	260	25.6	48.1
ナイロン66	553	280	67.9	122.4

5.1.5 耐熱性ポリマーの分子設計

ポリマーを材料として使用する場合の耐熱性としては，①高温まで軟化や溶融が起こらないこと，②高温まで強さや剛性が保たれること，③高温まで熱分解しないこと，④高温で長時間使用

しても機械的特性や電気的特性などが変化しないことなどが重要となる。①と②の耐熱性については，一定の曲げ応力を加えて昇温した場合のたわみが所定の量に達したときの温度（荷重たわみ温度または熱変形温度）や軟化点などにより評価されることもあるが，基本的にはポリマーのガラス転移温度（T_g）と融解温度（T_m）を向上させることが重要である。③については，TGA測定による熱分解温度（5, 10% 重量減少温度，熱分解開始温度）や一定温度で経時変化させた場合の重量減少率が耐熱性の目安となる。④の耐熱性は，ポリマー材料を実際に高温で使用する際の寿命に係る重要な特性であり，長期連続使用温度として，UL（Underwriters Laboratories）規格（UL746B）に規定される10万時間一定の温度に放置した場合，引張強さや絶縁破壊強さなどの物性が初期値の50%になるときの温度（相対温度指数：relative temperature index（RTI））や日本の電気用品安全法に定められている一定の温度で4万時間放置した場合，物性が初期値の50%になるときの温度（使用温度の上限値）などが目安となる。ここではT_gとT_mを向上させるための分子設計と，熱分解温度や長期連続使用温度を向上させるための分子設計について述べる。

1）ガラス転移温度，融解温度と分子構造の関係

平衡融点は熱力学的に式（5-3）で表されるので，融点を高くするためには，ΔHを大きくし，ΔSを小さくすればよい。ΔHは分子間凝集力すなわち分子鎖間の分子間力と密接に関係する因子である。ΔHを大きくするためには，極性基による双極子相互作用の導入，水素結合の導入などが挙げられる。ΔSは分子の秩序性に関係する因子であり，ΔSを小さくするためには分子の対称性を高めること，分子鎖の自由度を減少させること，剛直な分子鎖を導入することなどが挙げられる。ガラス転移温度についても，融点と同様な分子設計により高めることができる。表5-3に主なポリマーの代表的なT_gとT_mの値をまとめて示した。全般的な傾向として，主鎖が脂肪族であるポリマーに比べて，芳香環を含有するポリマーはT_gとT_mが高いことがわかる。主鎖が脂肪族でもナイロンのようにアミド結合による強い分子間水素結合をもつポリマーでは比較的高いT_gとT_mをもつ。また，置換基の影響についてみると，エチレンの繰返し単位の一つの水素をメチル基，フェニル基，塩素で置き換えたit-ポリプロピレン，it-(st-)ポリスチレン，ポリ塩化ビニルのT_gとT_mはポリエチレンのT_gとT_mよりも高い値を示している。しかし，ポリプロピレンに対してメチル基の結合した炭素についている水素をさらにメチル基で置換したポリイソブチレンではT_gとT_mともに低下している。同様な傾向はポリ塩化ビニルとポリ塩化ビニリデンについてもみられる。T_gとT_mとの間には次の経験則がおおむね当てはまることが知られている。

$$\text{非対称性ポリマー} \quad \frac{T_g(\text{K})}{T_m(\text{K})} \cong \frac{2}{3} \cong 0.67 \quad (5\text{-}5)$$

$$\text{対称性ポリマー} \quad \frac{T_g(\text{K})}{T_m(\text{K})} \cong \frac{1}{2} = 0.50 \quad (5\text{-}6)$$

ポリ塩化ビニリデンやポリイソブチレンは対称性ポリマーであり，確かにT_g/T_mが約0.5である。

表5-3 主なポリマーの代表的な T_g と T_m の値

ポリマー	T_g (K)	T_g (°C)	T_m (K)	T_m (°C)	T_g/T_m (K/K)
ポリエチレン	193～183	−80～−90	410	137	0.47～0.44
it-ポリプロピレン	263～255	−10～−18	440	167	0.60～0.58
ポリイソブチレン	203	−70	401	128	0.51
it-ポリスチレン	373	100	513	240	0.73
st-ポリスチレン	373	100	543	270	0.69
atactic-ポリスチレン	373	100	-	-	-
ポリ塩化ビニル	354	81	546	273	0.65
ポリ塩化ビニリデン	256	−17	471	198	0.54
ポリテトラフルオロエチレン	399	126	600	327	0.67
cis-1,4-ポリイソプレン	200	−73	301	28	0.66
ポリオキシメチレン	217	−56	451	178	0.48
ナイロン6	321	48	498	225	0.64
ナイロン66	323	50	538	265	0.60
ポリエチレンテレフタレート	342	69	543	270	0.63
ポリブチレンテレフタレート	295	22	497	224	0.59
ポリカーボネート	423	150	-	-	-
ポリフェニレンスルフィド	358	85	558	285	0.64
ポリスルホン	463	190	-	-	-
ポリエーテルスルホン	498	225	-	-	-
ポリエーテルエーテルケトン	416	143	616	343	0.68

全芳香族ポリアミドに関して，ジアミン成分をオルト-，メタ-，パラ-フェニレンジアミンに，ジカルボン酸成分をイソフタル酸（メタ），テレフタル酸（パラ）に変えた場合の T_g と T_m を図5-8に示した。オルト＜メタ＜パラの順に T_g と T_m が上昇する傾向があることが分かる。その順番で分子鎖の剛直性や対称性が高まり ΔS が低下することが原因であると考えられる。

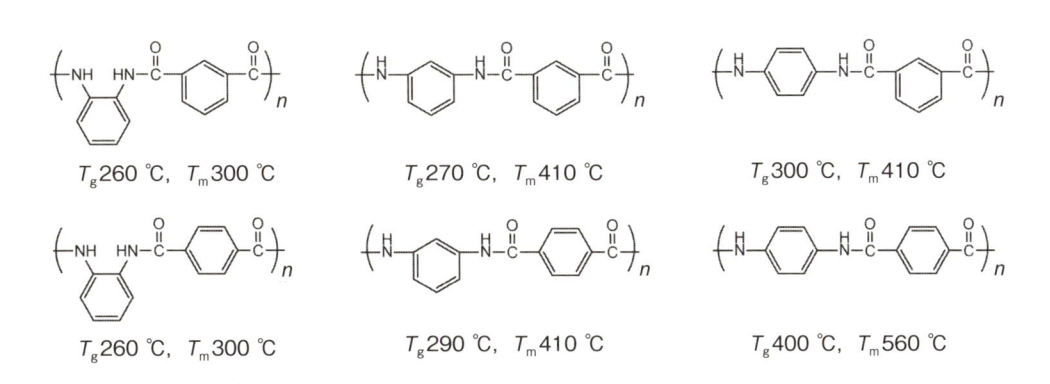

T_g 260 ℃, T_m 300 ℃　　T_g 270 ℃, T_m 410 ℃　　T_g 300 ℃, T_m 410 ℃

T_g 260 ℃, T_m 300 ℃　　T_g 290 ℃, T_m 410 ℃　　T_g 400 ℃, T_m 560 ℃

図5-8　全芳香族ポリアミドのベンゼン環の置換様式と T_g および T_m の関係

表 5-4 ポリスルホンの主鎖の結合の種類と T_g の関係

—X— =	—S—	—O—	—CH$_2$—	—C(CH$_3$)$_2$—	—C(CF$_3$)$_2$—	—CO—	—SO$_2$—
T_g(℃)	175	180	180	190	205	205	205

　また,ポリエーテルスルホンのベンゼン環の連結基の種類と T_g との関係を表 5-4 に示した。屈曲性のチオエーテル,エーテルやメチレン鎖では T_g が低いが,メチレン鎖にメチル基やトリフルオロメチル基が置換して回転障壁が大きくなると T_g が高くなる。また,カルボニルやスルホンなどの極性の高い結合を導入すると T_g が高くなることが分かる。

2) 熱分解温度と分子構造の関係

　熱分解温度や長期連続使用温度を向上させるためには,熱的に安定で結合エネルギーの大きな化学結合を導入することが重要となる。表 5-5 に各種化学結合の結合エネルギーを示した。同じ原子からなる化学結合で比較すると,単結合 < 二重結合 < 三重結合の順に結合エネルギーが大きくなるので,反応性の増大に伴う分解が関係しない場合は多重結合の導入により熱分解温度が上昇する。また,ベンゼン環やピリジン環などの芳香環では多重結合の結合エネルギーに加えて,π 電子の非局在化による共鳴エネルギー(ベンゼン:150 kJ mol^{-1},ピリジン:180 kJ mol^{-1},ピロール:102 kJ mol^{-1},フラン:93 kJ mol^{-1})が加わるのでさらに熱安定性が高まる。また,単結合の中では C-F 結合は非常に高い結合エネルギーをもつのでフッ素含有ポリマーは一般に高い熱安定性をもつ。

表 5-5 各種化学結合の結合エネルギー

結合	結合エネルギー (kJ mol^{-1})	結合	結合エネルギー (kJ mol^{-1})
C−C	348	C−O	351
C=C	682	C=O	732
C≡C	962	C−Si	290
C−H	413	Si−O	369
C−N	292	C−Cl	328
C=N	644	C−F	441
C≡N	937	O−H	463

　窒素中での TG 測定により求めた熱分解開始温度は,例えば,ポリ塩化ビニル(PVC)286 ℃,ポリスチレン(PSt)406 ℃,ポリプロピレン(PP)445 ℃,ポリエチレンテレフタレート(PET)430 ℃,高密度ポリエチレン(HDPE)471 ℃,ポリテトラフルオロエチレン(PTFE)549 ℃ であり,ポリオレフィンの中では PTFE が非常に高い熱分解温度をもつことが分かる。長期連続使用温度は 260 ℃ であるといわれている。主鎖に芳香環をもつ直鎖状ポリマーの中で

は，以下に示した芳香族ポリイミド（PI），ポリエーテルエーテルケトン（PEEK），芳香族液晶ポリエステル（LCP）などが耐熱性ポリマーとして代表的である。いずれも主鎖にベンゼン環と二重結合を含むイミド環やカルボニル基をもっている。

PI は平面性が高く，剛直で分子間相互作用の大きなピロメリットイミド骨格の存在により分子運動が著しく拘束されるため極めて高い T_g（~410 °C）と熱分解温度（5 wt% 減少）556 °C をもつ。PEEK は T_g 143 °C，T_m ~343 °C，熱分解温度（5 wt% 減少）553 °C，LCP は熱分解温度（1 wt% 減少）が 520 °C である。また，相対温度指数（RTI，UL746B，衝撃無しの機械的物性の変化）は PI 200 °C，PEEK 220 °C，LCP 240 °C，PTFE 180 °C である。

5.2　力学的性質

ポリマーは軽くて丈夫であり，成形加工性にも優れることから，日常生活用品から自動車，航空機，建築物などの構造材料に至るまで広く使用されている。ポリマーをそれらの材料として使用する場合の物性として，力学的性質は最も重要な性質の一つである。高分子材料の大きな特徴は，粘性と弾性の両方の性質を併せもった粘弾性（viscoelasticity）を示す点にある。本節では，まず弾性，粘性と粘弾性に関する基本的な事項について述べた後，高分子材料の力学物性として重要な引張物性と曲げ物性の試験法，動的粘弾性測定などについて紹介する。

5.2.1　弾性とは

物体に外力を加えると変形し，外力を取り除くと変形は元にもどる。このような可逆性を弾性（elasticity）という。外力を F，変形量を x とすると

$$F = kx \tag{5-7}$$

で表される関係がよく知られているフックの法則（Hooke's low）である。コイルバネの実験により導き出されたので，比例定数 k をばね定数という。しかし，このばね定数は対象物の寸法により変化するので，力 F をその作用面積で割り，変形量（伸び）をもとの長さで割って，基準面積当たりの力 ＝ 応力 σ（stress）と基準長さ当たりの変形量 ＝ ひずみ ε（strain）の関係として表すと，ばね定数に代わる寸法に影響されない物質に固有の値として，弾性率（modulus of elasticity; elastic modulus）を定めることができる。応力と弾性率の単位は $\mathrm{N\ m^{-2}} = \mathrm{Pa}$ であり，ひずみは無次元量である。

$$弾性率 ＝ 応力／ひずみ \tag{5-8}$$

しかしながら，ひずみや応力の大きさにかかわらず常に弾性率が一定である物体は存在しない

ので，応力が十分に小さい範囲において成り立つ関係である。応力がある限界（弾性限界）を超えると，弾性率が変化して応力を取り除いてもひずみが元の状態まで戻らなくなる。このように力を加えて変形させた場合に元の状態まで戻らなくなる性質のことを塑性（plasticity）という。

次に，物質を伸長した場合に弾性が発現する原因について熱力学的観点から考える。今長さ l の物体を f の力で伸長したとき，Δl だけ伸びたとする。ヘルムホルツの自由エネルギー F は内部エネルギー U とエントロピー S により次のように定義される。

$$F = U - TS \tag{5-9}$$

一方，熱力学の第1法則より内部エネルギーの微小変化 dU は，系に加えられた熱量と仕事を，それぞれ dQ と dW とすると，$dU = dQ + dW$ である。外界との平衡を保ちながら無限小の変化を極めて徐々に行わせた，いわゆる準静（可逆）的な変化に対しては $dS = dQ/T$ なので

$$dU = TdS + dW \tag{5-10}$$

の関係があることがわかる。したがって

$$dF = dU - TdS - SdT = dW - SdT \tag{5-11}$$

となる。今，長さ l の物体を f の力で伸長したときに dl だけ伸びたとすると，物体に加えられた仕事 dW は体積変化に伴う仕事（$-PdV$）と伸長による仕事（fdl）の和になるので

$$dF = dW - SdT = -PdV + fdl - SdT \tag{5-12}$$

となる。式（5-12）より，V と T が一定のもとで

$$f = \left(\frac{\partial F}{\partial l}\right)_{V,T} \tag{5-13}$$

の関係を得る。式（5-13）の F に式（5-9）を代入すれば

$$f = \left(\frac{\partial U}{\partial l}\right)_{T,V} - T\left(\frac{\partial S}{\partial l}\right)_{T,V} \tag{5-14}$$

が得られる。右辺の第1項はエネルギー的な力で，第2項はエントロピー的な力である。第2項が無視できるような場合に定義される弾性をエネルギー弾性（energy elasticity），第1項が無視できるような場合に定義される弾性をエントロピー弾性（entropy elasticity）という。ポリスチレンなどのガラス転移温度（T_g）が室温よりも十分に高いポリオレフィンを室温で伸長した場合，主鎖のC-C結合の回転や結合角の変化により内部エネルギーが増加するのに対して，エントロピー項は弾性を低下させる方向に働くのみであり，かつその寄与は小さい。したがって，T_g 以下での弾性の発現はエネルギー弾性が支配的となる。それに対して，T_g が室温より十分に低い加硫天然ゴムを室温で伸長した場合，とりうる状態の数の自由度が下がり，エントロピーが減少して不安定化する。また，ゴムの高分子鎖のセグメントは室温で自由に動き回っている，いわゆるガウス鎖とみなすことができるので，伸長しても内部エネルギーの変化は無視できる。したがって，T_g 以上での弾性の発現はエントロピー弾性が支配的となる。

5.2.2 粘性とは

図5-9に示したように間隔 dy で平行に置かれた2枚の平板の間にある液体を入れて，下面を固定して上面（液体と接する面の断面積 A）を速度 $v_x = dx/dt$ で移動させる。このとき v_x や dy が十分に小さいならば，液体の各部分は二つの平面に平行な層流が起こり，その各層の流動速度は下面からの距離に比例して大きくなると考えてよい。したがって，液体の各部分の速度勾配 dv_x/dy はどの部分でも一様となる。

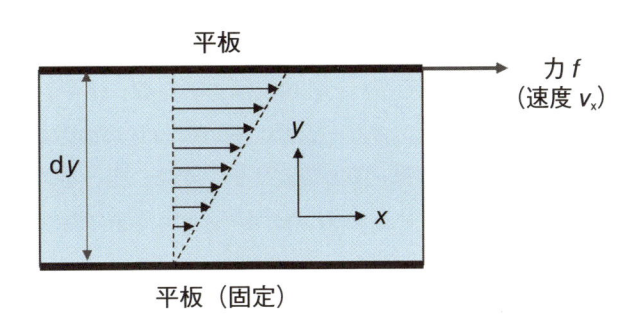

図5-9 平板状の層流

Newtonは，上面を動かすのに必要な力 f は2面間の速度勾配に比例するとし，その比例定数を η で表し，粘性率（viscosity coefficient）または粘度（viscosity）と呼んだ。これがNewtonの粘度則であり，式（5-15）に従う液体をニュートン流体（Newtonian fluid）という。

$$\sigma = \eta \frac{dv_x}{dy} \tag{5-15}$$

ここで，$\sigma = f/A$ はせん断（ずり）応力（shear stress）であり，η の単位は Pa s であるが，慣用単位は，ポアズ（poise）P（g cm^{-1} s^{-1}）で，1 P = 0.1 Pa s である。平板状層流の場合は速度勾配 dv_x/dy はせん断速度 $\dot{\gamma}$ に等しいので式（5-16）で表される。

$$\sigma = \eta \frac{d\gamma}{dt} = \eta \dot{\gamma} \tag{5-16}$$

ベンゼンなどの単純な液体はニュートン流体に近いが，ポリマーの濃厚溶液や溶融液体では，せん断速度 $\dot{\gamma}$ が大きくなると粘性率 η は定数でなくなる。このようにせん断応力 σ が $\dot{\gamma}$ に比例しない流体を非ニュートン流体（non-Newtonian fluid）という。固体ポリマーの粘弾性を取り扱う場合は，ニュートン流体の式（5-15）を適応することができるが，非ニュートン粘性を示すポリマー液体の流動性を解析するには，応力とひずみ速度の関係を定量的に評価できるレオメーター（rheometer）を使う必要がある。レオメータには毛管型，同心円筒型，円錐-円板型，平衡円板型粘度計など多くの種類がある。ここでは，ポリマー溶液や融液の粘性率を測定するため

の基本的な毛管粘度測定法と円筒型粘度測定法について紹介しておく。

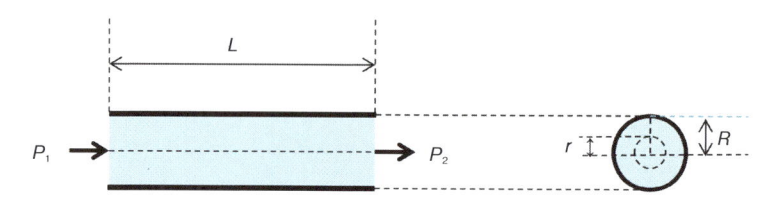

図 5-10　毛管粘度法の概略図

図 5-10 に毛管粘度測定法の概略図を示した。粘性液体を半径 R，長さ L の毛管の一端から一定圧力 P_1 で入れ，他端から圧力 P_2 で流出させる。今，管内では定常状態が成立し，流速は管の中心軸からの距離 r のみの関数 $v(r)$ で表せると仮定する。次に，半径 r の液体柱について，管の両端面に働く圧力差 ΔP（$= P_1 - P_2$）による力（$\pi r^2 \Delta P$）と円筒面に働くずり応力 σ による力（$2\pi r L \sigma$）がつり合っているので

$$\pi r^2 \Delta P = 2\pi r L \sigma, \quad \sigma = \frac{r \Delta P}{2L} \tag{5-17}$$

の関係がある。半径 r の円筒面上よりも $\mathrm{d}r$ だけ離れた円筒面上では流速は $\mathrm{d}v(r)$ だけ減ずるので，円筒面上における流体の速度勾配は $-\mathrm{d}v(r)/\mathrm{d}r$ となる。この系に式（5-15）を適用すると

$$\sigma = -\eta \frac{\mathrm{d}v(r)}{\mathrm{d}r} = \frac{r \Delta P}{2L} \tag{5-18}$$

ニュートン粘性体の場合，境界条件として壁面で液体は滑らない（$v(R) = 0$）として，式（5-18）を解くと

$$\int_{v(r)}^{v(R)} \mathrm{d}v(r) = -\frac{\Delta P}{2L\eta} \int_r^R r \mathrm{d}r \tag{5-19}$$

$$v(r) = \frac{\Delta P}{4L\eta}(R^2 - r^2) \tag{5-20}$$

流速 Q は単位時間あたりに毛管を流れる液体の体積なので

$$Q = \int_0^R 2\pi r v(r) \mathrm{d}r = \frac{\pi \Delta P}{2L\eta} \int_0^R (R^2 r - r^3)\, \mathrm{d}r = \frac{\pi \Delta P}{2L\eta} \left[\frac{R^2}{2} r^2 - \frac{1}{4} r^4 \right]_0^R = \frac{\pi \Delta P R^4}{8L\eta} \tag{5-21}$$

$$\eta = \frac{\pi \Delta P R^4}{8LQ} \tag{5-22}$$

で表されるハーゲン・ポアズイユ（Hagen-Poiseuille）の式が導かれる。この式の流速が半径 R の 4 乗と圧力差 ΔP に比例し，管の長さ L と粘性係数 η に反比例するという関係は G. Hagen が 1839 年に，J. Poiseuille が 1840 年に，それぞれ独立に実験的に見出した。

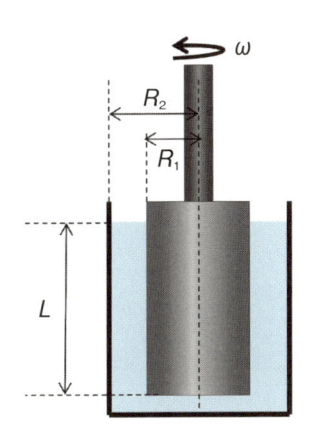

図 5-11　回転円筒粘度計

また，図 5-11 に回転円筒粘度計の概略図を示した。式の誘導については省略するが，回転に要するトルクを M，回転角速度を ω，浸液長を L，内筒半径を R_1，外筒半径を R_2 とすると，ずり粘性率 η_S は

$$\eta_S = \frac{M}{4\pi\omega L}\left(\frac{1}{R_1^2} - \frac{1}{R_2^2}\right) \tag{5-23}$$

の式を用いることにより測定することができる。

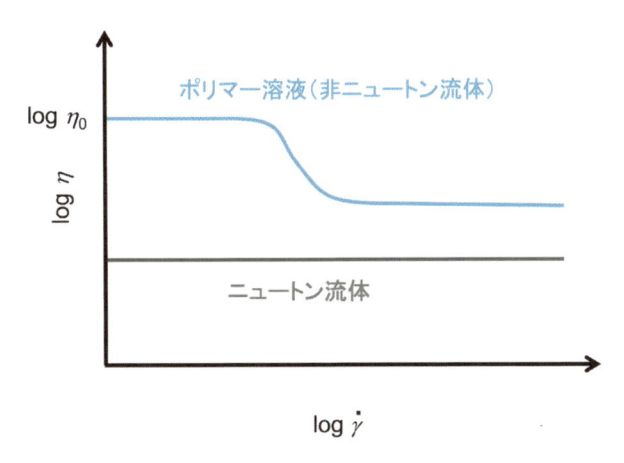

図 5-12　非ニュートン粘性を示すポリマー溶液のずり速度と粘性率の関係

先に述べたようにポリマー溶液は非ニュートン粘性を示し，一般的にずり速度 $\dot{\gamma}$ の上昇とともに η の値が低下することが多い。また，$\dot{\gamma}_S \to 0$ に近づけたときの η をゼロずり粘性率（粘度）とよび，η_0 で表すことが多く，粘性を表す代表値として用いられる（図 5-12）。

5.2.3 粘弾性モデル

ポリマーの粘弾性を理解するためのモデルとしてフック弾性を示すスプリング（spring）とニュートン粘性を示すダッシュポット（dash pot）を直列に連結したマクスウェルモデル（Maxwell model），それらを並列に連結したフォークトモデル（Voigt model），マクスウェルモデルとフォークトモデルを連結したケルビン四要素モデル（Kelvin four-element model）について考える。スプリングの弾性率，ひずみ，応力を E, γ_e, σ_e とし，ダッシュポットの粘性率，ひずみ，応力を η, γ_v, σ_v とする。

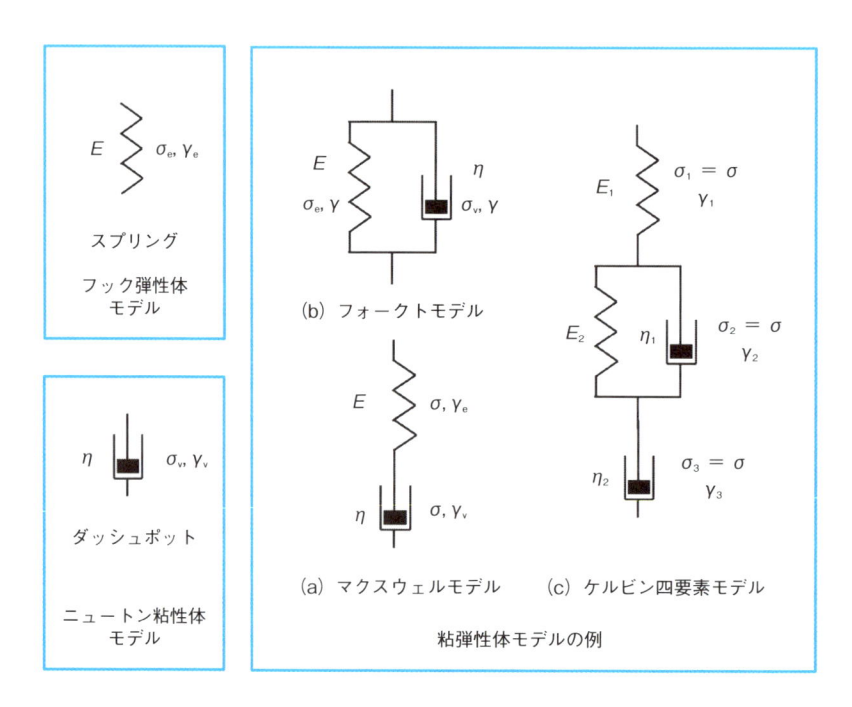

図5-13 粘弾性モデル

1) マクスウェルモデル

マクスウェルモデルではスプリングとダッシュポットを直列につないでいるので，モデル全体の応力 σ とひずみ γ は

$$\sigma = \sigma_e = \sigma_v, \quad \gamma = \gamma_e + \gamma_v \tag{5-24}$$

となる。フックの法則とニュートンの粘性則より

$$\sigma_e = E\gamma_e, \quad \sigma_v = \eta \frac{d\gamma_v}{dt} \tag{5-25}$$

したがって，マクスウェルの粘弾性式は

$$\frac{d\gamma}{dt} = \frac{d\gamma_e}{dt} + \frac{d\gamma_v}{dt} = \frac{1}{E}\frac{d\sigma}{dt} + \frac{\sigma}{\eta} \tag{5-26}$$

で表すことができる。

(i) ひずみ γ を一定 ($\gamma = \gamma_0$) に保ったとき，$d\gamma/dt = 0$ であるので

$$\frac{d\sigma}{dt} + \frac{E}{\eta}\sigma = 0 \qquad (5\text{-}27)$$

式 (5-27) の微分方程式を解くと

$$\int_{\sigma_0}^{\sigma(t)} \frac{d\sigma}{\sigma} = -\frac{E}{\eta}\int_0^t dt, \qquad \ln\frac{\sigma(t)}{\sigma_0} = -\frac{E}{\eta}t \qquad (5\text{-}28)$$

よって

$$\sigma(t) = \sigma_0 \exp(-t/\tau) = E\gamma_0 \exp(-t/\tau) \qquad (5\text{-}29)$$

ここで，$\tau = \eta/E$ であり，τ は緩和時間 (relaxation time) と呼ばれ，σ_0 が σ_0/e まで減少するのに要する時間である。また，このようにひずみ一定で材料の応力が減少していくことを**応力緩和** (stress relaxation) という。

(ii) 応力 σ を一定 ($\sigma = \sigma_0$) に保ったとき，$d\sigma/dt = 0$ であるので

$$\frac{d\gamma}{dt} = \frac{\sigma_0}{\eta} \qquad (5\text{-}30)$$

$t = 0$ で瞬間的にスプリングのひずみが $\gamma_0 = \sigma_0/E$ になることに注意して式 (5-30) を解くと

$$\int_{\gamma_0}^{\gamma(t)} d\gamma = \frac{\sigma_0}{\eta}\int_0^t dt \qquad (5\text{-}31)$$

$$\gamma(t) = \gamma_0 + \frac{\sigma_0 t}{\eta} = \frac{\sigma_0}{E} + \frac{\sigma_0 t}{\eta} \qquad (5\text{-}32)$$

式 (5-32) の第2項はダッシュポット部分のひずみであり，$t = t_1$ で応力を除くと γ_0 だけ縮んでひずみが一定となる。

2) フォークトモデル

フォークトモデルではスプリングとダッシュポットを並列につないでいるので，モデル全体の応力 σ とひずみ γ は

$$\sigma = \sigma_e + \sigma_V, \ \gamma = \gamma_e = \gamma_V \qquad (5\text{-}33)$$

となる。したがって，フォークトの粘弾性式は

$$\sigma(t) = E\gamma_e + \eta\frac{d\gamma_V}{dt} = E\gamma + \eta\frac{d\gamma}{dt} \qquad (5\text{-}34)$$

で表すことができる。

(i) ひずみ γ を一定 ($\gamma = \gamma_0$) に保ったとき，$d\gamma/dt = 0$ であるので

$$\sigma(t) = E\gamma_0 \qquad (5\text{-}35)$$

この場合は，スプリングだけの効果になるので応力緩和は起こらないことになる。

(ii) 応力 σ を一定（$\sigma = \sigma_0$）に保ったとき，$d\sigma/dt = 0$ であるので

$$E\gamma + \eta \frac{d\gamma}{dt} = \sigma_0 \tag{5-36}$$

式 (5-36) の微分方程式を $t = 0$ で $\gamma = 0$ であることに注意して解くと

$$\frac{\sigma_0 - E\gamma}{\eta} = \frac{d\gamma}{dt} \tag{5-37}$$

$$\int_0^t dt = \int_0^{\gamma(t)} \frac{\eta}{\sigma_0 - E\gamma} d\gamma \tag{5-38}$$

$$t = -\frac{\eta}{E} \ln \frac{\sigma_0 - E\gamma(t)}{\sigma_0} \tag{5-39}$$

$$\gamma(t) = \frac{\sigma_0}{E}[1 - \exp(-Et/\eta)] = \frac{\sigma_0}{E}[1 - \exp(-t/\lambda)] \tag{5-40}$$

ここで，$\lambda = \eta/E$ であり，λ は遅延時間（retardation time）と呼ばれる。ひずみ $\gamma(t)$ は時間とともに増大し，長時間の後に一定値 $\gamma_\infty = \sigma_0/E$ に達する。λ は γ_∞ に達するまでの遅れ度合を示す値である。$t = t_1$ で応力を除くと，式 (5-34) で $\sigma = 0$ と置き，t_1 から t まで積分すると

$$\gamma(t) = \gamma(t_1) \exp\left(-\frac{t - t_1}{\lambda}\right) \tag{5-41}$$

となる。

このように，応力一定でひずみが増加していく現象をクリープ（creep）といい，応力を取り除いた後，ひずみが次第に減少していくことをクリープ回復（creep recovery）という。

3）ケルビン四要素モデル

マクスウェルモデルとフォークトモデルを組み合わせたケルビン四要素モデルでは

$$\sigma = \sigma_1 = \sigma_2 = \sigma_3, \quad \gamma = \gamma_1 + \gamma_2 + \gamma_3 \tag{5-42}$$

となる。応力 σ を一定（σ_0）に保ったとき，式 (5-32) より

$$\gamma_1 + \gamma_3 = \frac{\sigma_0}{E_1} + \frac{\sigma_0}{\eta_2} t \tag{5-43}$$

となる。また，式 (5-40) より

$$\gamma_2 = \frac{\sigma_0}{E_2}[1 - \exp(-t/\lambda)] \tag{5-44}$$

である。したがって，式 (5-42) より

$$\gamma(t) = \frac{\sigma_0}{E_1} + \frac{\sigma_0}{E_2}[1 - \exp(-t/\lambda)] + \frac{\sigma_0}{\eta_2} t \tag{5-45}$$

ここでは，遅延時間 $\lambda = \eta_1/E_2$ である。

一方，$t = t_1$ で応力を除くと，マクスウェル要素部分の γ_1 はすぐに 0 となり，$\gamma_3 = (\sigma_0/\eta_2) t_1$ はそのままとなる。フォークト要素部分の $t = t_1$ でのひずみは，応力が除かれるとばねが働いて収縮力となり，ダッシュポットがその抵抗となりながら，次第に収縮していく。したがって

$\gamma_2(t_1)$ を式 (5-41) に代入すると，$t > t_1$ では

$$\gamma_2(t) = \frac{\sigma_0}{E_2}[1 - \exp(-t_1/\lambda)]\exp[-(t-t_1)/\lambda] \tag{5-46}$$

になる。したがって，$t > t_1$ では

$$\gamma(t) = \frac{\sigma_0}{E_2}[1 - \exp(-t_1/\lambda)]\exp[-(t-t_1)/\lambda] + \frac{\sigma_0}{\eta_2}t_1 \tag{5-47}$$

となる。

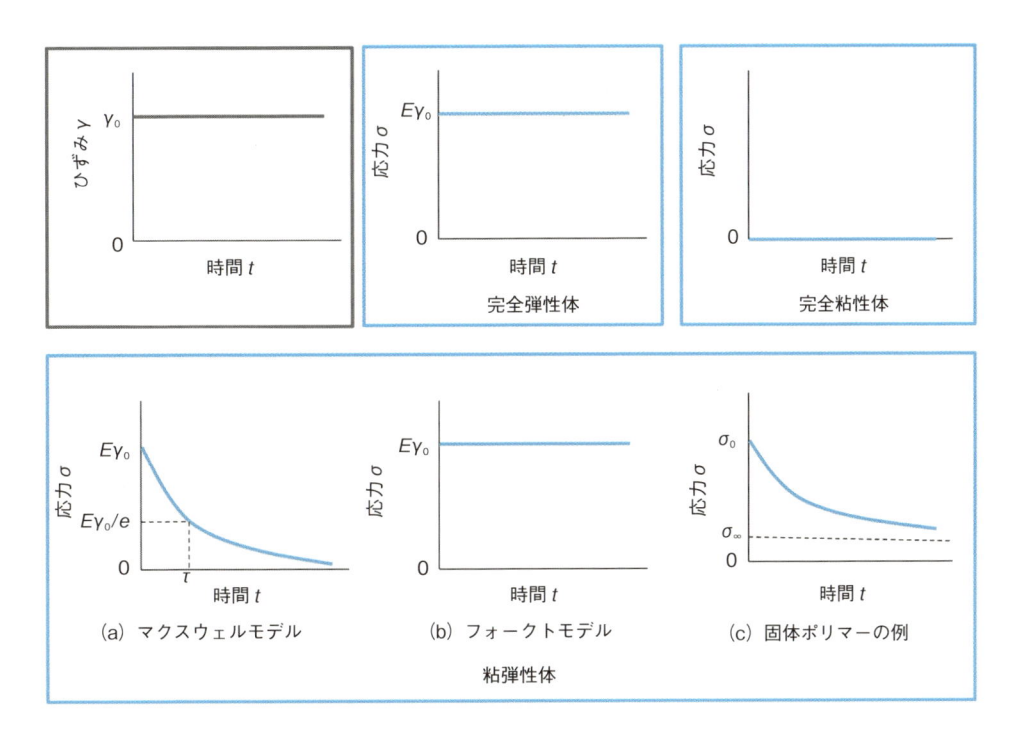

図 5-14 弾性体，粘性体，粘弾性体モデルの応力緩和

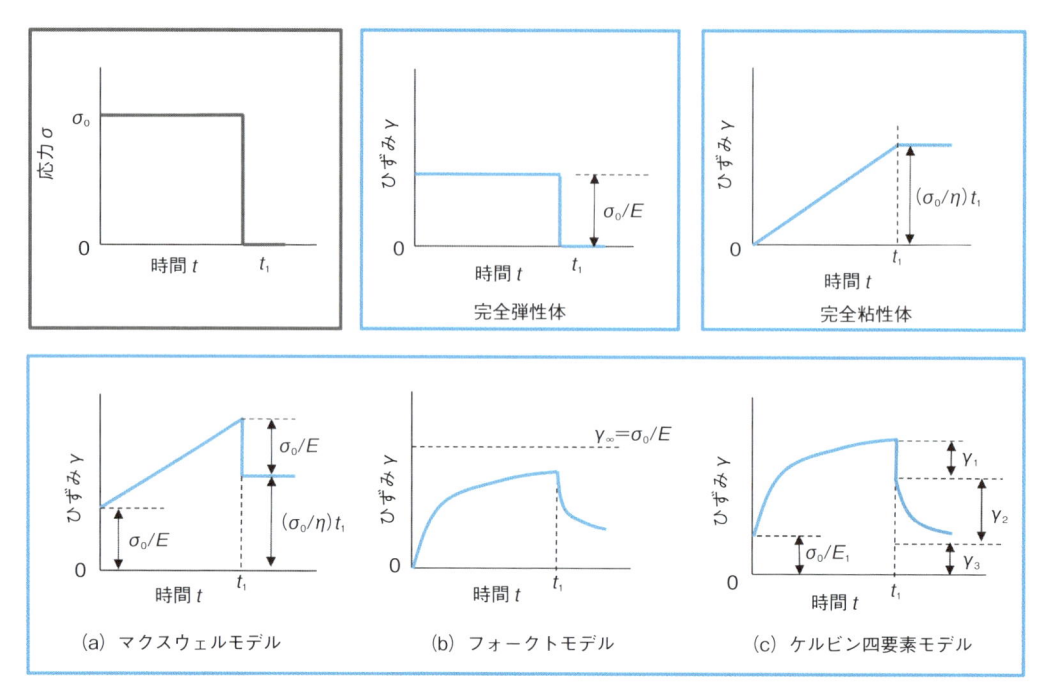

図 5-15 弾性体，粘性体，粘弾性体モデルのクリープとクリープ回復

　以上，三つのモデルについて得られた結果に基づき，それらのクリープおよびクリープ回復，応力緩和を定性的な概略図として図 5-14 と図 5-15 に示した．なお，四要素モデルにおけるひずみ一定での応力緩和に関する解を導くのは複雑になるので，一般的な固体ポリマーについての応力緩和を定性的に示した．応力緩和に関して，一般的な固体ポリマーでは，ひずみ一定のもとで応力が次第に減少し十分に長い時間の後にある一定の値になる．フォークトモデルでは応力緩和が起こらないが，マクスウェルモデルでは，ある程度ポリマー固体の粘弾性を再現することができる．応力一定でのクリープに関して，マクスウェルモデルでは直線的にひずみが上昇するのに対して，フォークトモデルでは指数関数的な曲線となり，実際の固体ポリマーに近くなる．ケルビン四要素モデルでは，さらに初期のひずみの立ち上がりと応力を取り除いた後のクリープ回復において十分に長い時間の後でも元のひずみまで戻らない永久ひずみを再現できるので，より実際の固体ポリマーの挙動に近いといえる．実際の固体ポリマーにさらに近いモデルとして，ここに示したモデル以外に，マクスウェルモデルとフォークトモデルを複数組み合わせた一般化マクスウェルモデルや一般化フォークトモデルなどが提案されているが，詳細は割愛する．

5.2.4　応力とひずみ

　物体を変形するには多くの方法があるが，基本的な変形様式には図 5-16 に示した伸長（または圧縮）変形，せん断（ずり）変形と体積変形がある．

　伸長変形（elongation deformation）は物体の断面積に鉛直方向に引張りの力を加えたときの変形である．今，図 5-16 に示したように単純な直方体を力 f で引っ張ったとき，伸長ひずみ

ε は力を加えた方向の伸び $(l_0' - l_0)$ を元の長さ l_0 で割った無次元の量である。応力 σ は f を断面積 $l_1 l_2$ で割った量である。**引張弾性率**（modulus of elasticity in tension）または**ヤング率**（Young's modulus）は応力 σ を伸長ひずみ ε で割った量で次元は応力 σ と同じ $\mathrm{N\,m^{-2}} = \mathrm{Pa}$ である。伸長粘度は応力 σ を $\dot{\varepsilon}$, すなわち ε の時間微分 $d\varepsilon/dt$ で割った量で次元は $\mathrm{N\,m^{-2}\,s} = \mathrm{Pa\,s}$ である。また, 伸長した横方向のひずみは,

$$\varepsilon_1 = \frac{l_1' - l_1}{l_1}, \quad \varepsilon_2 = \frac{l_2' - l_2}{l_2} \tag{5-48}$$

で表され, 収縮する $(l_1' < l_1, l_2' < l_2)$ ので負の値となる。

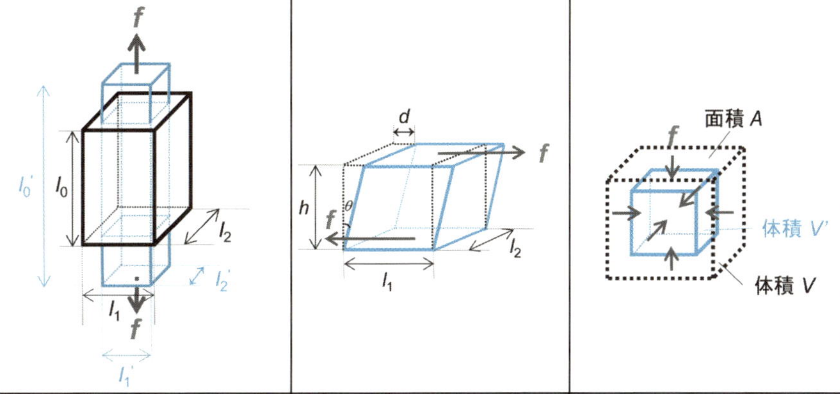

変形様式	伸長変形	せん断変形	体積変形
ひずみ	$\varepsilon = \dfrac{l_0' - l_0}{l_0}$	$\gamma = \dfrac{d}{h} = \tan\theta$	$\kappa = \dfrac{V' - V}{V}$
応 力	$\sigma = \dfrac{f}{l_1 l_2}$	$\sigma = \dfrac{f}{l_1 l_2}$	$\sigma = \dfrac{f}{A}$
弾性率	$E = \dfrac{\sigma}{\varepsilon}$	$G = \dfrac{\sigma}{\gamma}$	$K = \dfrac{\sigma}{\kappa}$
粘 度	$\eta_E = \dfrac{\sigma}{\dot{\varepsilon}}$	$\eta = \dfrac{\sigma}{\dot{\gamma}}$	$\eta_V = \dfrac{\sigma}{\dot{\kappa}}$
用 語	ε　伸長のひずみ σ　応力 E　引張弾性率(ヤング率) η_E　伸長粘度	γ　せん断ひずみ σ　応力 G　せん断弾性率（剛性率） η　せん断粘度	κ　体積ひずみ σ　応力 K　体積弾性率 η_V　体積粘度

図 5-16　変形様式とひずみ, 応力, 弾性率, 粘度の定義

横方向のひずみと縦方向のひずみの比は**ポアソン比**（Poisson's ratio）と呼ばれ

$$\nu_1 = -\frac{\varepsilon_1}{\varepsilon}, \quad \nu_2 = -\frac{\varepsilon_2}{\varepsilon} \tag{5-49}$$

で表される。この変形により体積が V から V' に変化したとすると体積変化 ΔV は

$$\Delta V = V' - V = l_0'l_1'l_2' - l_0l_1l_2 = l_0l_1l_2[(1+\varepsilon)(1+\varepsilon_1)(1+\varepsilon_2)-1] \tag{5-50}$$

で表される。微小変形では

$$\Delta V = V[(1+\varepsilon)(1+\varepsilon_1)(1+\varepsilon_2)-1] = V(\varepsilon+\varepsilon_1+\varepsilon_2+\varepsilon\varepsilon_1+\varepsilon\varepsilon_2+\varepsilon_1\varepsilon_2+\varepsilon\varepsilon_1\varepsilon_2) \cong V(\varepsilon+\varepsilon_1+\varepsilon_2) \tag{5-51}$$

等方性物体の場合は $\varepsilon_1 = \varepsilon_2$ すなわち $\nu_1 = \nu_2 (= \nu)$ なので

$$\frac{\Delta V}{V} = \varepsilon - \nu_1\varepsilon - \nu_2\varepsilon = \varepsilon(1-2\nu) \tag{5-52}$$

となる。体積変化のない $\Delta V = 0$ のとき，$\nu = 1/2$ となる。実際の物体では ν は 0 〜 0.5 の値をとり，ゴムや液体では 〜 1/2，金属やプラスチックでは 〜 1/3，ガラスや石では 〜 1/4 に近い値をとる。したがってゴムでは体積変化はほとんどないが，プラスチックでは変形により体積が膨張することになる。

せん断変形（shear deformation）は，例えば丸棒をねじるような変形であり，単純な場合として，図 5-16 に示したように，直方体の一組の平行面に沿って逆方向に力 f を加えたときの変形である。横から見ると長方形が平行四辺形に変わることになるが，そのときの倒れ角を θ とすると，せん断ひずみ γ は $\tan\theta$ に等しい。また，せん断弾性率（shear modulus）[剛性率（modulus of rigidity）ともいう] G とせん断粘度（通常，粘度といえばせん断粘度を指す）η は

$$G = \frac{\sigma}{\gamma}, \qquad \eta = \frac{\sigma}{\dfrac{d\gamma}{dt}} = \frac{\sigma}{\dot{\gamma}} \tag{5-53}$$

で表される。ここで，γ はせん断（ずり）ひずみ（shear strain），$\dot{\gamma}$ はせん断（ずり）速度（rate of shear）である。

体積変形（volumetric deformation）は静水圧的な力による変形であり，体積 V の物体が一様な圧力 f をすべての方向から受けて，体積が V' に変化した場合，体積弾性率 K（bulk modulus）などは図 5-16 に示したように定義される。

ヤング率 E，せん断弾性率 G，体積弾性率 K，ポアソン比 ν の間には

$$E = 2(1+\nu)G, \qquad E = 3(1-2\nu)K, \qquad \frac{1}{E} = \frac{1}{3G} + \frac{1}{9K} \tag{5-54}$$

の関係がある。

5.2.5　ポリマー材料の引張特性と曲げ特性

粘弾性体であるポリマーの引張物性と曲げ物性は材料として利用する際に非常に重要な物性なので，JIS K7161 : 1994（ISO527-1）の引張特性と JIS K7171 : 2008（ISO 178 : 2001）の曲げ特性の試験法の要点を紹介する。引張特性は，前節で述べた伸長変形による測定であり，引張応力（tensile stress）σ と引張ひずみ（tensile strain）ε の関係は図 5-17 に示したようになる。

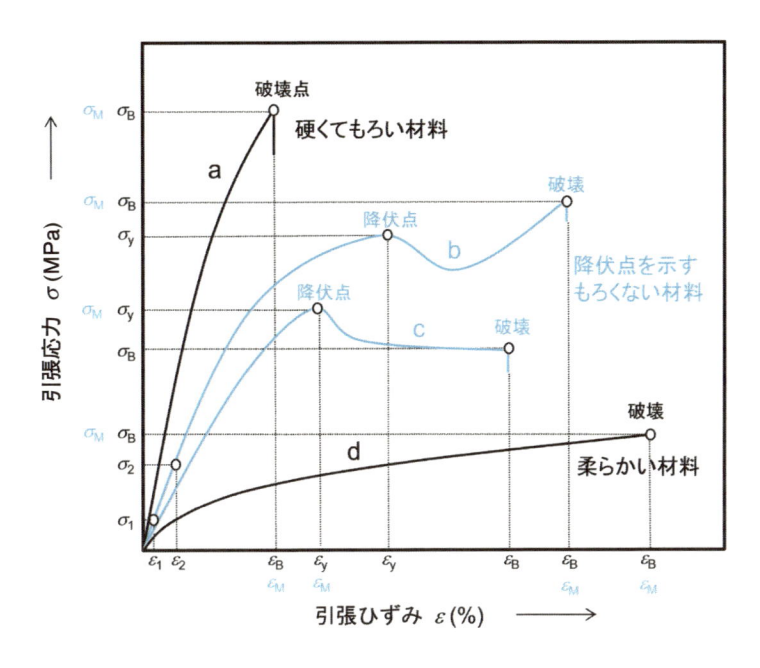

図5-17 引張試験によるプラスチックの応力—ひずみ曲線

　曲線 a のようにひずみに対して応力が急激に上昇する形なら硬い材料,曲線 d のように緩やかに上昇する形なら柔らかい材料であることがわかる。曲線の右上の端は破壊点であり,そのときの横軸の値が破壊引張ひずみ ε_B(tensile strain at break),縦軸の値が破壊引張応力 σ_B(tensile stress at break)である。曲線 b と c ではひずみの小さい領域ではフックの法則に従い応力が直線的に増大するが,直線関係からずれ始める弾性限界を超えると応力をゼロにしてもひずみが元の状態まで戻らなくなる。さらに応力を増して降伏点(yield point)に達すると,応力の値は,そのままあるいは減少して,ひずみは増加を続ける。さらにひずみが増大すると,曲線 b のようにふたたび応力が増大し始めてから破壊に至る場合と曲線 c のように応力が増加せずそのまま破壊する場合がある。プラスチックの力学物性として重要な引張強さ σ_M(tensile strength)は引張試験中に加わった最大引張応力として定義される。したがって,曲線 b では破壊時の応力が,曲線 c では降伏点での応力が引張強さとなる。もうひとつ重要な物性値の引張弾性率 E_t(modulus of elasticity in tension; tensile modulus)は,曲線 b に例示したように弾性限界内として扱うことのできる,ひずみ $\varepsilon_1 = 0.0005$ のときの応力 σ_1 とひずみ $\varepsilon_2 = 0.0025$ のときの応力 σ_2 を用いて

$$E_t = \frac{\sigma_2 - \sigma_1}{\varepsilon_2 - \varepsilon_1} \tag{5-55}$$

で定義されており,E_t と σ の単位としては通常は MPa が用いられる。なお,試験片は最低5個を試験して平均する必要がある。試験片の形状や大きさには各種の規格があるのでここでは省略する。

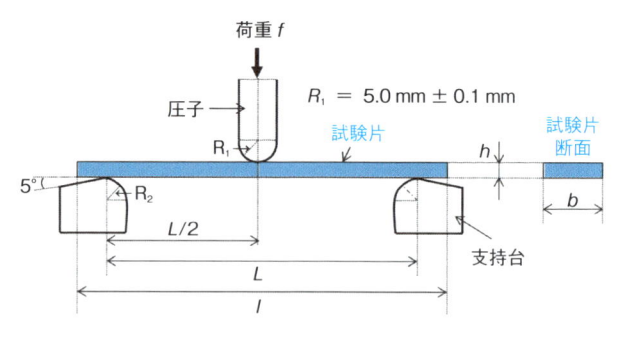

荷重 f
圧子 → R_1 = 5.0 mm ± 0.1 mm
試験片
試験片断面
R_1
h
b
5°
R_2
$L/2$
支持台
L
l

試験片厚さ $h ≦ 3$ mm のとき，$R_2 = 2.0 ± 0.2$ mm
試験片厚さ $h > 3$ mm のとき，$R_2 = 5.0 ± 0.2$ mm
支点間距離 $L = (16 ± 1) h$ mm
標準試験片　$l = 80.0 ± 2.0$ mm
　　　　　　$b = 10.0 ± 0.2$ mm
　　　　　　$h = 4.0 ± 0.2$ mm

標準試験片以外の場合は，$l/h = 20 ± 1$ を満足すること
試験片の数は最少 5 個を試験すること

図 5-18　三点曲げ試験法の概要

　曲げ特性の測定には図 5-18 に示した三点曲げによる方法がよく用いられる。曲げ試験においては，図中の試験片の上部には圧縮変形が，下部には伸長変形が起こることになる。曲げ応力（flexural stress）σ_f（MPa）は，荷重を F（N）とすると

$$\sigma_f = \frac{3FL}{2bh^2} \tag{5-56}$$

で表される。ここで L は支点間距離（mm），b は試験片の幅（mm），h は試験片の厚さ（mm）である。曲げ強さ（flexural strength）σ_{fm} は試験中の最大曲げ応力である。たわみ s（deflection）は支点間中央位置における試験片の上面または下面が湾曲しているとき，応力をかける前の平面の位置から離れた距離（mm）である。曲げひずみ（flexural strain）ε_f は

$$\varepsilon_f = \frac{6hs}{L^2} \tag{5-57}$$

により算出される無次元の量である。特に，試験片が破壊するときの曲げひずみは曲げ破壊ひずみ（flexural strain at break）と呼ばれる。ここで，曲げひずみ $\varepsilon_{f1} = 0.0005$ に相当するたわみを s_1，曲げ応力を σ_{f1}，荷重を F_1 とし，曲げひずみ $\varepsilon_{f2} = 0.0025$ に相当するたわみを s_2，曲げ応力を σ_{f2}，荷重を F_2 とすると，曲げ弾性率 E_f（modulus of elasticity in flexure; flexural modulus）は

$$E_\mathrm{f} = \frac{\sigma_\mathrm{f2} - \sigma_\mathrm{f1}}{\varepsilon_\mathrm{f2} - \varepsilon_\mathrm{f1}} = \frac{\dfrac{3L}{2bh^2}(F_2 - F_1)}{\dfrac{6h}{L^2}(s_2 - s_1)} = \frac{L^3}{4bh^3}\frac{F_2 - F_1}{s_2 - s_1} \tag{5-58}$$

で表すことができる。

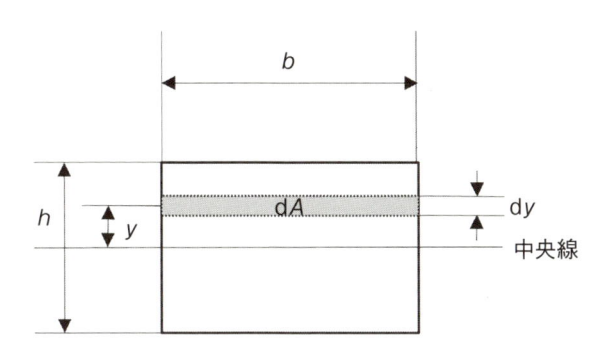

図 5-19　曲げ試験片の断面図

ここで，JIS K7171 に規定されている式（5-56）と式（5-57）の導出について述べておく。図 5-19 に示した試料片の微小断面 $\mathrm{d}A$（$= b\mathrm{d}y$）の断面二次モーメント I は

$$I = \int_{-h/2}^{h/2} y^2 \mathrm{d}A = \int_{-h/2}^{h/2} by^2 \mathrm{d}y = \left[\frac{1}{3}by^3\right]_{-h/2}^{h/2} = \frac{bh^3}{12} \tag{5-59}$$

で表される。また，断面係数 Z は断面二次モーメント I を中央線からの上下の端部までの距離 $h/2$ で割ったものなので

$$Z = \frac{I}{h/2} = \frac{bh^2}{6} \tag{5-60}$$

となる。

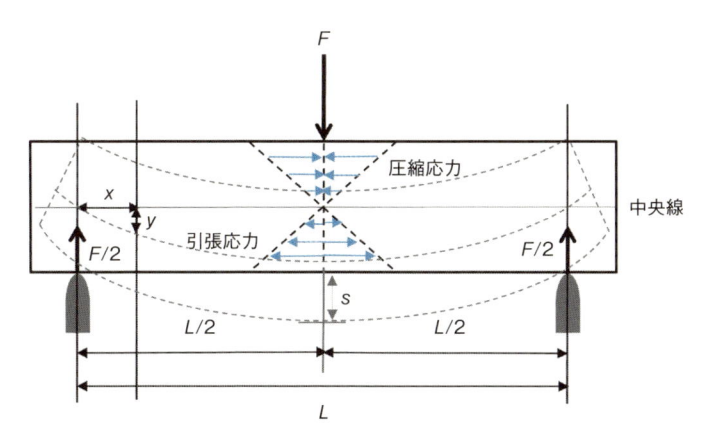

図 5-20　曲げ試験片にかかる応力とひずみ

また，図 5-20 に示したように支点からの距離 x における曲げモーメント M は，二つの支点のそれぞれにかかる応力が $F/2$ なので

$$M = \frac{F}{2}x \tag{5-61}$$

で表される。曲げ強さ σ_f は $\sigma_f = M/Z$ で表されるので，$x = L/2$ では

$$\sigma_f = \frac{M}{Z} = \frac{3FL}{2bh^2} \tag{5-62}$$

となり，式 (5-56) が導かれた。次に支点からの横方向に x の距離におけるたわみを y とすると，弾性曲線の微分方程式は

$$\frac{d^2y}{dx^2} = -\frac{M}{E_f I} \tag{5-63}$$

で表される。式 (5-61) を式 (5-63) に代入すると

$$\frac{d^2y}{dx^2} = -\frac{M}{E_f I} = -\frac{F}{2E_f I}x \tag{5-64}$$

となる。$x = L/2$ のときひずみ y は最大になるので $dy/dx = 0$ の境界条件を使うと

$$\frac{dy}{dx} = -\frac{F}{2E_f I}\left(\frac{x^2}{2} - \frac{L^2}{8}\right) \tag{5-65}$$

になる。さらに $x = 0$ のとき $y = 0$ の境界条件に注意して式 (5-65) を解くと

$$y = -\frac{F}{2E_f I}\left(\frac{x^3}{6} - \frac{L^2}{8}x\right) \tag{5-66}$$

となる。したがって $x = L/2$ のときのひずみ s は

$$s = \frac{FL^3}{48E_f I} \tag{5-67}$$

になる。式 (5-67) に式 (5-59) を代入して整理すると

$$E_f = \frac{FL^3}{4sbh^3} \tag{5-68}$$

となり，式 (5-58) が導かれる。フックの法則より $\varepsilon_f = \sigma_f/E_f$ なので式 (5-62) と式 (5-68) を代入して整理すると

$$\varepsilon_f = \frac{\sigma_f}{E_f} = \frac{6hs}{L^2} \tag{5-69}$$

となり，式 (5-57) が導かれる。代表的なプラスチックの引張物性と曲げ物性は巻末の付録 5 に示したので参照されたい。

5.2.6 動的粘弾性

先に粘弾性体の応力やひずみ一定での変形による静的粘弾性について述べた。ここでは，粘弾性体に周期的なひずみを加えたときの変化について考える。完全弾性体に正弦波ひずみ

$$\gamma = \gamma_0 \cos\omega t \tag{5-70}$$

を与える。ここで，γ_0 は振幅，ω は角速度であり，振動数を f としたとき $\omega = 2\pi f$ である。この場合の応力 σ は弾性率を E とすると式（5-8）より

$$\sigma = E\gamma_0 \cos\omega t \tag{5-71}$$

となる。完全弾性体の場合にはひずみと応力は同位相にある。完全弾性体の場合，外力は変形した物体にすべて蓄えられ，変形が元に戻るとそのエネルギーは外界に返る。一方，完全粘性体に式（5-70）と同様なひずみを加えると，その結果生じる応力 σ は，式（5-16）より

$$\sigma = \eta \frac{d\gamma}{dt} = -\eta\omega\gamma_0\sin\omega t = \eta\omega\gamma_0\cos\left(\omega t + \frac{\pi}{2}\right) \tag{5-72}$$

となる。完全粘性体の場合には，応力の位相はひずみより $\pi/2$ 進むことになる。この場合は外力によって与えられたエネルギーはすべて熱として失われる。粘弾性体に同様なひずみを加えた場合の応力 σ は，

$$\sigma = \sigma_0\cos(\omega t + \delta) = \sigma_0\cos\delta\cos\omega t - \sigma_0\sin\delta\sin\omega t \tag{5-73}$$

で表される。応力はひずみより位相が δ（$0 < \delta < \pi/2$）だけ進んでおり，完全弾性体と完全粘性体の中間的な挙動を示す（図5-21）。

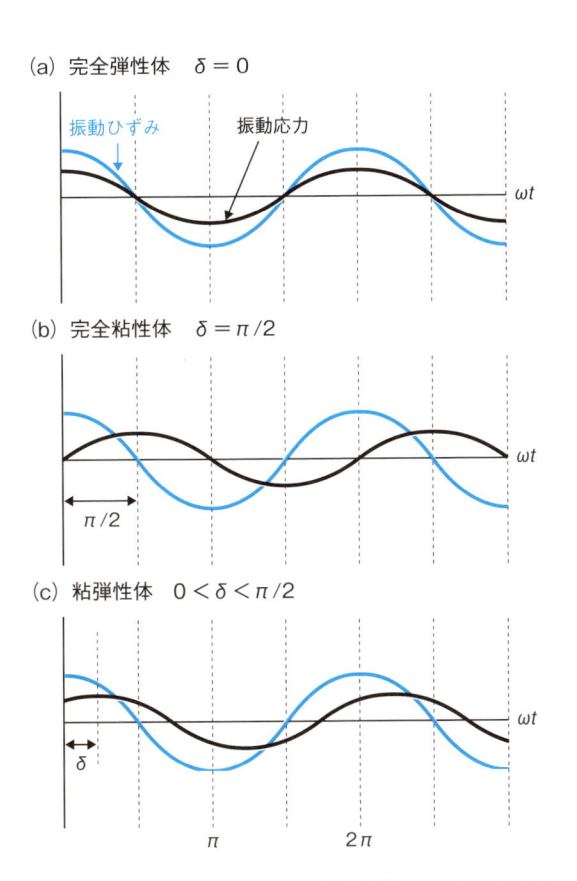

図 5-21　弾性体，粘性体，粘弾性体の振動応力と振動ひずみ

動的粘弾性の議論には，ひずみや応力を図5-22に示したオイラーの公式（Euler's formula）を使い，複素数表示すると便利である．式（5-70）を複素数に拡張すると

$$\gamma^* = \gamma_0 e^{i\omega t} = \gamma_0(\cos\omega t + i\sin\omega t) \tag{5-74}$$

となり，式（5-74）の実部（real part:Re）が $\gamma_0\cos\omega t$，虚部（imaginary part:Im）が $\gamma_0\sin\omega t$ になる．

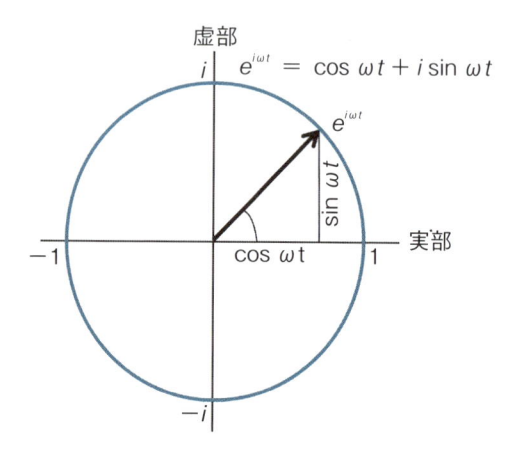

図5-22 オイラーの公式

同様に，式（5-73）は

$$\sigma^* = \sigma_0 e^{i(\omega t + \delta)} = \sigma_0 e^{i\delta} e^{i\omega t} = \frac{\sigma_0}{\gamma_0} e^{i\delta} \times \gamma_0 e^{i\omega t} = E^* \gamma^* \tag{5-75}$$

で表せる．ここで E^* は**複素弾性率**（complex modulus）であり，

$$E^* = \frac{\sigma_0}{\gamma_0} e^{i\delta} = \frac{\sigma_0}{\gamma_0}(\cos\delta + i\sin\delta) = E' + iE'' \tag{5-76}$$

で表される．式（5-76）において

$$E' = \frac{\sigma_0}{\gamma_0}\cos\delta, \ E'' = \frac{\sigma_0}{\gamma_0}\sin\delta \tag{5-77}$$

であり，式（5-76）の実数部 E' を**貯蔵弾性率**（storage modulus），虚数部 E'' を**損失弾性率**（loss modulus）と呼ぶ．また

$$\tan\delta = \frac{E''}{E'} \tag{5-78}$$

は損失正接（loss tangent）と呼ばれる．

ここで，1サイクルあたりの仕事 ΔW は

$$\Delta W = \oint \sigma d\gamma = \int_0^{2\pi/w} (\sigma d\gamma/dt)dt \tag{5-79}$$

となる。式 (5-73) は，式 (5-77) の関係を使うと

$$\sigma = \gamma_0 E'\cos\omega t - \gamma_0 E''\sin\omega t \tag{5-80}$$

となる。したがって

$$\Delta W = -\int_0^{2\pi/w}(\gamma_0 E'\cos\omega t - \gamma_0 E''\sin\omega t)\gamma_0\omega\sin\omega t\,\mathrm{d}t = -\omega\gamma_0^2\int_0^{2\pi/w}(E'\cos\omega t\sin\omega t - E''\sin^2\omega t)\mathrm{d}t$$

$$= -\omega\gamma_0^2 E'\int_0^{2\pi/w}\frac{\sin 2\omega t}{2}\mathrm{d}t + \omega\gamma_0^2 E''\int_0^{2\pi/w}\frac{1-\cos 2\omega t}{2}\mathrm{d}t$$

$$= -\frac{\omega\gamma_0^2 E'}{2}\left[\frac{-\cos 2\omega t}{2\omega}\right]_0^{2\pi/\omega} + \frac{\omega\gamma_0^2 E''}{2}\left[t - \frac{\sin 2\omega t}{2\omega}\right]_0^{2\pi/\omega}$$

$$= \frac{\omega\gamma_0^2 E''}{2}\cdot\frac{2\pi}{\omega} = \pi E''\gamma_0^2 \tag{5-81}$$

となり，粘弾性体にひずみ γ_0 まで与えて，また元の状態にもどすと $\pi E''\gamma_0^2$ のエネルギーが熱として消費される。

この振動実験は伸長変形でも，せん断変形でも行うことができ，伸長変形の場合は引張貯蔵弾性率 E'，引張損失弾性率 E''，せん断変形のときには，せん断貯蔵弾性率 G'，せん断損失弾性率 G'' と呼ばれる。また，弾性率の逆数の**コンプライアンス**（compliance）に関しても**複素コンプライアンス J^*** （complex compliance），**貯蔵コンプライアンス J'** （storage compliance），**損失コンプライアンス J''** （loss compliance）を定めることができる。

$$J^* = \frac{1}{E^*} = \frac{1}{E' + iE''} = \frac{E' - iE''}{(E' + iE'')(E' - iE'')} = \frac{E' - iE''}{E'^2 + E''^2} = J' - iJ'' \tag{5-82}$$

$$J' = \frac{E'}{E'^2 + E''^2}, \quad J'' = \frac{E''}{E'^2 + E''^2}, \quad \tan\delta = \frac{J''}{J'}$$

このような粘弾性挙動をマクスウェルとフォークトモデルで解析してみる。マクスウェルの粘弾性式 (5-26) は

$$\frac{\mathrm{d}\gamma}{\mathrm{d}t} = \frac{1}{E}\frac{\mathrm{d}\sigma}{\mathrm{d}t} + \frac{\sigma}{\eta}, \quad \tau = \eta/E \tag{5-83}$$

であるが，先と同じように複素数に拡張すると

$$\frac{\mathrm{d}\sigma^*}{\mathrm{d}t} + \frac{\sigma^*}{\tau} = E\frac{\mathrm{d}\gamma^*}{\mathrm{d}t} \tag{5-84}$$

したがって，式 (5-74) より

$$\frac{\mathrm{d}\sigma^*}{\mathrm{d}t} + \frac{\sigma^*}{\tau} = E\gamma_0 i\omega e^{i\omega t} \tag{5-85}$$

ここで，この解が

$$\sigma^* = \sigma_0^* e^{i\omega t} \tag{5-86}$$

の形であると仮定して式 (5-85) に代入すると

$$\sigma_0^*\left(i\omega + \frac{1}{\tau}\right)e^{i\omega t} = E\gamma_0 i\omega e^{i\omega t} \tag{5-87}$$

よって

$$\sigma_0{}^* = E\frac{i\omega}{i\omega + \dfrac{1}{\tau}}\gamma_0 = E\frac{i\omega\tau}{1+i\omega\tau}\gamma_0 \tag{5-88}$$

であればよい。式 (5-85) の解は

$$\sigma^* = \sigma_0{}^* e^{i\omega t} = E\frac{i\omega\tau}{1+i\omega\tau}\gamma_0 e^{i\omega t} = E^*\gamma^* \tag{5-89}$$

よって

$$E^* = E\frac{i\omega\tau}{1+i\omega\tau} = E\frac{i\omega\tau(1-i\omega\tau)}{(1+i\omega\tau)(1-i\omega\tau)} = E\frac{i\omega\tau + \omega^2\tau^2}{1+\omega^2\tau^2} = E' + iE'' \tag{5-90}$$

となる。したがって，式 (5-90) の実部と虚部から，貯蔵弾性率と損失弾性率は

$$E' = E\frac{\omega^2\tau^2}{1+\omega^2\tau^2}, \quad E'' = E\frac{\omega\tau}{1+\omega^2\tau^2} \tag{5-91}$$

となる。また，損失正接は

$$\tan\delta = \frac{E''}{E'} = \frac{1}{\omega\tau} \tag{5-92}$$

となる。

次にフォークトモデルに対して，複素数に拡張した振動応力を与えた場合を考える。

$$\sigma^* = \sigma_0 e^{i\omega t} = \sigma_0(\cos\omega t + i\sin\omega t) \tag{5-93}$$

ここで，フォークトモデルの粘弾性式 (5-34) は

$$\sigma = E\gamma + \eta\frac{d\gamma}{dt}, \quad \lambda = \eta/E \tag{5-94}$$

であるが，これを複素数に拡張すると

$$\frac{d\gamma^*}{dt} = \frac{\sigma^*}{E\lambda} - \frac{\gamma^*}{\lambda} \tag{5-95}$$

ここで，この解が

$$\gamma^* = \gamma_0{}^* e^{i\omega t} \tag{5-96}$$

の形であると仮定して式 (5-95) に代入して整理すると

$$\gamma_0{}^* = \frac{1}{E(1+i\omega\lambda)}\sigma_0 \tag{5-97}$$

であればよい。式 (5-95) の解は

$$\gamma^* = \frac{1}{E(1+i\omega\lambda)}\sigma_0 e^{i\omega t} = \frac{1-i\omega\lambda}{E(1+i\omega\lambda)(1-i\omega\lambda)}\sigma_0 e^{i\omega t} \tag{5-98}$$

$$= \frac{1}{E}\left(\frac{1}{1+\omega^2\lambda^2} - i\frac{\omega\lambda}{1+\omega^2\lambda^2}\right)\sigma_0 e^{i\omega t} = J^*\sigma^*$$

となる。式 (5-98) の実部と虚部から，貯蔵コンプライアンスと損失コンプライアンスは

$$J' = \frac{1}{E}\frac{1}{1+\omega^2\lambda^2} = J\frac{1}{1+\omega^2\lambda^2}, \quad J'' = \frac{1}{E}\frac{\omega\lambda}{1+\omega^2\lambda^2} = J\frac{\omega\lambda}{1+\omega^2\lambda^2} \quad (5\text{-}99)$$

となる（$J = E^{-1}$）。また，損失正接は

$$\tan\delta = \frac{J''}{J'} = \omega\lambda \quad (5\text{-}100)$$

となる。

以上，得られたマクスウェルモデルまたはフォークトモデルの結果について，それぞれ E'/E，E''/E または J'/J，J''/J と $\omega\tau$ または $\omega\lambda$ を片対数目盛でプロットすると図5-23のような曲線が得られる。$\omega\tau$ または $\omega\lambda$ が1.0の付近で粘弾性的となり，E''/E または J''/J が極大値を示す。$\omega\tau \to 0$ で $\tan\delta \to \infty$，すなわち $\delta = \pi/2$ で完全粘性体となり，$\omega\tau \to \infty$ で $\tan\delta \to 0$，すなわち $\delta = 0$ で完全弾性体となる。また，$\omega\lambda \to \infty$ で $\tan\delta \to \infty$，すなわち $\delta = \pi/2$ で完全粘性体となり，$\omega\lambda \to 0$ で $\tan\delta \to 0$，すなわち $\delta = 0$ で完全弾性体となる。

図5-23 マクスウェルモデル（左）とフォークトモデル（右）の動的挙動

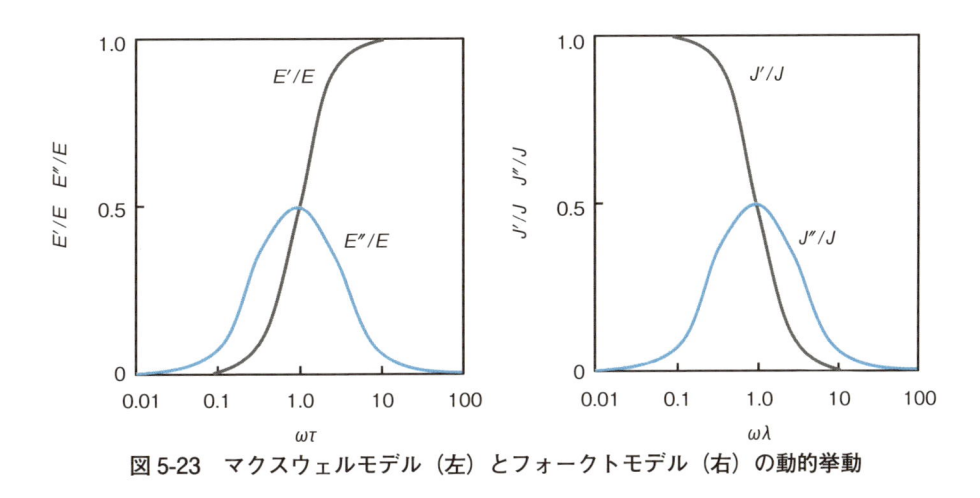

5.2.7 固体ポリマーの粘弾性特性の解析法

1) 時間-温度換算則

一定温度での静的粘弾性測定における弾性率の緩和時間分布を調べると，物質の粘弾性挙動に関する重要な情報を得ることができる。しかしながら，実際の材料において緩和が起こらなくなる十分に長い時間にわたって測定を行うことは極めて困難である。M. L. Williams, R. F. Landel, J. D. Ferry は，温度を変えた粘弾性実験を行うことにより，ある基準温度で時間を変化させた結果を経験的に推定する方法を提案した。この時間-温度換算則（time-temperature superposition principle）を適用した一般的な無定形ポリマーの緩和弾性率の合成曲線の作成例を図5-24に示した。いま，低温側から高温側までの異なる7つの温度（$T_1 \sim T_7$）で約10 sから，1 000 sの時間範囲で得られたある無定形ポリマーの引張緩和弾性率 E の時間変化を図中左側に示した。例えば T_3 を基準温度（reference temperature）として，それ以外の温度で測

定した曲線を横軸方向の左右に適宜ずらして一本の滑らかな曲線になるように並べると図中右側に示した合成曲線（master curve）が得られる．得られた合成曲線では，時間の増加とともに，弾性率が数 GPa のガラス状領域から転移領域を経て，数 MPa のゴム状平坦領域，さらに流動領域に至る一連の変化をみることができるようになる．左右に移動させる量を $\log a_T$ で表し，a_T を移動因子（shift factor）と名付ける．すなわち，移動させる量は基準温度におけるある測定点の時間に a_T を乗じた値である．移動因子の対数は無定形ポリマーの種類によらず一定であり，以下に示した実験式で与えられる．

$$\log a_T = -\frac{17.44(T - T_\mathrm{g})}{51.6 + T - T_\mathrm{g}} \tag{5-101}$$

この式はその発見者3名の頭文字をとって WLF 式と名付けられている．T_g を基準温度とした式 (5-101) に対して，特性温度 $T_\mathrm{S} = T_\mathrm{g}+50$ を基準温度ととると，次式のようになる．

$$\log a_T = -\frac{8.86(T - T_\mathrm{s})}{101.6 + T - T_\mathrm{s}} \tag{5-102}$$

式 (5-101) は $T - T_\mathrm{g}$ が 0 から 100 K の範囲で，また式 (5-102) は $T - T_\mathrm{S}$ が -50 から 50 K の範囲で適用できる．

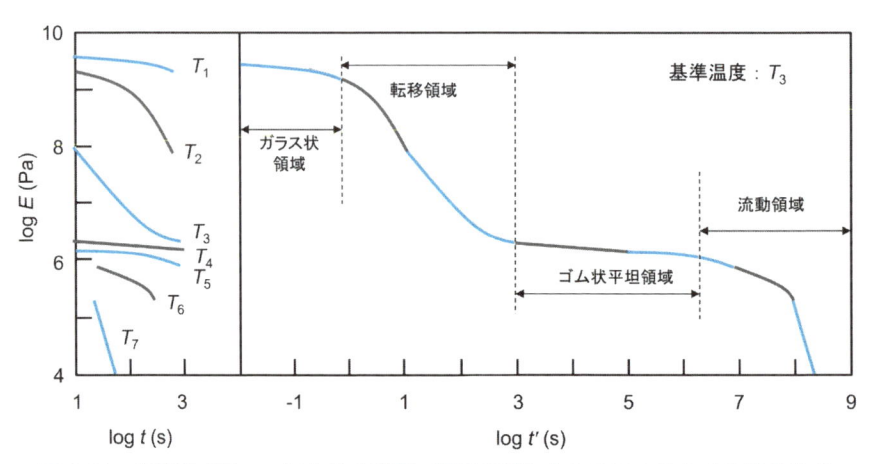

図 5-24　無定形ポリマーにおける時間 - 温度の重ね合わせによる合成曲線の作成

2) 動的粘弾性測定

通常，動的粘弾性測定（dynamic mechanical analysis:DMA）装置といえば，試料として固体を対象とするものであり，液体の粘弾性測定装置はレオメーター（rheometer）と呼ばれることが多い．DMA 測定は，自由減衰ねじり振動法，共振強制振動法，非共振強制振動法に分けられる．一般的に一定微量ひずみ振幅による非共振強制法による動的粘弾性装置が用いられる（図 5-25）．引張り，曲げ，ずり，強制ねじり振動の振動モードがある．通常，引張り，曲げ振動で測定される引張，曲げ弾性率は E で表し，ずりやねじり振動で測定されるずり弾性率（剛性率）は G で表すのが慣例である．また，周波数一定で温度を変化させた場合の動的粘弾性挙

動を温度分散（temperature dispersion），温度一定で周波数を変化させた場合を周波数分散（frequency dispersion）という。

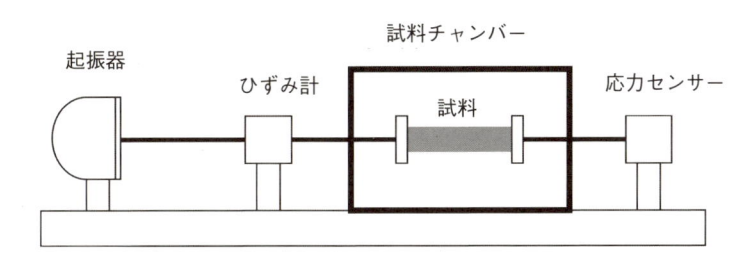

図 5-25　動的粘弾性測定装置の概略図

図 5-26 に線状ポリマーとして非晶性の (a) *atactic*-ポリスチレン (aPS), (b) 結晶性のポリテトラフルオロエチレン (PTFE), (c) 架橋ポリマーとして非晶性のビスフェノール A 型エポキシ樹脂／4,4'-ジアミノジフェニルメタン硬化物 (BPAE/DDM) の温度分散における DMA 曲線を示した。(a) の aPS では E' が 100 ℃ 以上からガラス転移により急激に低下し始める。E'' は 110 ℃ 付近に極大をもち, tan δ は 120 ℃ 付近に極大をもつ。1 Hz 程度の低周波数で測定した場合, tan δ の極大点での温度は T_g に対応する。ガラス転移による tan δ のピークを主分散 (primary dispersion) または α (α_a) 分散と呼ぶ。DSC で測定した場合の aPS の T_g は 100 ℃ 付近なので, tan δ 極大ピークからよみ取った温度の方が約 20 ℃ 程度高い値を示す。ポリマーの種類によっては, 主 (α) 分散よりも低温側に副分散 (secondary dispersion) と呼ばれる比較的小さな E' の低下や tan δ の極大ピークが現れることがある。副分散は高温側から β 分散, γ 分散などと呼ばれる。これらの副分散は，結晶領域の分子運動，非晶質領域と結晶領域の間の配向した分子鎖の運動，分子鎖の局所的な運動，側鎖の運動などに基づく分散である。例えば (b) の PTFE では, 123 ℃ 付近のガラス転移に基づく α 分散が観測されるのに加えて, 21 ℃ 付近に結晶領域の分子運動に基づく β 分散と -99 ℃ 付近に非晶質領域の局所的な分子運動による γ 分散が観測される。それらの分子運動の違いを反映して，PTFE の β 分散は結晶化度の上昇にともない増加するのに対して，γ 分散は減少する。また，(c) に示したようにネットワークポリマーとして代表的な BPAE/DDM ではガラス転移に基づく α 分散により E' が低下するが，架橋構造をもつため 200 ℃ 以上の領域において明確なゴム状平坦領域 (rubbery plateau) が観測される。ネットワークポリマーの場合は DSC 測定では T_g が明確な変曲点として観測できないことが多いので DMA 測定による tan δ 極大ピーク温度は T_g を評価する重要な値となる。

(a) ポリスチレン

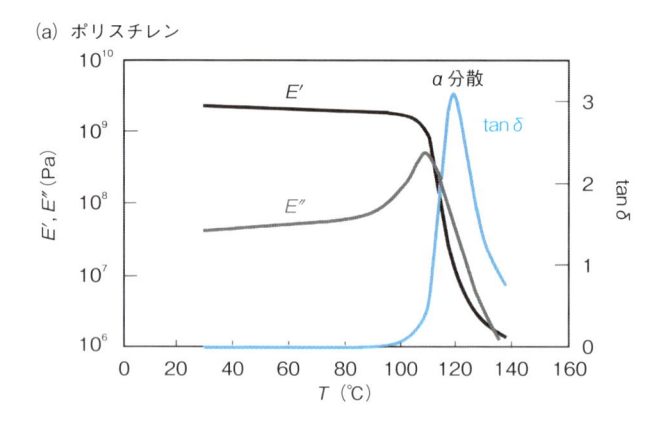

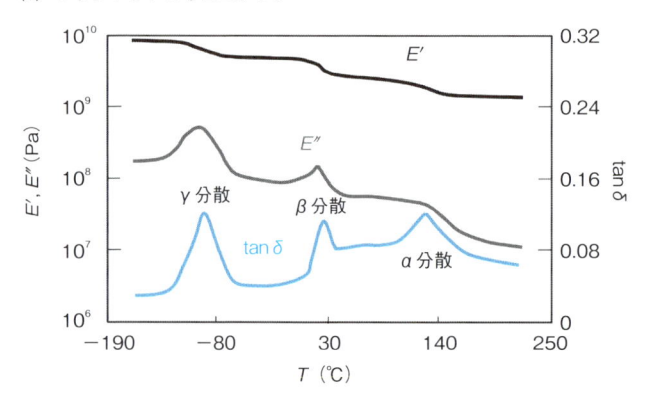

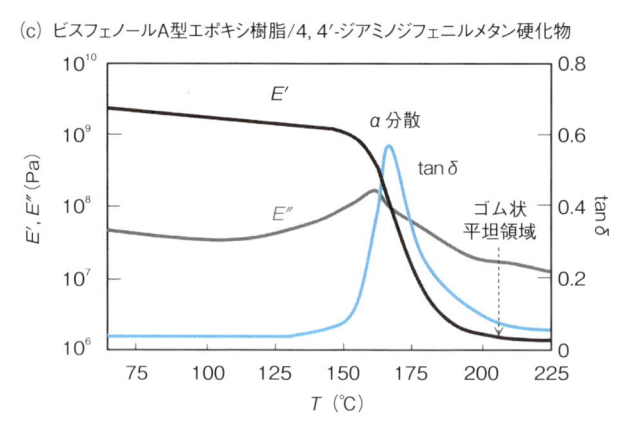

(b) ポリテトラフルオロエチレン

(c) ビスフェノールA型エポキシ樹脂/4,4'-ジアミノジフェニルメタン硬化物

図 5-26　各種ポリマーの動的粘弾性曲線

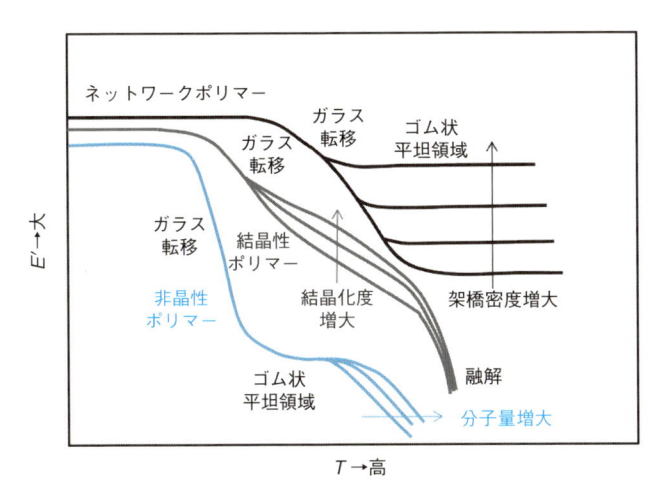

図 5-27　結晶性ポリマー，非晶性ポリマー，ネットワークポリマーの貯蔵弾性率変化

　図 5-27 に十分に結晶化させた非晶領域をもつ結晶性ポリマー，非晶性ポリマー，ネットワークポリマーについて，主分散に係わる変化のみを表したポリマーの構造と貯蔵弾性率の変化を模式的に示した。非晶性ポリマーでは，分子量の増大とともに分子の物理的な絡み合いによりゴム状平坦領域の温度領域が広がる。結晶性ポリマーでは，存在する非晶領域の α 分散により E' が低下するが，結晶化度の増大に伴って E' の上昇がみられ，さらに温度が高くなると結晶領域の融解により E' が大きく低下する。ネットワークポリマーでは，α 分散により高分子鎖のミクロブラウン運動が盛んになるが，架橋構造をもつため，ほとんど E' が低下することなく分解開始温度までゴム状平坦領域が続く。この場合，架橋密度の上昇とともにゴム状平坦領域における E' の値は高くなる。

5.3　基本的な電気的・光学的性質

　高分子材料は，通常は絶縁体であるものが多く，非晶性ポリマーについては透明性が高いので，広く電気絶縁材料や光学用レンズ，塗料などに利用されている。ここでは，それらの用途にポリマーを利用する際に重要となる基本的な電気的および光学的性質として導電率，絶縁性（誘電性），屈折率と複屈折について焦点を絞り解説する。ポリアセチレンなどに代表される導電性ポリマーやポリエチレンオキシドに代表されるイオン伝導性ポリマーは単体では導電率は低く，それぞれドーピングやリチウム塩を添加することにより導電率が飛躍的に上昇し，電気・電子，光電変換材料に応用されている。それらの電気と光および熱，応力などの刺激に応答して，それを質的，量的に変換する能力をもった，いわゆる機能性高分子材料に関する電気的・光学的性質については，ここでは簡単に紹介するに留めるので，詳しいことは高分子材料に関する成書を参照していただきたい。

5.3.1 絶縁性と導電性

金属は電気伝導性の高い導体であることはよく知られているが，ポリマーは通常電気を通さない絶縁体である。ポリマーの試験片に電圧 V を印加すると，初めはある電流 I が流れるが経時的に減少して，やがて一定の電流値 I_C に達する。その電流の減少は，コンデンサーに電荷が満たされるまで電流が流れるのと同じように分極や永久双極子の回転などに基づく変位電流 I_D が減少するためである。全電流 I は電荷キャリアの移動に基づく伝導電流 I_C と I_D の和で表すことができる。

$$I = I_C + I_D \tag{5-103}$$

定常状態において電気抵抗 R は　$R=V/I_C$ で定義できる。I_C は試料の内部を流れる電流 I_V と表面を流れる電流 I_S の和で表すことができ，それぞれに対して体積抵抗 R_V と表面抵抗 R_S が考えられる。絶縁性のポリマー材料などでは，試料表面の湿気や汚れなどの影響により I_V に対して I_S の寄与が大きくなるので R_V と R_S を区別して取り扱う場合が多い。例えば，電気絶縁材料としてよく使用される熱硬化性ポリマーの**体積抵抗率**（volume resistivity）と**表面抵抗率**（surface resistivity）の測定方法は JIS K 6911：1995「熱硬化性プラスチック一般試験方法」に定められている。

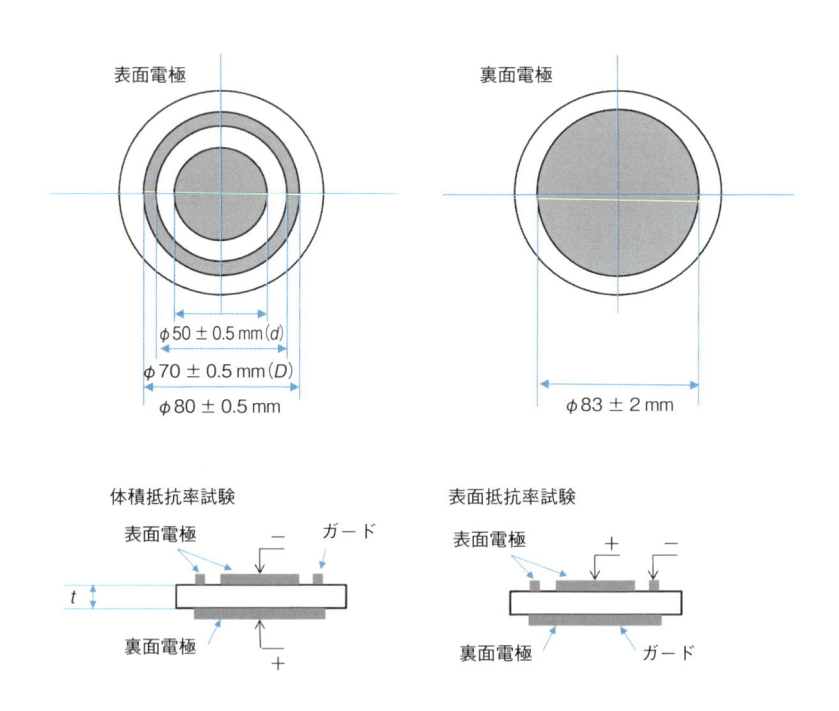

図 5-28　抵抗率の電極配置と電極の接続方法

図 5-28 のような電極配置と接続方法に従って測定を行うことにより，次式を用いて計算される。

$$\rho_V = \frac{\pi d^2}{4t} \times R_V \tag{5-104}$$

$$\rho_\text{S} = \frac{\pi(D+d)}{D-d} \times R_\text{S} \tag{5-105}$$

ρ_V: 体積抵抗率（MΩ cm），ρ_S: 表面抵抗率（MΩ または MΩ/□）
d: 表面電極の内円の外径（cm），t: 試験片の厚さ（cm），D: 表面の環状電極の内径（cm）
R_V: 体積抵抗（MΩ），R_S: 表面抵抗（MΩ），π: 円周率（3.14）

金属などの導体では I_S は I_V に比べて無視できるほど低いので，特に断らない限り，体積抵抗率のことを電気抵抗率あるいは比抵抗 ρ と呼ぶ。抵抗値 R（Ω）は電極間距離 l（m）に比例し断面積 A（m^2）に反比例するので，電気抵抗率あるいは比抵抗 ρ（Ω・m）は次式で表すことができる。

$$\rho = RA/l \tag{5-106}$$

試料にかかる電場 $E = V/l$，伝導電流密度 $J_\text{C} = I_\text{C}/A$ を用いると

$$J_\text{C} = \frac{E}{\rho} = \sigma E \tag{5-107}$$

この式で定義される σ を電気伝導率（electrical conductivity）あるいは導電率（conductivity）と呼び，電気抵抗率 ρ の逆数である。σ の単位は $\Omega^{-1}\,\text{m}^{-1} = \text{S m}^{-1}$（S，ジーメンス）であるが，実用的には S cm^{-1} が使用されることが多い。

典型的な物質の室温付近における導電率を図 5-29 に示した。およそ 10^{-9} S cm^{-1}（10^{-7} S m^{-1}）以下は絶縁体，10^{-9}〜10^{2} S cm^{-1}（10^{-7}〜10^{4} S m^{-1}）は半導体，10^{2} S cm^{-1}（10^{4} S m^{-1}）以上は導体に分類される。汎用プラスチックのポリエチレンやポリ塩化ビニルなどの導電率は $<10^{-16}$ S cm^{-1} であり，電線ケーブルなどの絶縁被覆材に使用されている。

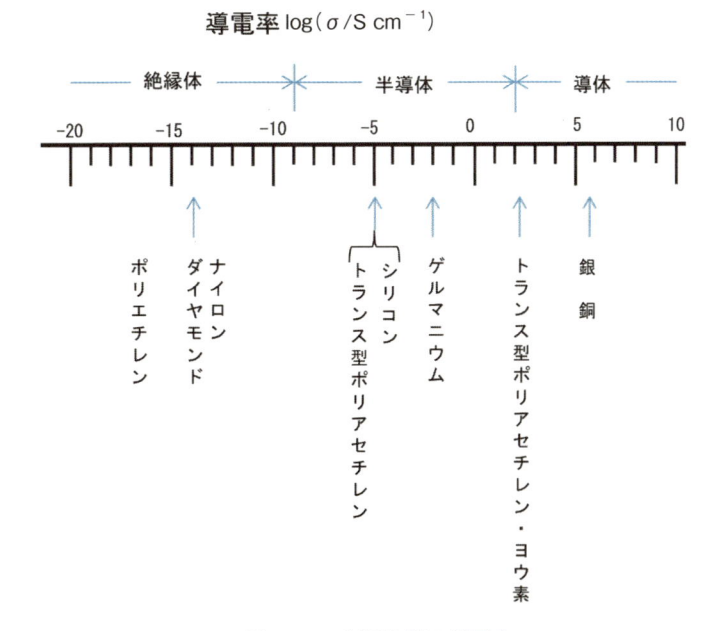

図 5-29 各種物質の導電率

物質の導電率は

$$\sigma = \sum_i n_i q_i \mu_i \tag{5-108}$$

で表される。ここで n は単位体積当たりの電荷を運ぶ担体（電荷キャリア）の数（cm^{-3}），q は担体1個が運ぶ電荷であり，電子や1価イオンの場合は電気素量 1.6×10^{-19} C ということになる。μ はキャリア移動度（$cm\ s^{-1}/(V\ cm^{-1}) = cm^2\ V^{-1}\ s^{-1}$）であり，単位電界（$V\ cm^{-1}$）を印加したときの電荷キャリアの移動速度（$cm\ s^{-1}$）を表す。添字の i は異なるイオン種が存在するときの各成分を表し，成分 i についての式（5-108）の総和が導電率である。電荷キャリアが主として電子あるいは正孔（電子の欠けた孔で電子と等価の正電荷を運ぶ）の場合を電子伝導，正負のイオンの場合をイオン伝導という。電子伝導性（導電性）ポリマーとして代表的なポリアセチレンはそれ自体 10^{-5} S cm^{-1} 程度の半導体であるが，ヨウ素などでドーピングすると 10^2 S cm^{-1} 程度の導電性を示すようになる。イオン伝導性ポリマーとしては，ポリエチレンオキシド（PEO）と過塩素酸リチウムなどのアルカリ金属塩の複合体が代表的であり，導電率は $10^{-7} \sim 10^{-8}$ S cm^{-1} である。PEO のエーテル酸素の孤立電子対がリチウムイオンに配位することによりリチウム塩のイオン解離が起こり，ゴム状にある PEO 鎖のミクロブラウン運動により，リチウムイオンが配位する位置を変えながら移動していくことによりイオン伝導が起こる。

5.3.2 誘電性

誘電性とは絶縁体，すなわち誘電体に外部電界（電場）を印加したとき，その絶縁体中に電気分極を生じて電荷が蓄積される性質である。コンデンサー（蓄電器）はその性質を利用した素子である。

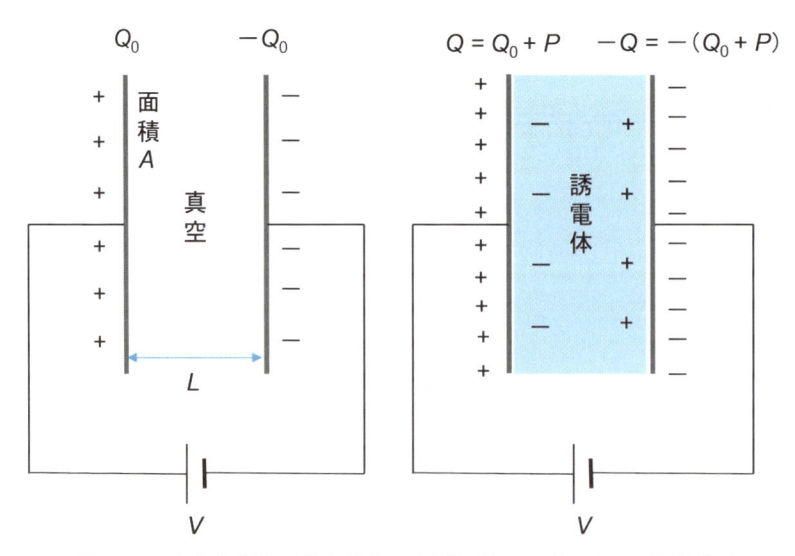

図5-30　真空中と誘電体を挿入した平行板コンデンサーの電荷分布

今，図5-30 に示した面積 A（m^2），間隔 L（m）の2枚の平行電極板からなるコンデンサー

に真空中で電位差 V（V）を印加すると，わずかの間電流が流れ，正負の電極板にそれぞれ $+Q_0A$，$-Q_0A$（単位：クーロン C）の電荷が蓄えられる。Q_0 は単位面積当たりの電気量，すなわち電荷密度（単位：$C\,m^{-2}$）である。電極板間の電場の強さ E（$V\,m^{-1}$）は，L が十分に小さいとき

$$E = \frac{Q_0}{\varepsilon_0} \tag{5-109}$$

で与えられ，電極間のいたるところで一様となる。ここで，ε_0 は真空の誘電率（permittivity）であり，$8.854\,19 \times 10^{-12}\,F\,m^{-1}$（単位：ファラッド $F = C\,V^{-1}$）である。電位差 V は（電場）×（長さ）なので

$$V = EL = \frac{Q_0 L}{\varepsilon_0} \tag{5-110}$$

である。また，この電極板の静電容量 C_0（単位：F）は（電荷）/（電位差）なので

$$C_0 = \frac{AQ_0}{V} = \varepsilon_0 \frac{A}{L} \tag{5-111}$$

となる。このコンデンサーの平行電極板間に絶縁体すなわち誘電体を挿入すると，正負の極板にそれぞれ $+QA$，$-QA$ の電荷が蓄えられるまでの間，変位電流が流れ，やがて絶縁体の伝導電流は微小なのでほとんど電気が流れなくなる。このときコンデンサーに蓄えられる電荷密度 Q は

$$Q = Q_0 + P \tag{5-112}$$

で表すことができ，新たに加えられた電荷密度 P を分極電荷（密度）と呼ぶ。電極板に蓄えられる静電容量 C は，真空の場合と同様に

$$C = \frac{AQ}{V} = \varepsilon \frac{A}{L} \tag{5-113}$$

で表される。ここで ε は誘電体の誘電率である。式（5-111）～（5-113）より

$$\frac{C}{C_0} = \frac{Q}{Q_0} = \frac{Q_0 + P}{Q_0} = \frac{\varepsilon}{\varepsilon_0} = \varepsilon_r \tag{5-114}$$

誘電体の誘電率 ε と真空の誘電率 ε_0 の比は比誘電率（relative permittivity）ε_r あるいは単に誘電率（dielectric constant）という。誘電体を挿入した後も電位差は $V = EL$ なので，電場の強さ E の変化はなく，新たに生じた分極電荷 P は電場に影響を与えない。これは誘電体内部の電荷が図に示したように分極して，電極板との界面に $-PA$ と $+PA$ の電荷を生じ，電極板上の真電荷 Q の効果を相殺しているためである。この現象を電気分極という。

誘電体に外部電場 E を印加して，電気分極 P が生じたときの電気変位（電束密度）D は次式で定義される。

$$D = \varepsilon_0 E + P \tag{5-115}$$

誘電体に生じる電気分極は電場に比例するので

$$P = \chi \varepsilon_0 E \tag{5-116}$$

となり，χ を電気感受率（electric susceptibility）という。式（5-116）を式（5-115）に代入すると電束密度 D は

$$D = \varepsilon_0(1+\chi)E \tag{5-117}$$

となり，誘電率 $\varepsilon = \varepsilon_0(1+\chi)$，$\varepsilon = \varepsilon_0\varepsilon_r$，$\varepsilon_r = 1+\chi$ の関係がある。
したがって，電束密度 D は

$$D = \varepsilon E \tag{5-118}$$

という単純な式で表すことができる。真空中の場合は $\chi = 0$ である。

通常，比誘電率（誘電率）は，インピーダンスアナライザーで電気容量と誘電正接（$\tan \delta$）を測定してから計算する。例えば，厚さ L（m）のフィルム試料に銀ペーストなどで A（m^2）の電極を両面につけたときの電気容量 C（F）と比誘電率 ε_r の関係は，式（5-111）と式（5-114）より次式のようになる。

$$\varepsilon_r = \frac{LC}{A\varepsilon_0} \cong \frac{LC}{A \times 8.85 \times 10^{-12}} \tag{5-119}$$

一般的なポリマーの比誘電率 ε_r の値を表5-6にまとめた。ポリテトラフルオロエチレン（PTFE）は電気陰性度の高いフッ素を含むが対称性分子であるため双極子モーメントが相殺されかつフッ素原子自体は分極率が低いので 2.1 と非常に低い ε_r を示す。PTFEは低誘電性の必要とされるスーパーコンピューターなどの超高多層プリント基板などに使用されている。極性の低い炭化水素ポリマーのポリプロピレンとポリエチレンも低い ε_r をもち，ベンゼン環をもつポリスチレンでは少し高い値を示す。極性の高いエステル結合をもつポリカーボネート，ポリメタクリル酸メチル，ポリエチレンテレフタレートでは ε_r は高くなり，非対称にフッ素が置換された双極子モーメント（2.1 D）の大きなポリフッ化ビニリデンでは 7 以上の非常に高い値を示し，圧電性や焦電性素子として利用することができる。

表5-6 ポリマーの比誘電率と屈折率の関係

ポリマー	比誘電率 ε_r（1 kHz, 室温）	屈折率 n	n^2
ポリテトラフルオロエチレン	2.1	1.38	1.90
ポリプロピレン	2.2〜2.3	1.49	2.22
ポリエチレン	2.3〜2.4	1.44	2.07
ポリスチレン	2.55	1.59	2.52
ポリカーボネート	3.02	1.59	3.18
ポリメタクリル酸メチル	3.0〜3.5	1.49	2.22
ポリエチレンテレフタレート	3.25	1.60	2.56
ポリフッ化ビニリデン	7.5〜12	1.42	2.01

次に分極の微視的な機構について考える。誘電体の分極には，1）電子の原子核に対する変位による電子分極 P_E，2）正負のイオンや原子の変位によるイオン（原子）分極 P_A，3）永久双極子の配向による配向分極 P_D が寄与する。したがって分極 P は

$$P = P_E + P_A + P_D = N(\alpha_E + \alpha_A + \alpha_D)E_i \tag{5-120}$$

で表される。ここで N は単位体積当たりの分子数，$\alpha_E, \alpha_A, \alpha_D$ は，それぞれ上の 1），2），3）に

対応する分極率，E_i は局所電界（local field）あるいは内部電界（internal field）である。この内部電界は，分極の種類やその配列によって変化する。双極子周辺を微小空洞で考えた場合，局所電界は

$$E_i = \frac{(\varepsilon_r + 2)}{3} E \tag{5-121}$$

となる。この局所電界はローレンツの局所電界と呼ばれる。

無極性分子からなる絶縁体で α_A と α_D が無視しうる場合は α_E のみが寄与することになり，式（5-115）は

$$D = \varepsilon_0 E + N\alpha_E E_i = \varepsilon_r \varepsilon_0 E \tag{5-122}$$

で表せる。式（5-122）に式（5-121）を代入して整理すると

$$\frac{\varepsilon_r - 1}{\varepsilon_r + 2} = \frac{N\alpha_E}{3\varepsilon_0} \tag{5-123}$$

となる。この式は**クラウジウス‐モソッティ**（Clausius-Mosotti）**の式**といわれる。光学周波数領域では電子の変位に基づく電子分極のみが応答するので，そのときの ε_r は光学的誘電率 ε_E と呼ばれる。また，導出については省略するが，双極子モーメントの配向に基づく α_D は，その配向がボルツマン分布に従うものとすると次式で近似することができる（Debye, 1929 年）。

$$\alpha_D = \frac{N\mu^2}{3k_B T} \tag{5-124}$$

ここで μ は双極子モーメント，T は絶対温度，k_B はボルツマン定数である。したがって有極性分子の場合は α_D の寄与が大きくなり，温度が低いほど誘電率が高くなる。

誘電性を刺激−応答現象の立場からみると，物質に電界 E を加えることにより，分極 P を生じることに対応する。ポリマーに電場を印加したとき，電子分極はほとんど瞬間的に起こるが，配向分極は高分子の主鎖や側鎖のコンホメーション変化を伴うので誘電率は時間の関数となる。高分子の極性基の電場に対する応答から高分子鎖の熱運動性を評価しようとするのが誘電緩和測定である。それゆえ，誘電緩和測定の物性評価は一般に極性ポリマーに対してのみ有効な方法である。今，電場強度が正弦的に変化する電場 $E_0 e^{i\omega t}$ を印加した場合，配向分極は電場の変化にただちに追従することができないので，電束密度 D の位相 δ は印加された電場を基準にするとある値だけ遅れる。複素表示した電場と電束密度をそれぞれ E^*，D^* とすると次式が成立する。

$$E^* = E_0 e^{i\omega t}, \quad D^* = D_0 e^{i(\omega t - \delta)} \tag{5-125}$$

式（5-122）と同様に複素数表示においても $D^* = \varepsilon_r^* \varepsilon_0 E^*$ とおくと

$$\varepsilon_r^* = \frac{D_0}{\varepsilon_0 E_0} e^{-i\delta} = \frac{D_0}{\varepsilon_0 E_0}(\cos\delta - i\sin\delta) \tag{5-126}$$

が成立する。これは実数部と虚数部に分けて

$$\varepsilon^* = \varepsilon' - i\varepsilon'', \quad \tan\delta = \varepsilon''/\varepsilon' \tag{5-127}$$

のように表すことができる。

ε^* は**複素誘電率**（complex permittivity），ε' は誘電率（permittivity），ε'' は**誘電損失**（dielectric loss factor），$\tan\delta$ は**誘電正接**（loss tangent）という。ε' は電場と同位相で静電エネルギーの

蓄積の度合いを与え，通常の誘電率に相当する。ε'' は分極が電場よりも位相が $\pi/2$ だけ遅れる部分で熱として散逸されるエネルギーに関係する。

動的粘弾性の式と比べると，E^* は応力 σ^*，D^* はひずみ γ^* に対応するので，$\varepsilon_r^* \varepsilon_0$ は J^* に対応する。フォークト模型の式に対応してデバイ型の誘電分散の式が角周波数（$\omega = 2\pi f$）の関数として得られる。

$$\varepsilon' = \frac{\Delta\varepsilon}{1+\omega^2\tau^2} + \varepsilon_\infty, \qquad \varepsilon'' = \frac{\Delta\varepsilon\omega\tau}{1+\omega^2\tau^2} \tag{5-128}$$

ここで，τ は**誘電緩和時間**（dielectric relaxation time）と呼ばれ，$\Delta\varepsilon$ は $\omega=0$ での ε'（静電誘電率）と ω が高周波領域で一定となった ε'（ε_∞）の差を表し，誘電緩和強度と呼ばれる。$\Delta\varepsilon$ はその緩和過程に関与する双極子の種類と配向の様式によって決まる量である。ε' と ε'' を温度一定で振動数の関数として測定すると図5-31のようになり，ε' は振動数とともに低下し，ε'' は $\omega\tau=1$ でピークを生じ，そのときの周波数を $f_{\max}$ とすると，誘電緩和時間は

$$\tau = \frac{1}{2\pi f_{\max}} \tag{5-129}$$

となる。

周波数 $\omega=0$ の静電場においては，全ての分極の和が誘電率に反映するので最大の値となる。

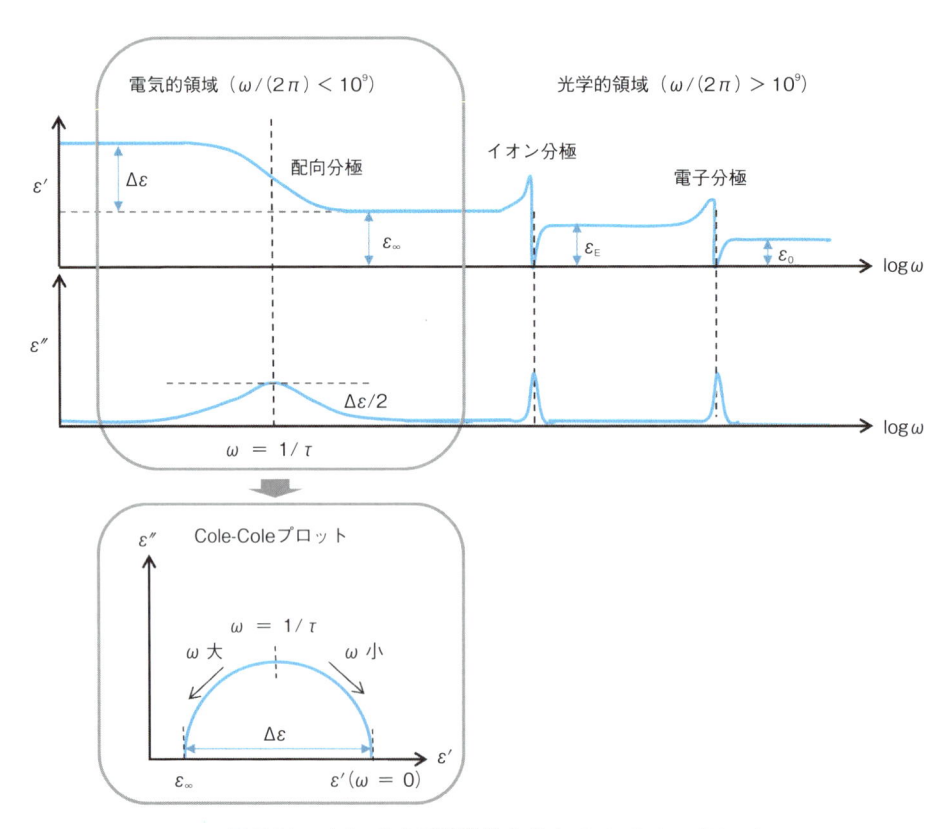

図5-31　ε' と ε'' の周波数依存性と Cole-Cole プロット

周波数が高くなるにつれて双極子の配向分極が電場の変位に追随できなくなり，さらに$\omega/2\pi > 10^9$の赤外光領域でイオン分極が寄与しなくなる．光学的誘電率ε_Eと屈折率nには

$$\varepsilon_E/\varepsilon_0 = n^2 \tag{5-130}$$

の関係がある．さらに周波数が高くなり紫外領域ぐらいから電子分極が追随できなくなり，次第に真空の誘電率ε_0に近づいていく．表5-6のポリマーの比誘電率ε_rと屈折率の値をみると，ポリエチレンやポリプロピレンなどの無極性ポリマーでは主に電子分極のみが比誘電率に寄与するため，$\varepsilon_r = n^2$に近い値をとることがわかる．逆に，極性基の配向分極による寄与が大きいポリメタクリル酸メチルやポリエチレンテレフタレートでは$\varepsilon_r > n^2$となっている．

ε'とε''をx座標とy座標上に周波数をパラメーターとしてプロットした円弧状のグラフをCole-Coleプロットという．式 (5-128) の二つの式からωを消去すると

$$[\varepsilon' - (\varepsilon_\infty + \Delta\varepsilon/2)]^2 + \varepsilon''^2 = (\Delta\varepsilon/2)^2 \tag{5-131}$$

となるので，Cole-Coleプロットは$\varepsilon_\infty + \Delta\varepsilon/2$を中心に，半径$\Delta\varepsilon/2$の半円を描くことになる．ポリマーの場合は通常，二つ以上の緩和をもつので複数の半円が融合してひずんだ形となる（図5-31）．

5.3.3 屈折率と複屈折

屈折率（refractive index）nは真空中を進む光の速度c（$2.997\,924\,58 \times 10^8$ m s^{-1}）と物質中を進む光の速度vの比として次式により表される．

$$n = \frac{c}{v} \tag{5-132}$$

通常，nは1よりも大きくvはcよりも小さくなる．これは，光がもつ交流電界により物質内の電子分極を生じ，その電子分極と光の電界との相互作用があるためである．式で (5-123) で$\varepsilon_r = \varepsilon_E/\varepsilon_0$とおいて式 (5-130) を代入すると屈折率$n$と電子分極率$\alpha_E$の間には

$$\frac{n^2 - 1}{n^2 + 2} = \frac{N\alpha_E}{3\varepsilon_0} = \frac{N_A \rho \alpha_E}{3M} = \frac{[R]}{V_0} = \phi$$

$$n = \sqrt{\frac{1 + 2\phi}{1 - \phi}} \tag{5-133}$$

の関係（Lorentz-Lorenz式）があることがわかる．ここで，ρは密度，N_Aはアボガドロ数，Mは分子量である．$[R]$（$= N_A\alpha/3$）は分子屈折と呼ばれ原子屈折の和として与えられる．V_0（$= M/\rho$）はモル体積で原子半径と結合距離から推測できる．屈折率nを制御するには，物質の電子構造に加えて，モル体積を考えることが重要になる．例えば，同じ二酸化ケイ素（SiO_2）でも，単結晶である水晶の屈折率は1.54であるのに対して，石英の屈折率は1.46である．これは，非晶質ガラスである石英の密度ρが約2.2 g cm^{-3}に対して，単結晶である水晶の密度ρは2.65 g cm^{-3}と大きいため，水晶のモル体積の方が小さくなるためである．ポリマーの場合も通常，結晶の密度の方が非晶質の密度よりも高いため，結晶領域と非晶領域の界面で光が散乱する．したがって結晶性ポリマーは一般に不透明である．ただし，結晶部のドメインサイズが可視光波長（400〜800 nm）よりも十分に小さい（1/10以下）場合は，光散乱が少ないため透明となる．通

常，光学用途には非晶性ポリマーが使用される。高屈折率ポリマーを設計するためには，単位体積当たりの分極率の大きい（電子の原子核からの拘束力の小さい）芳香環，硫黄原子，重ハロゲン（塩素や臭素）を，分子中の空間（自由体積）が増えないように組み合わせ，かつ着色しない（可視光領域に吸収を持たない）ようにπ共役系が広がりすぎないようにすることが有効である。一方，低屈折率ポリマーを設計するためには，分極率の小さい（原子核に電子が強く拘束されている）フッ素や，かさ高い（自由体積の大きい）構造を導入することが効果的である。

表 5-7 原子屈折

結合様式	記号	原子屈折 $[R]_D$
水素	$-H$	1.100
塩素（アルキル基に結合）	$-Cl$	5.967
塩素（カルボニル基に結合）	$(-C=O)-Cl$	6.336
臭素	$-Br$	8.865
ヨウ素	$-I$	13.900
酸素（ヒドロキシ基）	$-O-(H)$	1.525
酸素（エーテル）	$>O$	1.643
酸素（カルボニル基）	$=O$	2.211
硫黄（2価）	$(C)-S^{II}-(C)$	7.80
硫黄（4価）	$(C)-S^{IV}-(C)$	6.98
硫黄（6価）	$(C)-S^{VI}-(C)$	5.34
窒素（N-オキシイミド）	$(O)-N=(C)$	3.901
窒素（Schiff 塩基型）	$(C)-N=(C)$	4.10
炭素	$>C<$	2.418
メチレン基	$-CH_2-$	4.711
シアノ基	$-CN$	5.415
二重結合	$C=C$	1.733
三重結合	$C\equiv C$	2.336

（日本化学会編，『化学便覧基礎編II，改訂3版』，p.558，丸善（1984）より抜粋）

ポリマーは原子団の集合体であり，ポリマーを構成する原子や原子団単位に分子屈折 $[R]$ を分割した原子屈折の値が知られており，ポリマーの繰返し単位についてそれらの値を足し合わせ，その式量とポリマーの密度の値から屈折率の値を推定することができる。

例えば，ポリカーボネートの繰返し単位は組成式が $C_{16}H_{14}O_3$ で式量は254，密度は $1.20\ \mathrm{g\ cm^{-3}}$，原子団の分子屈折は，ベンゼン環；$6C + 4H + 3(C=C) = 6 \times 2.418 + 4 \times 1.100 + 3 \times 1.733 = 24.11$，カーボネート：$-O- + C + >O + =O = 1.643 + 2.418 + 1.643 + 2.211 = 7.91$，イソプロピリデン（$-C(CH_3)_2-$）：$3C + 6H = 3 \times 2.418 + 6 \times 1.100 = 13.85$ なので $[R] = 2 \times 24.11 + 7.91 + 13.85 = 69.98$ となる。それらの値を式（5-133）に代入して

$$\phi = \frac{[R]}{V_0} = \frac{[R]}{M/\rho} = \frac{69.98}{254/1.20} \cong 0.330\,6$$

$$n = \sqrt{\frac{1+2\phi}{1-\phi}} = \sqrt{\frac{1+2\times 0.330\,6}{1-0.330\,6}} = 1.575$$

と計算され，実測の屈折率が1.577なので精度高く推定することができる．表5-6に示したようにポリマーの屈折率はおよそ1.3〜1.7の範囲である．薄型メガネ用プラスチックレンズのような用途には高屈折率のポリマーが，ディスプレイの画面表面の反射を低減するためのコーティング材料などには低屈折率のポリマーが求められている．

あるポリマーの繰返し単位あるいはセグメント単位の分極率 α が異方性をもち，かつ分子鎖が配向している場合，屈折率の異方性すなわち複屈折（birefringence）が生じる．複屈折を示すポリマーに光が入射すると，ポリマー内部で屈折率の高い方向と低い方向の2種の直線偏光に分かれ，それぞれの出射位置が少し異なる．このためそのポリマーの表面に対して光線が斜め方向から入射すると，物が二重に見えたりひずんだりする．したがって，種々のレンズ，光ディスク基板，液晶ディスプレイ用偏光板保護フィルムなどでは複屈折をできるだけ低減することが重要である．また，液晶ディスプレイ用位相差フィルムは，液晶そのものがもつ複屈折を補償するために，所定の複屈折を付与することが求められる．

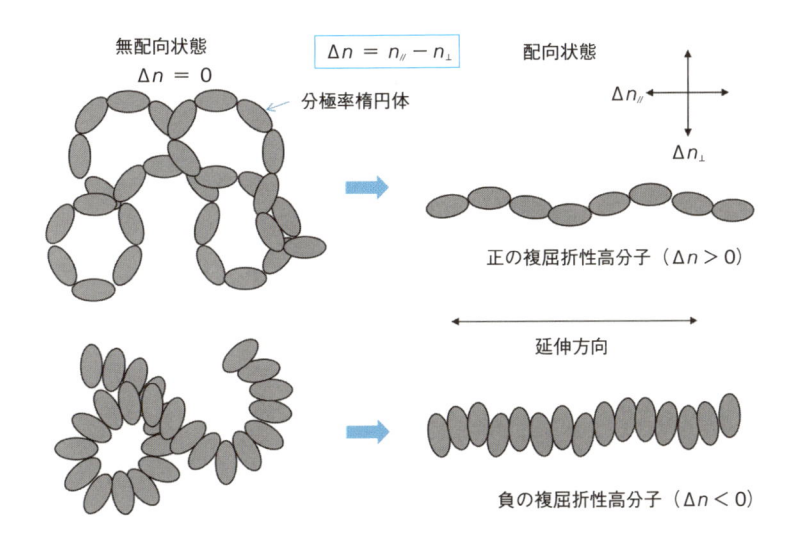

図5-32　ポリマーにおける複屈折発現機構

ポリマーにおける複屈折発現機構の概念を図5-32に示す．高分子の繰返し単位構造を楕円で示し，楕円の径が長い方向が分極率の大きい方向を示しているとする．この楕円を分極率楕円体と呼ぶことにする．溶融した等方性の非晶性直鎖状ポリマーをそのまま外力を加えずに冷却・固化させると分子間の特別な相互作用がない場合は，ランダムに配向し分極率楕円体の方向に偏りはなく，巨視的にみて等方的となる．しかし，そのポリマーを溶融状態から流動させてある形状

に成形すると何がしかの配向が起こる。特に，フィルムを延伸してある方向に引き伸ばした場合は図に示したような分極率楕円体の配向が起こる。その結果，屈折率が方向により異なる複屈折が起こる。このようにして生じる複屈折を**配向複屈折**（orientational birefringence）Δn といい，次式で定義される。

$$\Delta n = n_{//} - n_{\perp} \tag{5-134}$$

$n_{//}$ は配向方向に平行な方向に偏光している直線偏光に対する屈折率，$n_{\perp}$ は配向方向に直交する方向に偏光している直線偏光に対する屈折率である。複屈折の正負の符号は高分子の化学構造がもつ分極率の異方性と関連があり，それぞれの高分子に固有の性質である。分子鎖がある軸に沿って完全に配向した場合の複屈折は固有複屈折（Δn^0）と呼ばれる。たとえば，主鎖に分極率の大きなベンゼン環をもつポリフェニレンオキシド（PPO），ポリカーボネート（PC），ポリエチレンテレフタレート（PET）の固有複屈折は，それぞれ 0.210, 0.106, 0.105 と正の値を示す。それに対して，側鎖に分極率の大きなベンゼン環やエステル結合をもつポリスチレンやポリメタクリル酸メチルは，それぞれ -0.100，-0.0043 と負の値をもつ。

理想的な液晶や完全な結晶でない限り，高分子鎖がある軸に沿って完全に配向することはない。実際の試料が示す配向複屈折は

$$\Delta n = f \cdot \Delta n^0 \tag{5-135}$$

となる。f は配向係数であり完全配向の場合は 1，無配向の場合は 0 となる。f は Δn^0 が既知の試料に対して，任意の成形条件で成形した試料の Δn を求めることにより算出することができる。

配向複屈折 Δn を測定するには，複屈折すなわち屈折率差に関する情報を直接計測する方法と個々の屈折率の計測を介して複屈折を算出する方法がある。直接計測するには，一般に偏光顕微鏡が用いられる。2 枚の偏光板を互いに直交させて配置すると光は透過しないが，これらの偏光板（入射側の偏光板を偏光子，出射側の偏光板を検光子という）の間に光学的異方性を有する試料フィルムを入れると光が透過するようになる。この様相を解析することにより Δn を求めることができる。具体的には，透過光強度 I は，入射光強度を I_0，偏光板の偏光面と試料の配向軸のなす角を φ，光の波長を λ とすると

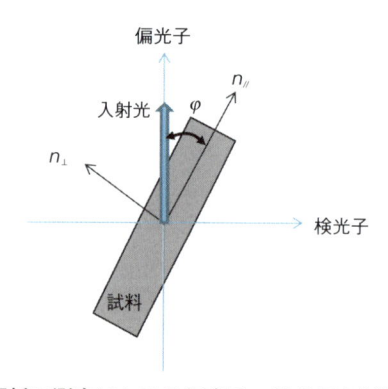

図 5-33 配向複屈折の測定における偏光子，検光子と試料フィルムの方向

で表される。ここで，Γ は試料の光学的異方性により生じる**光学遅延**または**レターデーション**（optical retardation）であり，試料中の光路長（フィルム厚み）を L とすると，

$$\Gamma = (n_{/\!/} - n_\perp)L = \Delta n \cdot L \tag{5-137}$$

$$I = I_0 \sin^2(2\varphi) \sin^2\left(\frac{\Gamma}{\lambda}\pi\right) \tag{5-136}$$

となる。式（5-136）より，単色光を用いた場合は，φ が $\pi/4$ のとき最も明るく，0 と $\pi/2$ のとき暗黒となる。また，φ を $\pi/4$ に固定したときは，$\Gamma = \Delta n \cdot L = m\lambda$（$m = 0, \pm 1, \pm 2 \cdots$）のとき暗黒となる。白色光のように広い波長範囲の光を用いた場合は，光学遅延が同じでも透過光強度は波長に依存するため干渉色を生じる。このとき干渉色あるいは透過光強度の波長依存性を観測すれば光学遅延を推定することができる。また，屈折率の計測を介して複屈折を算出する方法としては，干渉計を用いる方法とプリズムを用いた屈折計を利用する方法がある。測定の詳細については専門書を参照していただきたい。

演習問題

1. ポリマーのガラス転移温度と融点の違いを説明せよ。
2. ポリマーのガラス転移温度を測定する主な方法を挙げ，それぞれ，どのようなポリマーのガラス転移温度測定に適した方法なのか説明せよ。
3. ある硬いポリマーのダンベル型試験片（平行部分の幅 10 mm，厚み 4 mm）の引張試験を行った。その結果，ひずみ ε が 0.000 5, 0.002 5, 0.30 のとき（試験前の試験片の長さの 0.05%，0.25%，30% 伸びたとき）の荷重が 40 N, 200 N, 2 kN であり，$\varepsilon = 0.30$ まで伸びたときに試験片が破壊し，そのときの荷重が最大値であった。このポリマーの引張強さ σ_M，引張弾性率（ヤング率）E_t，破壊引張ひずみ ε_B を求めよ。
4. ある硬いポリマーの短冊型試験片（長さ 80 mm，幅 10 mm，厚み 4 mm）を支点間距離 60 mm で曲げ試験を行った。その結果，曲げひずみ ε_f が 0.000 5, 0.002 5, 0.30 のときの荷重が 2.5 N, 10 N, 100 N であり，$\varepsilon_f = 0.30$ のときに最大荷重となり，そのときに試験片が破壊した。このポリマーの曲げ強さ σ_{fm}，曲げ弾性率 E_f，破壊時のたわみ s_{fB} を求めよ。
5. 断面積 $A = 1.0$ cm^2 の，長さ $l = 1.0$ cm の円柱状ポリマー固体に電圧 2.0 V をかけたところ，電流が 1.0 μA が流れた。このポリマーの導電率 σ を求めよ。
6. 面積 $A = 1.0$ cm^2 の平板電極 2 枚の間に厚さ $L = 1.0$ mm のポリスチレンのフィルムを挟んで平行板コンデンサーを作製し，容量を測定したところ 2.3 pF となった。このポリスチレンの比誘電率 ε_r を求めよ。
7. 表 5-7 を用いて高密度ポリエチレン（密度 0.95 g cm^{-3}）の屈折率を推定し，付録 5 に示した高密度ポリエチレンの屈折率の値と比較せよ。

ポリマーの合成

6

ウォーレス・H・カローザス
Wallace Hume Carothers

(1896〜1937年, アメリカの化学者)

Du Pont社で1935年に世界初の合成繊維, ナイロンの合成に成功し, 重縮合によるポリマーの合成の基礎を築いた[5]。

カール・ツィーグラー
Karl Ziegler

(1898〜1973年, ドイツの化学者)

エチレンなどの二重結合をもつアルケンを温和な条件で付加重合することのできるZiegler-Natta触媒を発見した功績により1963年にノーベル化学賞を受賞[2]。

6.1 ポリマー合成反応の分類と特徴

ポリマーの合成方法は，大きく**逐次重合**（step polymerization）と**連鎖重合**（chain polymerization）に分けられる。逐次反応には，モノマー同士が反応して化学結合が形成される際に低分子化合物が脱離する縮合反応を繰り返してポリマーが得られる重縮合，脱離成分の発生しない付加反応を繰り返すことによる重付加，および付加反応と縮合反応を段階的に繰り返すことによる付加縮合がある。連鎖重合にはビニルモノマーが重合する付加重合と環状モノマーが開環して重合する開環重合がある。これら二つの重合反応は成長活性種の違いによりラジカル重合，カチオン重合，アニオン重合，配位重合に分類される（図6-1）。

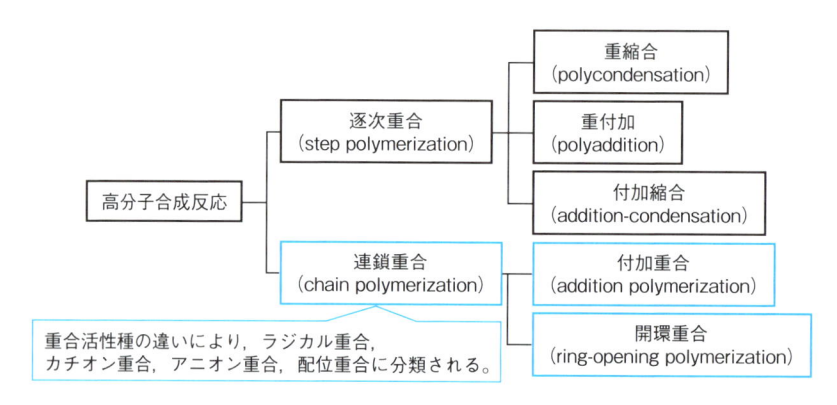

図6-1 ポリマー合成法の分類

高分子合成反応
- 逐次重合（step polymerization）
  - 重縮合（polycondensation）
  - 重付加（polyaddition）
  - 付加縮合（addition-condensation）
- 連鎖重合（chain polymerization）
  - 付加重合（addition polymerization）
  - 開環重合（ring-opening polymerization）

重合活性種の違いにより，ラジカル重合，カチオン重合，アニオン重合，配位重合に分類される。

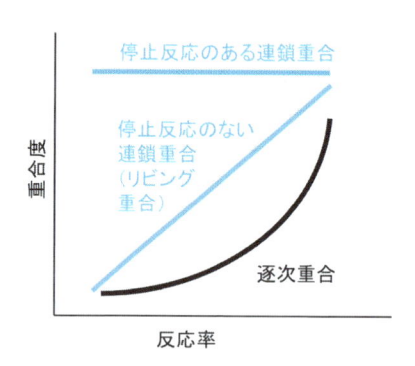

図6-2 生成ポリマーの重合度と反応率の関係

逐次重合と連鎖重合では，生成するポリマーの重合度と反応率の重合時間による変化に大きな違いがみられる（図6-2）。逐次重合では，すべてのモノマー濃度は速やかに減少し，高分子量のポリマーは高い反応率になって始めて生成する。一方，停止反応のある一般的な連鎖重合では，高分子量のポリマーが直ちに生成するが，反応率が上がっても分子量はあまり変わらない。この場合，反応の途中は常にモノマーとポリマーの混合物になる。また，停止反応や連鎖移動反応のない連鎖重合，すなわちリビング重合では，ポリマーの重合度は反応率に比例して増大し，

分子量分布の狭いポリマーが生成する。

6.2 逐次重合

6.2.1 重合度と反応度および官能基比の関係

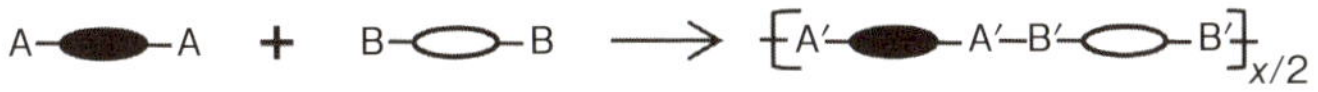

図6-3 二官能モノマー同士の逐次重合反応

図6-3に示したように，それぞれ2個の官能基Aと官能基Bをもった2種類のモノマーの遂次重合を考える。官能基Aがヒドロキシ基（OH）で官能基Bがカルボキシ基（COOH）ならば縮合反応により水（H_2O）が脱離してエステル結合（OC=O）が形成されることになる。また，官能基Aがヒドロキシ基（OH）で官能基Bがイソシアネート基（N=C=O）ならば付加反応によりウレタン結合（OC=ONH）が形成される。今，反応開始前の官能基Aの個数をN_A，官能基Bの個数をN_Bとすると，官能基Aと官能基Bのモル比（あるいはモノマーの仕込みモル比）rはN_A/N_Bで表せる。今$N_B \geq N_A$（$0 < r \leq 1$）のとき，反応前の分子数は式（6-1）で表すことができる。

$$\frac{N_A + N_B}{2} = \frac{N_A(1 + 1/r)}{2} \tag{6-1}$$

反応度pのときの未反応の官能基Aの数は$N_A(1-p)$，未反応の官能基Bの数は$N_B - N_A \cdot p$なので，反応度pのときの未反応の全官能基数は

$$N_A(1-p) + N_B - N_A \cdot p = N_A(1-p) + N_A(1/r - p) = N_A(1 - 2p + 1/r)$$
$$= N_A[2(1-p) + (1-r)/r] \tag{6-2}$$

となる。反応度pのときの分子数は式（6-2）/2で表すことができ，数平均重合度（x_n）は，（はじめの分子数）／（反応後の分子数）なので

$$x_n = \frac{\text{式}(6-1)}{\text{式}(6-2)/2} = \frac{1 + 1/r}{2(1-p) + (1-r)/r}$$
$$= \frac{1 + r}{2r(1-p) + (1-r)} \tag{6-3}$$

となる。今，2種類のモノマーを等モルで仕込んだ場合は$r = 1$なので

$$x_n = \frac{1}{1-p} \tag{6-4}$$

となる。反応が90%進行したとき$p = 0.90$なのでx_nは10，99%で100となり，重合度を高くするためには反応率を100%に近づけることが重要であることがわかる（表6-1）。

表6-1 等モル仕込み（$r = 1$）の場合の反応度と数平均重合度の関係

反応度 p	0	0.5	0.9	0.95	0.99	0.999	0.999 9	1.0
数平均重合度 x_n	1	2	10	20	100	1 000	10 000	∞

図6-3に示した2種類のモノマーからなる繰返し単位の分子量を100（一つのモノマー単位当たり平均50）とすると，高分子の分子量の目安となる10 000まで分子量を上げるためには，$x_n =$ 200となり，99.5%まで反応率を上げる必要があることになる。

一方，反応が100%進行すると仮定した場合は，$p = 1$なので式（6-3）は

$$x_n = \frac{1+r}{1-r} \tag{6-5}$$

となる。官能基Aをもつモノマーと官能基Bをもつモノマーをモル比0.9：1.0で仕込んだ場合は$r = 0.9$となり$x_n = 19$にしかならない。x_nは$r = 0.99$で199となり，モノマーを等モル（1：1）で仕込むことが高分子を得るために重要であることがわかる（表6-2）。

表6-2 反応率100%（$p = 1$）の場合のモノマーの仕込比と数平均重合度の関係

仕込比 r	0.5	0.75	0.8	0.9	0.99	0.999	0.999 9	1.0
数平均重合度 x_n	3	7	9	19	199	1 999	19 999	∞

6.2.2 重合度の分布

今，官能基のモル比（r）が常に1になるような系として，一つの分子中に官能基Aと官能基Bを1個ずつもったモノマーの逐次重合において重合度がxの分子が形成されたとする。

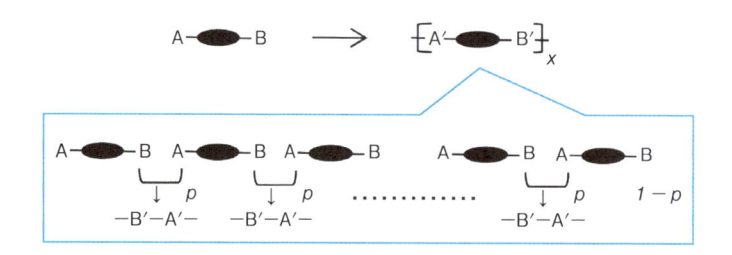

そのときの反応度をpとすると，反応度は最初にあったAまたはBのうち，どれだけの分率が反応したかを表すので，それぞれのBについてみると反応している確率がp，反応していない確率が$(1-p)$であることを意味する。したがって，重合度xの分子が形成されるということは，Bについて確率pで反応が$(x-1)$回続いて起こり，最後の1回は$(1-p)$の確率で反応しないことに相当する。すなわち，反応度pのときに形成される全分子の中で重合度xの高分子が存在する確率は$(1-p)p^{x-1}$ということになる。反応前の分子数をN_0，反応度pのときの分子数をN，重合度がxの分子の数をN_xとすると

$$N_x = N(1-p)p^{x-1} \tag{6-6}$$

となる。$x_n = N_0/N = 1/(1-p)$なので，式（6-6）は

$$N_x = N_0(1-p)^2 p^{x-1} \tag{6-7}$$

で表される。今，重合度 x の分子のモル分率 n_x は N_x/N で表すことができるので

$$n_x = \frac{N_x}{N} = \frac{N_0(1-p)^2 p^{x-1}}{N_0(1-p)} = (1-p)p^{x-1} \tag{6-8}$$

となる。すなわち n_x は先に示した重合度 x の分子の存在確率に等しい。いくつかの p の値について式 (6-8) による重合度 x とモル分率 n_x の関係を図 6-4 (a) にプロットした。

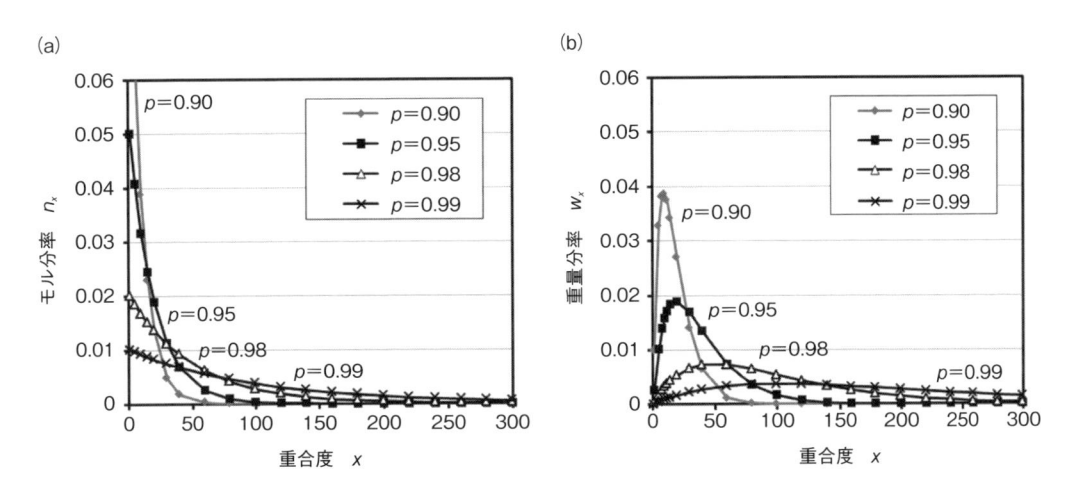

図 6-4　種々の反応度での重合度とモル分率，重量分率の関係

反応度 p が高くなるほど重合度の高い分子のモル分率が大きくなっているが，依然として単量体（$x=1$）のモル分率が最も大きい。これは，高分子も低分子も同じ一つの分子として数えているために起こることである。分子量の違いを考慮するために，重合度 x の分子の重量分率 w_x を用いて考えることにする。付加反応の場合は，モノマーの分子量を M_0 すると，重合度 x の分子の分子量は xM_0 で表せるので

$$w_x = \frac{xM_0 N_x}{N_0 M_0} = \frac{xN_x}{N_0} \tag{6-9}$$

となる。また，縮合反応の場合においても，反応により脱離する水などの低分子化合物の成分を除いた繰返し単位の分子量を M_0 とすると同様に重量分率は式 (6-9) で表すことができる。式 (6-7) を式 (6-9) に代入すると

$$w_x = (1-p)^2 x p^{x-1} \tag{6-10}$$

となる。式 (6-10) の関係をプロットしたのが図 6-4 (b) である。重量分率で考えると，反応度 p が上昇するにつれて，重合度の高い分子の割合が多くなってくるのがわかる。

数平均重合度 x_n は，式 (6-8) と数学公式 (AP-54) を用いて

$$x_n = \sum_{x=1}^{\infty} x n_x = (1-p)\sum_{x=1}^{\infty} x p^{x-1} = \frac{1-p}{(1-p)^2} = \frac{1}{1-p} \tag{6-11}$$

となり，式 (6-4) と同じ結果になることがわかる。

一方,重量平均重合度は,式 (6-10) と数学公式 (AP-55) を用いて

$$x_\mathrm{w} = \sum_{x=1}^{\infty} x w_x = (1-p)^2 \sum_{x=1}^{\infty} x^2 p^{x-1} = \frac{(1-p)^2(1+p)}{(1-p)^3} = \frac{1+p}{1-p} \tag{6-12}$$

となる。したがって,分布の広がりの程度を示す多分散度 $M_\mathrm{w}/M_\mathrm{n}$ は

$$\frac{M_\mathrm{w}}{M_\mathrm{n}} = \frac{M_0 x_\mathrm{w}}{M_0 x_\mathrm{n}} = \frac{x_\mathrm{w}}{x_\mathrm{n}} = 1+p \tag{6-13}$$

となる。したがって,通常の逐次重合では p が1に近づくと,多分散度は2に近い値になる。

6.2.3 重縮合

官能基 A と官能基 B の間で付加反応が起こって結合した後,水,アルコール,フェノールや塩酸などの小分子が脱離する反応を縮合反応（condensation reaction）と呼び,その反応を繰り返して高分子が生成する反応を重縮合（polycondensation）という。代表例としては,ジオール（二価アルコール）とジカルボン酸誘導体（カルボン酸,エステル,酸塩化物など）の反応によるポリエステルの合成やジアミンと同様なジカルボン酸誘導体の反応によるポリアミドの合成が挙げられる。

$$\text{HO-R-OH} + \text{X-}\underset{\text{O}}{\overset{\text{O}}{\text{C}}}\text{-R'-}\underset{\text{O}}{\overset{\text{O}}{\text{C}}}\text{-X} \xrightarrow{-\text{HX}} \left(\text{O-R-O-}\underset{\text{O}}{\overset{\text{O}}{\text{C}}}\text{-R'-}\underset{\text{O}}{\overset{\text{O}}{\text{C}}}\right)_n$$

$$\text{H}_2\text{N-R-NH}_2 + \text{X-}\underset{\text{O}}{\overset{\text{O}}{\text{C}}}\text{-R'-}\underset{\text{O}}{\overset{\text{O}}{\text{C}}}\text{-X} \xrightarrow{-\text{HX}} \left(\underset{\text{H}}{\overset{\text{H}}{\text{N}}}\text{-R-}\underset{\text{H}}{\overset{\text{H}}{\text{N}}}\text{-}\underset{\text{O}}{\overset{\text{O}}{\text{C}}}\text{-R'-}\underset{\text{O}}{\overset{\text{O}}{\text{C}}}\right)_n$$

X=OH, OCH$_3$, OPh, Cl, *etc.*

1) ポリエステル合成における反応速度および平衡と分子量

ジオールとジカルボン酸の重縮合によるポリエステル生成の基本となるヒドロキシ基とカルボキシ基のエステル化の反応機構を以下に示した。分極により $\delta+$ に帯電したカルボニル炭素に,アルコール酸素の孤立電子対が攻撃して付加する。その後,生成したオキソニウムイオンとヒドロキシ基の間でプロトン交換が起こり,水分子が脱離すればエステルが生成する。これらの反応段階においては常に逆反応も起こり,最終的にある原料と生成物の平衡状態に落ち着く。

今,ジオールとジカルボン酸を反応させ平衡状態になったときの平衡定数 K は

$$K = \frac{[\text{COOR}][\text{H}_2\text{O}]}{[\text{COOH}][\text{OH}]} \tag{6-14}$$

で表せる。反応前のカルボキシ基とヒドロキシ基の初濃度を c_0 とすると，平衡状態になった反応度 p のときの $[\text{COOH}]$ と $[\text{OH}]$ は $c_0(1-p)$，$[\text{COOR}]$ と $[\text{H}_2\text{O}]$ は $c_0 p$ で表せるので

$$K = \frac{p^2}{(1-p)^2} \tag{6-15}$$

と書ける。式 (6-15) より $p = \sqrt{K}/(1+\sqrt{K})$ なので，数平均重合度は式 (6-4) 用いて，$x_\text{n} = 1+\sqrt{K}$ となる。エステル化の平衡定数 K は一般的に 10 以下なので，せいぜい三〜四量体程度しか得られないことになる。したがって，ポリマーを得るためには，生成する水を系外に除去して平衡を生成系にずらすことが重要である。

今，p-トルエンスルホン酸などのプロトン酸やテトラ(n-ブトキシチタン）などのルイス酸触媒を添加してジオールとジカルボン酸を反応させ，生成する水を系外に除去した場合の反応速度式は，速度定数 k' を用いて

$$-\frac{\text{d}[\text{COOH}]}{\text{d}t} = k'[\text{COOH}][\text{OH}][\text{catalyst}] \tag{6-16}$$

で表せる。触媒の濃度は反応前後で変化しないので $k = k'[\text{catalyst}]$ とすると，式 (6-16) は次のように書き直せる。

$$-\frac{\text{d}[\text{COOH}]}{\text{d}t} = k[\text{COOH}][\text{OH}] \tag{6-17}$$

今，カルボキシ基とヒドロキシ酸基を濃度 c の等モルで反応させた場合，式 (6-17) は

$$-\frac{\text{d}c}{\text{d}t} = kc^2 \tag{6-18}$$

となる。これを時刻 $t = 0$（初濃度 c_0）から時刻 t（濃度 c）まで積分すると

$$kt = \frac{1}{c} - \frac{1}{c_0} \tag{6-19}$$

となる。式 (6-19) は，$c = c_0(1-p)$ を用いて，次のように変形できる。

$$c_0 kt = \frac{1}{1-p} - 1 = x_\text{n} - 1 \tag{6-20}$$

したがって，触媒添加系では t と x_n の間には直線関係がある。

また，触媒を添加しない場合は，ジカルボン酸のカルボキシ基自体が酸触媒として作用するので，そのときの速度定数 k'' を用いて反応速度式は

$$-\frac{\text{d}[\text{COOH}]}{\text{d}t} = k''[\text{COOH}][\text{OH}][\text{COOH}] \tag{6-21}$$

で表せる。触媒添加系の場合と同様に式を変形すると

$$-\frac{\text{d}c}{\text{d}t} = k''c^3 \tag{6-22}$$

となる。これを積分すると $2k''t = 1/c^2 - 1/c_0^2$ となり，$c = c_0(1-p)$ を用いて

$$2c_0^2 k'' t = \frac{1}{(1-p)^2} - 1 = x_n^2 - 1 \tag{6-23}$$

が得られる。したがって、触媒無添加系では t と x_n^2 の間には直線関係が存在することになる。ただし、この式では k'' が反応中ずっと一定であることが仮定されており、実際には反応初期の重合度の非常に小さいところを除いて、直線関係があることが確認されている。

　重縮合によりポリエステルの数平均重合度を制御する場合は、反応時間により制御するよりも、ジオールとジカルボン酸の仕込モル比を変更して、反応率を 100% に近づけることの方が多い。今、ジオール／ジカルボン酸のモル比 $r = n/(n+1)$ で仕込んで脱水しながら完全に反応させたときの反応式は以下のようになる。

$$n\ \text{HO-R-OH} + (n+1)\ \text{HO-}\underset{\text{O}}{\overset{\text{O}}{\text{C}}}\text{-R'-}\underset{\text{O}}{\overset{\text{O}}{\text{C}}}\text{-OH} \longrightarrow \text{HO-}\overset{\text{O}}{\text{C}}\text{-R'-}\overset{\text{O}}{\text{C}}\left(\text{O-R-O-}\overset{\text{O}}{\text{C}}\text{-R'-}\overset{\text{O}}{\text{C}}\right)_n\text{OH} + 2n\ \text{H}_2\text{O}$$

$p = 1$ の場合の数平均重合度は式 (6-5) で表せるので、数平均重合度は

$$x_n = \frac{1+r}{1-r} = 2n+1 \tag{6-24}$$

となる。確かに、上の反応式で生成する両末端にカルボキシ基をもつポリエステルにおいてモノマー単位は $(2n+1)$ 個含まれていることがわかる。特に、オリゴマー程度の分子量に制御した場合、末端のカルボン酸濃度が高くなるので、得られたオリゴマーの末端官能基を利用して、モノマーと同様に次の新しい重縮合反応を行うことができる。このようなオリゴマーはマクロモノマー (macromonomer) と呼ばれる（7.2.1 参照）。

　以上の理論は、モノマーと反応中に生成するオリゴマーの末端基が同じ反応性であり、同じ確率で反応することを前提としており、ポリエステル合成の場合などは、理論と実験結果は比較的よく一致する。しかし、ビスフェノール A と塩化メチレンの水酸化カリウム存在下での重縮合によるポリホルマール (polyformal) の合成などにおいては、塩化メチレンを過剰に用いても高分子量体が得られる。これは、塩化メチレンとフェノール性ヒドロキシ基の反応により生成するクロロメチル基をもつ活性中間体が塩化メチレンよりも高い反応性をもつため、塩化メチレンが過剰に存在しても、さらにフェノール性ヒドロキシ基と反応することができるためである。このように、以上説明した理論には前提条件があることは注意しておく必要がある。

2) ポリエステルの合成

ボトル成形用樹脂や合成繊維，フィルムに使用される**ポリエチレンテレフタレート**（慣用名：poly(ethylene terephthalate)：PET，IUPAC名：poly(oxyethyleneoxyterephthaloyl)）はテレフタル酸ジメチル（dimethyl terephthalate）またはテレフタル酸（terephthalic acid）と過剰のエチレングリコール（ethylene glycol）の反応によりビス(2-ヒドロキシエチル)テレフタレート（bis(2-hydroxyethyl)terephthalate：BHET）を合成した後，$Ti(OR)_4$ などを触媒として 280 ℃付近で真空下，エチレングリコールを留去しながらエステル交換反応することにより工業的に製造されている。このように溶媒を用いないでモノマーを高温で加熱溶融して生成する水を留去しながら重縮合を行う方法は**溶融重縮合**と呼ばれる。

エチレングリコールの代わりに 1,4-ブタンジオール（1,4-butanediol）を使用すれば**ポリブチレンテレフタレート**（poly(butylene terephthalate)：PBT）が製造される。PBT の方が PET よりも結晶化速度が速いため射出成形用樹脂として利用されている。また，デンプンからの発酵法や植物油脂の加メタノール分解によるバイオディーゼル製造時の副生成物であるグリセリンから誘導できる 1,3-プロパンジオール（1,3-propanediol）とテレフタル酸からは**ポリトリメチレンテレフタレート**（poly(trimethylene terephthalate)：PTT）が製造されている（8.7 参照）。PTT はバイオマス資源を利用したポリエステルとして注目されている。重縮合により製造される生分解性プラスチックとしては，1,4-ブタンジオール（1,4-butanediol）とコハク酸（succinic acid）から合成される**ポリブチレンサクシネート**（poly(butylene succinate)：PBS）がある。コハク酸もデンプンから発酵法により製造することができ，得られたコハク酸を還元すれば 1,4-ブタンジオールになる。PBT は石油資源から誘導されているが，将来的にバイオマス資源から誘導することのできるポリエステルとしても期待されている。

パラヒドロキシ安息香酸（p-hydroxybenzoic acid：PHB）を基本原料とする芳香族ポリエステルは液晶ポリマーとして利用されている（4.5参照）。基本的な合成方法としてはPHBおよび共重合モノマーのフェノール性ヒドロキシ基を無水酢酸で酢酸エステル化した後，溶融重縮合を行うことにより製造される。特に，溶融温度の高いⅠ型の液晶ポリマーでは，溶融重合により得られるオリゴマーを粉砕し，固相重縮合により分子量を増大させるという方法がとられている。

3）ポリカーボネートの合成

ポリカーボネート（polycarbonate：PC）は透明性や耐熱性，寸法安定性に優れることからCDやDVDなどの光学的用途や電気・電子，自動車など幅広い分野に利用されている。基本的な製造方法は，ビスフェノールAと水酸化ナトリウム水溶液の反応により得られるビスフェノールAナトリウム塩水溶液と塩化メチレンの二相溶液にホスゲンを導入して界面重縮合することにより製造されている。この反応において，ハロゲン系溶媒である塩化メチレンの使用による環境負荷，毒性の高いホスゲンの使用などの問題がある。そこで，別法としてジフェニルカーボネートとビスフェノールAのエステル交換反応による方法が開発されている。しかし，この方法は固化しやすいフェノールを回収する必要があること，重合の進行とともに粘性が高くなるなどの問題点がある。そこで新法として，エチレンオキシド，二酸化炭素とビスフェノールAを原料に用いて図中の青色部分の変換サイクルを回すことにより，PCとエチレングリコールを得る製法が開発されている。エチレングリコールはPETなどの原料として使用できる。

(i) ビスフェノールA + ホスゲン → [NaOH, CH₂Cl₂] → ポリカーボネート（PC）

(ii) ビスフェノールA + ジフェニルカーボネート → PC + 2 フェノール

(iii) エチレンオキシド + CO_2 → エチレンカーボネート → （HOCH₂CH₂OH エチレングリコール） → $CH_3O\text{-}CO\text{-}OCH_3$ → CH_3OH → フェノール → ジフェニルカーボネート → ビスフェノールA → PC

4) ポリアミドの合成

ヘキサメチレンジアミン（hexamethylene diamine）とアジピン酸（adipic acid）から得られるナイロン66塩を270～280 ℃付近で溶融重縮合することにより，ポリヘキサメチレンアジパミド（慣用名：poly(hexamethylene adipamide)；IUPAC名：poly(iminoadipoyliminohexamethylene)；略称：polyamide 66（PA66））が合成される。このポリマーは合成繊維材料として1930年代にDu Pont社のカローザス（W. H. Carothers）により開発され，ナイロン（Nylon®）の商標で上市され世界中に広まった（6章中扉の写真参照）。反応中間体のナイロン66塩はアミンとカルボン酸のモル比が1:1になるので，仕込みずれによる分子量の低下を防ぐことができる。

$H_2N{-}(CH_2)_6{-}NH_2$ + $HO{-}CO{-}(CH_2)_4{-}CO{-}OH$ → $H_3N^+{-}(CH_2)_6{-}NH_3^+$ $^-O{-}CO{-}(CH_2)_4{-}CO{-}O^-$

ヘキサメチレンジアミン　アジピン酸　　　　　　　　　　ナイロン66塩

$\xrightarrow[-H_2O]{270℃}$ $[\text{-}NH{-}(CH_2)_6{-}NH{-}CO{-}(CH_2)_4{-}CO\text{-}]_n$

ポリヘキサメチレンアジパミド（ナイロン66）

工業的に製造されているナイロンにはナイロンnmとナイロンnがあり，n，mは原料モノマーの炭素数や記号を表している。ナイロンnmにはナイロン66以外にナイロン610，6T，6Iなどがある。いずれも原料ジアミンはヘキサメチレンジアミン（$n=6$）である。原料ジカルボン酸は，610がセバシン酸（$m=10$），6Tがテレフタル酸，6Iがイソフタル酸である。ナイロンnとしてはナイロン6，11，12があり，それぞれε-カプロラクタム，ウンデカンラクタム，

ラウリルラクタムの開環重合により合成される。

$\{N(CH_2)_6 N-C(CH_2)_8 C\}_n$ ナイロン610

$\{N(CH_2)_6 N-C-\text{(p-phenylene)}-C\}_n$ ナイロン6T

$\{N(CH_2)_6 N-C-\text{(m-phenylene)}-C\}_n$ ナイロン6I

$\{N(CH_2)_5 C\}_n$ ナイロン6

$\{N(CH_2)_{10} C\}_n$ ナイロン11

$\{N(CH_2)_{11} C\}_n$ ナイロン12

　実験室レベルの小スケールの合成においては，カルボン酸の反応性を高めるために酸塩化物として，脱塩酸剤に水酸化ナトリウムなどを使用して，図6-5のように界面重縮合を行うと，室温でも反応を進行させることができる。

$H_2N(CH_2)_6NH_2$ + $Cl-C(CH_2)_4C-Cl$ $\xrightarrow[H_2O/CCl_4]{NaOH}$ $\{N(CH_2)_6N-C(CH_2)_4C\}_n$

ヘキサメチレンジアミン　　塩化アジポイル　　　　　　　　　ポリヘキサメチレンアジパミド

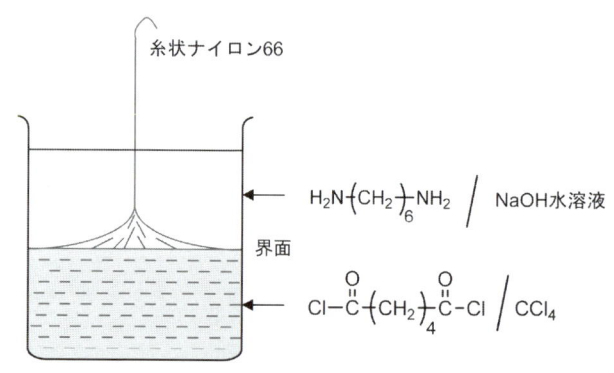

糸状ナイロン66

$H_2N(CH_2)_6NH_2$ / NaOH水溶液
界面
$Cl-C(CH_2)_4C-Cl$ / CCl_4

図6-5　塩化アジポイルとヘキサメチレンジアミンの界面重縮合

　Du Pont 社の Kevlar® に代表される全芳香族ポリアミドの PPTA（4．5 参照）は，パラフェニレンジアミン（p-phenylenediamine）と塩化テレフタロイル（terephthaloyl chloride）を脱塩酸剤の存在下，N-メチルピロリジノン（NMP）または N,N-ジメチルホルムアミド（DMF）中で溶液重縮合を行うことにより合成される（付録2参照）。PPTAの硫酸溶液を液晶紡糸することにより高強度繊維が製造されている（4．5参照）。

$H_2N-\text{C}_6H_4-NH_2$ + $Cl-C(=O)-\text{C}_6H_4-C(=O)-Cl$ $\xrightarrow{-HCl}$ $\{NH-\text{C}_6H_4-NH-C(=O)-\text{C}_6H_4-C(=O)\}_n$

ポリパラフェニレンテレフタルアミド（PPTA）

5) ポリイミドの合成

芳香族テトラカルボン酸無水物と芳香族ジアミンからは高耐熱性のポリイミドが得られる。Du Pont 社の Kapton® に代表されるポリイミド（polyimide）は不溶不融であるため，まず無水ピロメリット酸（pyromellitic dianhydride:PMDA）と 4,4′-ジアミノジフェニルエーテル（4,4′-diaminodiphenyl ether, (4,4′-oxydianiline:ODA)）を N,N-ジメチルアセトアミド（DMAc）中，室温で反応させ，ポリイミドの前駆体となるポリアミド酸（polyamic acid）溶液を合成する（付録2参照）。その後，ポリアミド酸溶液をガラス基板に塗布して，段階的に 300 ℃まで加熱し乾燥および脱水閉環を行うことによりポリイミドフィルムを作製する。得られたフィルムの熱膨張係数は銅箔（18×10^{-6} K^{-1}）と同等レベルに低く，分解開始温度も 500 ℃以上であり，フレキシブルプリント基板用のフィルムなどの電子材料に使用される。なお，脱水イミド化の方法としては，加熱による閉環法以外に無水酢酸とピリジンなどを用いた化学的閉環法もある。

溶融成形可能なポリイミドとしては，三井化学よりオーラム（AURUM®）というポリイミドが上市されている。4,4′-ビス(3-アミノフェノキシ) ビフェニル（4,4′-bis(3-aminophenoxy) biphenyl）と PMDA から得られるメタフェニレン骨格をもつポリイミドであり，250 ℃程度の高いガラス転移温度をもつ。

6) 芳香族ポリエーテルとポリスルフィドの合成

一般的に，アルケンや芳香族化合物は π 電子をもつので，主にルイス塩基（Lewis base）としての反応性を示し，求電子種（electrophile）の攻撃は受けるが，求核種（nucleophile：Nu）の攻撃は受けにくい。しかし，ハロゲン化ベンゼンのオルトまたはパラの位置に強い電子求引基がある場合は，ルイス酸（Lewis acid）すなわち電子受容体として働くため求核種の攻

撃を受ける。強い電子求引性基としてスルホニル基がパラ位に置換したハロベンゼンと求核アニオン種との置換反応の付加−脱離過程を例示する。

X：Halogen

　求核アニオン種（Nu⁻）が付加すると芳香環の共鳴安定化がなくなるが，ハロゲンアニオン（X⁻）が脱離すると芳香環が再生し共鳴安定化する。したがって，付加は脱離過程よりも反応速度が遅くなり，すなわちこの反応の律速段階となる。求核アニオン種がハロゲン（X）の置換した炭素を攻撃する際，矢印で示したような電子の移動が起こりスルホニル基の電子求引効果により付加が起こりやすくなる。また，ハロゲンの電気陰性度が高い方が，付加反応が起こりやすくなるので，反応性の高い順番は F > Cl > Br > I となり脂肪族ハロゲン化物の求核置換反応とは逆になる。

　ポリエーテルエーテルケトン（poly(ether ether ketone)：PEEK），ポリスルホン（polysulfone：PSF），ポリエーテルスルホン（poly(ether sulfone)：PES）と呼ばれるエンジニアリングプラスチックは上記の芳香族求核置換反応（nucleophilic aromatic substitution reaction）の反応性を利用して合成される。PSF はビスフェノール A ナトリウム塩と 4,4′-ジクロロジフェニルスルホン（4,4'-dichlorodiphenylsulfone）を NMP，ジメチルスルホキシド（DMSO），DMAc（付録 2 参照）などの非プロトン性極性溶媒（polar aprotic solvent）中，130〜160 ℃で反応させることにより合成される。PES は 4,4′-ジヒドロキシジフェニルスルホン（4,4'-dihydroxydiphenylsulfone：DDS）と 4,4′-ジクロロジフェニルスルホンを炭酸カリウム等の塩基の存在下，スルホランや N,N'-ジメチルイミダゾリジノン（DMI）（付録 2 参照）などの沸点の高い非プロトン性極性溶媒中，130〜225 ℃で反応させることにより合成される。PEEK はヒドロキノン（hydroquinone）と 4,4′-ジフルオロベンゾフェノン（4,4'-difluorobenzophenone）を炭酸カリウム等の塩基の存在下，ジフェニルスルホンなどさらに高沸点の非プロトン性極性溶媒中，200〜350 ℃で反応させることにより合成される。スルホニル基よりもケト基は電子求引性が弱いため高価なフッ素化合物を用いて高温で反応させる必要がある。

$$\text{NaO}\!-\!\!\bigcirc\!\!-\!\!\overset{\overset{\text{CH}_3}{|}}{\underset{\underset{\text{CH}_3}{|}}{\text{C}}}\!\!-\!\!\bigcirc\!\!-\!\text{ONa} \;+\; \text{Cl}\!-\!\!\bigcirc\!\!-\!\!\overset{\overset{\text{O}}{\|}}{\underset{\underset{\text{O}}{\|}}{\text{S}}}\!\!-\!\!\bigcirc\!\!-\!\text{Cl} \xrightarrow{130\sim160\,^\circ\text{C}} \{\!\!-\!\text{O}\!-\!\!\bigcirc\!\!-\!\!\overset{\overset{\text{CH}_3}{|}}{\underset{\underset{\text{CH}_3}{|}}{\text{C}}}\!\!-\!\!\bigcirc\!\!-\!\text{O}\!-\!\!\bigcirc\!\!-\!\!\overset{\overset{\text{O}}{\|}}{\underset{\underset{\text{O}}{\|}}{\text{S}}}\!\!-\!\!\bigcirc\!\!-\!\}_n$$

ポリスルホン（PSF）

$$\text{HO}\!-\!\!\bigcirc\!\!-\!\!\overset{\overset{\text{O}}{\|}}{\underset{\underset{\text{O}}{\|}}{\text{S}}}\!\!-\!\!\bigcirc\!\!-\!\text{OH} \;+\; \text{Cl}\!-\!\!\bigcirc\!\!-\!\!\overset{\overset{\text{O}}{\|}}{\underset{\underset{\text{O}}{\|}}{\text{S}}}\!\!-\!\!\bigcirc\!\!-\!\text{Cl} \xrightarrow[130\sim225\,^\circ\text{C}]{\text{K}_2\text{CO}_3} \{\!\!-\!\text{O}\!-\!\!\bigcirc\!\!-\!\!\overset{\overset{\text{O}}{\|}}{\underset{\underset{\text{O}}{\|}}{\text{S}}}\!\!-\!\!\bigcirc\!\!-\!\}_n$$

ポリエーテルスルホン（PES）

$$\text{HO}\!-\!\!\bigcirc\!\!-\!\text{OH} \;+\; \text{F}\!-\!\!\bigcirc\!\!-\!\!\overset{\overset{\text{O}}{\|}}{\text{C}}\!\!-\!\!\bigcirc\!\!-\!\text{F} \xrightarrow[180\sim320\,^\circ\text{C}]{\text{Na}_2\text{CO}_3/\text{K}_2\text{CO}_3} \{\!\!-\!\text{O}\!-\!\!\bigcirc\!\!-\!\text{O}\!-\!\!\bigcirc\!\!-\!\!\overset{\overset{\text{O}}{\|}}{\text{C}}\!\!-\!\!\bigcirc\!\!-\!\}_n$$

ポリエーテルエーテルケトン（PEEK）

パラジクロロベンゼンとヒドロキノンを塩基性条件で反応させてもポリフェニレンエーテルを合成することはできないが，硫化ナトリウムを用いて NMP などのアミド系溶媒中，高温・高圧で反応させると，ポリフェニレンスルフィド（poly(p-phenylene sulfide): PPS）を合成することができる。この反応は形式的には芳香族求核置換反応であるが，ラジカル的な反応が起こっているといわれている。PPS の熱分解開始温度は 500 ℃以上であり，難燃性にも優れることから，金属や熱硬化性樹脂代替材料として利用されている。

$$\text{Cl}\!-\!\!\bigcirc\!\!-\!\text{Cl} \;+\; \text{Na}_2\text{S} \longrightarrow \{\!\!-\!\text{S}\!-\!\!\bigcirc\!\!-\!\}_n \;+\; 2\,\text{NaCl}$$

ポリ(2,6-ジメチルフェニレンオキシド)（poly(2,6-dimethylphenylene oxide): PPO）は，2,6-キシレノール（2,6-xylenol or 2,6-dimethylphenol）を塩化第一銅（CuCl）とピリジンなどの触媒の存在下，酸素により酸化重合（oxidation polymerization）することにより合成される。この反応は 2,6-キシレノールの銅-アミン錯体による酸化により生成したフェノキシラジカル (B) が炭素ラジカル (C) と共鳴しており，(B) と (C) でカップリングして二量体 (D) が生成する。(D) は酸化されて二量体フェノキシラジカル (E) と二量体炭素ラジカル (F) の共鳴体となる。(E) と (C) がカップリングすると (G) が生成し，さらに酸化されると三量体炭素ラジカル (I) が生成し，三量体フェノキシラジカル (J) と共鳴する。また，(E) と (F) がカップリングすると四量体 (H) が生成し，さらに三量体炭素ラジカル (I) とフェノキシラジカル (B) に分解する。このような酸化反応が繰り返され，Cu^+ が還元されて生成する Cu は酸素により酸化されて Cu^+ に戻り触媒的に反応が繰り返され PPO ができる。したがって，この反応はフェノールよりも酸化されやすくオルト位が保護された 2,6-キシレノールを用いた場合に円滑に進行する反応である。PPO はポリスチレンと相溶性ブレンドとなり，変性ポリフェニレンエーテルという名称のエンジニアリングプラスチックとして利用されている。

6.2.4 重付加

逐次重合において，小分子の脱離がない付加反応（addition reaction）を繰り返す重合を**重付加**（polyaddition）という。二官能性モノマー A-A と B-B の重付加により線状ポリマー（(-A-A-B-B-)$_n$）を合成する場合について考える。重付加も逐次重合で進行するので，重縮合と同じような反応速度論的取り扱いをすることができる。官能基の初濃度を c_0 とすると，平衡定数 K は

$$K = \frac{[\mathrm{AB}]}{[\mathrm{A}][\mathrm{B}]} = \frac{c_0 p}{c_0^2(1-p)^2} = \frac{p}{c_0(1-p)^2} \tag{6-25}$$

となり，平衡状態での反応度 p は

$$p = 1 + \frac{1 - \sqrt{4c_0 K + 1}}{2c_0 K} \tag{6-26}$$

で与えられる。式 (6-4) より，数平均重合度 x_n は

$$x_\mathrm{n} = \frac{1}{1-p} = \frac{2c_0 K}{\sqrt{4c_0 K + 1} - 1} \tag{6-27}$$

となる。重付加では一般に K は 1 よりも十分に大きいので，$x_\mathrm{n} \cong \sqrt{c_0 K}$ となる。したがって，x_n は K のみならず c_0 にも依存するので，無溶媒系で反応させることが多い。

重付加の代表例として，反応性の高いイソシアネート基（isocyanate group）にヒドロキシ

基(hydroxy group)あるいはアミノ基(amino group)が付加することにより，ウレタン(urethane)あるいは尿素(urea)結合を形成する反応を利用した**ポリウレタン**(polyurethane)や**ポリ尿素**(polyurea)の合成が挙げられる。また，三員環エーテルのひずみにより高い反応性を示すエポキシ基とフェノール性ヒドロキシ基あるいはアミノ基の付加反応を利用したポリエーテルやポリアミンの合成もこの分類に属する。熱硬化性樹脂として代表的な**エポキシ樹脂**(epoxy resin)は二官能以上のエポキシ基をもつ化合物であり，ポリアミンやポリフェノール類などの硬化剤との架橋反応により網目ポリマーを与える。エポキシ樹脂の架橋反応よる網目ポリマーの合成は7章で説明するので，ここでは主に二官能性モノマー同士の反応による線状のポリウレタンやポリ尿素の合成について説明する。

$$HX-R-XH + O=C=N-R'-N=C=O \longrightarrow \left(X-R-X-\overset{O}{\underset{}{C}}-\overset{H}{\underset{}{N}}-R'-\overset{H}{\underset{}{N}}-\overset{O}{\underset{}{C}}\right)_n$$

X = O
X = NH

$$HX-R-XH + H_2C\overset{O}{-}CH-R'-CH\overset{O}{-}CH_2 \longrightarrow \left(X-R-X-CH_2-\underset{OH}{CH}-R'-\underset{OH}{CH}-CH_2\right)_n$$

X = O
X = NH

まず，イソシアネート化合物は対応するアミノ化合物にホスゲンを反応させることにより合成される。工業原料として一般的なジアミンから誘導されるジイソシアネート化合物としては，ヘキサメチレンジイソシアネート(hexamethylene diisocyanate：HDI)，イソホロンジイソシアネート(isophorone diisocyanate：IPDI)，ジフェニルメタンジイソシアネート(diphenylmethane diisocyanate：MDI)，2,4-トリレンジイソシアネート(2,4-tolylene diisocyanate：2,4-TDI)などがある。

$$R-NH_2 \xrightarrow[-HCl]{Cl-\overset{O}{C}-Cl} \left[R-\underset{H}{N}-\overset{O}{C}-Cl\right] \xrightarrow{-HCl} R-N=C=O$$

HDI: $OCN-(CH_2)_6-NCO$

IPDI

MDI

2,4-TDI

イソシアネート基は以下のような共鳴があり，中央の炭素が正電荷を帯びており，容易にヒドロキシ基やアミノ基の求核攻撃を受け，活性水素が移動してウレタンや尿素結合が生成する。

$$R-N=C=O \longleftrightarrow R-\overset{\ominus}{N}-C\overset{\oplus}{=}O \longleftrightarrow R-\overset{\oplus}{N}=C-\overset{\ominus}{O}$$

$$R-N=C=O + R-\ddot{O}H \longrightarrow R-\overset{H}{\underset{|}{N}}-\overset{O}{\underset{\|}{C}}-O-R$$

$$R-N=C=O + R-\ddot{N}H_2 \longrightarrow R-\overset{H}{\underset{|}{N}}-\overset{O}{\underset{\|}{C}}-\overset{H}{\underset{|}{N}}-R$$

　イソシアネートは反応性の高い官能基であり，ジカルボン酸とジオールの重縮合によるポリエステル合成などに比べて平衡定数が非常に大きいので反応度は高くなるが，理想的な反応以外に次のような副反応が起こることがあるので注意を要する。例えば，イソシアネートは微量に含まれる水と反応してカルバミン酸となり，さらに脱炭酸してアミンになる。生成したアミンはイソシアネートと反応して尿素結合が生成する。また，ウレタン結合や尿素結合の NH はさらにイソシアネートと反応してアロファネート結合（allophanate bond）やビュレット結合（biuret bond）を生成する。このような反応が起こった場合，最初にジオールやジアミンを使用していれば架橋構造が形成されることになる。イソシアネートと水の反応による炭酸ガスの発生を積極的に使用した材料として，断熱材やクッション材に使用されるポリウレタンフォーム（polyurethane foam）がある。架橋構造の形成とともに炭酸ガスにより発泡させて多孔質にした材料である。また，ジイソシアネート化合物と三官能性以上のポリオールやポリアミンと反応させると架橋構造が形成される。これらはポリウレタン樹脂やポリ尿素樹脂と呼ばれ，熱硬化性樹脂として広く利用されている。

$$R-N=C=O + H_2O \longrightarrow \left[R-\overset{H}{\underset{|}{N}}-\overset{O}{\underset{\|}{C}}-OH \right] \longrightarrow R-NH_2 + CO_2$$

アロファネート結合

ビュレット結合

　エチレンなどの通常のアルケンには求核付加は起こらないが，α, β-不飽和カルボニル化合物のような電子求引性基（electron withdrawing group: EWG）の置換したオレフィンには求核剤（nucleophile）がマイケル付加（Michael addition）する。この反応を 4, 4′-ビスマレイミ

ドジフェニルメタン（4, 4'-bismaleimidodiphenylmethane: BMI）と 4, 4'-ジアミノジフェニルメタン（4,4'-diaminodiphenylmethane：DDM）の間で行うとポリマーが得られる。以下の反応式では線状ポリマーの構造を示してあるが，実際には生成した第二級アミンがさらにマレイミド基にマイケル付加して架橋構造が形成される。この樹脂は熱硬化性樹脂に分類され，全芳香族ポリイミドに比べると耐熱性には劣るが，200 ℃以上の T_g をもち寸法安定性にも優れているのでプリント基板などの電子材料に利用されている。

また，BMI を用いた重付加としてはエン反応（ene reaction）や Diels-Alder 反応などのペリ環状反応を利用したものも知られている。例えば，2,2'-ジアリルビスフェノール A（2,2'-diallylbisphenol-A: DABA）と BMI を熱硬化させると，まずアリル基とマレイミド基がエン反応した後に，生成したオレフィンがさらに付加重合して架橋する。得られた熱硬化物は耐熱性が高く航空宇宙や電気電子用途の複合材料として利用されている。Diels-Alder 反応の例としては，9. 3. 4 に示したビスフラン化合物のジエン部分と BMI のマレイミドの Diels-Alder 反応を利用した熱可逆的ポリマーの合成などが例として挙げられる。

6.2.5 付加縮合

付加と縮合の二つの段階からなる反応を用いた重合を**付加縮合**（addition-condensation）という。例としては，フェノールとホルムアルデヒドの反応による**フェノール樹脂**（phenol resin）の合成が挙げられる。シュウ酸，塩酸などの酸触媒を用いた場合と水酸化ナトリウムやアンモニアなどの塩基性触媒を用いた場合で生成物が異なる。酸性条件では，ホルムアルデヒドのカルボニル炭素へのプロトン化が起こり，フェノールのオルト位またはパラ位に求電子付加する。生成したメチロール基は酸によりプロトン化され，続いて脱水によりカルボカチオンを生成しフェノールと反応してメチレン結合を生成する。酸性条件下では，付加の後，縮合反応まで進行し，これらの反応が繰り返されるとベンゼン環が複数個結合した直鎖状の**ノボラック**（novolac）が得られる。

塩基性条件では，フェノールがフェノラートアニオンになり，電子密度の高いオルトとパラ位のカルバニオンがホルムアルデヒドのカルボニル炭素へ求核攻撃してメチロール基が導入される。モノメチロール化されたフェノールは電子密度が高くなり，さらに同様な反応の繰り返しにより複数のメチロール基をもつ**レゾール**（resol）樹脂が得られる。塩基性条件ではメチロール基の脱水による縮合はあまり起こらない。

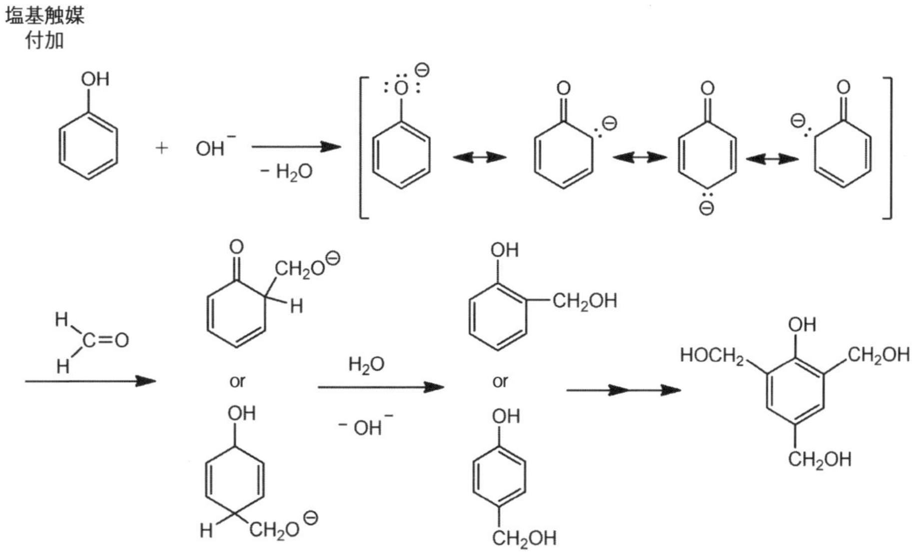

6 ポリマーの合成

塩基触媒付加

酸触媒を用いたときのノボラック樹脂と塩基触媒を用いたときのレゾール樹脂の構造を以下にまとめて示す。レゾール樹脂はさらに加熱するか酸性条件にすると脱水縮合により熱硬化して網目ポリマーとなる。ノボラック樹脂はメチロール基が少ないためヘキサメチレンテトラミンなどの硬化剤を加えて熱硬化させる必要がある。

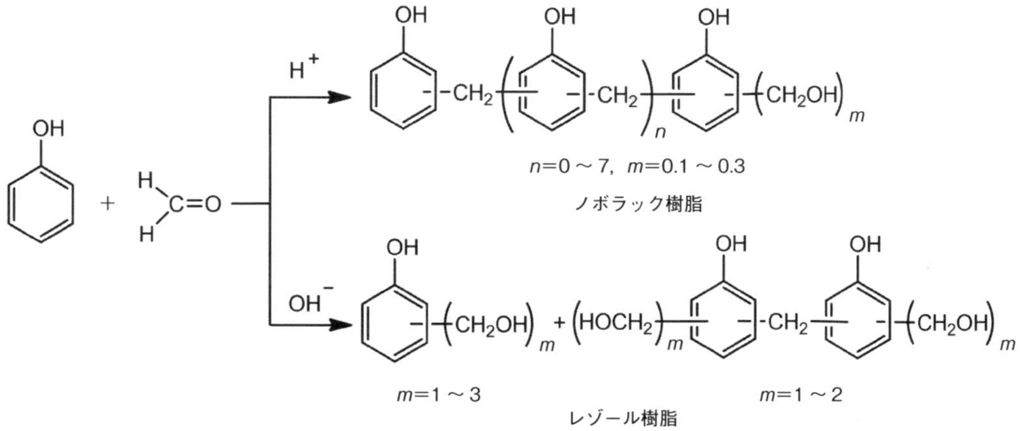

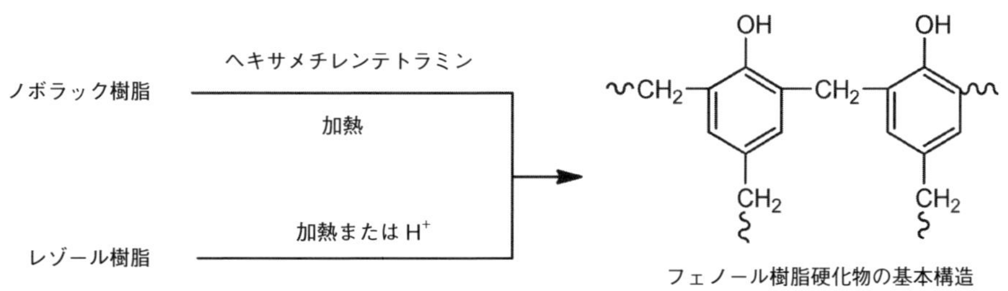

ノボラック樹脂: $n = 0 \sim 7$, $m = 0.1 \sim 0.3$

レゾール樹脂: $m = 1 \sim 3$, $m = 1 \sim 2$

ノボラック樹脂 + ヘキサメチレンテトラミン / 加熱
レゾール樹脂 / 加熱または H^+
→ フェノール樹脂硬化物の基本構造

ヘキサンメチレンテトラミンは4分子のアンモニアに6分子のホルマリンが付加・縮合した構造をもち，次に示したようにノボラックのフェノール環との間で結合の組み換えが起こり架橋していく。

フェノールの代わりに尿素あるいはメラミンを用いた場合も，付加縮合により**尿素樹脂**（urea resin）や**メラミン樹脂**（melamine resin）が得られる。尿素とホルマリンの反応もフェノール樹脂と同様に酸性と塩基性条件で主反応が異なる。通常は塩基性条件で置換度の異なるメチロール尿素混合物を合成し，酸性条件で熱硬化させて三次元網目を形成させる。尿素樹脂は無色であり，接着剤として広く利用されている。尿素はホルマリンが最大4分子付加できるので四官能性モノマーとみなすことができる。メラミンは六官能性モノマーとみなすことができ，ホルマリンとの同様な反応により架橋密度の高い網目が形成される。表面硬度が高く，耐水性や耐薬品性に優れ，熱湯消毒が可能なため食器などの塗料として広く使用されている。

6.3 連鎖重合

6.3.1 ラジカル重合

ラジカル重合（radical polymerization）は，反応性の高いラジカルを活性種とする連鎖重合である．多くの場合，開始剤（initiator）の分解によってラジカルを発生させるが，反応系によっては熱，光や放射線の照射のみでもラジカルが生成し重合する場合がある．ラジカル重合は，開始反応（initiation reaction），成長反応（または生長反応，propagation reaction），停止反応（termination reaction），連鎖移動（chain transfer）の四つの素反応からなる．

開始反応： $\quad \text{I} \xrightarrow{k_d} 2\text{R}\cdot$ (6-28)

$\quad \text{R}\cdot + \text{M} \xrightarrow{k_i} \text{R-M}\cdot$ (6-29)

成長反応： $\quad \text{M}_n\cdot + \text{M} \xrightarrow{k_p} \text{M}_{n+1}\cdot$ (6-30)

停止反応： $\quad \text{M}_n\cdot + \text{M}_n\cdot \xrightarrow{k_t} 2\text{M}_n \text{ または } \text{M}_{2n}$ (6-31)

連鎖移動： $\quad \text{M}_n\cdot + \text{AB} \xrightarrow{k_{tr}} \text{M}_n\text{A} + \text{B}\cdot$ (6-32)

ここで，I，R・，M，M_n と AB は，それぞれ開始剤，開始剤の分解により生成したラジカル，モノマー，生成ポリマー（n 量体）と連鎖移動剤である．R-M・は R・と M の反応により生成したラジカル，M_n・は成長ラジカル（n 量体），B・は連鎖移動剤より生じたラジカルである．また，k は速度定数であり k の下付き記号は反応過程を表している．以下にメタクリル酸メチル（methyl methacrylate：MMA）の 2,2′-アゾビスイソブチロニトリル（azobisisobutyronitrile or 2,2′-azobis(2-methylpropionitrile)：AIBN）を開始剤としたラジカル重合によるポリメタクリル酸メチル（poly(methyl methacrylate)：PMMA）の合成を中心としてそれぞれの素反応について説明する．

1) 開始反応

MMA の AIBN による開始反応は

$$\underset{\text{2,2′-アゾビスイソブチロニトリル}}{\text{CH}_3\text{-}\underset{\underset{\text{C}\equiv\text{N}}{|}}{\overset{\overset{\text{CH}_3}{|}}{\text{C}}}\text{-N=N-}\underset{\underset{\text{C}\equiv\text{N}}{|}}{\overset{\overset{\text{CH}_3}{|}}{\text{C}}}\text{-CH}_3} \xrightarrow{k_d} 2\ \text{CH}_3\text{-}\underset{\underset{\text{C}\equiv\text{N}}{|}}{\overset{\overset{\text{CH}_3}{|}}{\text{C}}}\cdot + \text{N}_2 \quad (6\text{-}33)$$

$$\text{CH}_3\text{-}\underset{\underset{\text{C}\equiv\text{N}}{|}}{\overset{\overset{\text{CH}_3}{|}}{\text{C}}}\cdot + \underset{\underset{\text{メタクリル酸メチル}}{\underset{\underset{\text{OCH}_3}{|}}{\overset{\overset{\text{CH}_3}{|}}{\text{C=O}}}}}{\text{CH}_2\text{=}\overset{\overset{\text{CH}_3}{|}}{\text{C}}} \xrightarrow{k_i} \text{CH}_3\text{-}\underset{\underset{\text{C}\equiv\text{N}}{|}}{\overset{\overset{\text{CH}_3}{|}}{\text{C}}}\text{-CH}_2\text{-}\underset{\underset{\underset{\text{OCH}_3}{|}}{\overset{\overset{\text{C=O}}{}}{}}}{\overset{\overset{\text{CH}_3}{|}}{\text{C}}}\cdot \quad (6\text{-}34)$$

で示される。式 (6-33) で示される開始剤の分解速度 R_d は，開始剤濃度を [I]，開始剤の分解速度定数を k_d，反応時間を t とすると

$$R_d = -d[I]/dt = k_d[I] \tag{6-35}$$

で表せる。式 (6-33) により生成した炭素ラジカル (R·) のうち，式 (6-34) で示したようにモノマーである MMA の C=C 結合に付加する割合，すなわち開始剤効率 (initiator efficiency) を $f (= 0 \sim 1)$ とすると，重合の開始速度 R_i は

$$R_i = 2R_d f = 2k_d f[I] \tag{6-36}$$

となる。AIBN は 40～80 ℃で熱分解により窒素ガスが発生して炭素ラジカルを生成するが，そのラジカルの約 40% は再結合，不均化により失活するので開始剤効率 f は 0.6 程度となる。AIBN に代表されるアゾ系開始剤は爆発の危険性がなく，開始剤への連鎖移動が無視できるという特長をもつ。AIBN と同様に開始剤としてよく使用される過酸化ベンゾイル (benzoyl peroxide:BPO) は以下のように 40～80 ℃で中央の O-O 結合がホモリティックに開裂してベンゾイルオキシラジカルを生成する。ベンゾイルオキシラジカルの MMA への付加は遅く，脱炭酸によりフェニルラジカルの生成が競争的に起こる。そのため式 (6-37) と式 (6-38) に示した二つの開始反応が起こる。BPO の場合，開始剤効率は 1 に近いが，生成する酸素ラジカルは水素引き抜き反応を起こしやすい。また，誘発分解や爆発危険性もあるので取り扱いには注意が必要である。

(6-37)　　　(6-38)

表 6-3　主なラジカル重合開始剤の分類

適正使用温度範囲 (℃)	開始剤の分類	開始剤 [10 時間半減期温度 (℃)]
>80	高温開始剤	クメンヒドロペルオキシド，tert-ブチルヒドロペルオキシド [168]，ジクミルペルオキシド，ジ-tert-ブチルペルオキシド [125] など
40～80	中温開始剤	過酸化ベンゾイル [78]，過酸化アセチル，過硫酸カリウム [69]，過酸化ラウロイル [66]，アゾビスイソブチロニトリル [65] など
−10～40	低温開始剤（レドックス開始剤）	過酸化水素 -Fe^{2+} 塩，過硫酸塩 -$NaHSO_3$，クメンヒドロペルオキシド -Fe^{2+} 塩，過酸化ベンゾイル - ジメチルアニリンなど
<−10	極低温開始剤	過酸化物 - 有機金属アルキル，酸素 - 有機金属アルキルなど

AIBN，BPO 以外の開始剤を表 6-3 にまとめて示した。重合を効率よく進めるためには，適当なラジカル濃度が系中に少なくとも数時間は維持できる開始剤を選択する必要がある。およその適性使用温度範囲を表中に示したが，さらに，開始剤の濃度が半分になるまでに要する時間，すなわち半減期が 10 時間となる温度が一つの目安となるので表中に代表的なものの値を括弧内に示した。水溶性の中温開始剤としては過硫酸カリウム，過硫酸アンモニウムなどもよく用いられる。

$$X^{\oplus}\ {}^{\ominus}O-\underset{\underset{O}{\parallel}}{\overset{\overset{O}{\parallel}}{S}}-O-O-\underset{\underset{O}{\parallel}}{\overset{\overset{O}{\parallel}}{S}}-O^{\ominus}\ X^{\oplus} \longrightarrow 2\ X^{\oplus}\ {}^{\ominus}O-\underset{\underset{O}{\parallel}}{\overset{\overset{O}{\parallel}}{S}}-O\cdot \qquad X = K\ or\ NH_4$$

　また，過酸化物と還元性物質を共存させると低温でラジカルを発生させることができる。この反応を利用した開始剤を**レドックス開始剤**（redox initiator）という。特に水溶性のものは工業的に広く利用されている。

$$H_2O_2 + Fe^{2+} \longrightarrow Fe^{3+} + OH^- + \cdot OH$$
$$S_2O_8^{2-} + Fe^{2+} \longrightarrow SO_4^{2-} + Fe^{3+} + \cdot SO_4^-$$

2）成長反応

　ラジカル重合における成長段階では，開始反応で生成したラジカル種に次々とモノマーが反応して分子量が急激に増大していく。以下に，MMA のラジカル重合における成長段階途中の成長末端ラジカルが MMA に付加してモノマーユニットが一つ増大する反応式を示した。

$$\sim\sim CH_2-\underset{\underset{OCH_3}{\overset{C=O}{|}}}{\overset{\overset{CH_3}{|}}{C}}\cdot\ +\ \underset{\beta}{CH_2}=\underset{\underset{OCH_3}{\overset{C=O}{|}}}{\overset{\overset{CH_3}{|}}{\underset{\alpha}{C}}}\ \xrightarrow{k_p}\ \sim\sim CH_2-\underset{\underset{OCH_3}{\overset{C=O}{|}}}{\overset{\overset{CH_3}{|}}{C}}-CH_2-\underset{\underset{OCH_3}{\overset{C=O}{|}}}{\overset{\overset{CH_3}{|}}{C}}\cdot \qquad (6\text{-}39)$$

$$\left(\sim\sim CH_2-\underset{\underset{OCH_3}{\overset{C=O}{|}}}{\overset{\overset{CH_3}{|}}{C}}-\underset{\underset{OCH_3}{\overset{C=O}{|}}}{\overset{\overset{CH_3}{|}}{C}}-CH_2\cdot \right) \qquad\qquad \sim\sim CH_2-\underset{\underset{OCH_3}{\overset{C=O}{|}}}{\overset{\overset{CH_3}{|}}{C}}-CH_2-\underset{\underset{OCH_3}{\overset{C-O\cdot}{\parallel}}}{\overset{\overset{CH_3}{|}}{C}}$$

$$\qquad\qquad\qquad\qquad (\text{II}) \qquad\qquad\qquad\qquad\qquad\qquad\qquad (\text{I})$$

　ラジカル種は MMA の C=C 結合に付加する際，β 位への攻撃による頭-尾結合と α 位への攻撃による頭-頭結合の形成が考えられる。頭-尾結合した（I）の構造中の不対電子はカルボメトキシ基と共鳴できるため，頭-頭結合した（II）の構造よりも安定である。また，β 位への攻撃の

方が立体的込み合いも少ないので，ほぼ選択的に頭-尾結合が形成される。モノマーとしてスチレンを使用した場合も不対電子がフェニル基と共鳴するため，ほぼ100%頭-尾結合したポリスチレンが得られるが，酢酸ビニルでは共鳴安定化効果が大きくないため1〜3%の頭-頭結合を含んだポリ酢酸ビニルが生成する。

成長反応の速度定数 k_p が成長ラジカルの大きさ（鎖長）に関係なくほぼ一定であり，成長ポリマーの数平均重合度が非常に大きく，ほとんどすべてのモノマーが成長反応により消費されるとしたとき，式（6-39）で示される成長反応の速度 R_p は，モノマー濃度を［M］，ポリマーラジカル濃度を［P・］とすると

$$R_p = -\frac{d[M]}{dt} = k_p[M][P\cdot] \tag{6-40}$$

で表すことができる。

3）停止反応

成長反応の進行によりモノマー濃度が低くなると，式（6-41）に示したように成長末端のラジカル種が2分子でカップリングすることにより失活する再結合（recombination）と式（6-42）に示したように2分子の間でH・が移動することにより失活する不均化（disproportionation）が起って反応が停止する。

なお，モノマーとしてスチレンを用いた場合はほとんどが再結合により停止反応が起こることが

知られている。再結合と不均化の速度定数をそれぞれ k_{tc}, k_{td} とすると，停止反応の速度 R_t は

$$R_t = -\frac{d[P\cdot]}{dt} = (k_{tc} + k_{td})[P\cdot]^2 = k_t[P\cdot]^2 \quad (k_t = k_{tc} + k_{td}) \tag{6-43}$$

となる。重合中の成長ラジカル濃度が一定である定常状態を考えると

$$\frac{d[P\cdot]}{dt} = R_i - R_t = 2k_d f[I] - k_t[P\cdot]^2 = 0 \tag{6-44}$$

となり，この式を整理すると [P·] が求まる。

$$[P\cdot] = \left(\frac{2k_d f}{k_t}\right)^{1/2} [I]^{1/2} \tag{6-45}$$

式 (6-45) を式 (6-40) に代入すると，次式が導かれる。

$$R_p = k_p \left(\frac{2k_d f}{k_t}\right)^{1/2} [I]^{1/2} [M] \tag{6-46}$$

すなわち，成長反応の反応速度は開始剤濃度の 1/2 乗とモノマー濃度に比例することがわかる。反応速度は開始剤濃度の 1/2 乗に比例するのは，停止反応が 2 分子停止であることに起因しておりラジカル重合に特徴的なので，ラジカル重合の平方根則（rule of square-root）と呼ばれている。

4）連鎖移動

連鎖移動とは，反応条件によって成長ラジカルが，その重合系に存在するモノマー，ポリマー，溶媒，開始剤などと反応して失活し，それらの反応試剤がラジカル種に変換され活性点が移動してしまう反応である。開始剤として AIBN を用いた場合は，開始剤への連鎖移動がほとんど起こらないので，BPO を開始剤とした MMA のトルエン溶媒中でのラジカル重合におけるモノマー，開始剤，溶媒への連鎖移動を以下の反応式に示した。

$$\text{(6-47)}$$

$$\text{(6-48)}$$

$$\text{(6-49)}$$

連鎖移動反応の速度 R_{tr} は，成長ラジカルからモノマー，開始剤，溶媒への連鎖移動の速度定数をそれぞれ k_{trM}, k_{trI}, k_{trS}，モノマー，開始剤，溶媒の濃度を [M], [I], [S] とすると

$$R_{tr} = k_{trM}[P\cdot][M] + k_{trI}[P\cdot][I] + k_{trS}[P\cdot][S] \tag{6-50}$$

となる。これらの連鎖移動により生成したラジカルは再びモノマーに付加し，重合を開始するので，重合速度には影響しない。その場合，ポリマーの数平均重合度 x_n は

$$x_n = \frac{\text{単位時間に消失したモノマー分子の数}}{\text{単位時間に生成したポリマー分子の数}} = \frac{R_p}{R_{tr} + (R_{tc}/2) + R_{td}} \quad (6\text{-}51)$$

となる。式 (6-51) の逆数に式 (6-40) と式 (6-50) を代入して整理すると

$$\frac{1}{x_n} = \frac{R_{tr}}{R_p} + \frac{(R_{tc}/2) + R_{td}}{R_p} = \frac{k_{trM}}{k_p} + \frac{k_{trI}[I]}{k_p[M]} + \frac{k_{trS}[S]}{k_p[M]} + \frac{(R_{tc}/2) + R_{td}}{R_p} \quad (6\text{-}52)$$

となる。連鎖移動が起こらない場合 ($R_{tr} = 0$) の数平均重合度 x_{n0} は次式で与えられる。

$$x_{n0} = \frac{R_p}{(R_{tc}/2) + R_{td}} \quad (6\text{-}53)$$

式 (6-53) を式 (6-52) に代入すると次式が得られる。

$$\frac{1}{x_n} = \frac{k_{trM}}{k_p} + \frac{k_{trI}[I]}{k_p[M]} + \frac{k_{trS}[S]}{k_p[M]} + \frac{1}{x_{n0}} = C_M + C_I \frac{[I]}{[M]} + C_S \frac{[S]}{[M]} + \frac{1}{x_{n0}} \quad (6\text{-}54)$$

ここで C_M, C_I および C_S はそれぞれモノマー，開始剤，溶媒への連鎖移動定数 (k_{trM}/k_p, k_{trI}/k_p および k_{trS}/k_p) である。AIBN を用いた場合，連鎖移動がほとんど起こらないので ($C_I = 0$)，次式が成り立つ。

$$\frac{1}{x_n} = C_M + C_S \frac{[S]}{[M]} + \frac{1}{x_{n0}} \quad (6\text{-}55)$$

この式は**マヨの式**（Mayo's equation）と呼ばれる。式 (6-55) の右辺第 3 項は

$$\frac{1}{x_{n0}} = \frac{(R_{tc}/2) + R_{td}}{R_p} = \frac{(k_{tc}[\text{P}\cdot]^2/2) + k_{td}[\text{P}\cdot]^2}{R_p} \quad (6\text{-}56)$$

となる。式 (6-40) より $[\text{P}\cdot] = R_p/(k_p[M])$ であり，また式 (6-46) を使うと

$$\frac{1}{x_{n0}} = \frac{(k_{tc}/2 + k_{td})R_p}{k_p^2[M]^2} = \frac{(k_{tc}/2 + k_{td})\left(\frac{2k_d f}{k_t}\right)^{1/2}}{k_p} \frac{[I]^{1/2}}{[M]} \quad (6\text{-}57)$$

式 (6-57) を式 (6-55) に代入すると

$$\frac{1}{x_n} = C_S \frac{[S]}{[M]} + \frac{(k_{tc}/2 + k_{td})\left(\frac{2k_d f}{k_t}\right)^{1/2}}{k_p} \frac{[I]^{1/2}}{[M]} + C_M \quad (6\text{-}58)$$

となる。$[I]^{1/2}/[M]$ を一定に保って重合を行い，初期の条件での $1/x_n$ と $[S]/[M]$ のプロットの傾きより C_S が求められる。また，AIBN を用いて無溶媒で重合（塊状重合）すると，$C_I = 0$ および $[S] = 0$ なので

$$\frac{1}{x_n} = C_M + \frac{1}{x_{n0}} = \frac{(k_{tc}/2 + k_{td})R_p}{k_p^2[M]^2} + C_M \quad (6\text{-}59)$$

となる。したがって，$1/x_n$ と R_p の関係をプロットすると，切片から C_M が求まる。そのようにして求めた C_M, C_I と C_S の値を表 6-4 〜表 6-6 にまとめて示した。

表 6-4　成長ラジカルのモノマーへの連鎖移動定数 C_M（60 ℃）

モノマー	$C_M \times 10^5$	モノマー	$C_M \times 10^5$
スチレン	6	酢酸ビニル	25
メタクリル酸メチル	1	塩化ビニル	132
アクリロニトリル	2.6	プロピレン	1 500

表 6-5　成長ラジカルの開始剤への連鎖移動定数 C_I（60 ℃）

開始剤	メタクリル酸メチル	スチレン
アゾビスイソブチロニトリル（AIBN）	0	0
過酸化ベンゾイル（BPO）	0.022	0.048〜0.055
クメンヒドロペルオキシド	0.33	0.063
t-ブチルペルオキシド	1.27	0.035
テトラメチルチウラムジスルフィド	0.89	1.11

表 6-6　成長ラジカルの溶媒への連鎖移動定数 $C_S \times 10^5$（60 ℃）

開始剤	メタクリル酸メチル	スチレン	酢酸ビニル
ベンゼン	0.40	0.18	29.6
トルエン	1.71	1.25	208.9
エチルベンゼン	7.66	6.7	551.5
イソプロピルベンゼン	19*	8.2	889.0
アセトン	1.95	< 5	117.0
クロロホルム	4.54	5	1251.8
四塩化炭素	9.25	920	―

＊ 80 ℃における値

表 6-4 に示したように，酢酸ビニル，塩化ビニル，プロピレンのような非共役モノマーは反応性の高い成長ラジカルを与えるので C_M は大きくなる。特に，プロピレンでは C_M が非常に大きい。これは次式に示したように成長ラジカルがプロピレンのアリル位にある水素ラジカルを引き抜き，共鳴安定化したアリルラジカルを生成するためである。生成したアリルラジカルは安定であるため再開始反応が起こらないのでポリマーは得られない。

表 6-5 に示したように，開始剤として AIBN を用いた場合は，連鎖移動は無視できるのに対して，BPO では式（6-48）のような連鎖移動が起こる．また，溶媒への連鎖移動としては，ベンゼンよりもトルエンの方が C_S が大きく，特に反応性の高いラジカルを生成する酢酸ビニルを用いた場合に非常に高い値となる．トルエンではベンジル位の水素ラジカルが引き抜かれ，共鳴により安定化したベンジルラジカルを生成するためである（表 6-6）．

四塩化炭素を用いた場合は，モノマーとしてスチレンを用いても非常に大きい C_S となる．四塩化炭素の C-Cl 結合がラジカルによる置換反応を受けやすいためである．生成した $CCl_3\cdot$ はスチレンの重合を再び開始するが，成長ラジカルと四塩化炭素の反応が競合して起こるため，両末端（telechelic）に塩素が結合した分子量の低いポリスチレンを与える．重合度の高くないポリマーは一般にオリゴマーと呼ばれるが，このポリマーは末端構造がはっきりしていることからテロマー（telomer）と呼ばれる．

連鎖移動はモノマー，開始剤，溶媒以外に，生成したポリマーの主鎖に対しても起こる．その場合は分岐ポリマーが得られることになる．例えば，エチレンの 200 ℃，2 000 atm の高温・高圧条件で酸素を開始剤としたラジカル重合（ICI 社高圧法）では，次式に示したように分子間と分子内でポリマーの主鎖中の水素移動反応が起こる．分子間で水素移動がおこると比較的分岐鎖の長いポリマーが得られる．また，分子内で起こった場合はブチルやエチルなどの短い分岐をもつポリエチレンが得られる．このような分岐度の高いポリマーは低密度ポリエチレン（low-density polyethylene：LDPE）と呼ばれ，フィルムなどの用途に広く使用されている．

[反応式図: 分子間水素移動および分子内水素移動の機構]

5) 重合禁止剤

式 (6-32) に示したように連鎖移動剤 A-B が成長ラジカル ($M_n\cdot$) と反応して M_n-A と B・が生成し，B・が再び開始及び成長反応を起こすと連鎖移動反応が起こることになるが，もし B・が非常に安定であり，もはやモノマーとの開始反応を起こすことができなければ，重合は停止することになる。このような化合物 A-B を重合禁止剤 (polymerization inhibitor) と呼ぶ。

[反応式図: ヒドロキノン、p-ベンゾキノンと R・との反応]

代表的な重合禁止剤としてはヒドロキノン (hydroquinone) がある。ヒドロキノンのヒドロキシ基から水素が引き抜かれて安定ラジカルとなり，さらにもう一方のヒドロキシ基からも水素が引き抜かれて p-ベンゾキノンとなる。p-ベンゾキノン (p-benzoquinone) も重合禁止剤として使用され，R・が二つ付加して芳香環が再生し安定化する。それ以外のフェノール誘導体としては p-メトキシフェノールや 4-tert-ブチルカテコールがよく使用される。それらの禁止剤

は，一般的な市販のメタクリル酸メチルやスチレンの試薬に保存安定性を高めるために 10〜100 ppm 程度添加されている。効率的な重合反応を行うためには，洗浄や蒸留によりそれらの禁止剤を除いてからなるべく早く使うのが好ましい。フェノール誘導体以外にフェノチアジンのような窒素と硫黄を含む芳香族化合物も禁止剤として使用される。

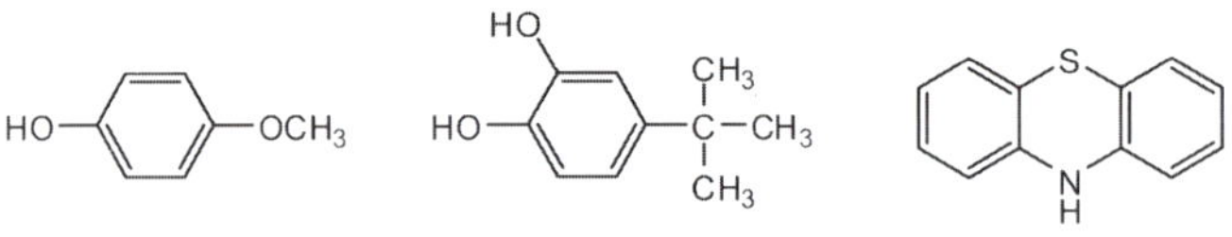

p-メトキシフェノール　　4-tert-ブチルカテコール　　フェノチアジン

6）リビングラジカル重合

一般的なラジカル重合では停止反応や連鎖移動反応が起こるが，開始剤や反応条件を選択することにより，それらの反応が起こらず，開始反応と成長反応のみが進行する理想的な重合系を得ることができる。このような系ではモノマーが消費された後も成長末端が活性であり，モノマーを再び加えるとさらに重合が続く。また，開始反応が成長反応に比べて十分速ければ，分子量の揃ったポリマー鎖が得られ，M_w/M_n が 1 に近くなる。成長末端が常に"生きている"ため，このような重合系をリビング重合（living polymerization）という。また，そこで生成するポリマーはリビングポリマー（living polymer）といわれる。リビング重合は後述するアニオン重合において，1950 年代初頭に米国の M. Szwarc により見出されたが，1990 年代になってラジカル重合においてもリビングあるいは制御ラジカル重合系が見出され，従来のラジカル重合では得られないような分子量の制御されたポリマーが得られるようになってきた。

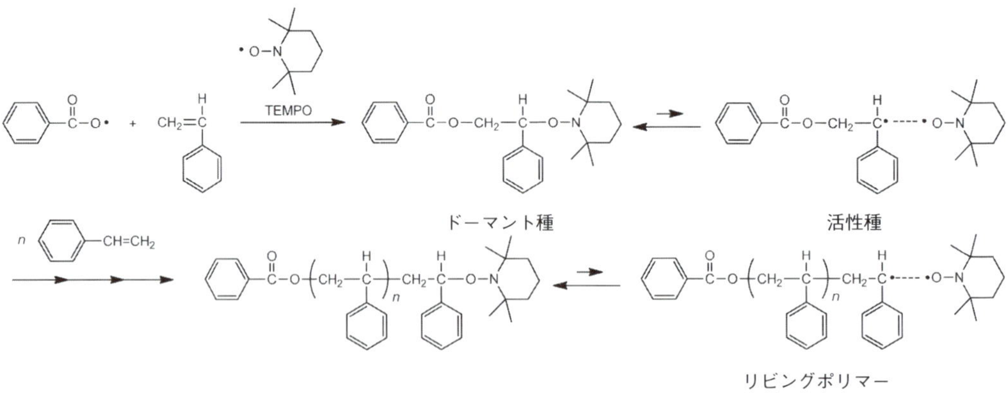

ドーマント種　　　　　　　　　活性種

リビングポリマー

2,2,6,6-テトラメチルピペリジン-1-オキシル(2,2,6,6-tetramethylpiperidine 1-oxyl:TEMPO) は酸素中心ラジカルやビニルモノマーとは反応しない安定ラジカルであるが，炭素中心ラジカルと素早く結合し，低温で安定なアルコキシアミンを与える。BPO とスチレンのラジカル重合系に TEMPO を添加すると開始反応においてスチリルラジカルと TEMPO が結合してアルコキシア

$$= \frac{[M_1]}{[M_2]} \left(\frac{r_1[M_1] + [M_2]}{[M_1] + r_2[M_2]} \right) \tag{6-71}$$

ここで，$r_1 = k_{11}/k_{12}$, $r_2 = k_{22}/k_{21}$ で，それらを**モノマー反応性比**（monomer reactivity ratio）という．末端ラジカルが同一のモノマーと他方のモノマーのどちらと反応しやすいかを示す尺度となる．式（6-71）は仕込みモノマーの組成（$[M_1]/[M_2]$）と生成共重合体の組成（$d[M_1]/d[M_2]$）の関係を表す共重合組成式である．重合の進行に伴い仕込みモノマー組成比が変化するので，式（6-71）は重合初期にだけ成り立つ．表 6-7 に種々のモノマーの組み合わせに対するモノマー反応性比の値を示す．一般に，r_1 と r_2 は温度や用いる溶媒によってあまり変化せず，それらの積 $r_1 r_2 = k_{11} k_{22}/k_{12} k_{21} < 1$ となる傾向がある．また，モノマー反応性比の代表的な値に対する共重合組成曲線を図 6-6 に示す．

表6-7 ラジカル共重合におけるモノマー反応性比

M_1	M_2	r_1	r_2	$r_1 r_2$
スチレン	無水マレイン酸	0.04	0	～0
	メタクリル酸メチル	0.52	0.46	0.24
	アクリル酸メチル	0.75	0.18	0.14
	ブタジエン	0.78	1.3	1.0
	塩化ビニル	17	0.02	0.34
	酢酸ビニル	55	0.01	0.55
メタクリル酸メチル	ブタジエン	0.25	0.75	0.19
	アクリロニトリル	1.35	0.18	0.24
	無水マレイン酸	6.7	0.02	0.13
	酢酸ビニル	20	0.015	0.30
酢酸ビニル	アクリロニトリル	0.06	4.05	0.25
	アクリル酸メチル	0.1	9	0.9
	塩化ビニル	0.32	1.68	0.38

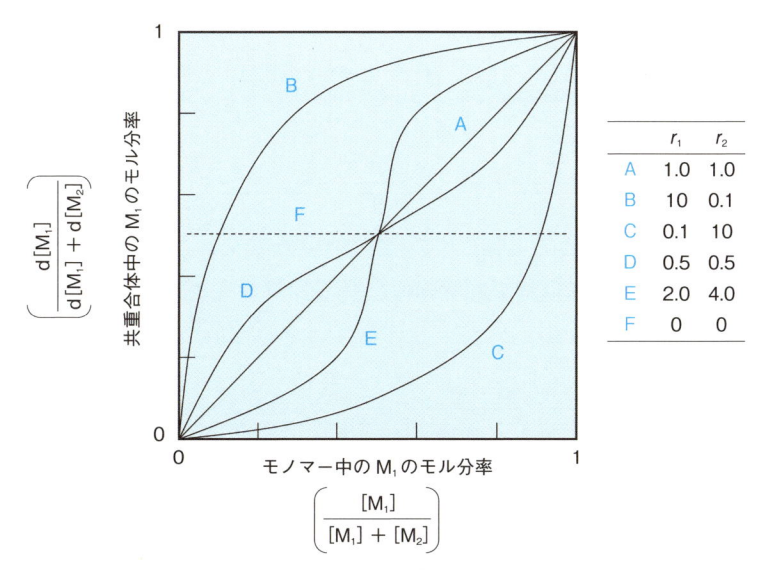

	r_1	r_2
A	1.0	1.0
B	10	0.1
C	0.1	10
D	0.5	0.5
E	2.0	4.0
F	0	0

図 6-6 種々のモノマー反応性比に対する共重合組成式

直線 A は $r_1 = r_2 = 1$，すなわち $k_{11} = k_{12}$，$k_{22} = k_{21}$ であり，モノマーの仕込み組成と同じ組成の共重合体が得られることになる．このような共重合は理想共重合と呼ばれている．

曲線 B は $r_1 > 1$，$r_2 < 1$ の場合であり，〜$M_1\cdot$，〜$M_2\cdot$ のどちらの成長ラジカルに対しても M_2 よりも M_1 の方が反応しやすいことを示している．したがって，常に M_1 ユニットの割合が大きい共重合体が得られることになる．曲線 C は B と逆の $r_1 < 1$，$r_2 > 1$ の場合であり，M_2 ユニットの割合が大きい共重合体が得られる．

曲線 D は r_1，r_2 ともに 1 より小さい場合であり，〜$M_1\cdot$ に対して M_1 よりも M_2 の方が反応しやすく，〜$M_2\cdot$ に対して M_2 よりも M_1 の方が反応しやすいことを示している．したがって，交互性の高い共重合体が得られる．ラジカル共重合ではこのような例が多い．

曲線 E は r_1，r_2 ともに 1 より大きい場合であり，〜$M_1\cdot$ に対しては M_1 が，〜$M_2\cdot$ に対しては M_2 が反応しやすいことを示している．したがって，ブロック性の高い共重合体が得られる．ラジカル共重合ではこのような例はあまりないが，イオン重合ではしばしばみられる．

直線 F は $r_1 = r_2 = 0$ の場合であり，同種のモノマーは連続して結合することができず，完全な交互共重合体が得られる．

このように r_1 と r_2 の値は，モノマーの反応性の違いや共重合体の組成を予測する上で重要である．r_1 と r_2 の積 $r_1 r_2$ が 0 に近づくほど交互性，1 に近づくほどランダム性，1 よりも大きくなるほどブロック性が高くなるといえる．

次に r_1 と r_2 の値を決定する方法について述べる．式 (6-71) を r_1 と r_2 の関数として整理すると，次式が得られる．

$$r_2 = \frac{[M_1]}{[M_2]}\left[\frac{d[M_2]}{d[M_1]}\left(1 + \frac{[M_1]}{[M_2]}r_1\right) - 1\right] \tag{6-72}$$

ある一つの仕込みモノマー組成で，重合初期に生成したポリマーの組成を求めることによって図 6-7 (a) に示したように 1 本の直線が得られ，別の組成でのデータから別の直線が得られる．それら複数の直線の交点の平均値から r_1 と r_2 を求めることができる．この方法を直線交点法という．

一方，式 (6-72) は，$F = [M_1]/[M_2]$，$f = d[M_1]/d[M_2]$ とすると，次式のように変形できる．

$$\frac{F(f-1)}{f} = \frac{r_1 F^2}{f} - r_2 \tag{6-73}$$

図 6-7 (b) に示したように交点法と同様に複数の組成での実験により得られる F^2/f と $F(f-1)/f$ の値をプロットして得られる直線の傾きから r_1，切片から $-r_2$ が求められる．この方法は Finemann-Ross 法と呼ばれている．

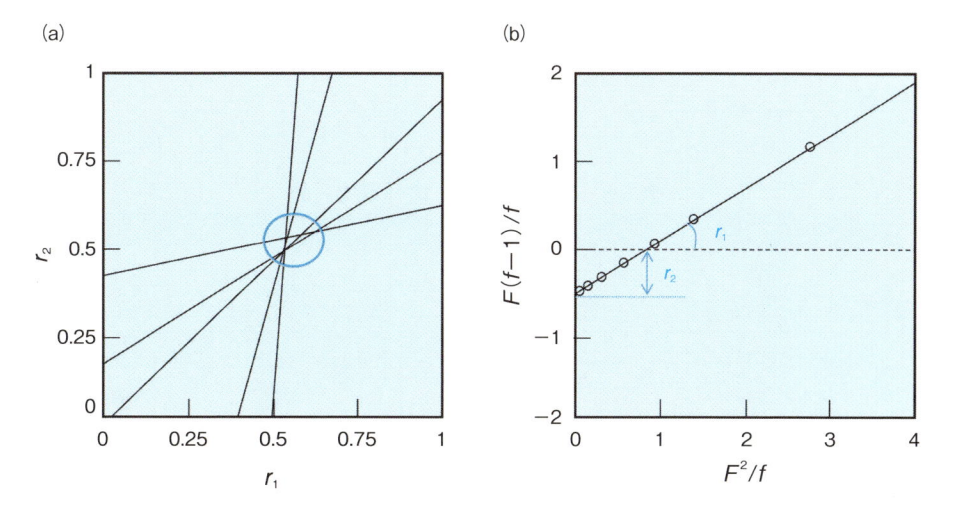

図 6-7　モノマー反応性比を求めるために用いられる（a）交点法と（b）Fineman-Ross 法によるプロット略図

2）Q-e スキーム

モノマーの反応性は，ビニル基に結合している置換基の共鳴安定化と極性の効果に依存する。このことを経験的に定量化して表したのが Alfrey と Price のより提唱された Q-e スキーム（Q-e scheme）である。〜$M_1\cdot$ にそれぞれ M_2 と M_1 が反応する場合の速度定数 k_{12} と k_{11} が以下のように表せると仮定する。

$$\sim M_1^\bullet + M_2 \xrightarrow{k_{12}} \sim M_2^\bullet \qquad k_{12} = P_1 Q_2 \exp(-e_1 e_2) \tag{6-74}$$

$$\sim M_1^\bullet + M_1 \xrightarrow{k_{11}} \sim M_1^\bullet \qquad k_{11} = P_1 Q_1 \exp(-e_1^2) \tag{6-75}$$

ここで P_1 はラジカル〜$M_1\cdot$ の反応性の尺度で，ラジカルの共鳴安定化が大きいほど P_1 は小さくなる。Q_2 はモノマー M_2 の反応性の尺度で，生成するラジカルの共鳴安定化が大きいほど Q_2 は大きくなる。e_1 は〜$M_1\cdot$ の残留電荷に比例する量，e_2 は M_2 の残留電荷に比例する量であり，モノマー M_1 とラジカル $M_1\cdot$，モノマー M_2 とラジカル $M_2\cdot$ で同じ値とし，電子求引性基が置換する場合は＋，電子供与性基が置換する場合は－の値となる。式（6-74）と（6-75）をモノマー反応性比に適用すると，r_1 と r_2 はそれぞれ次のように表すことができる。

$$r_1 = \frac{k_{11}}{k_{12}} = \frac{Q_1}{Q_2} \exp[-e_1(e_1 - e_2)] \tag{6-76}$$

$$r_2 = \frac{k_{22}}{k_{21}} = \frac{Q_2}{Q_1} \exp[-e_2(e_2 - e_1)] \tag{6-77}$$

したがって

$$r_1 r_2 = \exp[-(e_1 - e_2)^2] \tag{6-78}$$

が得られる。$r_1 r_2$ の値はモノマーの e 値の差にだけ関係することになる。スチレンの $Q = 1.00$, $e = -0.80$ を基準として，共重合から得られた r_1, r_2 の値をもとに種々のモノマーの Q と e 値が算出できる。表6-8に主なモノマーの Q と e 値をまとめて示す。

表6-8 ビニルモノマーの Q 値と e 値

モノマー	構造	Q 値	e 値
無水マレイン酸	(CH=CH, O=C-O-C=O)	0.86	3.69
シアン化ビニリデン	$CH_2=C(CN)_2$	14.2	1.92
テトラフルオロエチレン	$CF_2=CF_2$	0.032	1.63
アクリロニトリル	$CH_2=CHCN$	0.48	1.23
α-シアノアクリル酸メチル	$CH_2=C(CN)CO_2CH_3$	4.91	0.91
アクリル酸メチル	$CH_2=CHCO_2CH_3$	0.45	0.64
アクリルアミド	$CH_2=CHCONH_2$	0.23	0.54
メタクリル酸メチル	$CH_2=C(CH_3)CO_2CH_3$	0.78	0.40
塩化ビニル	$CH_2=CHCl$	0.056	0.16
エチレン	$CH_2=CH_2$	0.016	0.05
ブタジエン	$CH_2=CHCH=CH_2$	1.70	-0.50
イソプレン	$CH_2=C(CH_3)CH=CH_2$	1.99	-0.55
スチレン	$CH_2=CHC_6H_5$	1.0	-0.8
α-メチルスチレン	$CH_2=C(CH_3)C_6H_5$	0.97	-0.81
酢酸ビニル	$CH_2=CHOCOCH_3$	0.026	-0.88
イソブテン	$CH_2=C(CH_3)_2$	0.023	-1.20
イソブチルビニルエーテル	$CH_2=CHOCH_2CH(CH_3)_2$	0.030	-1.27

ビニル基に C=C や C=O などの不飽和基が結合した共役モノマーは Q 値が大きく，不飽和基の置換していない非共役モノマーでは Q 値が小さい。また，カルボメトキシ（CO_2CH_3）基やシアノ（CN）基などの電子求引性基がビニル基に置換したモノマーは正の e 値，アルコキシ（OR）基やアルキル（R）基などの電子供与性基が置換したモノマーは負の e 値をもつ。なお，ビニル基に結合したカルボメトキシ基やシアノ基は，誘起効果に加えて次式に示した共鳴効果によりビニル基末端の β 炭素が $\delta+$ 性を帯びている。イソブテンにおいては，ビニル炭素に結合したメチル基の誘起効果により α 炭素が弱い $\delta-$ 性を帯びている。この誘起効果は sp^3 混成したメチル炭素から，より s 性の高い sp^2 混成のビニル炭素への電子供与に基づいている。アルキルビニルエーテルでは，ビニル基に結合した酸素は誘起効果では弱く電子を求引しているが，次に示した共鳴効果により強く電子供与しており，結果として β 炭素が $\delta-$ 性を帯びている。

メチルアクリレートの共鳴効果　　　　　　　　　　　　アクリロニトリルの共鳴効果

イソブテンの誘起効果　　　　　　　　アルキルビニルエーテルの共鳴効果

式 (6-78) より極性の差が大きいモノマーの組み合わせの共重合では r_1r_2 の値が 0 に近く，交互性の高い共重合体が得られることになる。e 値は次に述べるアニオン重合やカチオン重合のしやすさの目安としても重要である。ラジカル共重合は共鳴因子による影響が大きく，共役モノマー同士の共重合は容易であり，また，非共役モノマー同士の共重合も反応条件を選べば可能となる。一方，共役モノマーと非共役モノマーの共重合は，極性の差が大きいモノマーの組み合わせを除いて一般に難しい。

6.3.3　アニオン重合

連鎖重合のうち，成長活性種が負電荷を帯びた炭素アニオン種，すなわちカルバニオン (carbanion) である重合をアニオン重合 (anionic polymerization) という。成長アニオン種同士は静電的に反発することと成長末端カルバニオンからヒドリドイオン (H^-) が脱離する反応は熱力学的に不利であるため，再結合や不均化といった停止反応や連鎖移動反応が起こりにくく，リビング重合になりやすい。カチオンに溶媒和する溶媒を用いた場合，成長アニオン種と対カチオンは次式のように接触イオン対 (contact ion pair)，溶媒和イオン対 (solvated ion pair)，遊離アニオン (free anion) と溶媒和カチオンの間で平衡にある。そのため，成長反応は対カチオンや溶媒の種類，濃度，温度などの影響を大きく受ける。

接触イオン対　　　　　溶媒和イオン対　　　　　遊離アニオン　　　溶媒和カチオン

例えば，スチレンのアニオン重合において対イオンがナトリウムイオンで溶媒がテトラヒドロフラン (THF) の場合，THF のエーテル酸素上の孤立電子対が Na^+ に配位して溶媒和が進行し，完全に溶媒和すれば遊離アニオンが生成することになる。反応速度は遊離アニオンの方がイオン対の状態より非常に速いことが知られている。THF のような極性溶媒のかわりに非極性のベンゼンなどを溶媒として用いると接触イオン対の方に平衡が片寄り反応性が低下する。6.3.6 において説明するように，エチレンオキシドの塩基を用いた開環重合なども，反応機構的にはアニオン重合である。ここでは，ビニルモノマーのアニオン重合について説明する。

表 6-9　アニオン重合におけるビニルモノマーと開始剤の関係

開始剤	使用可能な開始剤とモノマーの関係	モノマー	モノマー C=C の電子密度
K, RK Na, RNa Li, RLi		$CH_2=C(CH_3)C_6H_5$ $CH_2=CHC_6H_5$ $CH_2=C(CH_3)\text{-}CH=CH_2$ $CH_2=CH\text{-}CH=CH_2$	高い ↑
ケチルラジカル*1 RMgX AlR_3（錯）*2 ZrR_2（錯）*2 ROLi（ROH なし）		$CH_2=C(CH_3)COOCH_3$ $CH_2=CHCOOCH_3$	
ROLi, RONa, ROK （ROH 共存） AlR_3, ZrR_2		$CH_2=C(CH_3)CN$ $CH_2=CHCN$ $CH_2=C(CH_3)COCH_3$ $CH_2=CHCOCH_3$	
ピリジン, NR_3 H_2O		$CH_2=CHNO_2$ $CH_2=C(COOCH_3)_2$ $CH_2=C(CN)COOCH_3$ $CH_3CH=CH\text{-}CH=C(CN)COOCH_3$ $CH_2=C(CN)_2$	↓ 低い

*1　$2R_2C=O + 2Li(Na, K) \rightarrow 2[(R_2C=O)^{\cdot}Li^+] \leftrightarrows Li^{+\,-}OCR_2\text{-}R_2CO^-Li^+$ ($R=CH_3$ など)
*2　（錯）はある種のルイス塩基による錯体を意味する。

　表 6-9 に代表的なアニオン重合性開始剤とアニオン重合性ビニルモノマーを反応性の序列に従い，アニオン重合が起こる組合せを線で結んで示した。強い電子求引性基の置換によりビニルモノマーの C=C 上の電子密度が低くなるほど，すなわち e 値が＋方向に大きくなるほどアニオン重合しやすくなり，より弱い塩基性の開始剤でも重合を開始することができる。表中の一番下のビニルモノマー群の中で，2-シアノアクリル酸メチル（methyl 2-cyanoacrylate）は，シアノ基とカルボメトキシ基の二つの強い電子求引性基の置換したモノマーであり，非常にアニオン重合性が高く，水などの弱い塩基でもアニオン重合できるため瞬間接着剤として広く利用されている。表中の一番上のスチレンやブタジエン誘導体の e 値は負の値であり C=C 上の電子密度は高いが，生成するカルバニオンを共鳴安定化しうる共役モノマーなのでリチウムやナトリウムなどの強い還元剤やアルキルリチウムなどの強い求核性をもつカルバニオンを開始剤に用いればアニオン重合することができる。

　アニオン重合の代表例として，1956 年に M. Szwarc によって見出されたナフタレンとナトリウムを開始剤としたスチレンのリビング重合の反応式を以下に示した。

ナフタレンのTHF溶液にナトリウム金属を加えると，1電子移動が起こり緑色のナフタレンのアニオンラジカル塩（ナトリウムナフタレニド）溶液ができる。その溶液にスチレンを加えると，スチレンへの1電子移動が起こりアニオンラジカルとなり，ラジカル同士でカップリングしてスチレン二量体のジアニオン塩溶液を生成する。これら一連の開始反応は非常に速く進行し，引き続き，両端のカルバニオンがスチレンを攻撃して両方向に鎖延長していく。この反応はリビング重合であり，スチレンが消失してもベンジルアニオン構造に由来する赤色を保ったままである。この反応ではラジカルカップリングが起こっているため，数平均重合度 x_n はスチレン／ナトリウムナフタレニドの仕込みモル比の2倍で表すことができる。このリビングポリマーは，ブロック共重合体の合成に用いることができ，例えば，別のモノマーとしてブタジエンを添加すると再びアニオン重合が進行してポリブタジエン-ポリスチレン-ポリブタジエンのトリブロック共重合体が得られる（7.2.1参照）。

もう一つの典型的なリビングアニオン重合の例として，ブチルリチウムを開始剤とするスチレンのアニオン重合を次式に示した。

$$CH_3CH_2CH_2CH_2^{\ominus}Li^{\oplus} + CH_2=CH(C_6H_5) \xrightarrow{\text{開始反応}} CH_3CH_2CH_2CH_2-CH_2-CH(C_6H_5)^{\ominus}Li^{\oplus} \xrightarrow{(n-1)\text{スチレン}}_{\text{成長反応}}$$

スチレン

$$CH_3CH_2CH_2CH_2-(CH_2-CH(C_6H_5))_{n-1}-CH_2-CH(C_6H_5)^{\ominus}Li^{\oplus} \xrightarrow[\text{停止反応}]{H_2O} CH_3CH_2CH_2CH_2-(CH_2-CH(C_6H_5))_n-H + LiOH$$

　この反応は乾燥した THF 溶媒中で高真空下ブレークシール法により－78 ℃（ドライアイス／アセトン）で行われる。得られた成長ポリマーはリビングポリマーであり，反応後に水などを加えて停止させると分子量分布の狭い（$M_w/M_n = 1.01$）ポリスチレンが得られる。この場合，数平均重合度 x_n は，スチレン／ブチルリチウムの仕込みモル比で表すことができるので，分子量制御も容易であるため GPC 用の標準試料として利用されている。

$$R^{\ominus}Li^{\oplus} + CH_2=C(CH_3)C(=O)OCH_3 \longrightarrow \left[R-CH_2-C(CH_3)(\alpha)-C(O^{\ominus}Li^{\oplus})(OCH_3) \rightleftharpoons R-CH_2-C^{\ominus}(CH_3)Li^{\oplus}-C(=O)OCH_3 \right] \longrightarrow R-(CH_2-C(CH_3)(C(=O)OCH_3))_n-CH_2-C(CH_3)(C-O^{\ominus}Li^{\oplus})(OCH_3) \quad (6\text{-}79)$$

メタクリル酸メチル（MMA）

$$R^{\ominus}Li^{\oplus} + CH_2=C(CH_3)C(=O)OCH_3 \longrightarrow CH_2=C(CH_3)-C(R)(O^{\ominus}Li^{\oplus})(OCH_3) \xrightarrow{-CH_3OLi} CH_2=C(CH_3)-C(=O)-R \quad (6\text{-}80)$$

ビニルケトン

$$(6\text{-}81)$$

　α,β-不飽和カルボニル化合物であるメタクリル酸メチル（MMA）をブチルリチウムなどのアルキルリチウムでアニオン重合した場合は，エノラートアニオンとカルバニオンの平衡があり，エノラート側に平衡がずれていると考えられる。しかし，式（6-79）に示したようにエノラートは α 位の炭素が攻撃できるので，結果として成長末端がエノラートになったポリメタクリル酸メチルが生成する。しかし，その反応以外に式（6-80）に示したようにアルキルリチウムがエステルのカルボニル炭素を攻撃しビニルケトンが生成する反応が起こる。ビニルケトンのアシル基は MMA のカルボメトキシ基よりも強い電子求引性基なので，ビニルケトンは MMA よりもアニオン重合しやすく，成長末端にビニルケトンが結合する。その場合は，それ以降 MMA の重合は起こらなくなる。また，それ以外の副反応として，式（6-81）に示したように成長末端のア

ニオンが分子内のエステルと反応してシクロヘキサノン構造ができることも知られている。MMA のアルキルリチウムを用いたアニオン重合では以上のような副反応のためリビング重合とはならないが，次式に示したように MMA のエノール構造をトリメチルシリル基でブロックした形のケテンシリルアセタールを用いるとリビング重合となり単分散 PMMA が得られる。この反応は室温で反応が進行するが，HF_2^- が Si に配位して O-Si 結合のイオン性が高められていると考えられている。この重合は，形式的に開始剤のトリメチルシリル基が同一ポリマー内の末端を移動して重合していくことから グループトランスファー重合 （group transfer polymerization:GTP）と呼ばれている。その後，トリメチルシリル基はポリマー鎖間で交換することが確認されている。

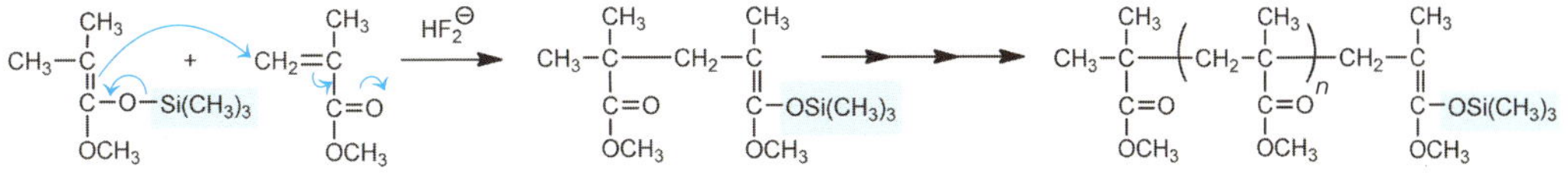

リビングポリマー

6.3.4 カチオン重合

連鎖重合のうち，カチオンを成長種とする重合を カチオン重合 （cationic polymerization）という。カチオン重合しやすいモノマーはメチル基，エーテル，カルバゾールなどの電子供与性基が置換したビニル化合物や生成するカルボカチオンが共鳴により安定化するスチレンや α-メチルスチレンなどである（図6-8）。スチレン誘導体は生成するラジカル，カチオン，アニオン種いずれも共鳴により安定化するのでラジカル，カチオン，アニオン重合いずれでも重合することができる。また，アニオン重合しやすい電子求引性基の置換したモノマーは共役モノマーでもあるので，ラジカル重合における反応性も高い。それに対して，イソブテンやビニルエーテルは非共役モノマーであり，電子供与性基をもつためカチオン重合しかできないモノマーである。

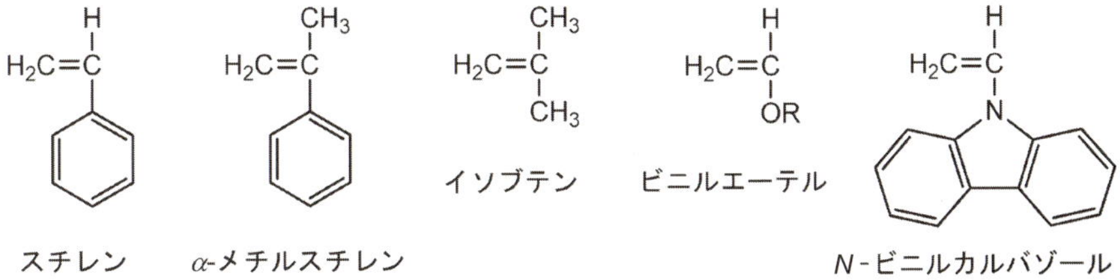

スチレン　　α-メチルスチレン　　イソブテン　　ビニルエーテル　　N-ビニルカルバゾール

図 6-8　カチオン重合性モノマーの例

カチオン重合の開始剤には，プロトン酸（硫酸，塩酸，スルホン酸，リン酸，過塩素酸など），ルイス酸（三フッ化ホウ素，塩化アルミニウム，四塩化チタン，四塩化スズなど），固体酸（シリカ，アルミナなど）などが使用される。ルイス酸を用いる場合は共開始剤（coinitiator）として水，アルコール，エーテル，酸，ハロゲン化アルキルなどのプロトンやカルボカチオン源となる物質が必要である。その他に，ヨウ素のようなカチオンを生成しやすい物質もよく開始剤と

して使用される。開始，成長，停止，連鎖移動という一連の素反応過程からなるのはラジカル重合と同様である。イソブテン（2-メチルプロペン）の三フッ化ホウ素と水を開始剤としたカチオン重合の例を示す。

$$BF_3 + H_2O \rightleftharpoons H^{\oplus}(BF_3OH)^{\ominus} \xrightarrow[\text{開始反応}]{CH_2=C(CH_3)_2 \text{ イソブテン}} H-CH_2-C^{\oplus}(CH_3)_2 \ (BF_3OH)^{\ominus}$$

$$\xrightarrow[\text{成長反応}]{n \text{ イソブテン}} H\text{-}(CH_2\text{-}C(CH_3)_2)_n\text{-}CH_2\text{-}C^{\oplus}(CH_3)_2 \ (BF_3OH)^{\ominus}$$

モノマーへの連鎖移動の例

$$\sim\!\!\sim CH_2-\underset{CH_3}{\overset{\overset{\beta}{CH_3}}{C^{\oplus}}}(BF_3OH)^{\ominus} + CH_2=C(CH_3)_2 \longrightarrow \sim\!\!\sim CH_2-\underset{CH_3}{\overset{CH_2}{C}}\!\!=\!\! + CH_3-C^{\oplus}(CH_3)_2 \ (BF_3OH)^{\ominus}$$

停止反応の例

$$\sim\!\!\sim CH_2-\underset{CH_3}{\overset{\overset{\beta}{CH_3}}{\underset{}{C^{\oplus}}}}(BF_3OH)^{\ominus} \longrightarrow \sim\!\!\sim CH_2-\underset{CH_3}{\overset{CH_2}{C}}\text{-}CH_3 \ \left(\sim\!\!\sim CH=\underset{}{\overset{CH_3}{C}}\text{-}CH_3\right) + BF_3 + H_2O$$
(β')

$$\sim\!\!\sim CH_2-\underset{CH_3}{\overset{CH_3}{C^{\oplus}}}(TiCl_4 \cdot CCl_3CO_2)^{\ominus} \longrightarrow \sim\!\!\sim CH_2-\underset{CH_3}{\overset{CH_3}{C}}\text{-}O\text{-}\overset{O}{\underset{}{C}}\text{-}CCl_3 + TiCl_4$$

ルイス酸である三フッ化ホウ素が水と反応してプロトン酸を生成し，2-メチルプロペンの1位の炭素にプロトンが付加して安定な第三級カルボカチオンが生成し開始反応が起こる。さらにモノマーが連鎖的に付加して成長していく。カチオン重合ではカルボカチオンの隣のβ炭素に結合した水素がプロトンとして脱離しやすく連鎖移動や停止反応の原因となる。図には成長末端のβプロトンが脱離してモノマーに連鎖移動する例を示した。カチオン重合の停止反応は一分子停止であり，対アニオンによるβプロトン引き抜きと対アニオンとの結合による停止がある。図中には三フッ化ホウ素／水と四塩化チタン／トリクロロ酢酸を開始剤とした場合の二つの停止反応が示してある。なお，ポリイソブテンの成長末端には2種類のβプロトン（上記反応式中のβとβ'）があるが，通常，三フッ化ホウ素／共開始剤系では速度論支配により数の多いβプロトンが脱離した*exo*-オレフィンが優先的に生成し，**Zaitsev**則から予想されるβ'プロトン脱離による括弧内に示した熱力学的に安定な置換基のより多い内部オレフィンの生成割合は少ない。カチオン重合では，一般に低温になると反応速度が大きくなり，連鎖移動や停止反応も起こりにくくなって高重合度のポリマーが得られる。三フッ化ホウ素によるイソブテンの−100℃でのカチオン重合は数秒で反応が進行し，500万程度の高分子量ポリマーが得られる。イソブテンに少量

のイソプレンを添加しカチオン重合した共重合体はブチルゴムとして工業的に製造されている。

また，スチレンのカチオン重合においては β プロトン引き抜きによる停止や連鎖移動以外に，以下に示したような分子内や芳香族溶媒との芳香族求電子置換反応によるインダン環やジフェニルメタン構造が形成されることが知られている。

また，3-メチル-1-ブテンを $AlBr_3$ を用いてカチオン重合した場合，$-130\ ℃$程度の低温では第二級カチオンからヒドリドアニオン（H^-）が移動して，より安定な第三級カチオンに異性化するため，（II）の構造に由来するポリマーが主に得られる。このような成長過程において異性化を伴う重合は異性化重合（isomerization polymerization）と呼ばれている。温度が高くなると通常の（I）の構造も含まれるようになる。

異性化重合の例

カチオン重合では，アニオン重合よりも連鎖移動や停止反応が起こりやすいが，ビニルエーテルモノマーに対して以下のような開始剤を用いるとリビングポリマーが得られる。

$$\text{CH}_2=\underset{\text{OR}}{\overset{\text{H}}{\text{C}}} \xrightarrow{\text{HCl}} \text{H-CH}_2-\underset{\text{OR}}{\overset{\text{H}}{\text{C}}}-\text{Cl} \xrightarrow{\text{ZnCl}_2} \text{H-CH}_2-\underset{\text{OR}}{\overset{\text{H}}{\overset{\oplus}{\text{C}}}} \text{ZnCl}_3^{\ominus}$$

$$\xrightarrow{n\,\text{CH}_2=\text{CHOR}} \text{H}\!\!\left(\text{CH}_2-\underset{\text{OR}}{\overset{\text{H}}{\text{C}}}\right)_{\!\!n}\!\!\text{CH}_2-\underset{\text{OR}}{\overset{\text{H}}{\overset{\oplus}{\text{C}}}} \text{ZnCl}_3^{\ominus}$$

リビングポリマー

6.3.5 配位重合

1) Ziegler-Natta 触媒

1953年，ドイツの化学者 K. Ziegler はアルキルアルミニウムとオレフィンの付加反応の研究中に，トリエチルアルミニウム（$(\text{C}_2\text{H}_5)_3\text{Al}$）に四塩化チタン（$\text{TiCl}_4$）を共存させると，それまで高温高圧下においてラジカル機構でしか高重合体にならなかったポリエチレンが，常温常圧で容易に高重合体となることを見出した（6章中扉の写真参照）。$\text{Al}(\text{C}_2\text{H}_5)_3$ と TiCl_4 は共に無色の液体であるが，炭化水素溶媒中で混合すると暗褐色の沈殿が生じる。そこにエチレンガスを吹き込むとポリエチレンが得られる。この反応の詳細について厳密なことは分かっていないが，以下の反応式に示したように，TiCl_4 が $(\text{C}_2\text{H}_5)_3\text{Al}$ によって還元されて褐色固体の TiCl_3 が生成する。同時に生成した $(\text{C}_2\text{H}_5)_2\text{AlCl}$ は TiCl_4 を還元していき，条件によっては AlCl_3 にまで変化する。固体の TiCl_3 もさらに還元されて3価以下の原子価になることができるが，固-液反応となるため起こりにくいので，触媒は実質的に TiCl_3 と $(\text{C}_2\text{H}_5)_2\text{AlCl}$ および過剰に存在する $(\text{C}_2\text{H}_5)_3\text{Al}$ から成っている。

$$\text{TiCl}_4 + (\text{C}_2\text{H}_5)_3\text{Al} \longrightarrow \text{C}_2\text{H}_5\text{TiCl}_3 + (\text{C}_2\text{H}_5)_2\text{AlCl}$$
$$\text{C}_2\text{H}_5\text{TiCl}_3 \longrightarrow \text{C}_2\text{H}_5\cdot + \text{TiCl}_3$$
$$\text{C}_2\text{H}_5\cdot + \text{C}_2\text{H}_5\cdot \longrightarrow \text{CH}_2=\text{CH}_2 + \text{CH}_3\text{CH}_3 \text{ or } \text{C}_2\text{H}_5\text{C}_2\text{H}_5$$

一方，イタリアの G. Natta は，翌1954年に TiCl_3 と $(\text{C}_2\text{H}_5)_3\text{Al}$ からなる触媒系を用いてプロピレンを重合すると高重合度の結晶性ポリプロピレンが得られることを見出した。さらにその結晶性ポリプロピレンは側鎖のメチル基が同じ方向に結合したイソタクチック構造であることを明らかにした。これら一連の発見は学術的にも工業的にも寄与するところが非常に大きく，Ziegler と Natta は1963年にノーベル化学賞を受賞している。

TiCl_3 結晶表面では，Ti のまわりの六つの配位座の一部に Cl の欠落があり，これが重合活性の中心になるといわれる。結晶表面の TiCl_3 は過剰に存在する $(\text{C}_2\text{H}_5)_3\text{Al}$ により Cl がエチル基と置換して Ti-C 結合が形成され，Al は TiCl_3 と錯体を形成して重合活性を発現する。

プロピレンの重合においては，まずプロピレンが構造（Ⅰ）の空の配位座に π- 配位した後，配位プロピレンに Ti 上のエチル基（図中 R＝C_2H_5）が移動（シス付加）して（Ⅱ）の構造が形成される。再び空の配位座にプロピレンが配位し Ti-C 結合にモノマーが挿入して重合が進行する。この場合，Ti-C 結合を形成している炭素はプロピレンの $\underline{C}H_2$ であり $\underline{C}H(CH_3)$ ではない点に注意していただきたい。これは今まで説明したラジカル，カチオン，アニオン重合の付加の方向と逆である。Ti-C 結合の Ti は $\delta +$ で C は $\delta -$ であり，メチル基は電子供与性基なので Ti に $\underline{C}H(CH_3)$ が結合するより $\underline{C}H_2$ が結合する方が安定であるためであると考えることができる。この反応の活性点はアニオンと考えられるので，配位アニオン重合（coordinated anionic polymerization）と呼ばれる。

上に示した構造（Ⅰ）と（Ⅲ）は互いに対掌体であり，重ね合わせることができないエナンチオマーである。構造（Ⅰ）の空の配位座にプロピレンが配位するとき，プロピレンのメチル基が立体的な込み合いの少なくなる方向から配位すると考えられる。その後，そのモノマーが Ti-C 結合に挿入されると構造（Ⅱ）の立体配置になる。構造（Ⅰ）と（Ⅱ）では，空の配位座がそれぞれ右と上にあり，立体配置が異なるようにみえるが，（Ⅱ）の構造を C_2 軸のまわりに回転すると（Ⅰ）と同じ立体的な位置関係にあることがわかる。したがって，構造（Ⅱ）の空の配位座

に再びプロピレンが配位するときは、立体的込み合いの少ない1段階前の配位時と同じ側から配位すると考えられる。その成長反応が繰り返されると、メチル基は常に同じ側を向いたイソタクチック体となると考えられる。

　プロピレンを用いたZiegler-Natta触媒による重合のように立体規則性ポリマー(stereoregular polymer)を生ずる重合を立体特異性重合(stereospecific polymerization)という。配位アニオン重合には$TiCl_3$あるいは$TiCl_4$と$(C_2H_5)_3Al$からなる触媒系以外に第Ⅰ，Ⅱ，Ⅲ族の有機金属化合物と第ⅣからⅥ族の遷移金属化合物からなる多くの組み合わせが知られており、それらをまとめてZiegler-Natta触媒と呼んでいる。ポリエチレンやポリプロピレンの工業的製造方法には、塩化マグネシウム($MgCl_2$)上に担持した四塩化チタンをトリエチルアルミニウムで活性化した触媒が広く用いられている。比表面積の増加による活性点濃度の増大と塩化マグネシウムから活性チタン種への電子供与による成長反応速度定数の増加が塩化マグネシウムによる高活性化の要因となっている。さらに、プロピレンの重合においては、固体触媒調製時に安息香酸エチルなどのルイス塩基を添加することにより、活性と立体特異性の向上が図られている。

2) シングルサイト触媒

　W. Kaminskyらにより1970年代の後半に、ZrやTiなどの第Ⅳ族遷移金属のビスシクロペンタジエニル錯体とメチルアルミノキサン(methylaluminoxane：MAO)からなる均一系触媒、いわゆるメタロセン触媒(metallocene catalyst)がオレフィンの重合に高活性を示すことが見いだされた。MAOはトリメチルアルミニウムと水の縮合により合成される。メタロセン化合物としてはジルコノセン二塩化物(zirconocene dichloride, or bis(cyclopentadienyl)zirconium (IV) dichloride：Cp_2ZrCl_2)が代表的である。

Cp$_2$ZrCl$_2$とMAOの間での塩素とメチル基の交換の後，メチルアニオンが脱離して生成する四価のジルコノセンメチルカチオン錯体が活性種となる．活性点が均一なことから**シングルサイト触媒**（single-site catalyst）と呼ばれ，エチレンの重合に高活性を示し，共重合組成ならびに分子量分布の均一なエチレン共重合体（$M_w/M_n = 2$）の合成に適していることから，エチレンと1-アルケンの共重合体である**直鎖状低密度ポリエチレン**（linear low-density polyethylene：LLDPE）の製造に用いられている．プロピレンの重合に対しては活性の点ではそれほど高くないが，遷移金属や助触媒の種類を変えることによりアタクチック，イソタクチックおよびシンジオタクチックポリプロピレンを区別して合成することができる．また，三塩化シクロペンタジエニルチタン（cyclopentadienyl titanium (IV) trichloride：CpTiCl$_3$）／MAO触媒を用いたスチレンの重合により，シンジオタクチックポリスチレンが製造されている．さらに1995年にM. S. BrookhartらによるNiやPdなどの後周期遷移金属イミン錯体によるエチレン重合の発表以来，ポストメタロセン系触媒と呼ばれる一連の有機金属錯体によるオレフィンの重合研究が盛んに行われている．

6.3.6 開環重合

開環重合（ring-opening polymerization）は，環状エーテル，エステル，アミン，アミド，スルフィド，オレフィンなどが開環して線状高分子を与える反応である．付加重合と同様に，反応機構的にはアニオン重合，カチオン重合と配位重合などに分類することができる．主な環状モノマーの環ひずみエネルギーと開環重合の反応性を表6-10に示した．

$$n \left(\mathrm{CH_2} \right)_m \mathrm{X} \longrightarrow \left[\left(\mathrm{CH_2} \right)_m \mathrm{X} \right]_n$$

—X— : —O—, —S—, —NH—, —C(=O)O—, —C(=O)NH—, —CH=CH— など

表6-10 環状モノマーの開環重合の反応性と環ひずみ

官能基 (X)	環員数						
	3	4	5	6	7	8	9
—O—	○ (114)	○ (107)	○ (23)	× (5.0)	○ (34)	(42)	
—S—	○ (83)	○ (83)	× (8.3)	× (−1.3)	○ (15)		
—NH—	○ (113)	○	△ (24)	△ (0.6)	○		
—OCH$_2$O—			○ (26)	× (0)	○ (20)	○ (54)	○
—C(=O)O—		○	△	○	○	○	
—C(=O)NH—		○	○	△	○	○	○

○：重合する，△：重合性低い，×：重合しない，括弧内の値はひずみエネルギー（kJ mol^{-1}）

全般的に環ひずみの小さな五員環や六員環モノマーの開環重合性が低く，環ひずみの大きな三，四，七，八員環モノマーの重合性が高い．表中の括弧内の環ひずみエネルギーの値からわかるように，開環重合ではひずみエネルギーが解消され，重合が進行することが多い．

1）環状エーテル

三員環状エーテルであるエチレンオキシドは，ひずみエネルギーが大きく，カチオン，アニオン，配位重合いずれでも開環重合することができる．

カチオン重合では，BF$_3$，AlCl$_3$，FeCl$_3$，SnCl$_4$などのルイス酸が開始剤として用いられる．以下にBF$_3$／水を用いた場合の開始，成長，停止反応の例を示す．

カチオン重合では，上記の反応以外に二量体であるジオキサンの解重合やポリマーへの連鎖移動が起こるため重合度が上がらない。

アニオン重合では，アルカリ金属のアルコキシドや水酸化物が開始剤として用いられる。ただし，水酸化ナトリウムを用いた場合は，あまり重合度は上がらず，平均分子量が200から600までは高粘性の液体で平均分子量が1 000から9 000程度のものは硬いろう状物質でカルボワックスと呼ばれる。

アルミニウムアルコキシドを用いた配位アニオン重合では平均分子量が50万から360万程度の高分子量ポリエチレンオキシドを得ることができる。

2) ラクトン

環状エステルであるラクトン類は，五員環の γ-ブチロラクトンを除いて，四，六，七員環のものがカチオン，アニオンおよび配位重合により脂肪族ポリエステルを与える。β-プロピオラクトンの酢酸カリウムやピリジンを用いたアニオン重合では，モノマーの β-炭素への求核攻撃により，メチレン炭素と酸素の間の結合が開裂する（アルキル酸素開裂）。

それに対して，カリウムメトキシドを開始剤として用いた場合は，モノマーの β-炭素への求核攻撃によるアルキル酸素開裂（経路 a）とモノマーのカルボニル炭素に攻撃してカルボニル炭素と酸素の間の結合で開裂する（アシル酸素開裂）の二つが起こる（経路 b）。
経路 a によりカルボキシレートが生成すると以降は優先的に経路 a によるアルキル酸素開裂が起こる。経路 b によりアルコラートが生成すると，再び経路 a と経路 b が併発することになる。

六員環の γ-バレロラクトンや七員環の ε-カプロラクトンもアニオン重合により開環重合してポリ(γ-バレロラクトン)とポリ(ε-カプロラクトン)を与える。これらの開環重合では選択的にアシル酸素開裂が起こる。ポリ(ε-カプロラクトン)は生分解性ポリエステルとして工業的に製造されている。

ポリ乳酸（poly(lactic acid): PLA）はとうもろこしなどからのデンプンを原料にして発酵法により得られる乳酸の環状二量体であるラクチドを 2-エチルヘキサン酸スズとラウリルアルコールを用いた配位重合により開環して得られる生分解性のバイオベースポリマーである（8.5 参照）。

3) ラクタム

四員環および七〜九員環状アミドは，カチオン重合やアニオン重合により開環してポリアミドとなる。七員環状アミドである ε-カプロラクタムの開環重合によるナイロン 6 の工業的製造法を以下の反応式に示した。ε-カプロラクタムに少量の水を加えて加熱することによりアミノカルボン酸が生成し，そのアミノ基が ε-カプロラクタムを攻撃していく，いわゆる加水分解重合により合成される。

五員環ラクタムであるピロリドンは通常の重合法では高重合度のポリマーは得られない。金属カリウムだけではほとんど重合しないが，N-アシルピロリドンを加えると室温以上で重合が進行する。重合は N-アシルピロリドンに対するピロリドンカリウムの攻撃に始まり，引き続くカ

リウムの交換反応で順次ピロリドンがピロリドンカリウムになり，末端のアシルピロリドン環へ攻撃することにより重合が進行する。このような機構を活性化モノマー機構と呼んでいる。

4）環状アルケン

環状アルケンは，開環メタセシス重合（ring-opening metathesis polymerization）により，モノマーの二重結合が切断され，新たな二重結合が形成されることによりポリオレフィンとなる。環状アルケンとしてノルボルネンを用いた例を次に示す。開始剤として，W，Ti，Mo，Ruなどの金属アルキリデン錯体が用いられ，Ti，Ru，Moなどの金属カルベンを用いるとリビング重合が進行し分子量分布の狭いポリマーが得られる。特に，1990年代になってR. H. Grubbsらにより次に示した空気中でも容易に扱えるRu錯体が開発され，有機合成において頻繁に用いられるようになった。

金属カルベンとモノマーから生成する含金属シクロブタン中間体が重合制御に重要となっている。ノルボルネンの開環メタセシス重合により得られるポリマーの主鎖中の二重結合を水添すると環状ポリオレフィン（cyclic polyolefin: COP）が製造される。COPは透明性や高周波特性に優れ，高耐熱，低複屈折などの特徴をもつことから，精密光学製品，医療機器，デジタル家電，通信機器などの分野で用いられている。

5）環状アミンおよびスルフィド

第二級アミンはエーテルよりも塩基性，求核性が強く，三および四員環状アミンは酸の存在下で環状エーテルと同様にカチオン機構による開環重合をする。三員環状アミンのエチレンイミン（ethyleneimine or azilidine）は，以下のような反応により分岐した構造を含むポリエチレンイミンが生成する。

2-オキサゾリンは環状アミン（イミン）でもあり環状エーテルでもあるが，$BF_3 \cdot O(C_2H_5)_2$，硫酸エステル，スルホン酸エステル，ヨウ化アルキルなどのカチオン重合開始剤により異性化と開環重合を行い，生成するポリ(N-ホルミルエチレンイミン)の加水分解により直鎖状のポリエチレンイミンを得ることができる。

環状スルフィドは対応する環状エーテルよりもひずみが少ないため，三および四員環の開環重合はPF_5のようなカチオン開始剤やアルカリ金属の水酸化物やアルコキシドのようなアニオン開始剤により進行するが，五と六員環ではそのような例は報告されていない。プロピレンスルフィドはトリエチルアルミニウムと水あるいはアルコールなどを触媒として配位アニオン重合すると，立体特異性重合となることが知られている。エチレンスルフィド（R = H）から得られるポリエチレンスルフィドはT_m 215 ℃で結晶性も高いが，プロピレンスルフィド（R = CH_3）から得られるポリプロピレンスルフィドはイソタクチック体がT_m 40 ℃，アタクチック体はT_g -52 ℃である。

演習問題

1. エチレングリコールとテレフタル酸の重縮合によるポリエチレンテレフタレートの合成に関して以下の問に答えよ。
   (1) 両モノマーを等モルで仕込み（$r = 1$），反応度 p が 0.99 と 0.999 のときに得られるポリマーの数平均重合度 x_n を求めよ。
   (2) エチレングリコール 1.00 mol とテレフタル酸 1.05 mol 仕込み，反応度 p が 0.999 のときに得られるポリマーの x_n を求めよ。

2. $(n + 1)$ モルのエチレングリコールと n モルのアジピン酸を仕込んで重縮合を行い 100% 反応が進行した場合について以下の問に答えよ。
   (1) 数平均重合度を n の関数として求めよ。
   (2) 生成するポリマーの構造式を書け。
   (3) 数平均分子量を n の関数として求めよ。（原子量 C:12，H:1，O:16 とする）
   (4) 生成ポリマーの数平均分子量を 2 400 にするためにはアジピン酸／エチレングリコールのモル比をいくらにすればよいか。

3. (1) に平衡定数 $K = 300$ の重縮合と(2)に $K = 2 000$ の重付加によるポリマーの合成反応式を示した。各モノマーを初期濃度 0.1 mol L^{-1} と 5 mol L^{-1} で反応を行った場合の数平均重合度 x_n を求めよ。

   (1)　n H$_2$N–R–NH$_2$ + n Cl–C(=O)–R'–C(=O)–Cl ⟶ +(N(H)–R–N(H)–C(=O)–R'–C(=O))$_n$

   (2)　n H$_2$N–R–NH$_2$ + n CH$_2$–CH(O)–R'–CH(O)–CH$_2$ ⟶ +(N(H)–R–N(H)–CH$_2$–CH(OH)–R'–CH(OH)–CH$_2$)$_n$

4. 開始剤濃度 $[I]_0 = 5.0 \times 10^{-2}$ mol L^{-1}，モノマー濃度 $[M]_0 = 9.0$ mol L^{-1}，60 ℃ でラジカル重合を行った場合の速度定数は，$k_d = 4.7 \times 10^{-4}$ min^{-1}，$f = 0.7$，$k_p = 4.3 \times 10^4$ L mol^{-1} min^{-1}，$k_t = 1.3 \times 10^9$ L mol^{-1} min^{-1} であった。連鎖移動は起こらないとして以下の問に答えよ。
   (1) 定常状態でのラジカル濃度を求めよ。
   (2) 初期重合速度を求めよ。

5. 表 6-8 に示した無水マレイン酸とスチレンの Q 値と e 値を用いて，モノマー反応性比 r_1，r_2 および $r_1 r_2$ を計算し，両モノマーをラジカル共重合した場合，どのようなモノマー連鎖をもった共重合体が得られるか予想せよ。

6. ブチルリチウムとスチレンをモル比を 1：n でリビングアニオン重合した後，水で停止して得られるポリスチレンの構造式を書き，数平均分子量を 10 000 にするための n の値を求めよ。ただし，原子量は C:12，H:1 とせよ。

7. HI/I$_2$ を用いたビニルエーテルのリビングカチオン重合の反応機構を説明せよ。

8. ホルムアルデヒドの環状三量体である 1,3,5-トリオキサンの BF$_3$ エーテル錯体/H$_2$O を用いた開環重合によるポリアセタールの合成法について説明せよ。

様々な構造をもつポリマーの合成

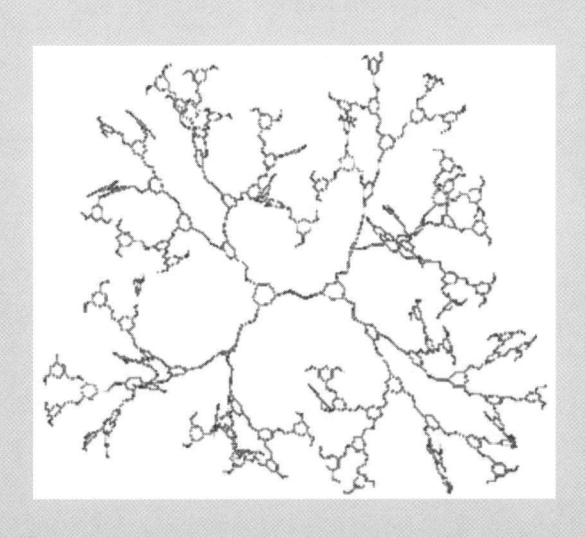

7

アゾベンゼンは紫外線照射でtransからcisへ異性化するが,デンドリマー型アゾベンゼンは低エネルギーの赤外線でも異性化するので,デンドリマーには光捕集機能があることが知られている[6]。

7.1 高分子の様々な形状

高分子は，線状（linear），分岐（branch），環状（cyclic），架橋（crosslink）などの形状をとる。分岐高分子はさらに，枝分れの仕方により，くし型（comb），星型（star），樹状（dendritic）高分子に大別される。樹状高分子からなるポリマーはハイパーブランチポリマー（hyperbranched polymer）とも呼ばれる。特に，規則的な分岐を繰返した構造のポリマーは，デンドリマー（dendrimer）と呼ばれる。デンドリマーの大きさは重合度ではなく，枝分かれを繰返した"世代"で表現される。世代が高くなるにつれて外側が密な球状の形態をとるようになり，分子カプセル，キャリヤー，触媒，センサーなど多くの機能をもったものが合成されている。環状構造をもつ高分子としては一つの大きな環からなる大環状高分子（macrocycle），複数の環状分子を通した線状分子の両端がかさ高い置換基でとめられたポリロタキサン，複数の環状分子が鎖状につながったポリカテナンなどがある。連続した環からなり隣接する環同士が2個以上の原子により連結した高分子は，はしご型高分子（ladder macromolecule）と呼ばれる。二官能性モノマー（bifunctional monomer）同士の反応により線状ポリマーが得られるが，それよりも多い官能基をもったモノマー同士では架橋反応（crosslinking reaction）が進行して網目ポリマー（network polymer）が得られる。その例としては，エポキシ樹脂，フェノール樹脂，ポリウレタン樹脂などの熱硬化性樹脂や硫黄により架橋したゴム，溶媒を含んで膨潤した高分子ゲルなどが挙げられる。相互侵入高分子網目（interpenetrating polymer network: IPN）は2種類以上の網目が絡み合って分離することのできなくなったポリマーである。

表7-1 高分子のいろいろな形状

線状	非線状			
	分岐		環状	架橋
		樹状		
線状高分子	くし型高分子	ハイパーブランチポリマー	大環状高分子	はしご型高分子
	星型高分子	デンドリマー	ポリロタキサン ポリカテナン	網目高分子 相互侵入高分子網目（IPN）

7.2 ブロック共重合体と分岐ポリマーの合成

7.2.1 ブロック共重合体

6.3.2 で解説したように，ランダムおよび交互共重合体はモノマー反応性比をうまく選べば，2 種以上のモノマーをあらかじめ混合して共重合させることにより合成することができる。しかし，ブロック共重合体やグラフト共重合体はそのような方法で合成することは困難である。ブロック共重合体は，リビング重合により合成したポリマーの活性末端から別のモノマーを重合する方法あるいはポリマーの末端官能基を反応させて連結する方法により合成することができる。

例えば，スチレンを開始剤としてアルキルリチウムを用いてリビングアニオン重合した後，ブタジエンを重合するとスチレン-ブタジエンジブロック共重合体（styrene-butadiene diblock copolymer：SB）が生成し，その活性な末端アニオンにさらにスチレンを重合するとスチレン-ブタジエン-スチレントリブロック共重合体（styrene-butadiene-styrene triblock copolymer：SBS）が得られる。最終的には活性なカルバニオン末端は停止剤として少量の水やアルコールと反応させることにより C-H 末端になる。

スチレン-ブタジエンジブロック共重合体（SB）

スチレン-ブタジエン-スチレントリブロック共重合体（SBS）

SBS のポリブタジエン部分はソフトセグメントで，ポリスチレン部分はハードセグメントとみなすことができる。図 7-1 に示したようにソフトセグメントが変形しても，ハードセグメントは室温で寄り集まって加硫ゴムにおける三次元網目の架橋点の役割をするのでゴム弾性を示す。加熱すると両セグメントは自由に動きまわり流動するので熱可塑性樹脂と同様な射出や押出成形が可能である。このような材料は熱可塑性エラストマー（thermoplastic elastomer）と呼ばれる。

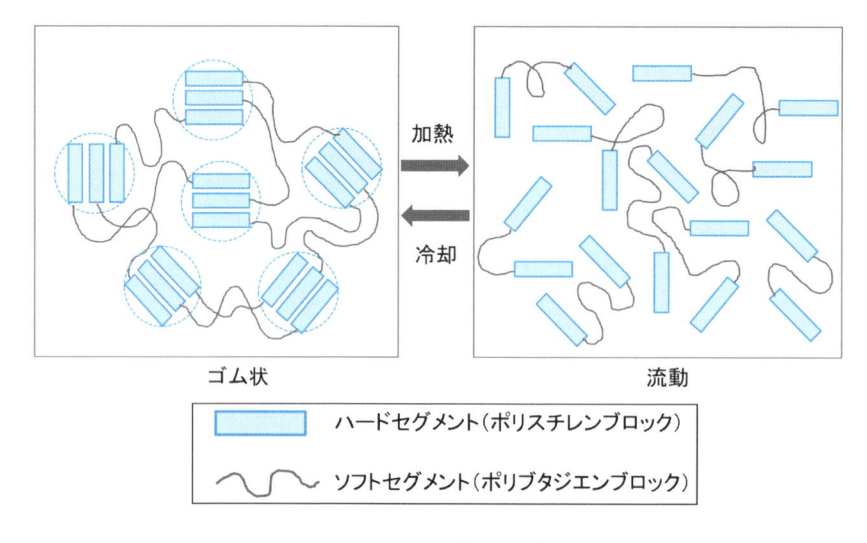

図7-1　SBSの構造モデル

　また，6.3.1で解説したリビングラジカル重合を利用してもブロック共重合体を合成することができる。以下にTEMPOを用いたスチレン-メタクリル酸ジメチルアミノエチルジブロック共重合体の合成例を示す。

　ポリマーの末端官能基を反応させて連結する方法を以下に例示する。ジフェニルメタンジイソシアネート（MDI）などのジイソシアネートとテトラヒドロフランの開環重合により得られるポリテトラメチレングリコール（polytetramethylene glycol：PTMG）などの高分子量ジオールを，ジイソシアネートを過剰にして反応させることにより両末端にイソシアネート基を有するポリエーテルウレタンを合成することができる。このポリマーもMDI同様にジイソシアネート

であり重付加を行うことができる。このように分子量が数百以上で，鎖の末端や鎖上にさらに重合できる官能基をもつ化合物を**マクロモノマー**（macromonomer）と呼ぶ。このマクロモノマーに 1,4-ブタンジオール（1,4-butanediol:BD）などの低分子量ジオールを重付加すると，PTMG を含むソフトセグメントと BD を含むハードセグメントを併せもつ $(AB)_n$ 型のセグメント化マルチブロック共重合体が得られる。この共重合体は先の SBS と同様に熱可塑性エラストマーであり，スパンデックス（Spandex®）などの商品名で工業的に利用されている。

7.2.2 分岐ポリマー

1) グラフト共重合体

グラフト共重合体を合成するには，マクロモノマーを用いると便利である。例えばリビングアニオン重合で合成したポリスチレン活性種にエチレンオキシドを付加させた後，メタクリル酸クロリドと反応させてメタクリル酸ポリスチリルを合成する。得られたマクロモノマーをメタクリル酸メチルとラジカル共重合すると主鎖のポリメタクリル酸エステルにポリスチレンがグラフト化したポリマーを合成することができる。

グラフト共重合体の中で，側鎖の分岐密度が非常に高いものを**ポリマーブラシ**（polymer

brush）と呼ぶ。ポリマーブラシの合成法としては，図7-2に示した三つの方法がある。"Graft onto"法は側鎖に官能基をもつ高分子と末端に官能基をもつ高分子の反応によるものである。鎖の長さのそろったポリマーブラシを合成できるが立体障害のため100%反応を進行させることが困難である。"Graft from"法は主鎖上の複数の重合開始点からモノマーの重合を行う方法である。立体障害の問題は克服されるが，側鎖の分子量制御などに工夫を要する。"Graft through"法はマクロモノマーを重合する方法である。側鎖長のそろったポリマーブラシを合成できるが主鎖長を長くするのが困難になる。"Graft from"法の例として，図7-3に示した表面改質剤でシリカ粒子やシリコン基板表面を改質した後，メタクリル酸やスチレンを一価のハロゲン化銅を用いてリビングラジカル重合すると，可逆的に生成する成長ラジカルにモノマーが付加して，十分な頻度での可逆的活性化，不活性化を繰返してグラフト鎖の分子量の制御されたポリマーブラシを合成することができる。

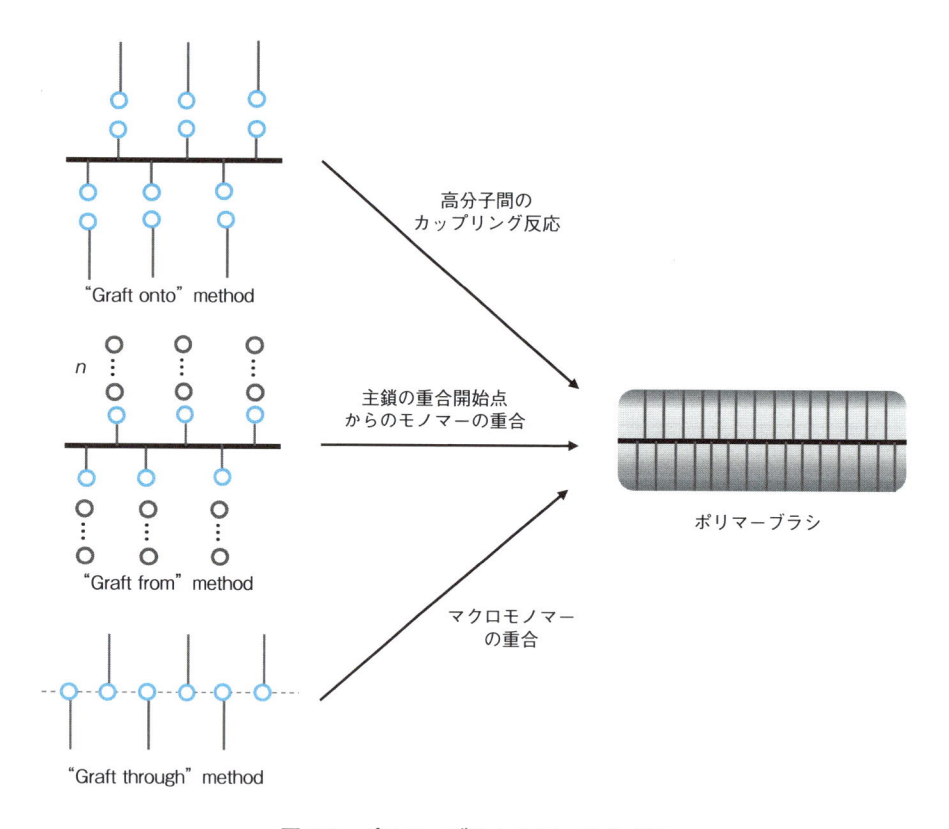

図7-2 ポリマーブラシの三つの合成法

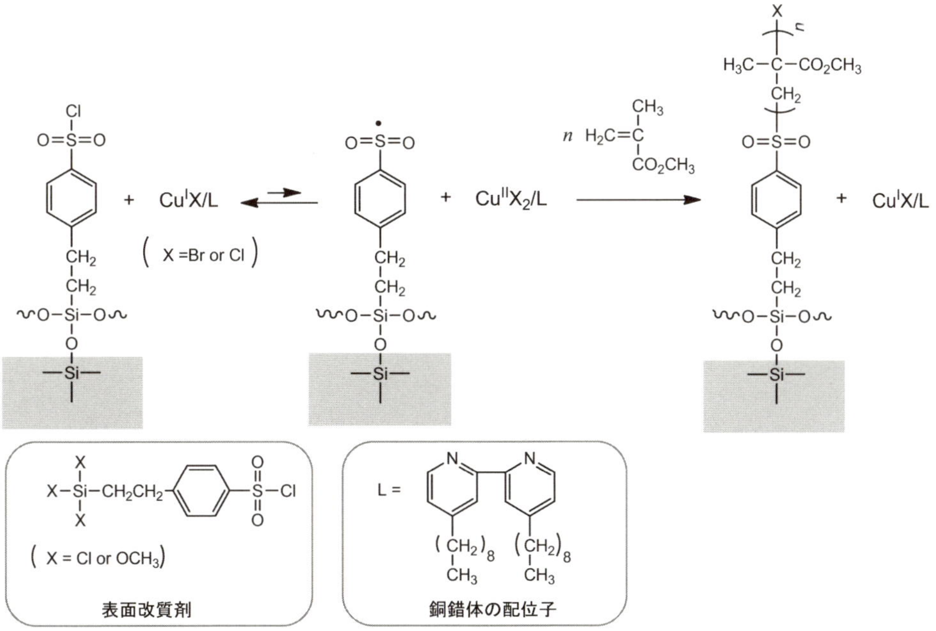

図7-3 ポリマーブラシのリビングラジカル重合を用いた合成の例

2) 星型ポリマー

星型ポリマー (star-shaped polymer) は、一つの分岐点から複数のポリマー鎖が伸びた長鎖分岐ポリマーである。足場となる線状の幹部分が存在せず、複数の枝が1ヵ所で結びついているため、同じ分子量の線状高分子に比べて、分子全体の広がりが小さくなる。星型ポリマーは分子内に三つ以上の官能基をもつ多官能性開始剤を用いて重合反応を行う方法、リビング重合によるポリマーの活性末端を多官能性分子と結合させる方法などにより合成することができる。前者

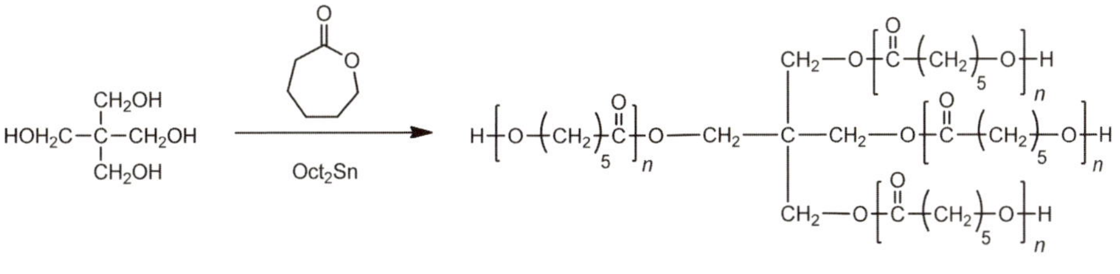

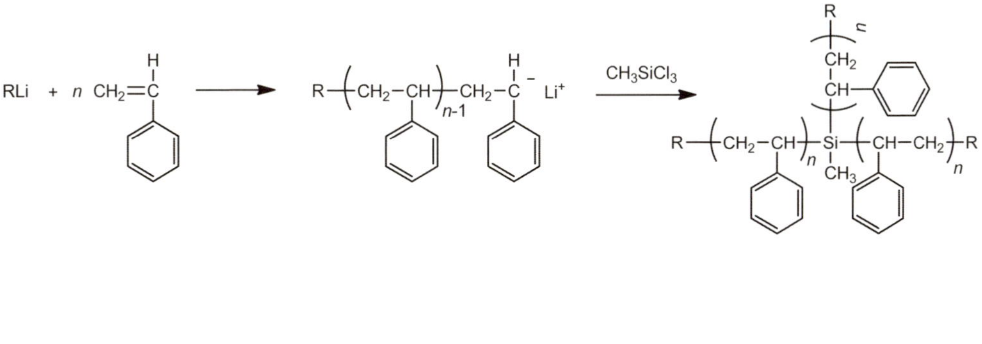

の方法としては，例えば，ペンタエリスリトールの四つのヒドロキシ基を開始点として2-エチルヘキサン酸スズ触媒によるε-カプロラクトンの開環重合を行うことにより星型ポリマーを合成することができる．また後者の方法としては，スチレンをリビングアニオン重合し，カルボアニオン末端を三官能性のメチルトリクロロシランと反応させる方法などを挙げることができる．

3) ハイパーブランチポリマーとデンドリマー

ハイパーブランチポリマー (hyperbranched polymer) は，AB_2型モノマーの重合などにより合成され，分岐構造と直鎖成長の混在した分子量分布をもつポリマーである．この場合，AB_2型モノマーを一度に重合するので立体障害などにより孤立する官能基ができ，規則正しい枝分かれ構造を形成させるのは難しくなる（図7-4）．

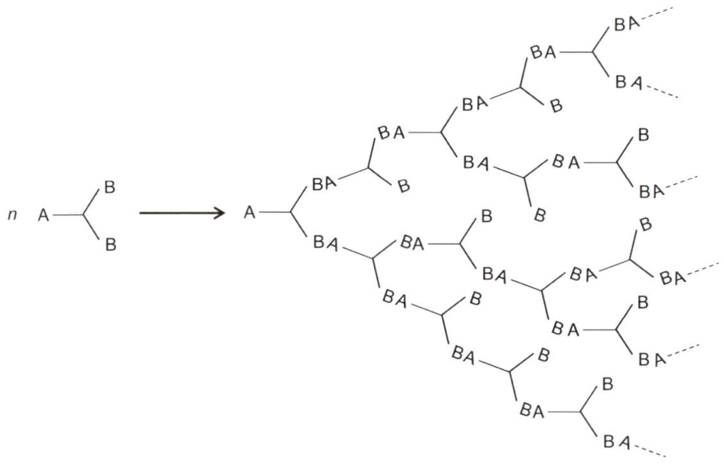

図7-4　AB_2型モノマーの重合により得られるハイパーブランチ構造の概念図

それに対してデンドリマー (dendrimer) は，分子鎖が中央（コア）から外側に向かって規則正しく枝分かれした構造をもち，典型的なものは単一分子量のポリマーである．デンドリマーの大きさは重合度ではなく，枝分かれを繰返した"世代"で表現される．枝密度が中央よりも外側の方が高くなるので，世代の低いデンドリマーはラグビーボールのようにひずんだ形をしているが，世代が高くなるにつれて球状に近い形態をとるようになる．

デンドリマーはコアから外側に向かって段階的に合成するダイバージェント（発散）法と，逆に外殻から内側に向かって合成するコンバージェント（収束）法がある．ダイバージェント法 (divergent method) の例としては，図7-5に示したようにアクリル酸メチルにエチレンジアミンをMichael付加させ四官能性メチルエステルを合成した後，大過剰量のエチレンジアミンを反応させアミドに変換すると四官能性アミン（第0世代）が得られる．この反応を繰返すと第1世代の八官能性アミンとなる．この反応を繰返していくことによりデンドリマーを合成することができる．

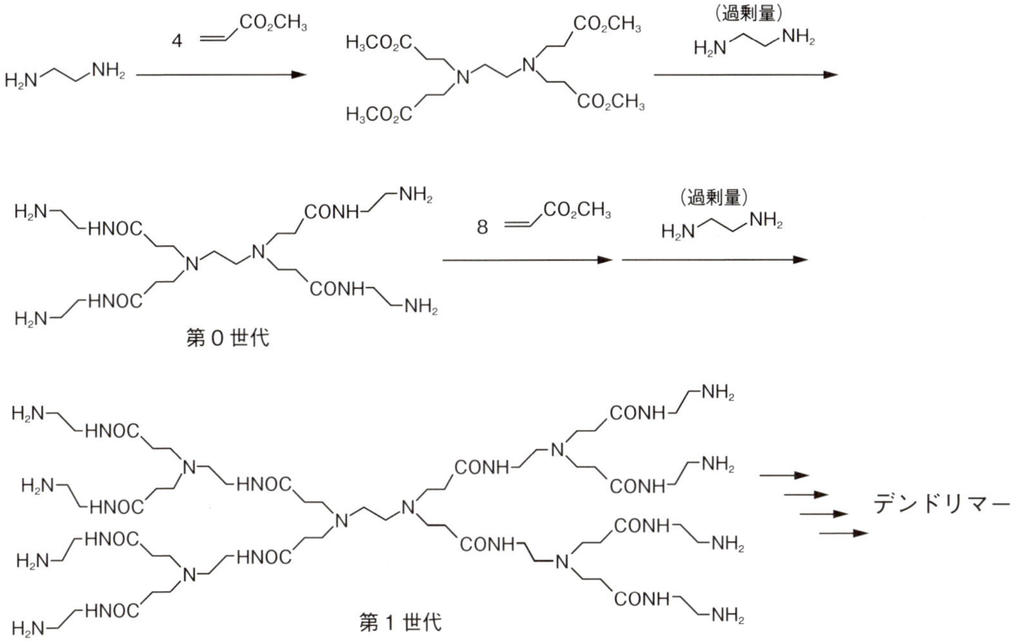

図7-5 ダイバージェント法によるポリアミドアミンデンドリマーの合成

コンバージェント法 (convergent method) の例を図7-6に示した. 臭化ベンジルで3, 5-ジヒドロキシベンジルアルコールのフェノール性ヒドロキシ基をエーテル化した後, 四塩化炭素とトリフェニルホスフィンでベンジルアルコール誘導体を臭化ベンジル誘導体に変換する. これらの反応を繰返すとデンドロンの世代を増すことができる. そのようにして得られる世代の異なるデンドロンをコアとして1, 1, 1-トリ(ヒドロキシフェニル)エタンと反応させることによりデンドリマーが合成される. なお, 図7-6に示したフェノール誘導体と臭化ベンジル誘導体の反応においてエチレンオキシユニットの環状6量体である18-クラウン-6 (18-crown-6) を使用しているのは, フェノール誘導体と炭酸カリウムの反応により得られるフェノールカリウム塩のカリウムイオンを18-クラウン-6の環内に取り込むことにより求核性の高い遊離フェノキシドアニオンを生成し, 臭化ベンジル誘導体との求核置換反応の反応率を高めるためである. また, 四臭化炭素 (CBr_4) とトリフェニルホスフィン (PPh_3) によるベンジルアルコール誘導体の臭化ベンジル誘導体への変換反応はアッペル反応 (Appel reaction) といわれる反応であり, 最終的にトリフェニルホスフィンオキシド ($O=PPh_3$) と臭化ベンジル誘導体を生成する反応である.

これらのデンドリマーの合成法を応用すると, コア, 枝分かれ鎖, 末端に目的に応じた原子団や官能基を導入することができ, 機能性高分子材料の設計が可能となる. 光電変換素子, センサー, 触媒, ドラッグデリバリー, 分離材料などへの利用が検討されている (7章中扉の挿絵参照).

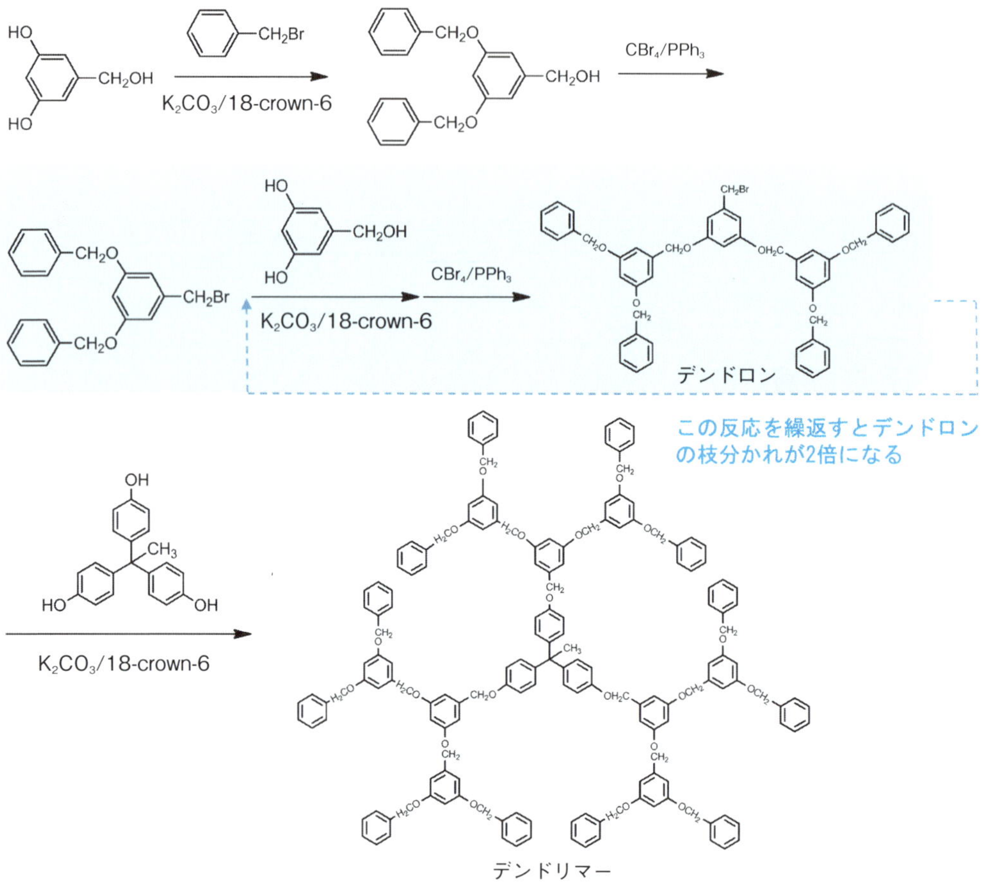

図7-6 コンバージェント法によるデンドリマーの合成

7.3 環状ポリマーの合成

7.3.1 大環状ポリマーの合成

大環状ポリマー (macrocyclic polymer) は線状ポリマーの両末端を結合させることにより合成することができるが，分子間での反応により高分子量線状ポリマーの副生を避けるため，高希釈（低濃度）の条件で反応を行う必要がある。

例えば，ビスフェノールAとホスゲンの反応により得られる両末端にクロロホルメート基（あるいはクロロホルメートとフェノール性ヒドロキシ基）をもつカーボネートオリゴマーの塩化メチレン溶液とトリエチルアミンの塩化メチレン溶液をあらかじめ仕込んだ水酸化ナトリウム水溶液と塩化メチレンの混合溶液中に滴下するという高希釈条件で反応させると，末端クロロホルメートの部分的な加水分解とクロロホルメートとフェノール性ヒドロキシ基の分子内での縮合が起こり環状カーボネートオリゴマーを生成する。得られた環状カーボネートオリゴマーは250〜300℃でトリブチルヘキサデシルホスホニウムブロミドなどの触媒の存在下，開環重合する

ことにより高分子量ポリカーボネートが得られる。高分子量ポリカーボネートよりも環状カーボネートオリゴマーは低粘性なので，直接ポリマーを成形するより成形加工性に優れており，得られるポリマーの分子量も高くなる。

また，近年，MALDI-MS の発達により，通常の線状ポリマーの合成においても環状ポリマーが含まれていることが明らかになった例も多い。

7.3.2 ポリロタキサンとポリカテナン

ロタキサン（rotaxane）は環状分子を線状分子が貫通して，その線状分子の両端をかさ高い置換基を結合させ環状分子が外れなくなったものであり，多数の環状分子が貫通したものはポリロタキサン（polyrotaxane）と呼ばれる。ロタキサンとはラテン語の rota（wheel）（輪）と axis（axle）（軸）に由来した名前である。また，カテナン（catenane）は複数の環が鎖のように，共有結合を介さずにつながった分子集合体であり，その構造が繰返されたものはポリカテナン（polycatenane）と呼ばれる。カテナンはラテン語の catena（chain）（鎖）に由来した名前である。

ポリロタキサンの合成例を図 7-7 に示す。まず，両末端アミノ基をもつポリエチレングリコール（PEG）水溶液にシクロデキストリンを加える。シクロデキストリンは疎水性の内孔を有する環状多糖分子であり，水溶媒中において疎水性分子を取り込む性質がある。そのためシクロデキストリンの環を PEG 誘導体が貫通する。その後，環が外れないようにジニトロフェニル基でエンドキャップするとポリロタキサンを合成することができる。上記と類似構造のポリロタキサ

ン中のシクロデキストリンに塩化シアヌルなどを反応させると8の字架橋点が形成され架橋点がスライドすることのできる環動ゲルができる。従来のゲルとは異なる物性をもち，今後の応用が期待されている。

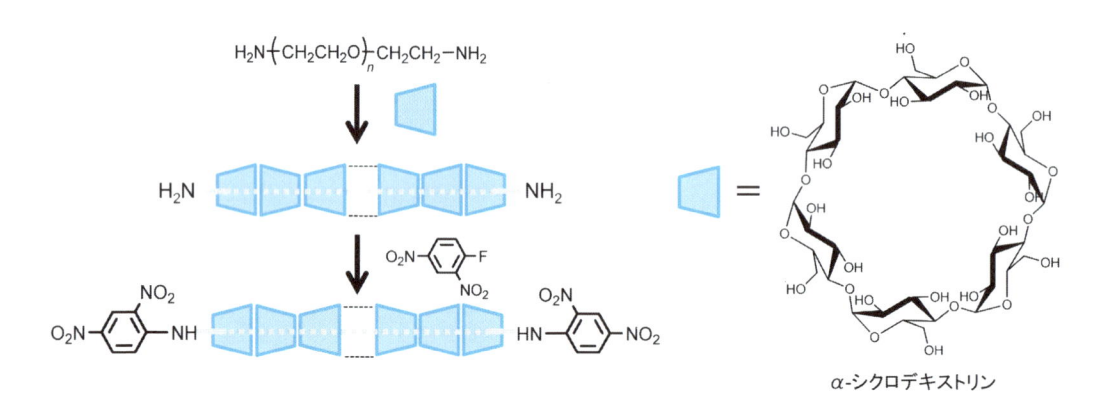

図 7-7　シクロデキストリンを用いたポリロタキサンの合成

ポリカテナンに関しては，例えば，ビピリジニウムユニットとオリゴエチレンオキシユニットの分子間相互作用を利用して閉環していくことによる環状分子が5個組合わさったオリンピアダンなどが合成されているが，分子量の高いポリカテナンの合成は今後の課題となっている。

7.4　網目ポリマーの合成

線状ポリマーと枝分かれの少ない分岐ポリマーの多くは，加熱により溶融あるいは軟化した状態で成形し，冷却により様々な形状をもった固体にすることができるので，工業的には熱可塑性樹脂（thermoplastic resin）と呼ばれる。図 7-8 に示したように二官能性モノマー同士の共重

合では線状ポリマーが得られるが，二官能よりも多い平均官能基数をもったモノマー同士（図中では二官能と三官能モノマーの組み合わせ）を両モノマーの官能基数が等しくなる（化学量論的）ように共重合すると網目ポリマーが生成する。なお，ここでいう官能基数とは反応により生成する共有結合の数を表しており，アクリロイル基のようなビニル基は1個で二官能ということになる。網目ポリマーは不溶・不融なので，成形品として利用するためには架橋反応が十分に進行していないゲル状態において成形した後，架橋反応を完結させて固体にする必要がある。網目ポリマーの合成は熱および光を用いた架橋反応により合成される場合が多く，反応を行う前の低分子化合物あるいはオリゴマーは，それぞれ熱硬化性樹脂（thermosetting resin）および光硬化性樹脂（photosetting resin）と呼ばれる。

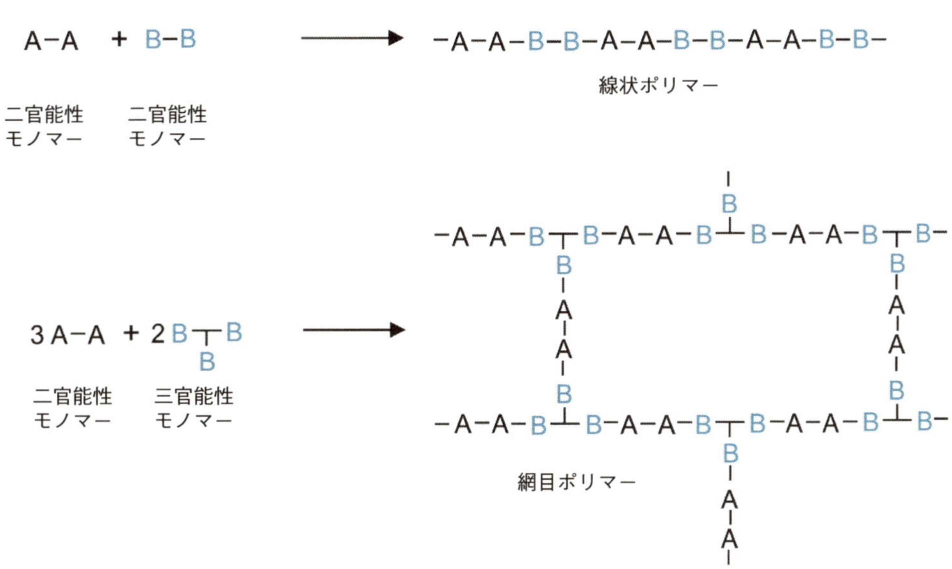

図7-8　モノマーの官能基数と化学量論的仕込みで生成するポリマーの構造

7.4.1　ゲル化

二官能よりも多い平均官能基数をもったモノマー同士を共重合すると，反応の初期において高度に分岐した多官能性の低分子量重合体が生成し，反応の進行とともに系の粘度が増大していく。さらに重合反応を続けると架橋反応が進行して粘度が急激に上昇してゼラチン状になる，いわゆるゲル化（gelation）が起こる。これらの重合において，官能基数をf，反応前の分子数をN_0，反応度pのときの分子数をNとすると，反応前の官能基数はfN_0，反応度pのときまでに反応した官能基数は$2(N_0-N)$，反応度pにおける数平均重合度x_nは$x_n = N_0/N$で表すことができる。したがって，反応度pは次式で示すことができる。

$$p = \frac{2(N_0-N)}{fN_0} = \frac{2}{f} - \frac{2N}{fN_0} = \frac{2}{f} - \frac{2}{fx_n} \tag{7-1}$$

式(7-1)をx_nについて解くと

$$x_n = \frac{1}{1 - (fp/2)} \tag{7-2}$$

となる。数平均重合度 x_n が無限大になるときの反応度は $p = 2/f$ となる。先に示した図7-8に示した二官能性モノマーと三官能性モノマーを化学量論的な3:2のモル比で反応させた場合, 平均官能基数 f は $(3 \times 2 + 2 \times 3)/(3+5) = 2.4$ なので,反応度が $p = 2/f = 2/2.4 \cong 0.833$, すなわち83.3%反応が進行したときに x_n が無限大になる。

また,官能基Aを2個もつモノマー(A-A)と官能基Bを f 個もつ官能性モノマー($f > 2$)の反応の場合には,二官能性モノマーに f 官能性モノマーが反応してできた ($f - 1$) 個の枝分れ鎖のうち一つが再び二官能性モノマーと反応した後, f 官能性モノマーと反応すると再び ($f - 1$) 個の枝分れが生じる。この反応が繰返されると分子量が無限大になる。この系において一つの枝分れ鎖がさらに枝分れする確率 α が $1/(f-1)$ 以上になれば分子量が無限大,すなわちゲル化にいたることになる。したがってゲル化にいたる α の臨界値 α_c は

$$\alpha_c = \frac{1}{f-1} \tag{7-3}$$

となる。今,末端AがBと反応する確率と末端BがAと反応する確率が等しいと仮定するとAとBの官能基を等量になるように仕込んだ場合 ($[A]_0 = [B]_0$), ゲル化にいたる反応度 p ($= p_A = p_B$) の臨界値を p_c とすると

$$\alpha_c = \frac{1}{f-1} = p_c^2 \tag{7-4}$$

となる。反応前の全モノマーのモル数 $[M]_0$ は

$$[M]_0 = \frac{[A]_0}{2} + \frac{[B]_0}{f} = \frac{[A]_0}{2} + \frac{[A]_0}{f} \tag{7-5}$$

であり,反応度 p のときの全分子のモル数, $[M]_0 - p_A[A]_0$ は

$$[M]_0 - p_A[A]_0 = [M]_0 - p[A]_0 = \frac{[A]_0}{2} + \frac{[A]_0}{f} - p[A]_0 \tag{7-6}$$

で表すことができる。したがって数平均重合度 x_n は

$$x_n = \frac{[M]_0}{[M]_0 - p_A[A]_0} = \frac{\{[A]_0/2\} + \{[A]_0/f\}}{\{[A]_0/2\} + \{[A]_0/f\} - p[A]_0} = \frac{f+2}{(1-2p)f+2} \tag{7-7}$$

図7-8に示した二官能性モノマーと三官能性モノマーを化学量論的な3:2のモル比で反応させた場合,式(7-4)より $p_c^2 = 1/(3-1) = 1/2$ なので $p_c = 1/\sqrt{2} \cong 0.707$ となり,反応が70.7%進行したときゲル化が始まると考えられる。このときモル分率としては小さいが分子量無限大の分子が生成している,すなわち重量平均重合度 x_w が無限大であることを示している。先に導いたように x_n が無限大のときの反応率83.3%よりも低い値となっている。$p_c = 1/\sqrt{2}$ のときの x_n は式(7-7)より

$$x_n = \frac{3+2}{\left(1 - 2 \times \frac{1}{\sqrt{2}}\right) \times 3 + 2} \cong 6.6 \tag{7-8}$$

となる。すなわち，ゲル化点では無限網目高分子が生成しているが，低分子の可溶性ゾルを多量に含んでいると考えられる。

7.4.2 熱硬化反応の利用

熱硬化性樹脂の重付加を利用した架橋ポリマーの合成としては，ポリウレタン樹脂とエポキシ樹脂の熱硬化反応などが代表的である（図7-9）。これらの熱硬化反応においては揮発成分が生成しないので硬化物に気泡が生成しにくい。エポキシ樹脂の硬化剤には図に示したエチレンジアミンやフェノールノボラックのようなポリアミンやポリフェノール以外にテトラヒドロ無水フタル酸などの酸無水物などがある。付加縮合を利用した熱硬化性樹脂としては6．2．4で説明し

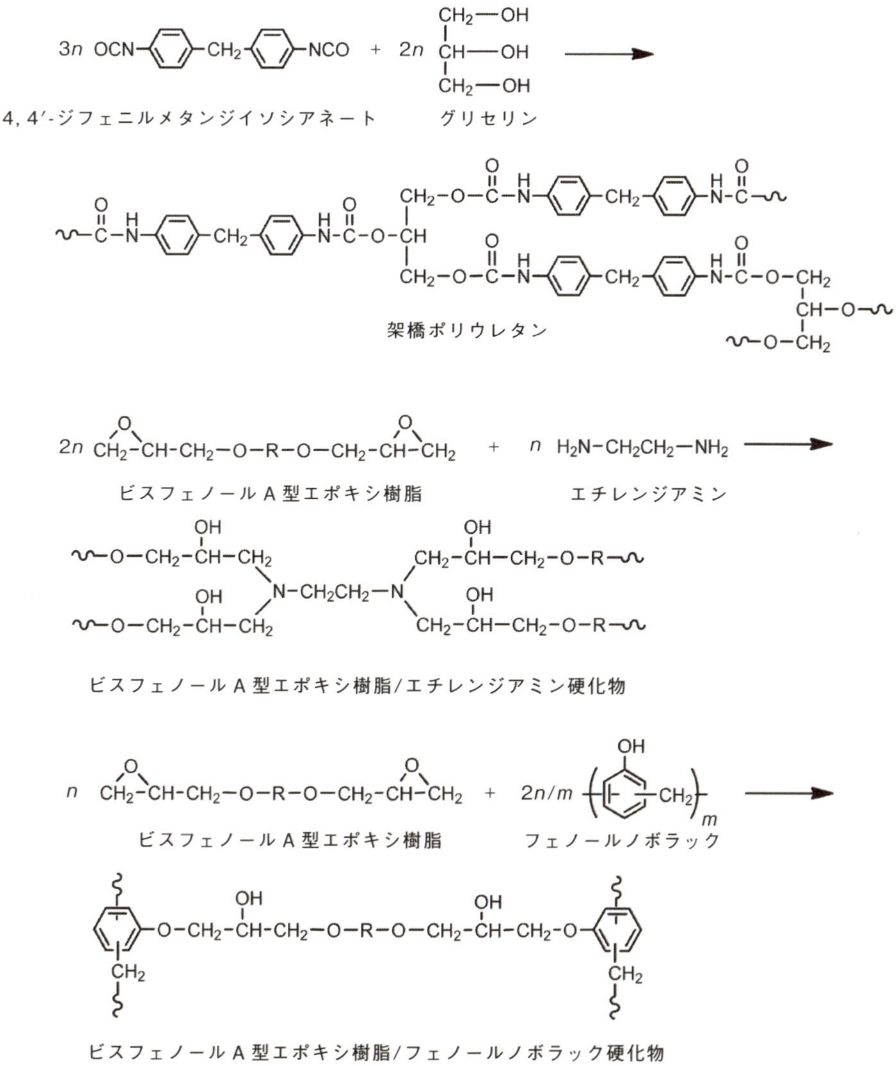

図7-9 ポリウレタン樹脂とエポキシ樹脂の熱硬化反応の例

たフェノール樹脂，尿素樹脂，メラミン樹脂などがある。

　線状ポリマーの分子間架橋を材料に利用した例としては，天然ゴムの加硫（vulcanization）処理によるゴム状弾性体の製造がある。ゴムの木から採取される樹液にギ酸などを加えて凝集させると天然ゴム（生ゴム）が得られる。天然ゴムの化学構造はcis-1,4-ポリイソプレンであるが，このままではゴム弾性を示さない。硫黄を生ゴムに練り込み加熱すると，図7-10に示したように，硫黄が熱分解してビラジカルとなり，主鎖の二重結合に隣接する水素ラジカルを引き抜くと高分子鎖上にラジカルが生成し，そこに硫黄のビラジカルが付加すると架橋が起こり網目構造が形成され，ゴム弾性を示すようになる。この加硫によるゴム状弾性体の製造は天然ゴム以外にポリブタジエン，スチレンブタジエンゴム，エチレン・プロピレン・ジエン三元共重合体（EPDM）などのジエン系合成ゴムにも利用されている。

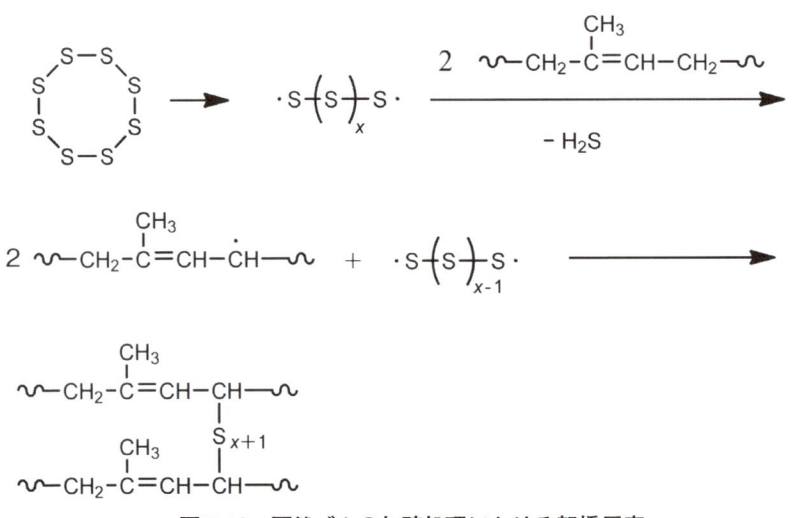

図7-10　天然ゴムの加硫処理における架橋反応

7.4.3　光硬化反応と放射線架橋の利用

　光硬化反応には，開始剤が光分解してカチオン種，アニオン種やフリーラジカルを生成し，開環重合や付加反応が進行して架橋構造が形成され硬化するタイプと，開始剤を必要とせず，架橋する官能基自体が光反応することにより硬化するタイプがある。一般的に光硬化性樹脂として塗料などに工業的に利用されているのは前者のタイプが多く，アクリレート樹脂やメタクリレート樹脂がよく用いられる。図7-11には二官能性樹脂を例示したが，一官能や三官能以上の多官能性樹脂も使用される。光重合開始剤としては図7-12に示したようにラジカル，カチオンとアニオン重合開始剤がある。ラジカル重合開始剤は光照射により励起されα-ケトカルボニル基やα-ヒドロキシカルボニル基のC-C結合がホモリティックに開裂してラジカル種が生成する。アクリレートやメタクリレート樹脂の光ラジカル重合開始剤としてよく使用される。カチオン重合開始剤として示したヨードニウム塩やスルホニウム塩は光励起されC-IやC-S結合がホモリティックに開裂して生成したヨウ素やイオウを含むカチオンラジカル種が水素ラジカルを引き抜い

た後，プロトンが脱離して酸が生成する。エポキシ樹脂やビニルエーテル樹脂の光カチオン重合などによく使用される。アニオン重合開始剤として示したニフェジピン（nifedipine）はジヒドロピリジン骨格を持ち，光照射によりピリジン環が形成されることにより塩基が生成してアニオン重合が開始される。

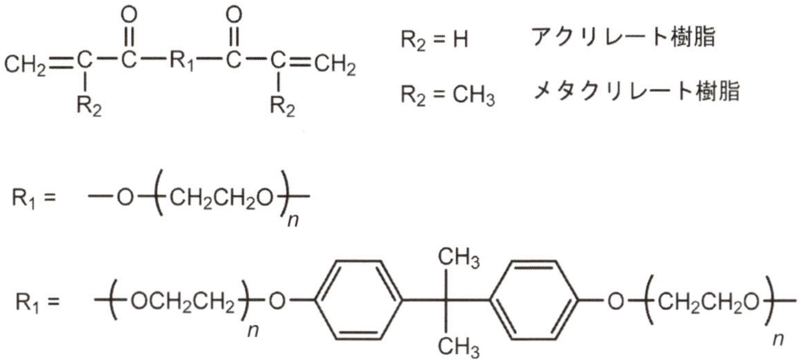

図7-11　光硬化性樹脂の例

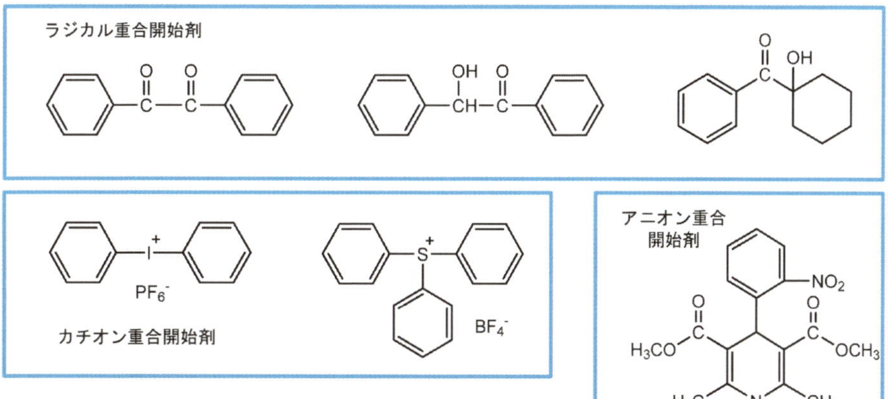

図7-12　光重合開始剤の例

官能基自体が光反応することにより硬化するタイプとしては，桂皮酸エステルやマレイミドの光二量化反応を利用したものなどがある。

高分子に高エネルギーの電磁波として X 線や γ 線，粒子線として電子線などの放射線を照射すると，主鎖中にラジカル種が生じ架橋や主鎖の切断などが起こる．このとき，どちらの反応が支配的に起こるかは，高分子の分子構造に依存する．ポリエチレン，ポリプロピレン，ポリスチレン，ポリブタジエンなどでは架橋反応が優先的に起こるのに対して，主鎖に二置換炭素をもつポリイソブチレン，ポリ(α-メチルスチレン)，ポリテトラフルオロエチレン，ポリメタクリル酸メチルなどでは主鎖切断反応が優先的に起こる．例えば，放射線架橋によりポリエチレンの力学物性の改善や透明性の向上が見られ，発泡ポリエチレンの製造にも応用することができる．また，納豆菌が生産するポリ(γ-グルタミン酸)に γ 線を照射して架橋すると，高吸水性ゲルを形成させることができる．

7.4.4 相互侵入高分子網目

相互侵入高分子網目（interpenetrating polymer network：IPN）は 2 種以上の高分子網目が化学結合をつくることなく相互に入り組んだ構造を形成した状態のことをいう．架橋高分子と線状高分子の組み合わせからなるものは Semi-IPN と呼ばれ，2 種以上の架橋高分子からなる IPN（Full-IPN）と区別される．

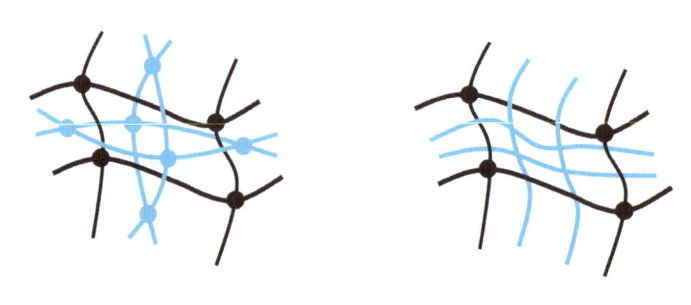

Full-IPN　　　　　Semi-IPN

Full-IPN は段階的に高分子網目を形成していく方法と同時に 2 種類以上の網目を形成させる方法がある。後者の方法では硬化機構の異なる 2 種類の硬化系を組み合わせる必要があり，例えばアクリル酸 2-エチルヘキシルとエチレングリコールジメタクリレートの混合物からなる BPO を開始剤とするラジカル重合とエポキシ樹脂とポリアミンの混合物の重付加反応を同時に行うことにより合成することができる。

Semi-IPN は，例えば，メタクリル酸メチルと 1,4-ブタンジオールジメタクリレートに光開始剤としてベンゾインを加えた光硬化系にポリエチレンオキシドを共存させ光架橋することにより合成することができる。

7.4.5 分子間相互作用の利用

熱や光硬化性樹脂におけるような共有結合により架橋した部分が，水素結合，イオン結合，配位結合，電荷移動相互作用，ファンデルワールス力などの分子間相互作用により置き換えられた構造は超分子ポリマーネットワーク（supramolecular polymer network）と呼ばれる。水素結合による架橋の例としては，ポリビニルアルコールにおける分子間水素結合や，DNA の二重らせん構造における核酸塩基の水素結合を利用したものなど，多数に報告されている。イオン相互作用を利用したものとしては，ポリアクリル酸などのカルボキシ基をもつポリマーに酸化亜鉛などを添加して，二価の金属カチオンにより分子間イオン結合した，アイオノマー（ionomer，イオノマーともいう）と呼ばれるものやポリビニルピリジニウムカチオンとポリスチレンスルホネートアニオンからなるポリイオンコンプレックス（polyion complex）などを挙げることができる。また，先に説明した熱可塑性エラストマーなども分子間相互作用による物理的な架橋を利用した材料であり，超分子ポリマーネットワークに分類することができる。アイオノマーはイオン架橋した構造の中に多量の水を保持することができるので吸水性ポリマーとして工業的に広く応用されている。

また，これらの分子間相互作用による架橋は熱可逆的に結合させたり，解離させたりすることができるので，熱溶融によるマテリアルリサイクル可能なネットワークポリマーとしても研究開発が進められている。

7.4.6　ヒドロゲルとオルガノゲル

共有結合や分子間相互作用により架橋したポリマーが，その網目構造に水を取り込んだゲル状物質はヒドロゲル（hydrogel），有機溶媒を取り込んだものはオルガノゲル（organogel）と呼ばれる。また，共有結合により架橋したゲルは化学ゲル，分子間力により架橋したゲルは物理ゲルと呼ばれる。先に述べたPEGとシクロデキストリンからなるポリロタキサンのシクロデキストリン部分を塩化シアヌルにより結合させた環動ゲルはトポロジカルゲル（topological gel）と呼ばれている。環動ゲルは架橋点が自由に動けるので，従来の化学ゲルや物理ゲルと異なる性質を示すので材料としての応用が期待されている。

ヒドロゲルは様々な分野で利用されており，例えば三重らせん構造をもつコラーゲンを分解・変性したゼラチンは水に加熱溶解し冷やすと固まるのでゼリーなどの食品に利用されている（8章参照）。これは部分的な三重鎖の形成による物理ゲルである。また，こんにゃくはグルコマンナンという多糖類のアセチル基を水酸化カルシウムにより加水分解して生成するヒドロキシ基が水素結合することによりゲル化する（8.1.6参照）。ポリアクリル酸を基本骨格とし，二官能性モノマーを共重合させたり，カルボキシ基の一部をナトリウムやカルシウムなどの金属塩にしたアイオノマーは，高吸水性樹脂として紙おむつなどに広く利用されている。また，ペンタエリスリトールの四つのヒドロキシ基を起点としてエチレンオキシドを重合した四官能性スターポリマーの末端ヒドロキシ基を化学修飾して得られるアミン末端四官能性スターポリマー（TAPEG）とN-ヒドロキシスクシンイミド末端四官能性スターポリマー（TNPEG）を水溶液中で反応させると規則的な網目構造をもった高強度ヒドロゲルが得られる（図7-13）。

図7-13 四官能性オリゴマー同士の架橋反応によるヒドロゲルの形成

オルガノゲルの例としては，家庭用テンプラ油の固化剤などに使用される(R)-12-ヒドロキシステアリン酸（HSA）がある。HSAは植物油脂などの有機溶媒に加熱溶解した後，冷却すると通常の低分子有機化合物のように再結晶することはなく，全体に溶媒を含んでゲル化する。これはHSAが分子間水素結合により自己組織化して，ナノファイバー状の網目構造を形成することによる（図7-14）。このような低分子有機ゲル化剤の例としては，HSA以外にジベンジリデンソルビトールやアミノ酸誘導体などがある（図7-15）。

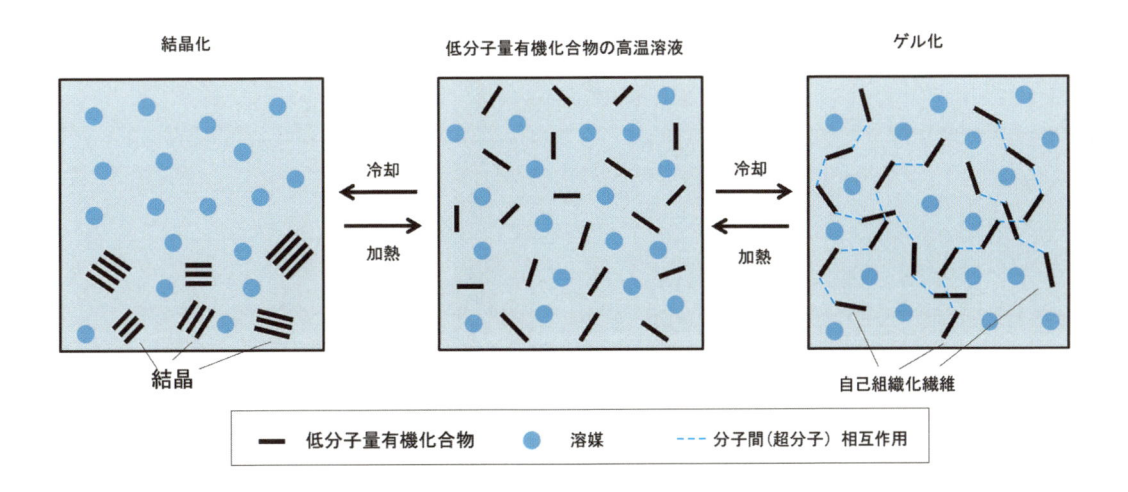

図7-14 低分子有機化合物溶液の結晶化とゲル化

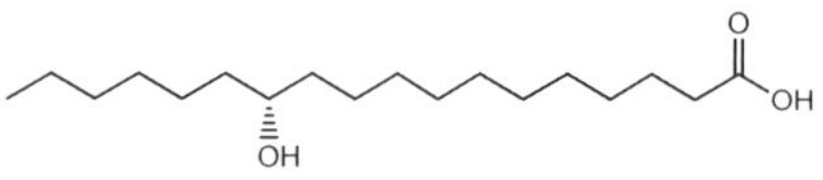

(R)-12-ヒドロキシステアリン酸(HSA)

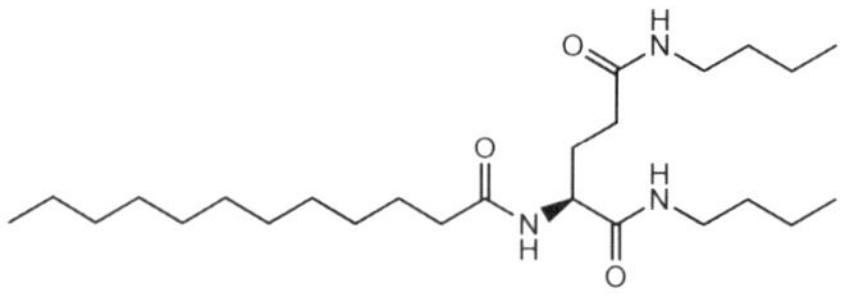

N-ラウロイル-L-グルタミン酸-α,γ-ビス(n-ブチルアミド)

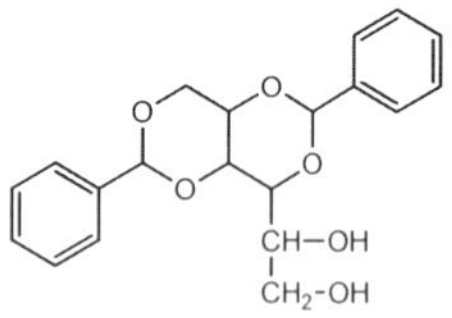

1,3:2,4-ジベンジリデン-D-ソルビトール

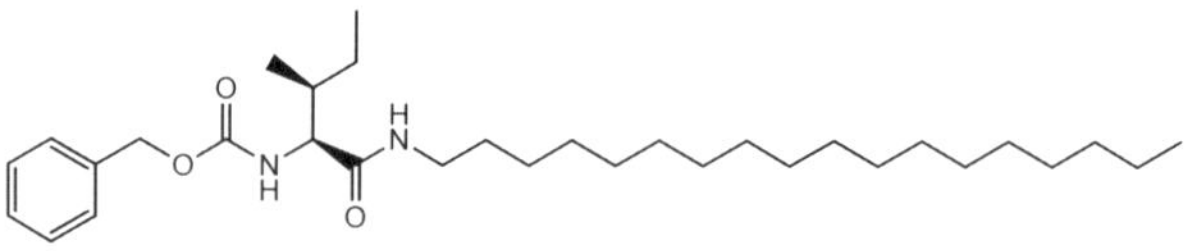

N-ベンジロキシカルボニル-L-イソロイシン　オクタデシルアミド

図 7-15　低分子有機ゲル化剤の例

また，架橋ポリエチレンオキシド，ポリフッ化ビニリデン，ポリアクリロニトリルなどとプロピレンカーボネート，エチレンカーボネート，アミド系溶媒などからなるオルガノゲルはリチウムポリマーバッテリーなどに使用されている。

演習問題

1. 7.2.1 で説明したスチレン（S）とブタジエン（B）の sec-ブチルリチウム (sec-BuLi) を用いた SB ジブロック共重合体の合成においては，どちらのモノマーを先にアニオン重合してもジブロック共重合体が得られるが，スチレン（S）とメタクリル酸メチル（MMA）の sec-BuLi を用いたジブロック共重合体の合成においては，S をまずアニオン重合した後に MMA を重合する必要があり，モノマーを加える順番を逆にするとジブロック共重合体が得られない。その理由を説明せよ。

2. アクリロニトリル－ブタジエン－スチレン共重合体（ABS 樹脂）はメッキ性，耐衝撃性，剛性などのバランスがとれた樹脂であり，工業的に広く使われている。その合成方法となぜそのような特性が発現するのかを説明せよ。

3. 次の反応について以下の問に答えよ。

$$(n+1)\ \text{OCN}-\!\!\!\!\bigcirc\!\!\!\!-\text{CH}_2-\!\!\!\!\bigcirc\!\!\!\!-\text{NCO} + n\ \text{HO}\!-\!(\text{CH}_2\text{CH}_2\text{CH}_2\text{CH}_2\text{O})_x\!-\!\text{H} \longrightarrow \boxed{A}$$

$$\xrightarrow{\text{H}_2\text{NCH}_2\text{CH}_2\text{NH}_2} \boxed{B}$$

   (1) 反応により得られるマクロモノマー A とマルチブロック共重合体 B の構造式を書け。
   (2) 共重合体 B は熱可塑性エラストマーであるが，なぜそのような特性が発現するのか，分子構造との関係で説明せよ。

4. f 官能性モノマーの逐次重合における数平均重合度 x_n を表す式 (7-2) を，二官能性モノマーと f 官能性モノマーを化学量論的な $f:2$ のモル比で反応させた場合に適応すると，そのときの x_n は式 (7-7) に一致することを示せ。

5. 図 7-9 に示したビスフェノール A 型エポキシ樹脂 $2n$ mol とエチレンジアミン n mol の熱硬化反応に関して，以下の問に答えよ。
   (1) この系は何官能モノマーと何官能モノマーのどのような官能基の化学量論関係の熱硬化反応であるのか答えよ。
   (2) この系における重量平均重合度 x_w が無限大になる場合の反応度 p_c とそのときの数平均重合度 x_n を求めよ。
   (3) この系における x_n が無限大になる場合の反応度 p を求めよ。

6. 図 7-15 に示した低分子有機ゲル化剤の分子・構造上の特徴と結晶化せずに自己組織化してゲル化することを関連づけて説明せよ。

バイオベースポリマーの合成

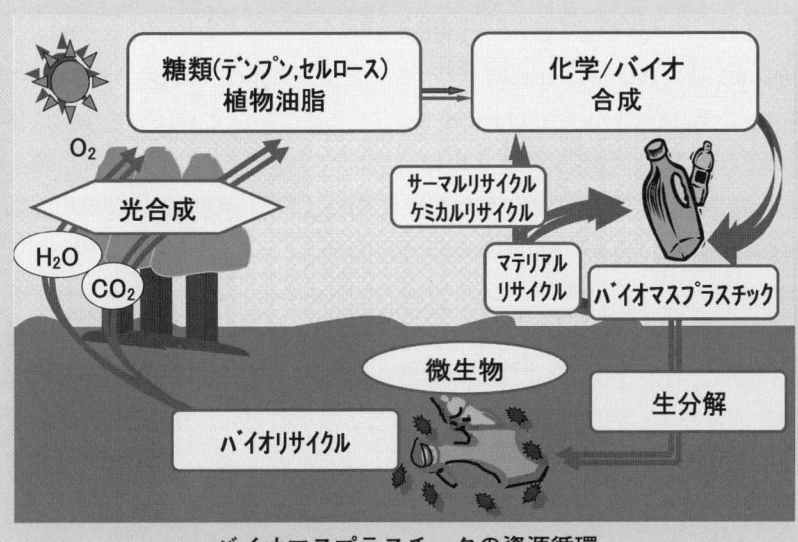

8

バイオマスプラスチックの資源循環

炭酸ガス濃度の上昇に伴う地球温暖化，環境汚染の深刻化，石油価格の高騰や将来的な石油資源の枯渇などから，21世紀になって，太陽光，風力，地熱，**バイオマス**（biomass）のような再生可能資源の利活用が非常に重要になってきた。バイオマスは，生態学では生物量を表すが，一般的には，化石資源を除いた再生可能な生物由来の有機性資源を意味する。トウモロコシ，ジャガイモ，さとうきび，植物油脂，木材，草などの農林業の資源作物，稲わら，もみ殻，間伐材などの未利用資源，建築廃材，家畜糞尿，古紙，生ごみなどの廃棄系資源などに分類される。バイオマスを材料として活用し最終的に焼却処分しても，そのときに発生する二酸化炭素の炭素原子はもともと空気中に存在した炭素原子を植物が取り込んだものなので大気中の二酸化炭素総量の増減には影響を与えない。このような特性は**カーボンニュートラル**（carbon neutral）と呼ばれる。我々が身の回りで使用している高分子材料の多くは石油資源を原料としていることから，バイオマスを原料として，その製造工程においても有機溶媒や熱エネルギーの使用をできる限り抑えて高分子材料を合成することができれば，地球温暖化を抑制することのできる材料となる。バイオマスから誘導されるポリマーは**バイオベースポリマー**（bio-based polymer），そのポリマーを成形材料にしたものは**バイオマスプラスチック**（biomass plastics）と呼ばれる。

　大量に存在し比較的容易に精製することができるバイオマス資源としては，セルロース，デンプン，キチン・キトサンなどの多糖類，大豆油，ひまし油などの植物油脂，天然ゴム，リモネン，ロジンなどのテルペン，リグニン，タンニン，フラボノイドなどの天然ポリフェノール，コラーゲン，エラスチンなどのタンパク質などがある。バイオマスからポリマー材料を合成する方法としては，バイオマスに含まれる物質を精製してそのままポリマー合成の原料として用いる方法，発酵や化学的方法によりモノマーや別のポリマーに変換してから利用する方法がある。

8.1　多糖類の利用

　糖（sugar）とは，アルデヒド（aldehyde）基またはケトン（ketone）基と複数のヒドロキシ（hydroxy）基をもつ化合物であり，アルデヒド基をもつ糖を**アルドース**（aldose），ケトン基をもつ糖を**ケトース**（ketose）という。最も単純な糖は炭素三つの三炭糖（triose）であり，アルドースとして**グリセルアルデヒド**（glyceraldehyde），ケトースとして**ジヒドロキシアセトン**（dihydroxyacetone）がある。グリセルアルデヒドの2位の炭素は置換している四つの原子団がすべて異なる**不斉炭素**（asymmetric carbon）となるため，D-体とL-体の鏡像異性体が存在する。図8-1にはそれら二つの鏡像異性体を破線-くさび形表記とフィッシャー（Fischer）投影式で示した。なお，ある化合物の旋光度が**右旋性**（dextrotatory）のものを d あるいは（＋），**左旋性**（levorotatory）のものを l または（－）で表記し，右旋性の d-グリセルアルデヒドを D-グリセルアルデヒド，左旋性の l-グリセルアルデヒドを L-グリセルアルデヒドとして，D-グリセルアルデヒドの立体配置を崩さずにできる化合物を D 体，その鏡像異性体を L 体とするのが **DL 表記**である。したがって，右旋性であるから D 体，左旋性であるから L 体とは限らない。DL 表記はグリセルアルデヒドを基本とした相対表示であるのに対して，絶対的に配置を決定するのが **RS 表記**である。不斉炭素に結合している原子の原子番号の大きいものから順に

番号をつける。グリセルアルデヒドでは OH が酸素の原子番号が 8 で一番大きいので 1 番となる。次に CHO と CH$_2$OH はともに不斉炭素に炭素が結合しているのでその次の元素の番号も足し合わせる。

D-(+)-グリセルアルデヒド　　　　L-(−)-グリセルアルデヒド　　　ジヒドロキシアセトン
〔(R)-(+)-グリセルアルデヒド〕　〔(S)-(−)-グリセルアルデヒド〕

フィッシャー　破線-くさび形　　　破線-くさび形　フィッシャー
投影式　　　　表記法　　　　　　表記法　　　　投影式

$_6C+2_8O+_1H=23$
$_6C+_8O+2_1H=16$

R：rectus（右旋性）　　S：sinister（左旋性）

図 8-1　グリセルアルデヒドとジヒドロキシアセトン（トリオース）

その際、二重結合は同じ元素が 2 個結合しているとして計算するので、図 8-1 に示したように C(=O)H は $6+2\times8+1=23$ となり、2 番となる。CH$_2$OH は $6+8+2\times1=16$ で 3 番、水素は 1 で 4 番となる。ここで 4 番目の原子団を図のようにハンドルの軸として 1、2、3 番の順にハンドルを回したとき、右に回転する場合が **R**、左に回転する場合が **S** となる。したがって、D-(+)-グリセルアルデヒドは (R)-(+)-グリセルアルデヒドであり、L-(−)-グリセルアルデヒドは (S)-(−)-グリセルアルデヒドである。

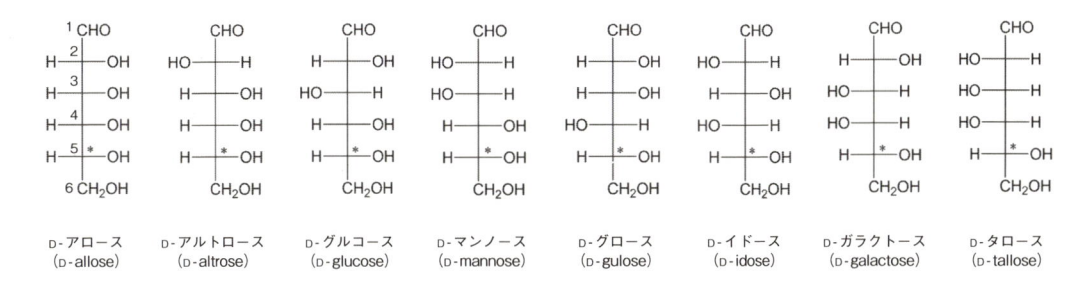

D-アロース　D-アルトロース　D-グルコース　D-マンノース　D-グロース　D-イドース　D-ガラクトース　D-タロース
(D-allose)　(D-altrose)　(D-glucose)　(D-mannose)　(D-gulose)　(D-idose)　(D-galactose)　(D-tallose)

図 8-2　8 種類の D-アルドヘキソース

炭素六つの糖である**六炭糖**（hexose）のアルドースには、不斉炭素が 4 個あるため $2^4=16$ 個の立体異性体がある。そのうち、D-グリセルアルデヒドと類似の立体配置をもった D-アルド

ヘキソース（aldohexose）には図8-2に示した8種類の立体異性体がある。地球上に最も多量に存在する有機物であるセルロース，穀物やいも類に含まれる栄養源として重要なデンプンのモノマー単位は D-グルコース（D-glucose）である。

　アルデヒドにアルコールが付加するとヘミアセタール（hemiacetal）が生成し，さらに酸触媒の存在下，もう1分子のアルコールとヘミアセタールの間で脱水反応がおこるとアセタール（acetal）が生成する。これらの反応はすべて可逆な平衡反応である。

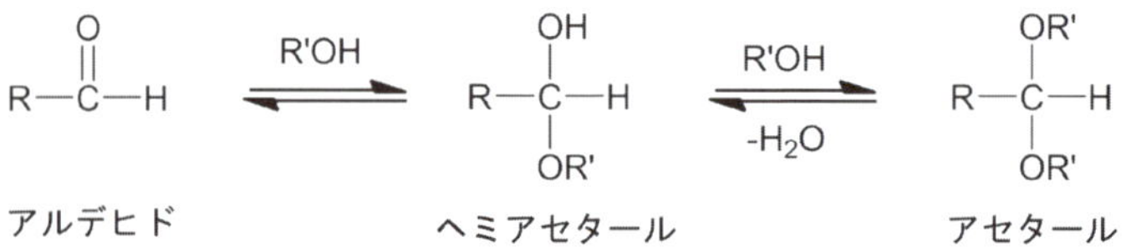

$$\text{アルデヒド} \xrightleftharpoons{R'OH} \text{ヘミアセタール} \xrightleftharpoons[-H_2O]{R'OH} \text{アセタール}$$

D-グルコースは水溶液中で分子内のアルデヒド基と5位のヒドロキシ基の間でヘミアセタール化が起こり環化する。その際，1位の炭素が不斉炭素となることにより形成される立体異性体をアノマー（anomer）と呼ぶ。D-グルコースの場合，5位の水素と1位の水素が同じ側にある β-D-グルコピラノース（あるいは β-D-グルコースともいう）と逆側にある α-D-グルコピラノース（α-D-グルコース）の二つのアノマーができる。両者のグルコピラノース環は，図8-3に示した椅子形（chair form）の立体配座が安定であるが，平衡状態で α/β がおよそ 38/62 の比率で存在する。安定な椅子形の立体配座において β-D-グルコピラノースはすべてのヒドロキシ基がエクアトリアル（equatorial）位となるのに対し，α-D-グルコピラノースでは立体的に混み合ったアキシャル（axial）位のヒドロキシ基ができるのでより不安定となる。

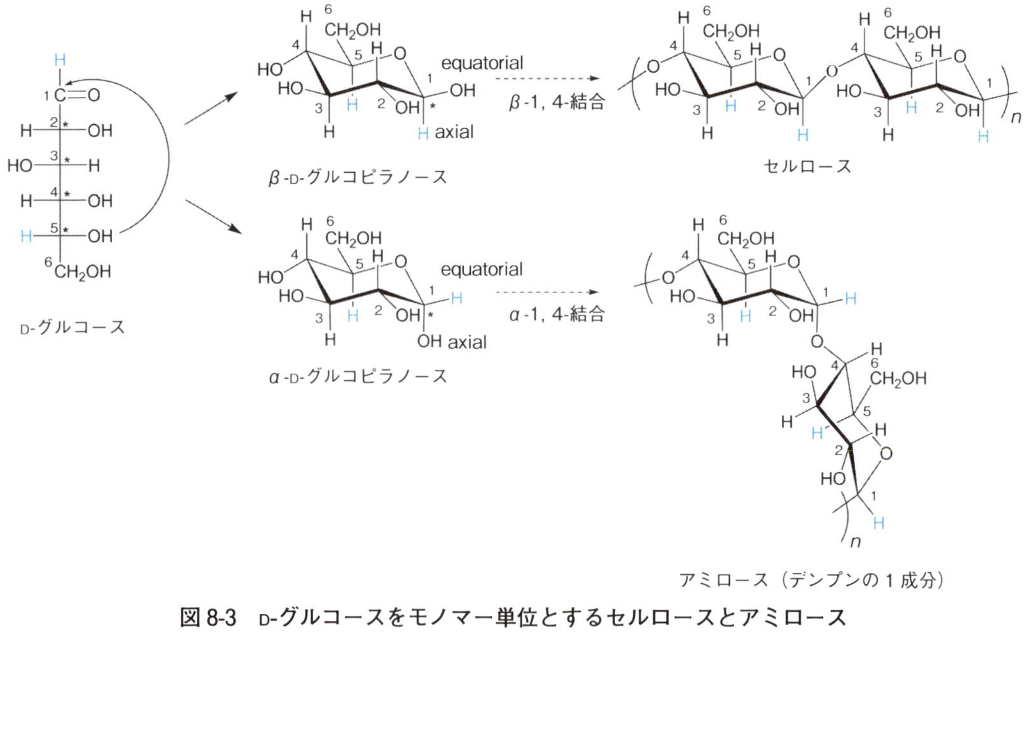

図8-3　D-グルコースをモノマー単位とするセルロースとアミロース

セルロースは β-D-グルコピラノースをモノマー単位として1位のヘミアセタールと別の分子の4位のヒドロキシ基の間でアセタール化が起こることにより重合した構造をもち，1位と4位のエーテル酸素がトランス配置となりジグザグ形の直鎖状に近い構造をとる。そのため，分子間のヒドロキシ基の強い水素結合により水や一般有機溶媒に不溶で力学的にも剛直であり，熱的には分解温度までガラス転移温度や融点も示さない。この1位と4位に形成されるエーテル結合はグリコシド結合（glycoside bond）と呼ばれる。また，セルロース分子には向きがあり，1位の炭素原子がグリコシド結合に関与していない還元性末端と4位の炭素原子がグリコシド結合に関与していない非還元性末端から成っている。

天然セルロース（セルロースI）の結晶構造はセルロース分子がすべて上向きに配列したシートとすべて下向きに配列したシートが交互になっている。基本的には同じ平行鎖構造であるが，厳密には水素結合様式などの違いにより I_α と I_β の二つの構造があることが知られている。一方，デンプンの1成分であるアミロースは α-D-グルコピラノースが α-1,4-位でグリコシド結合が形成されアセタール化した構造をもつ。この場合，1位と4位のエーテル酸素がシス配置となるため，分子内水素結合してグルコース単位約6個で一巻のらせん構造をとる。また，らせん構造自体も水素結合により平行に並び結晶構造をとる。デンプンをヨウ素／ヨウ化カリウム水溶液で処理するとアミロースのらせん構造にヨウ素分子が包接して取り込まれるため，らせん構造の長さに応じて青から赤色に呈色する。この反応はヨウ素デンプン反応と呼ばれデンプンの検出反応として用いられる。アミロースは水溶性であるため加水分解が容易となり栄養源として利用されている。

8.1.1 セルロース

セルロースは植物細胞の細胞壁に存在する地球上に最も多く存在する有機化合物である。セルロース（cellulose）という名称は，フランスの生化学者 Anselme Payen によりデンプンと同じ化学組成をもつが性質の全く異なる植物の細胞壁（cell wall）を構成する物質として1838年に命名された。木材は40〜50％のセルロース，20〜30％のリグニン，15〜25％のヘミセルロース（hemicellulose）などから成り立っている。セルロースは β-D-グルコピラノースが1,4-グリコシド結合した直鎖状ポリマーである。分子量は植物の種類により異なるが，例えば木綿ではグルコース単位の重合度は3 000個以上（分子量にして486 000以上）である。リグニン（lignin）はメトキシ基が置換したプロピルフェノールを基本骨格とした複雑な構造をもつ三次元網目構造をもつ高分子化合物であり，植物体を強固で分解しにくくする役割をしている。ヘミセルロースは，細胞壁多糖類から熱水抽出される酸性多糖類のペクチンを除いた後，アルカリ抽出される多糖類の総称であり，セルロースと水素結合，リグニンと共有結合することにより植物細胞壁を補強する役割をしている。ヘミセルロース，ペクチンとリグニンの詳細については，それぞれ8.1.6と8.4で述べる。

リグニンの基本構造

木材や草などの植物体から製紙におけるパルプ化工程によりセルロースが取り出される。物理的な力で木材を破砕しパルプ化したものは機械パルプ（mechanical pulp）と呼ばれ，得られる紙が剛直であるという特徴をもつが，繊維中にリグニンを大量に含むので長期間保存すると褐色する。木材からのパルプ収率は 80% 程度と高い。それに対して，木材を破砕してチップ化し，化学的薬剤によりリグニンを取り除いてセルロース含量を高めたパルプは化学パルプ（chemical pulp）と呼ばれ，しなやかで強度の高い紙が得られる。しかし，木材からのパルプ収率は 50% 程度と低い。化学処理の方法としては，水酸化ナトリウムと硫化ナトリウムで処理するクラフト法（kraft process）や二酸化硫黄を含む酸性亜硫酸水素カルシウムで処理するサルファイト法（sulfite process）がある。また，木材以外にバカス（サトウキビの搾りかす），わら，ケナフなどから得られる非木材パルプもある。パルプは紙以外の用途として，フェノール樹脂やエポキシ樹脂と組み合わせた紙フェノールや紙エポキシ基板として家電・民生機器のプリント基板に使用されている。パルプを酸で部分的に加水分解して得られる 20〜50 μm の微粒子は微結晶セルロース（microcrystalline cellulose：MCC）と呼ばれ，食品添加剤として利用されているが，ポリマー系複合材料としても検討されている。パルプをホモジナイザーのせん断力や衝撃力により物理的に解繊して繊維径を 0.1〜0.01 μm にしたものはミクロフィブリル化セルロース（microfibrillated cellulose：MFC）と呼ばれる。また，酢酸菌（*Acetobacter Xylinum*）が膜状のゲルとして体外に産生する生物由来のセルロースにバクテリアセルロース（bacterial cellulose：BC）があり，水を含んだ寒天状物質はナタデココとして食用とされている。BC はリグニンやヘミセルロースを含まないので純度が高く，繊維の太さが 0.1 μm 程度と植物セルロース繊維の太さ数十 μm に比べて非常に細く，その細いミクロフィブリルが網目状に絡み合っている。BC は植物由来の天然セルロースと同様にセルロース I であることが知られている。最近，MFC や BC はポリマーを補強するバイオナノファイバーとして注目されている。

　木綿の短繊維（コットンリンター）やパルプを水酸化ナトリウム水溶液に浸漬してアルカリセルロースとした後，二硫化炭素と反応させてセルロースキサントゲン酸ナトリウム（cellulose sodium xanthogenate）にしてから希アルカリ溶液で希釈するとビスコース（viscose）と呼ばれる赤褐色の粘性コロイド溶液が得られる。ビスコースを細い口金から硫酸と硫酸ナトリウムを含む凝固液中に押し出して湿式紡糸するとビスコースレーヨン（viscose rayon）と呼ばれる再生セルロース繊維が得られる（図 8-4）。同様な方法でフィルム状に押し出したものはセロハンと呼ばれる。コットンリンターや高純度木材パルプを銅アンモニア溶液に溶解し，硫酸浴に押し出して得られる繊維は銅アンモニアレーヨン（cuprammonium rayon）あるいはキュプラ（cupro）と呼ばれる。また，ユーカリなどの木材パルプから *N*-メチルモルホリン-*N*-オキシド（*N*-methylmorpholine-*N*-oxide：NMMO）でセルロースを抽出し，NMMO 希薄水溶液中に紡糸して得られる再生セルロース繊維はリヨセル（lyocell）といわれる。従来の再生セルロースが排出ガスや排水の処理に多大なコストがかかるのに対して，NMMO はリサイクルできるのでより環境負荷の低い方法であるといえる。

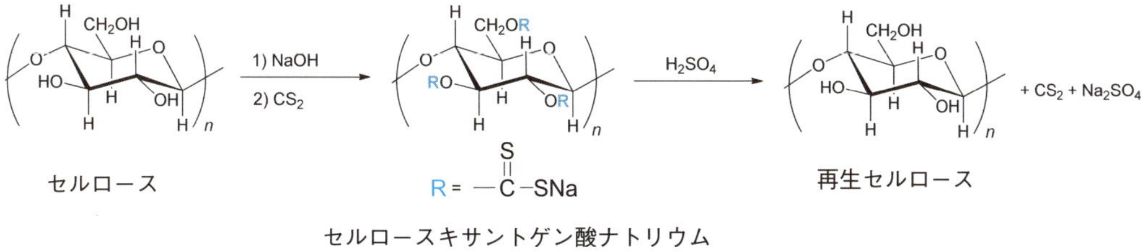

図 8-4 ビスコースから再生セルロースの生成

　天然セルロースをアリカリ処理（マーセル化，mercerization）したものや，溶液とした後，結晶化させた再生セルロースでは，結晶構造が天然セルロース（セルロースⅠ）とは異なり，セルロースⅡ型と呼ばれる単位格子中に含まれる2本の分子鎖の向きが異なる，いわゆる逆平行鎖構造をとっている。一度セルロースⅡになるとセルロースⅠには戻らなくなる。また，セルロースを液体アンモニアで処理して複合体を形成した後，水またはアルコールで洗浄して乾燥するとセルロースⅢが形成される。セルロースⅠとセルロースⅡから調製したセルロースⅢを区別して，それぞれⅢ$_I$，Ⅲ$_{II}$と表す。Ⅲ$_I$，Ⅲ$_{II}$はそれぞれⅠとⅡと同じ平行鎖と逆平行鎖である点は同じであるが，これも水素結合や疎水的凝集の様式が異なる。熱水処理によりⅢ型はもとの結晶型に戻るので，Ⅲの形成プロセスは可逆である。

　セルロースから合成されるプラスチックには，硝酸と硫酸の混酸の反応により得られるニトロセルロース（nitrocellulose），セルロースと無水酢酸／硫酸の反応により得られるセルロースアセテート（cellulose acetate），アルカリセルロースと塩化メチル（塩化エチル）またはジメチル硫酸（ジエチル硫酸）と反応させて得られるメチルセルロース（methyl cellulose）（エチルセルロース（ethyl cellulose）），アルカリセルロースとクロロ酢酸ナトリウム，エチレンオキシド，プロピレンオキシド及びアクリロニトリルの反応により得られるカルボキシメチルセルロース（carboxymethyl cellulose：CMC），ヒドロキシエチルセルロース（hydroxyethyl cellulose），ヒドロキシプロピルセルロース（hydroxypropyl cellulose）及びシアノエチルセルロース（cyanoethyl cellulose）などがある（図8-5）。ニトロセルロースは19世紀に合成された最も古い合成樹脂であり，樟脳（camphor）と混合して成形しやすくしたセルロイドはよく使用されていたが，非常に燃えやすいポリマーであり最近はあまり使われなくなった。セルロースアセテートのうち置換度2.9程度の三酢酸セルロース（triacetyl cellulose：TAC）は塩化メチレンに可溶であり液晶ディスプレイ用偏光フィルムの保護フィルムとして利用されている。TACを3倍量のアセトンに溶解して部分的に加水分解し，おもに2位と5位のヒドロキシ基がエステル化された置換度が2.4程度のものは湿式紡糸することにより繊維とすることができ，アセテートレーヨンとして衣類，タバコフィルターなどに利用されている。また，置換度が2.4程度以下のものは，遅いながらも生分解性があるとされている。

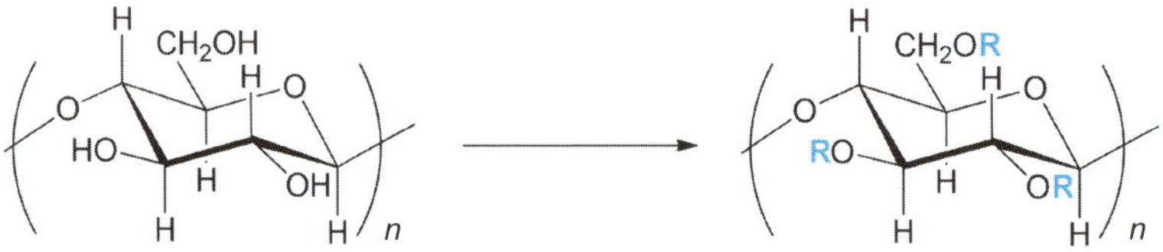

反応試薬	R	生成物
HNO_3 / H_2SO_4	NO_2 or H	ニトロセルロース
$(CH_3CO)_2O / H_2SO_4$	$COCH_3$ or H	酢酸セルロース
$NaOH / CH_3Cl$ or $(CH_3)_2SO_4$	CH_3 or H	メチルセルロース
$NaOH / CH_3CH_2Cl$ or $(CH_3CH_2)_2SO_4$	CH_2CH_3 or H	エチルセルロース
$NaOH / ClCH_2COONa$	CH_2COONa or H	カルボキシメチルセルロース
NaOH 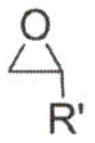 / エポキシド (R' = H or CH_3)	$(CH_2CHR'O)_mH$ or H	ヒドロキシプロピルセルロース (R' = CH_3) ヒドロキシエチルセルロース (R' = H)
$NaOH / CH_2=CHCN$	CH_2CH_2CN	シアノエチルセルロース

図 8-5　セルロースから誘導されるプラスチック

8.1.2 デンプン

デンプン (starch) は，主としてトウモロコシ，小麦，米などの穀物，ジャガイモ，サツマイモ，キャッサバなどの芋類から抽出され，分離精製の技術の確立により安価に入手することができる。例えばトウモロコシからのデンプンはコーンスターチ，キャッサバからのデンプンはタピオカとよばれ広く食品として利用されている。デンプンはアミロースとアミロペクチンの二つの成分からなり，アミロースは先に述べたようにグルコースが α-1,4-結合した分子量が数万から数十万の直鎖状ポリマーである。アミロペクチン (amylopectin) は通常，グルコース残基約 25 個に 1 個の割合で α-1,6-結合により分岐した構造をもち，分子量はアミロースよりも大きく数十万から数百万程度である。両成分の割合は植物の種類によって異なり，うるち米ではアミロースが 20 〜 25%，アミロペクチンが 75 〜 80% であるが，もち米では，ほぼ 100% がアミロペクチンである。コーンスターチではアミロース含量は約 25% である。デンプンをヨウ素／ヨウ化カリウム水溶液で処理するとアミロースやアミロペクチンの複数のグルコース単位の α-1,4-グリコシド結合により形成されるらせん構造がヨウ素分子を包接して取り込むため，らせん構造の長さに応じて赤から青色に呈色する。この反応はヨウ素デンプン反応と呼ばれデンプンの検出反応として用いられる。アミロペクチンでは分岐により直鎖状部分のらせん構造のグルコースユニット数が小さくなるため赤っぽい色に着色する。アミロースをデンプンから分離するには，両成分の溶解度差や分子間付加化合物が利用される。例えばデンプンを加圧下 105 〜 160 ℃ で水に溶解して徐冷した後，溶液にブタノールを加えると選択的にアミロースがブタノールと付加化合物を形成して沈殿化するので，定量的に分離することができる。

アミロース　　　　　　　　　　　　　　　　　　　　　　アミロペクチン

　アミロースは水溶性で結晶性があるのに対して，アミロペクチンは水に不溶で非晶性である。デンプンを水中に懸濁させ加熱すると粘性の増大とともに白濁した状態から半透明なのり状物質に変化する。この現象は糊化（こか，gelatinization）と呼ばれ，分子間の架橋反応によるものではなく，結晶性アミロースが水に溶解し始め，不溶性のアミロペクチンの分子鎖の隙間にも次第に水分子が入り込んで膨潤するために起こる。デンプンを加水分解する酵素であるアミラーゼ（amylase）には α-アミラーゼ，β-アミラーゼ，グルコアミラーゼなどがある。α-アミラーゼは α-1,4-グリコシド結合をランダムに加水分解する酵素であり，デンプンが部分的に加水分解されてデキストリンとなる。β-アミラーゼは α-1,4-グリコシド結合を逐次加水分解し二糖類のマルトースまで加水分解する。マルトースはさらに α-グルコシターゼ（マルターゼ）によりグルコースまで加水分解される。また，グルコアミラーゼは α-1,4-および α-1,6-グリコシド結合を逐次加水分解する酵素であり，デンプンからグルコースまで加水分解することができるので，グルコースの製造，アルコール発酵などに利用されている。アミラーゼは膵液や唾液に含まれる消化酵素であるが，麹カビも α-アミラーゼ，α-グルコシターゼ，グルコアミラーゼなどを体外に分泌し，米や麦に含まれるデンプンをマルトースやグルコースに分解することができる。さらに，酵母菌はそれらの二糖や単糖をアルコールに変換することができる。また，工業的にグルコースは，デンプンに希硫酸を加えて加水分解して，分解液を中和，減圧濃縮，活性炭で脱色して結晶化させることによっても製造することができる。デンプンから安価にグルコースを製造できるので，それからさらに発酵などにより各種の基幹基礎化学品を製造することができる。

　デンプンは高重合度にもかかわらず，分子の配列性が悪く高強度材料となりにくい。高分子材料として活用するにはブレンドやヒドロキシ基の化学修飾を行う必要がある。グリセリン，尿素，ソルビトールなどを添加した可塑化デンプン（plasticized starch）やポリ（エチレン-co-ビニルアルコール）（poly(ethylene-co-vinyl alcohol)：EVOH）あるいはポリ（ブチレンサクシネート）（poly(butylene succinate)：PBS）と糊化デンプンのブレンドはマタービー（Mater-Bi®：Novamont 社，イタリア，その後イーストマンケミカル社が買収）という商品名で生分解性ポリマーとして商品化されている。デンプンの化学修飾としてはデンプンのヒドロキシ基のエステル化やエーテル化以外にアクリルアミド，アクリル酸，酢酸ビニルなどとのグラフト共重合体，グルタルアルデヒド，ジイソシアネート化合物などとの架橋反応などが検討されているが，一般的に脆くて柔軟性に乏しいため広く活用されていない。デンプンの発酵法を用いた有効活用は 8.7 において詳しく述べる。

8.1.3　キチン・キトサン

キチン（chitin）はカニ，エビなどの甲殻類の殻，昆虫の甲皮，イカの軟甲，きのこなどの菌類の細胞壁に広く分布している。キチンはセルロースと似た骨格構造をもち，N-アセチル-β-D-グルコサミンが 1,4-グリコシド結合により重合したものである。キチンはカニ，エビなどの甲殻を希酸に浸漬し炭酸カルシウムを除去した後，希アルカリや酵素で処理してタンパク質を取り除いて得られる。甲殻の種類にもよるが乾燥甲殻の 1/4～1/3 程度の重量のキチンが得られる。カニ，エビなどの甲殻に含まれるキチンは α-キチンと呼ばれ，その結晶構造は分子鎖が互いに逆向きに配列した逆平行型である。それに対してイカの軟甲などから得られるキチンは β-キチンと呼ばれ，分子鎖は同じ方向に配列した平行型である。α-キチンは強い分子間水素結合により通常の有機溶媒や水，希酸，希アルカリなどには溶けないが，ジメチルアセトアミド（DMAc）/LiCl やヘキサフルオロ-2-プロパノールなどの特殊な溶媒には溶解する。これに対し，β-キチンはギ酸に完全に溶解する。

キチンを 40～45%NaOH 水溶液中，80～120 ℃で脱アセチル化すると，キトサン（chitosan）が得られる。キトサンは水やアルカリには不溶であるが，希薄なギ酸や酢酸などには溶ける。アルカリキチン水溶液を用いて，均一溶液中でランダムに約 50% 脱アセチル化したものは水溶性を示す。また，キトサンのアミノ基をランダムに約 50% アセチル化すると水溶性キチンが得られる。キチン，キトサンは種々の微生物によって容易に分解され，単糖やオリゴ糖を生成する。キトサンは有機酸水溶液中にポリカチオンとなって溶解するため，水処理用の凝集剤などとして使用されている。

8.1.4　アルギン酸

アルギン酸（alginic acid）は昆布，ワカメ，ヒジキなど褐藻類に含まれる多糖類であり，β-1,4-結合した D-マンヌロン酸（D-mannuronic acid:M）の繰返し単位からなるブロック，α-1,4-結合した L-グルロン酸（L-guluronic acid:G）の繰返し単位からなるブロックおよび M と G がランダムに配列したユニットが 1,4-結合した直鎖状のコポリマーである（図 8-6）。マンヌロン酸やグルロン酸は単糖のヒドロキシメチル基を酸化して得られるウロン酸（uronic acid）に属する。M と G の割合は褐藻類の種類により大きく異なる。アルギン酸は水に不溶であるが，アルギン酸ナトリウムなどの可溶性塩として抽出され，食品添加物その他の用途で使用されている。アルギン酸ナトリムの水溶液に塩化カルシウム水溶液を添加すると速やかにイオン交換が起

こり，アルギン酸カルシウムのゲルが生成する。G ブロックはねじれたポケット構造を有しており，その中に Ca^{2+} が侵入してエッグボックスに例えられる架橋点が形成されゲル化すると考えられている。グルロン酸含有量の高い高 G 型アルギン酸は高 M 型に比べて硬度の高いゲルを形成する（図 8-7）。アルギン酸は食品用途では増粘剤，安定剤，ゲル化剤などに用いられる。また，アルギン酸塩類は歯科材料，創傷被覆材などに用いられる。

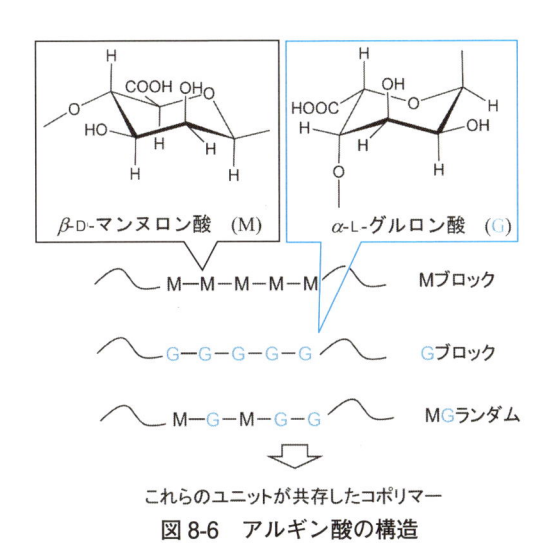

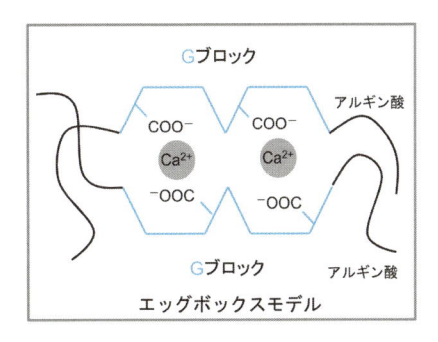

図 8-6 アルギン酸の構造

図 8-7 アルギン酸と Ca^{2+} の相互作用

8.1.5 プルラン

プルラン（pullulan）はデンプンを原料として黒酵母の1種である *Aureobasidium pullulans* を培養して得られる D-グルコース3分子が α-1,4-結合したマルトトリオースが規則正しく α-1,6 結合で繰返された直鎖状の構造をもつ分子量20万程度の多糖類である。プルランは保水力が高く，食品添加剤や可食性フィルムとして利用されている。プルランは水溶性であるが DMSO 以外の有機溶媒にはほとんど溶解しない。また，5% 重量減少温度が 295 ℃で分解温度までガラス転移温度（T_g）は観測されない。プルランを DMAc 懸濁液中で塩化アセチル／ピリジンと反応させると，酢酸プルランを合成することができる。塩化アセチル／ピリジンの仕込み量を調節することにより，置換度を自在に制御することができる。置換度 1.0 でガラス転移温度が 193 ℃に現れ，置換度の上昇とともに T_g が低下して，置換度 2.4 で T_g 153 ℃となり，最大置換度 3.0 で T_g 163 ℃と少し高い値を示す。また，置換度 1.7 以下の酢酸プルランは 30 日で 50% 以上の良好な生分解性を示す。その他，イソシアネート類との反応によるウレタン化プルランや臭化アルキルとの反応によるアルキルエーテル化プルランなどが合成されており，いずれも置換度の上昇とともに T_g が低下し，熱溶融性や有機溶媒可溶性を付与することができる。

プルラン

8.1.6 その他の糖類

その他のバイオマス由来の多糖類について簡単に紹介しておく。8.1.1で述べたように植物細胞壁を構成するセルロース以外の多糖類としてはヘミセルロースとペクチンがある。ヘミセルロース（hemicellulose）はキシロース，グルコース，マンノース，グルクロン酸など様々な糖が複雑な様式で結合した多糖類であり，植物の種類により含まれるヘミセルロースの構造も異なるが，例えばイネ目ではキシラン（xylan），多くの被子植物ではキシログルカン（xyloglucan）などが主なものである。キシランはD-キシロース（D-xylose）がβ-1,4-結合した主鎖を基本構造とし，一部のD-キシロース残基のヒドロキシ基にL-アラビノース残基やD-グルクロン酸残基が結合しているのが一般的である。キシランの加水分解により得られるキシロースを水素添加すると糖アルコールであるキシリトールが得られる。キシリトールは甘味料として工業的に利用されている。キシログルカンは，主にD-グルコースがβ-1,4-結合した主鎖にα-D-キシロース残基が結合したものである。ペクチン（pectin）はガラクトースが酸化されたガラクツロン酸（galacturonic acid）がα-1,4-結合したホモガラクツロナンを主な成分とする。

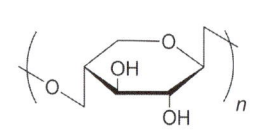

キシランの基本構造
（ヘミセルロースの一つ）

ホモガラクツロナンの基本構造
（ペクチンの一つ）

グルコマンナン（glucomannan）はコンニャクイモや針葉樹の細胞壁に多く含まれる多糖類であり，主にD-グルコース（Glc）とD-マンノース（Man）が約2：3の割合でβ-1,4-結合した直鎖状多糖類からなり，9〜19個のアルドヘキソース残基に一つ程度の割合でヒドロキシ基がアセチル化されているので水溶性を示す。グルコマンナン水溶液を水酸化カルシウムや炭酸ナトリウムで処理するとアセチル基が加水分解してヒドロキシ基になり水素結合して凝集するためゲル化する。ゲル化物は食品のコンニャクとして利用されている。

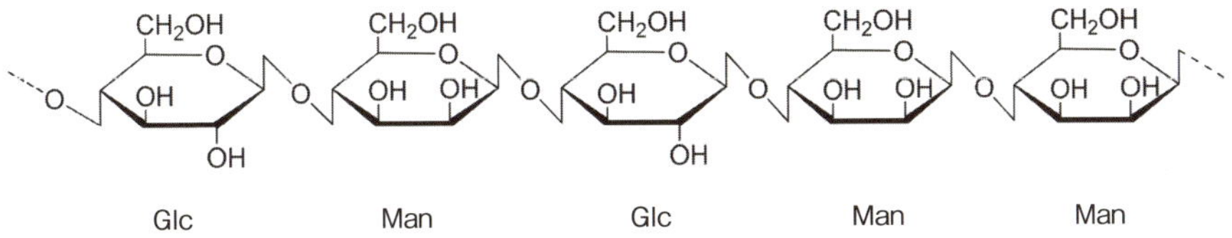

グルコマンナンの基本構造

カードラン（curdlan）は *Agrobacterium* や *Alcaligenes* などの細菌が培地中に生産する直鎖状多糖類であり，D-グルコースが β-1,3-結合した構造をもつ。加熱すると固まる性質（curdle）をもつことからカードランと命名された。カードランの水分散液は 80 ℃以上で非可逆性のゲルとなり，加熱温度の上昇とともにゲル強度が強くなる性質をもち，ゲル化剤や増粘剤として食品添加物や整髪料として利用されている。

ヒアルロン酸（hyaluronic acid）は硝子体や関節など生体内の細胞外マトリックスに広く分布する多糖類であり，特に関節軟骨の機能維持に重要な役割をしている。グルクロン酸と *N*-アセチルグルコサミンが β-1,4 と β-1,3-結合した二糖類が繰返された構造からなる分子量 100 万以上のムコ多糖である。

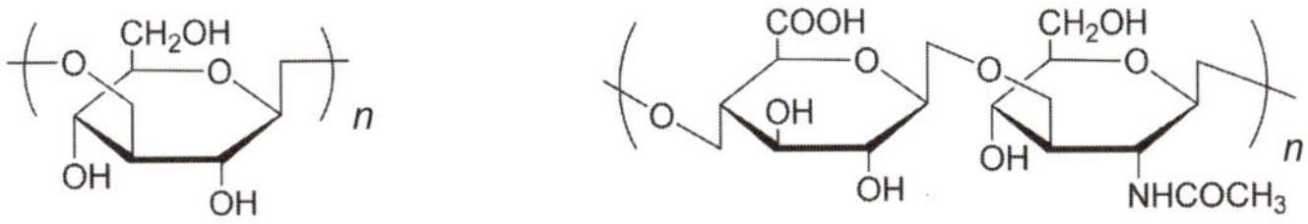

カードラン　　**ヒアルロン酸**

キサンタンガム（xanthan gum）はデンプンを細菌 *Xanthomonas campestris* により発酵させて作られるグルコース 2 分子，マンノース 2 分子，グルクロン酸 1 分子の繰返しからなる分子量 200 万以上の多糖類である。水と混合すると増粘するので化粧品や食品の増粘剤として利用されている。

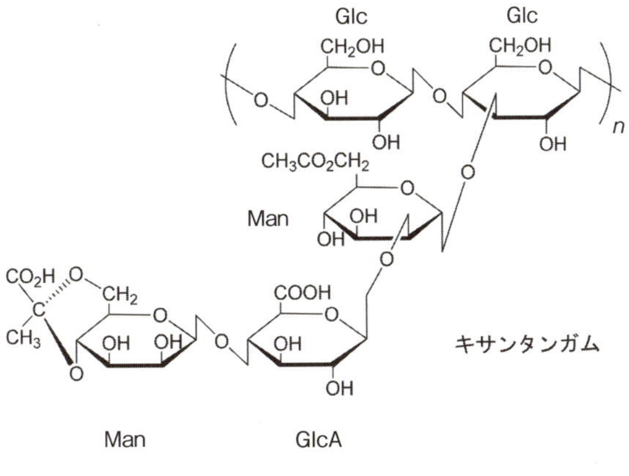

キサンタンガム

8.2 植物油脂の利用

8.2.1 油脂の分類

油脂とは図 8-8 に示したように脂肪酸とグリセリンのエステルでトリグリセリド (triglyceride) あるいはトリアシルグリセロール (triacylglycerol) の構造を有するもので，常温で液体の脂肪油 (油，fatty oil) と固体の脂肪 (fat) がある。脂肪油の酸化を受けることによる固まりやすさはヨウ素価 (iodine value) で評価され，脂肪油 100 g 当たりの脂肪酸部分の不飽和 C=C 結合へのヨウ素分子の付加量で表される。ヨウ素価が 130 g-I_2/100 g 以上が乾性油 (drying oil)，130〜100 が半乾性油 (semi-drying oil)，100 以下が不乾性油 (non-drying oil) に分類される。油脂には植物の種子あるいは果実から採油される植物油脂と魚，牛，豚など由来の動物油脂がある。図 8-9 に油脂の分類を示した。

図 8-8 植物油脂の構造と加水分解により得られるグリセリンと脂肪酸

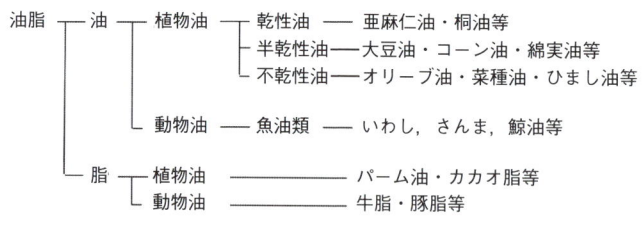

図 8-9 油脂の分類

世界の油糧種子生産量（2009 年度）は食用油となる大豆が最も多く約 2 億 6 000 万 t，次に菜種が 5 900 万 t，綿実が 4 400 万 t である。主に塗料として使用される亜麻仁油は 198 万 t，非食用であり工業用，医薬用に使用されるひまし油は 154 万 t となっている。植物油脂を構成する不飽和脂肪酸としては，図 8-10 に示したオレイン酸 (oleic acid)，リノール酸 (linoleic acid)，α-リノレン酸 (α-linolenic acid) が代表的である。一般的な植物油脂の構成成分として含まれるそれら三つの不飽和脂肪酸の割合を表 8-1 に示した。

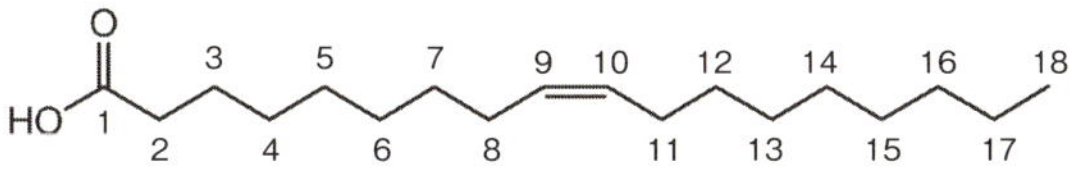

オレイン酸　$C_{18}H_{34}O_2$

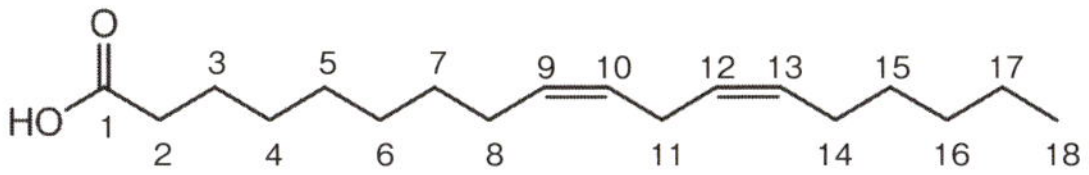

リノール酸　$C_{18}H_{32}O_2$

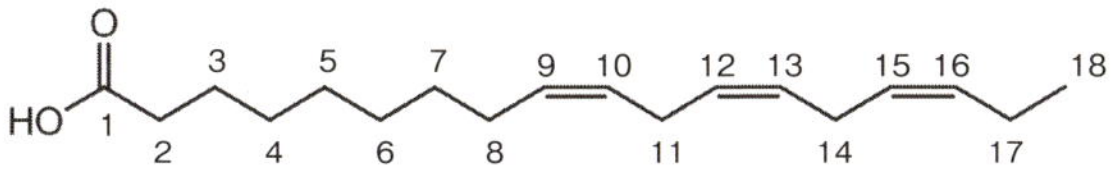

α-リノレン酸　$C_{18}H_{30}O_2$

図 8-10　植物油脂を構成する代表的な不飽和脂肪酸

表 8-1　植物油を構成する不飽和脂肪酸の代表的な組成

植物油脂	オレイン酸（%）	リノール酸（%）	α-リノレン酸（%）
大豆油	25	54	7
コーン油	30	53	2
菜種油	59	23	10
綿実油	19	57	0
胡麻油	40	45	0
オリーブ油	70	13	1
亜麻仁油	21	16	56

　不乾性油のオリーブ油や菜種油は不飽和 C=C 結合が 1 個のオレイン酸が主成分となっている。半乾性油の大豆油，コーン油は不飽和 C=C 結合が 2 個のリノール酸が主成分である。乾性油の亜麻仁油は不飽和 C=C 結合が 3 個の α-リノレン酸が主成分である。桐油（tung oil）はトウザイグサ科のアブラギリの種子から採取される乾性油であり，木工製品などの塗料として使用される。脂肪酸成分としては，反応性の高い共役トリエン構造をもつ α-エレオステアリン酸（α-eleostearic acid）が 82% と主成分で，その他，α-リノレン酸が 8.5%，オレイン酸が 4.0% 含まれる（図 8-11）。また，ひまし油（castor oil）はトウザイグサ科のトウゴマの種子から採取されるヒドロキシ基をもつ不乾性油であり，リシノール酸（ricinoleic acid）が 87% と主成分で，オレイン酸が 7.0%，リノール酸が 3% 含まれる。

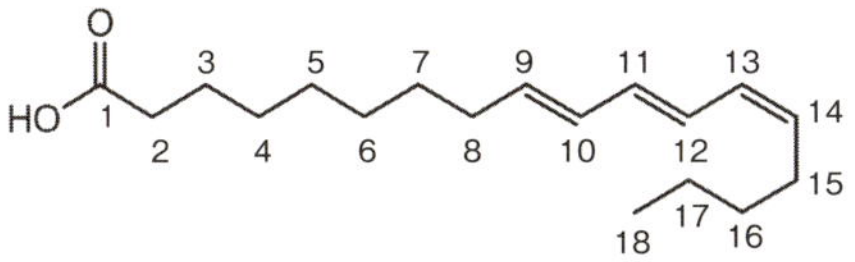

α-エレオステアリン酸 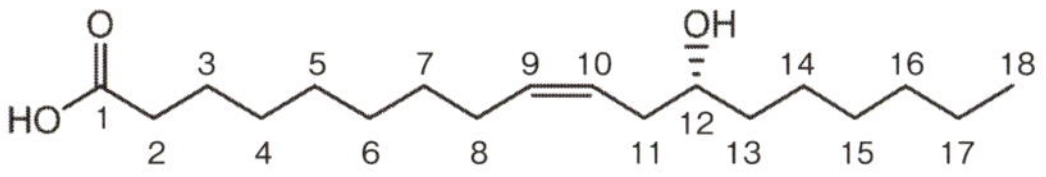　　　　　　リシノール酸

図 8-11　桐油とひまし油を構成する主成分の不飽和脂肪酸

8.2.2 植物油脂の樹脂としての利用

　植物油脂は加メタノール分解することにより,脂肪酸メチルエステルとグリセリンに分解することができる。得られた脂肪酸メチルエステルはバイオディーゼル（biodiesel）と呼ばれ環境にやさしい燃料として利用されており,副生するグリセリン（glycerin, glycerol）も基礎化学製品として利用することができる（8.6参照）。今後,地球温暖化を抑制するためにも植物油脂を石油代替のエネルギー源として使用することが望まれる。さらに,植物油脂は燃料以外に石油由来の熱硬化性樹脂や光硬化性樹脂としての利用や植物油脂を分解することにより得られる基礎化学品を各種材料の原料として活用することを推進する必要がある。

　大豆油の不飽和C=C結合を過酸化水素でエポキシ化したエポキシ化大豆油（epoxidized soybean oil:ESO）は工業的に生産されており,プラスチックの可塑剤や安定剤として使用されている。同様な方法により亜麻仁油からエポキシ化亜麻仁油（epoxidized linseed oil）が製造されており,ESOよりも1分子当たりのエポキシ基の数が多いので架橋密度の高い樹脂を得ることができる。また,ESOにアクリル酸を反応させたエポキシ化大豆油アクリレート（acrylated epoxidized soybean oil:AESO）も工業的に生産されており,塗料用途などで柔軟性を付与するための添加剤として利用されている（図8-12）。ESOやAESOに他の耐熱性硬化剤を組み合わせて熱あるいは光硬化することにより力学物性や耐熱性を改良することができれば,石油由来のビスフェノールA型エポキシ樹脂やそのアクリレート樹脂を代替することのできる材料になることが期待されている。

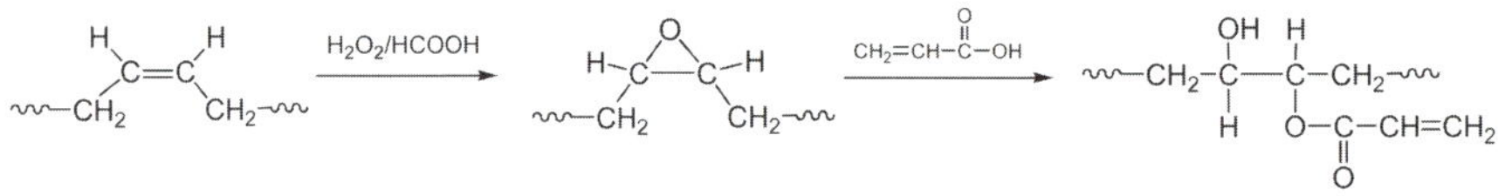

図8-12　エポキシ化大豆油とエポキシ化大豆油アクリレートの合成

　桐油を構成する脂肪酸のα-エレオステアリン酸は9-$trans$, 11-$trans$, 13-cis共役トリエン構造をもつため反応性が高く,環境にやさしい塗料として活用されている。今後,石油由来の熱硬化性樹脂の代替となる材料として期待される。

　ひまし油はトリグリセリド当たり約2.5個のヒドロキシ基をもつポリオールであり,ジイソシアネート化合物と組み合わせて熱硬化させることにより,ポリウレタン樹脂として活用されている。また,ひまし油は酸触媒により脱水すると反応性の高い共役ジエン構造を含む脱水ひまし油が得られ,乾性油として塗料,印刷インキなどに利用されている。図8-13に示したように,ひまし油の加メタノール分解により得られるリシノール酸メチルを熱分解すると10-ウンデセン酸メチル（ウンデシレン酸メチル）とヘプタナールが生成する。10-ウンデセン酸メチルから加水分解,過酸化物の存在下か紫外線照射による臭化水素の反Markovnikov型付加,さらにアンモニアによる置換反応を経て11-アミノウンデカン酸が得られる。11-アミノウンデカン酸からはナイロン11を製造することができる。

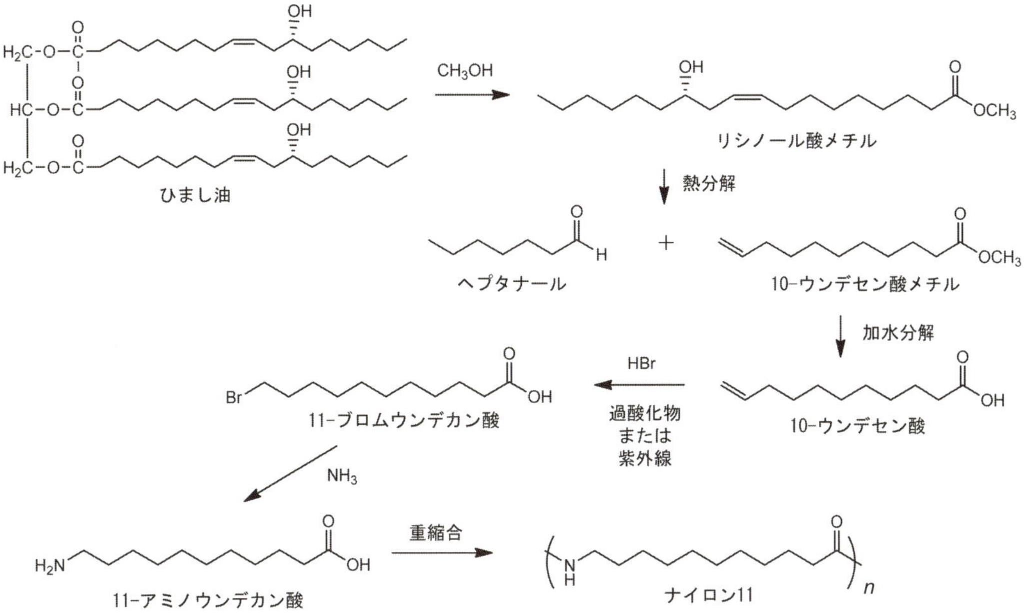

図 8-13 ひまし油からナイロン 11 の合成経路

また，図 8-14 に示したようにリシノール酸のアルカリ溶融により開裂分解すると炭素数 10 個のジカルボン酸，セバシン酸（sebacic acid）が得られる。セバシン酸は，1,6-ヘキサメチレンジアミンの重縮合によりナイロン 610 の製造や，ポリエステル樹脂やアルキド樹脂の製造にも使用されている。

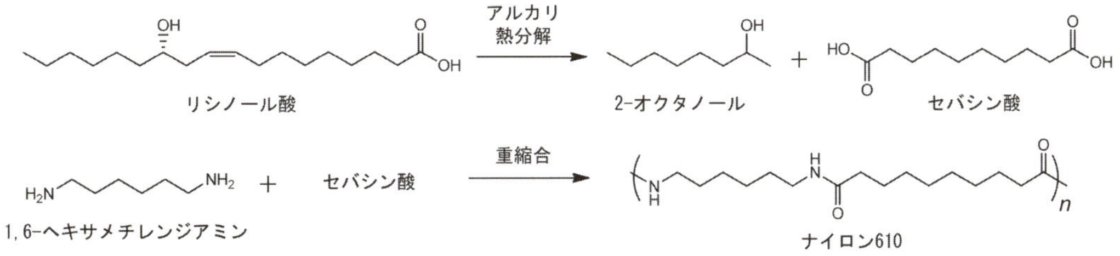

図 8-14 ひまし油から誘導されるリシノール酸を用いたナイロン 610 の合成

8.3　テルペンの利用

8.3.1　テルペンの分類

テルペン（terpene）は植物，昆虫，菌類などによって作り出されるイソプレンを構成単位とする炭化水素の総称である。また，カルボニル基やヒドロキシ基をもつテルペン誘導体はテルペノイドと呼ばれ，テルペン炭化水素を含めてテルペン類と称される。テルペンの語源はテレピン油（turpentine）である。テレピン油とはマツ科の樹木のチップやそれらの樹木から得られた松脂を水蒸気蒸留することにより得られる精油であり，主成分として α-ピネン（α-pinene）や β-ピネン（β-pinene）などの炭素数 10 個のテルペンが含まれている。そのため，炭素数 10 個

(C_{10}）の化合物を基準としてモノテルペンと呼び，炭素数5個のイソプレンはヘミテルペンと呼ばれる。炭素数15，20，25，30からなるテルペンは，それぞれセスキテルペン，ジテルペン，セスタテルペン，トリテルペンと呼ばれる。

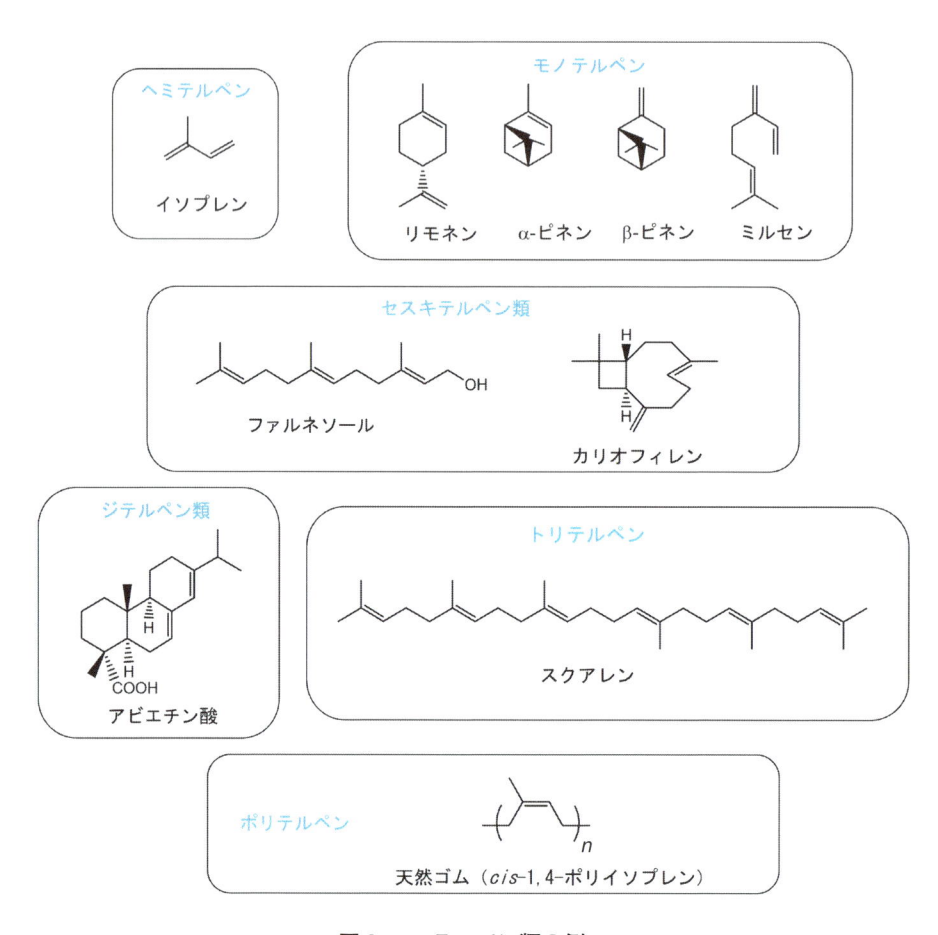

図8-15 テルペン類の例

　モノテルペンはイソプレン単位が2個からなっており，$C_{10}H_{16}$の分子式で表すことができる。代表的なモノテルペンとしてはレモンやオレンジ類の香気成分であるリモネン（limonene），松脂や松精油に含まれるα-ピネンとβ-ピネン，月桂樹の精油に含まれるミルセン（myrcene）などがある。また，ミルセンはβ-ピネンの熱分解により製造することができる。セスキテルペンには代表的なものとしてバラやレモングラスの精油に含まれるファルネソール（farnesol），フトモモ科のクローブのつぼみや花，コショウなどに含まれるカリオフィレン（caryophyllene）などがある。ジテルペン類には松脂を蒸留して得られるロジン（rosin）の主成分のアビエチン酸（abietic acid），トリテルペン類には鮫の肝油に含まれるスクアレン（squalene）などがある。また，天然ゴムはイソプレンが重合したcis-1, 4-ポリイソプレンからなっていることは2.1.1で説明した（図8-15）。

8.3.2 テルペンから誘導される樹脂

天然ゴムと同じ構造の cis-1,4-ポリイソプレンは，Ziegler-Natta 触媒を用いてイソプレンを付加重合することにより合成することができ，合成ゴムとして広く利用されている。イソプレン自体はヘミテルペンであり動植物の体内で生成されるが，単離することは困難なので，合成ゴムの原料としてはナフサの熱分解により得られる石油由来のイソプレンが使用されている。

モノテルペンのリモネンとピネンは単独付加重合，スチレン誘導体との共重合およびフェノール類との付加縮合により，それぞれテルペン樹脂，芳香族変性テルペン樹脂およびテルペンフェノール樹脂として工業的に生産されており，主に他のプラスチックに添加する粘着性付与剤として利用されている（図8-16）。特に，テルペンフェノール樹脂はエポキシ樹脂の原料や硬化剤にも利用されており，従来のフェノールノボラックを用いた場合よりも耐水性などを改良することができる。ジテルペン類のロジンもレゾール樹脂との反応によりロジン変性フェノール樹脂として工業的に製造されている。

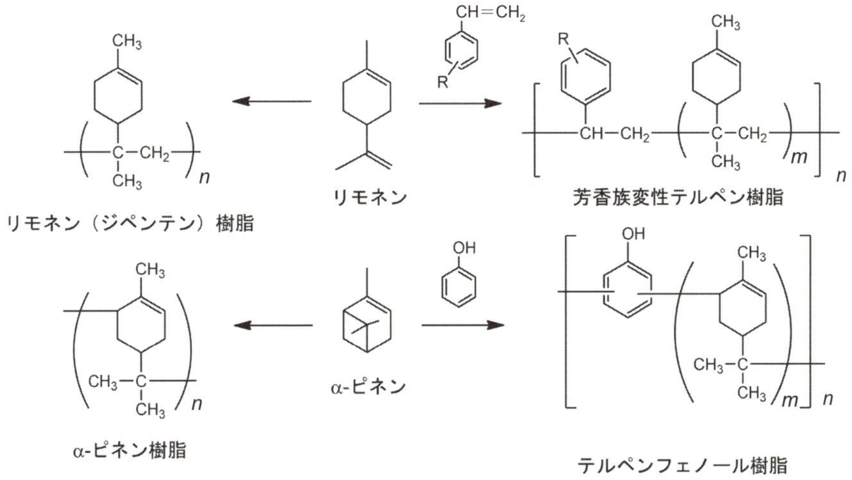

図8-16 テルペン樹脂，芳香族変性テルペン樹脂，テルペンフェノール樹脂

8.4　天然ポリフェノールの利用

石油由来のベンゼン，トルエン，キシレン，フェノール，テレフタル酸，フェニレンジアミンなどの芳香族化合物から誘導されるプラスチックは，高強度，高耐熱など高性能なものが多い。天然物から誘導される芳香族化合物もポリマー合成の原料として利用していくことが重要である。先に述べた木質成分のリグニンは前駆体のシナピルアルコール（sinapyl alcohol），コニフェリルアルコール（coniferyl alcohol），p-クマリルアルコール（p-coumaryl alcohol）が架橋して複雑な三次元網目構造を形成した天然ポリフェノールである（図8-17）。針葉樹リグニンはコニフェリルアルコール（芳香環部をグアイアシル核（guaiacyl unit:G核）と呼ぶ）のみから構成され，広葉樹リグニンはコニフェリルアルコールとシナピルアルコール（芳香環部分構造

をシリンギル核（syringyl unit:S 核）と呼ぶ）から形成されている。草本系リグニンは，p-クマリルアルコール（芳香環部を p-ヒドロキシフェニル核（p-hydroxyphenyl unit:H 核）と呼ぶ）を含む3成分から成っている。針葉樹では G 核の空いたオルト位で網目構造が発達し強固な三次元構造が形成されるため，広葉樹よりもリグニン構造の分解が難しくなっている。リグニン自体は網目ポリマーで不溶・不融であるため，植物組織から単離するためには，分解反応を用いる必要がある。

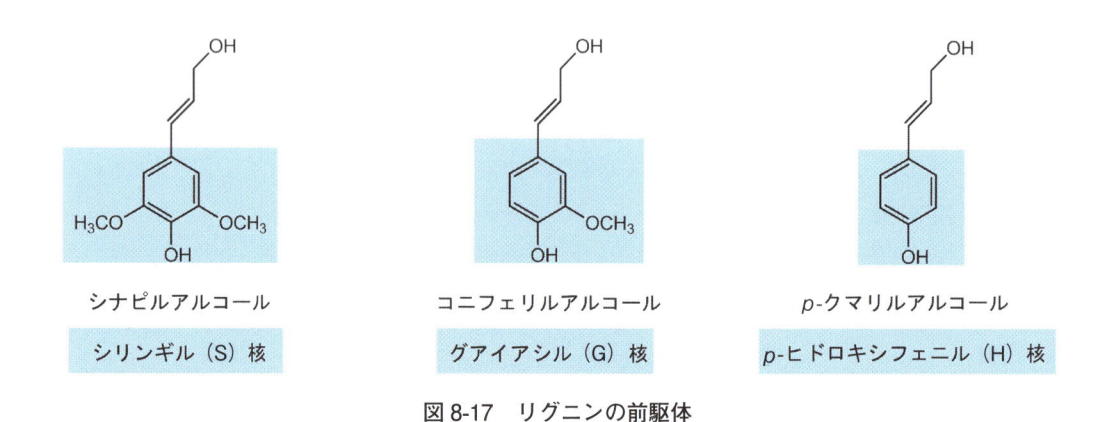

シナピルアルコール
シリンギル（S）核

コニフェリルアルコール
グアイアシル（G）核

p-クマリルアルコール
p-ヒドロキシフェニル（H）核

図 8-17　リグニンの前駆体

製紙工場で木材チップの薬剤処理により木材パルプを取り出した廃液を濃縮したものは黒液（こくえき，black liquor）と呼ばれ，リグニンやヘミセルロース，薬剤などを含有している。黒液の燃焼熱は重油の 1/2〜1/3 であるが火力発電のためのバイオマス燃料として利用されている。サルファイトパルプの廃液から得られるリグニンスルホン酸は，二酸化硫黄を含む酸性亜硫酸水素カルシウム（$Ca(OSO_2H)_2$）溶液から単離され，比較的分子量が高く，芳香環がスルホン化されている。遊離のスルホン酸型と Ca 塩や Mg 塩として塩析されるものがある。苛性ソーダ（NaOH）と硫化ナトリウム（Na_2S）を加え熱処理するクラフトパルプ製造工程での廃液を酸で中和して析出するクラフトリグニンは，リグニン網目構造のエーテル結合が開裂して低分子量化し，メトキシ基のエーテルも開裂してフェノール性ヒドロキシ基が増加する。使用する Na_2S により芳香核がチオフェノール化されている。その他，硫化ナトリウムを加えず苛性ソーダと炭酸ナトリウム（Na_2CO_3）で処理するアルカリ蒸解法で得られるリグニンや，含水アルコールと酸触媒で可溶化したリグニンがあるが工業的にはほとんど利用されていない。別の方法として，木粉，クレゾールなどのフェノール類を 72% 硫酸で処理してリグニンを分解させながらフェノール類と反応させてリグノフェノールとして分離する方法や高温高圧水によりリグニンを分解し可溶化する方法なども検討されている。これらの材料はフェノール樹脂，エポキシ樹脂の硬化剤や原料などとしての利用について検討されている。現状ではリグニンの分解により単離されるリグニン誘導体は構造が明確ではない混合物が多いので，ポリマー合成のモノマーとして使用するのには更なる検討が必要である。

図 8-17 のリグニン前駆体のアルコール部分を酸化してカルボン酸に変換した形のヒドロキシ

桂皮酸（hydroxycinnamic acid）誘導体も植物体に広く含まれる（図8-18）。*p*-クマル酸（*p*-coumaric acid）はピーナッツ，トマト，ニンジンなどの食用植物にも広く存在するリグノセルロース構成成分である。*o*-クマル酸は配糖体として植物に存在し，閉環すると桜の葉の香り成分のクマリン（coumarin）となる。フェルラ酸（ferulic acid）は，細胞壁の中でリグニンと多糖を繋ぎ合せる役目をしており大豆や小麦の外皮（ふすま）や米糠から抽出される。シナピン酸（sinapic acid）は量的には少ないが天然に存在し，MALDI-MSのマトリックスとしてよく使用される。シナピン酸のC=Cを酸化開裂した形に相当するシリング酸（syringic acid）はアサイー油に含まれる。同様にフェルラ酸の酸化分解物に相当するバニリン酸（vanilic acid）は漢方薬に使われるトウキの根やアサイー油に含まれ，チョウジの精油に含まれるバニリンのアルデヒド基の酸化により製造することができる。また，*p*-クマル酸の酸化分解物に相当する*p*-ヒドロキシ安息香酸（*p*-hydroxybenzoic acid:PHB）はココヤシなどに含まれるが量的に少なく，工業的にはカリウムフェノキシドと炭酸ガスのKolbe-Schmitt反応により化学合成されている。PHBは液晶ポリエステルの重要は原料モノマーである。これらの天然芳香族ヒドロキシ酸も量的に多く存在するものはポリマー合成の原料としての利用が期待される。

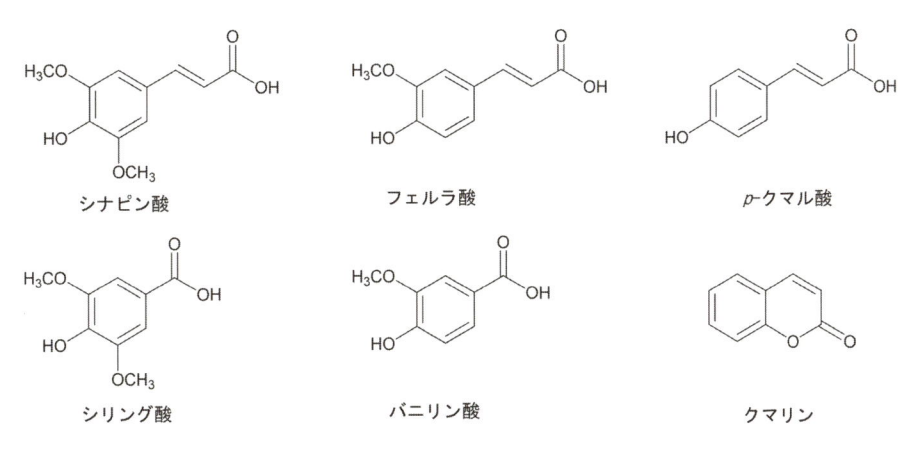

図8-18　天然に存在する芳香族ヒドロキシ酸誘導体の例

フェノール誘導体ではないが，マンデル酸（mandelic acid）はアーモンドに含まれる配糖体のアミグダリンを希塩酸で加水分解して得られる芳香族 *α*-ヒドロキシ酸である。工業的にはベンズアルデヒドのシアノヒドリンを加水分解することにより製造される。マンデル酸は乳酸のメチル基がフェニル基に置き換わった構造をもち，単独の二量体環状エステルは開環重合できないが，乳酸あるいはグリコール酸との混合環状エステルは開環重合により，マンデル酸と乳酸あるいはグリコール酸の共重合体に変換することができる。

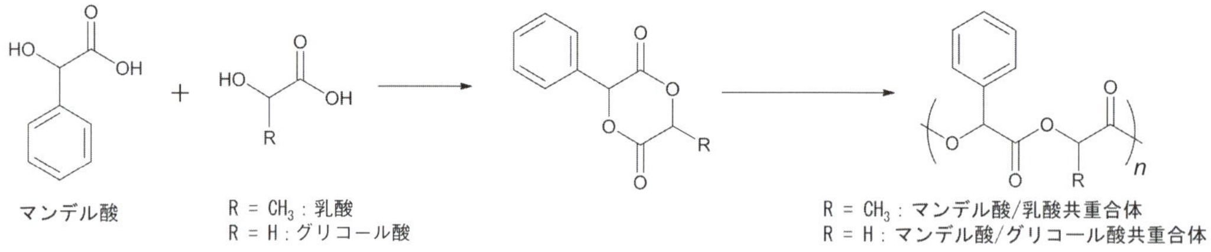

また，図8-19に示したフェノール誘導体は天然物から比較的安価に誘導することのできる化合物である。没食子酸（gallic acid）はヌルデというウルシ科の植物にヌルデシロアブラムシが寄生してできる虫えい（gall）というこぶ状の突起に多く含まれるタンニン酸（tannic acid）を加水分解することにより得られる。また，ピロガロール（pyrogallol）は没食子酸の脱炭酸により得られる。没食子酸とピロガロールは医薬品や化学薬品の原料として重要である。オイゲノール（eugenol）はクローブやローリエなどの精油に含まれる成分であり，医薬品，香料，殺菌剤などの原料として使用されている。オイゲノールのアリル基の二重結合をアルカリで1-プロペニル基に異性化して，オゾンなどで酸化開裂するとバニリンが得られる。グアイアコール（guaiacol）やクレオソール（creosol）はブナやマツなどから木炭を作る際に水蒸気ともに留出する油層を蒸留して得られる木クレオソートに多く含まれている。木クレオソートは胃腸薬の原料としても使用されている。また，アナカルド酸（anacardic acid）を主成分とするカシューナッツの外殻から絞ったカシューナッツシェル液（cashew nut shell liquid:CNSL）を酸存在下，蒸留すると脱炭酸してカルダノール（cardanol）が得られる。カルダノールは，メタ位に

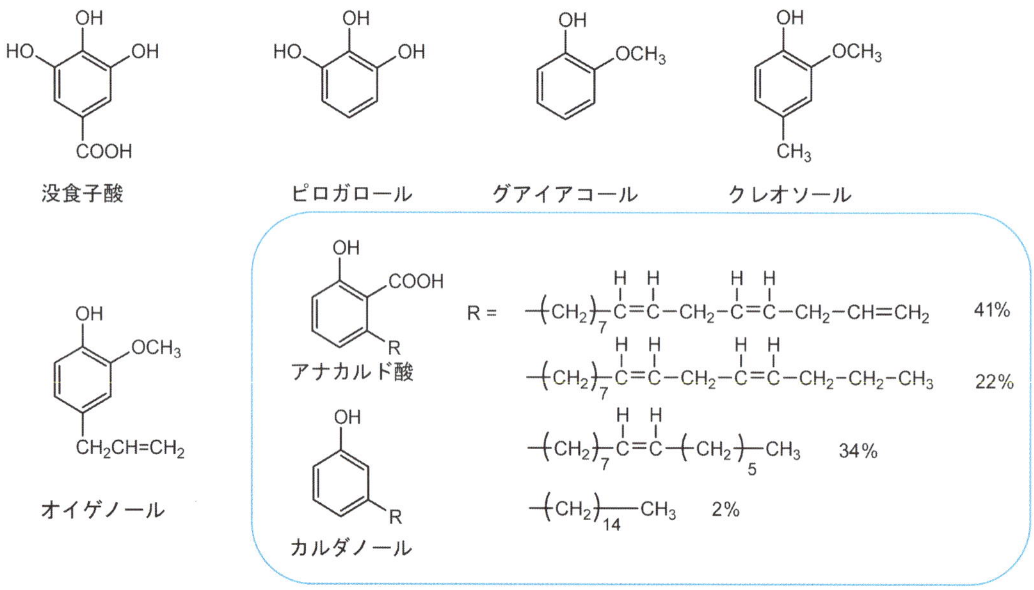

図8-19 バイオマスから誘導される有望なフェノール誘導体

炭素数 15 の不飽和二重結合を 3～0 個を含んだ炭化水素基が置換したフェノール誘導体である。自動車用のブレーキ材などに使用されるフェノール樹脂に混合して摩擦調整剤として用いられている。これらのフェノール誘導体もポリマー合成の原料として有望である。

それ以外の天然ポリフェノールとしては，フラバン（flavan）骨格を基本とする**フラボノイド**（flavonoid）と呼ばれる植物二次代謝物がある。フラボン（flavone），シアニジン（cyanidin）などのアントシアニン（anthocyanin）類，クェルセチン（または，ケルセチン，quercetin）などの植物色素，茶の渋み成分であるカテキン（catechin）など数多くの誘導体がある。フラボノイド類は天然物ではあるが，量的にはあまり多く存在しない。精製にも手間がかかるので高価なものが多いが，クェルセチンは柑橘類やタマネギなどに含まれる黄色色素で比較的安価であり，ポリマー材料への展開も期待される（図 8-20）。

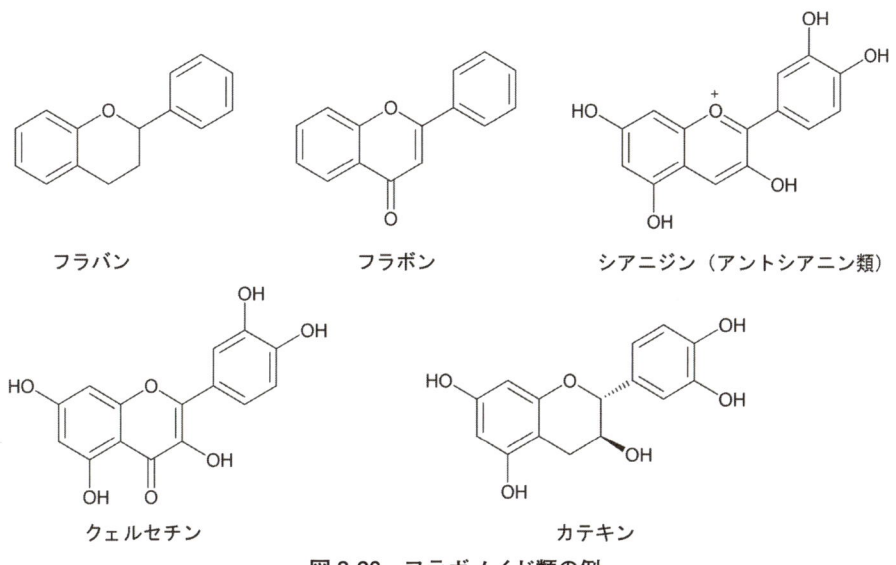

図 8-20 フラボノイド類の例

8.5　タンパク質の利用

ペプチド（peptide）とは α-アミノ酸が 2 個またはそれ以上で，互いに一方のカルボキシ基と他方のアミノ基との間で脱水してアミド結合すなわちペプチド結合（-CONH-）を形成してできる化合物の総称である。α-アミノ酸の数が 2, 3, 4…である場合，ジペプチド，トリペプチド，テトラペプチドなどと呼ぶ。例えば，トリペプチドが生成する反応式は次のようになる。

厳密な定義はないが，通常 α-アミノ酸の数が 10 個以下程度のものをオリゴペプチド，それ以上をポリペプチドと呼ぶ。ペプチド結合は以下のような分極構造の寄与があるために，その CO-NH の結合は 30 ～ 40% の二重結合性をもち，そのまわりの回転は著しく束縛されている。

タンパク質（protein）は α-アミノ酸がペプチド結合により連結した生体高分子化合物で，細胞の乾燥質量の約半分を占め，生体の機能に深くかかわっている。こちらも明確な境界はないが，α-アミノ酸の数が 50 程度以上をタンパク質，50 ～ 10 程度をポリペプチドと呼び区別することがある。タンパク質を構成するアミノ酸には，特殊なものを除いて図 8-21 に示した 20 種類がある。グリシン以外は不斉炭素をもつので光学活性を示し，鏡像異性体が存在するが，天然のα-アミノ酸はすべて L-アミノ酸である。

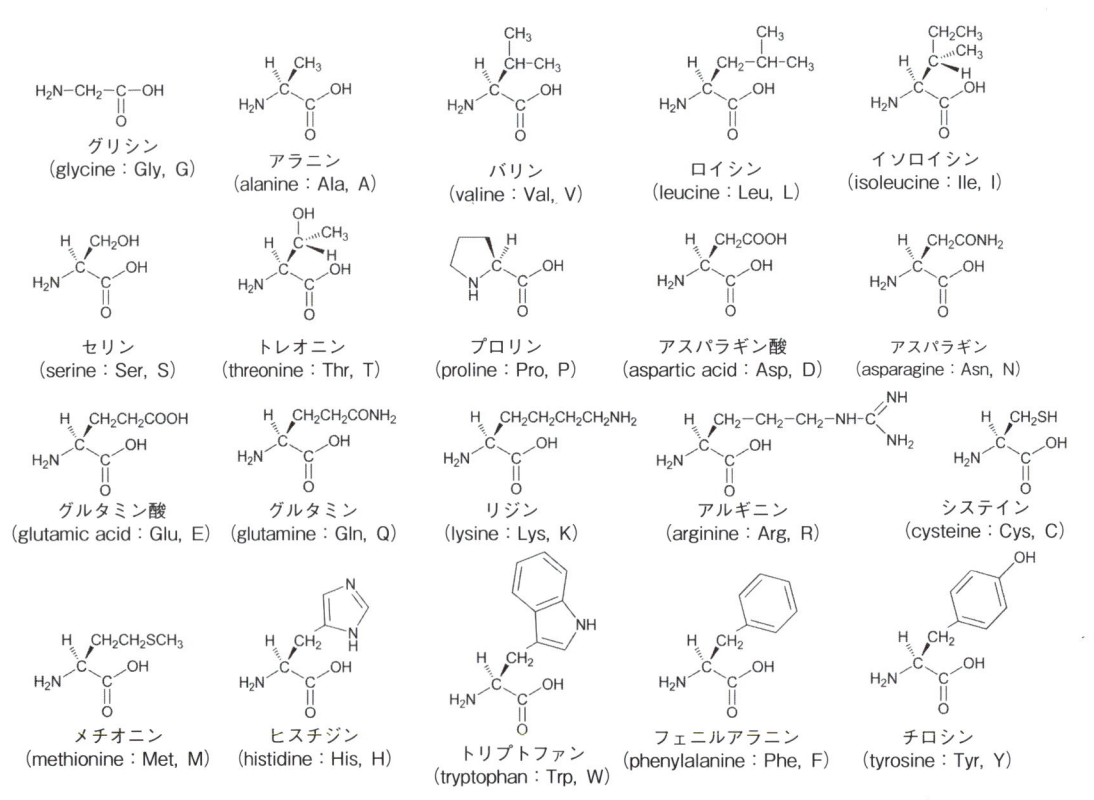

図 8-21　タンパク質を構成する L-アミノ酸（英語名，3 文字略号，1 文字記号）

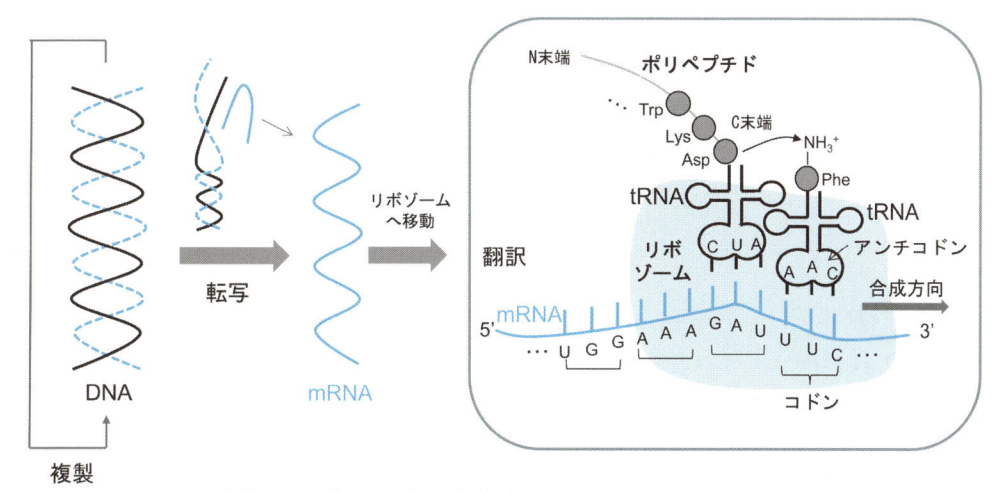

図 8-22 タンパク質の生合成過程（セントラルドグマ）

　タンパク質やポリペプチドの分子構造は機能と密接に関連しており，一次，二次，三次，四次構造と呼ばれる階層構造がある。一次構造はペプチド結合によって形成されるアミノ酸の配列であり，側鎖の置換基（R_1, R_2, R_3…）の種類と並び方に基づく構造である。図 8-22 に示したように生体内では DNA の塩基配列がメッセンジャー RNA（mRNA）に転写され，mRNA がリボゾーム上に移動する。mRNA のアデニン（adenine：A），グアニン（guanine：G），シトシン（cytosine：C），ウラシル（uracil：U）のうちの連続する三つの塩基配列（コドン，codon）に相補的な塩基配列（アンチコドン）をもつ小さなトランスファー RNA（tRNA）が結合する。tRNA は mRNA のコドンで規定されたアミノ酸をもつので，それらがアミノ基側の N 末端からカルボキシ側の C 末端の順で次々に縮合されてタンパク質が合成されていく。重縮合によるナイロンの合成などと大きく異なるのは一つのモノマーが単純に繰り返されるのではなく，20 種類のアミノ酸の種類と並び方がすべて規定されながら縮合が進んでいく点である。

　二次構造は隣り合うセグメントの主鎖間で形成される水素結合に基づくペプチド鎖の空間的配列であり，αヘリックス，βシート，ターン構造がよく知られている（図 8-23）。αヘリックスは天然のタンパク質に最も多くみられる構造であり，通常は右巻きらせん構造をもつ。あるアミノ酸残基のカルボニル酸素（>C=O）がその残基から四つ先のアミノ酸残基のアミノ基水素（NH）と分子内水素結合をしている。βシートもよくみられる構造であり，ジグザグ型に伸びたペプチド鎖が平行に並び，互いに水素結合で結ばれている構造である。ペプチド鎖の N 末端から C 末端への方向が同じ向きに並んだものが平行 β シート構造，反対であるものを逆平行 β シート構造という。逆平行 β シートでは分子間水素結合の方向は主鎖軸方向に対して垂直であるが，平行 β シートでは垂直ではない。これは 4 章で説明したナイロン 6 の逆平行と平行構造とよく似ている。また，cross-β 構造と呼ばれる構造もあり，これは 1 本のポリペプチド鎖がそれ自体で折りたたまれて逆平行 β シートを形成したものである。ターン構造はペプチド鎖の向きが反転する際に見出される局所的な構造であり，β ターンと γ ターンがある。β ターンは 4 残基でターン構造を形成し，N 末端側のある残基の>C=O とそこから 3 残基目の NH で水素結合し

て主鎖が折り返す構造をもつ．γターンはある残基の>C=Oとそこから2残基目のNHで水素結合して折り返す構造をもつ．

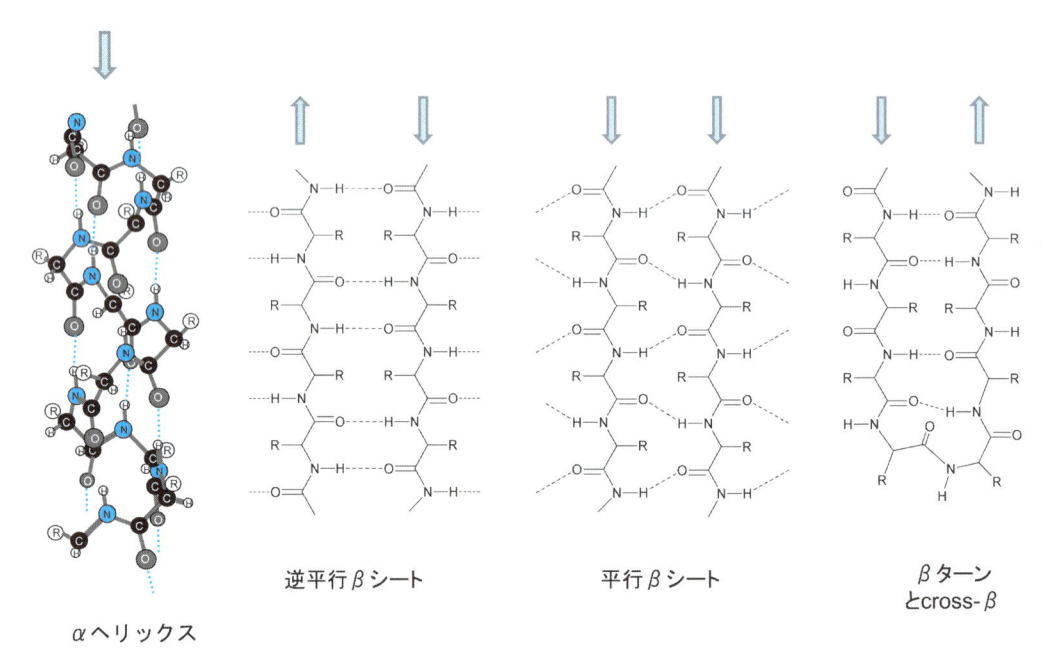

αヘリックス　　逆平行βシート　　平行βシート　　βターンとcross-β

図 8-23　タンパク質の二次構造

三次構造はタンパク質を構成する1本のポリペプチド鎖が空間的にかなり広い範囲でとっている構造であり，αヘリックスやβシートといった二次構造がターンやランダムコイル構造を介してさらに折りたたまれた構造である．三次構造の安定化の要因は疎水性相互作用が最も影響が大きく，それ以外に側鎖間の水素結合，システイン残基のジスルフィド結合，静電引力などがある．三次構造がさらに会合体をつくる場合は四次構造が形成され，それをサブユニットという．例えば，ヒトヘモグロビンAは鉄ポルフィリン錯体を含む四つのサブユニットからなっており，それらが協同して，酸素運搬機能が発現している．

コラーゲン（collagen）は，哺乳類の結合組織や骨，皮の構成タンパク質であり，アミノ酸3残基毎にグリシン（glycine:Gly）が存在し，そのアミノ酸配列は -Gly-X-Y- （X,Y:other aminoacids）で表すことができる．Xはプロリン（Pro）残基，Yはヒドロキシプロリン（hydroxyproline:Hyp）残基であることが比較的多く，Gly-Pro-Hyp は全体の約12%，Gly-Pro-Y，Gly-X-Hyp は合わせて約44%を占める．鮭皮由来コラーゲンの方が牛皮由来コラーゲンよりも Hyp の含量が少なく，前者の三重らせん構造が解ける変性温

度が19 ℃に対して，後者が38 ℃と高くなっており，魚類と哺乳類の生活環境温度の違いと関係している。環状構造と水素結合できるヒドロキシ基をもったHyp含量が多いほど，三重らせん構造の熱安定性が高くなっている。一本あたり約10万の分子量（アミノ酸約1 000残基）の左巻きらせん構造をもつペプチド鎖三本がより合わさって右巻きのらせんを形成した分子量約30万，長さ約300 nm，直径約1.5 nmの細長い棒状の分子である。組織中では，この分子が会合してコラーゲン特有の横紋構造を持つ線維を形成している。コラーゲンは通常このタンパク質が未変性で三重らせん構造を保った状態を指す。アテロコラーゲン（atelocollagen）は不溶性コラーゲンをプロテアーゼで処理して両末端にある抗原性のテロペプチドを除いたものであり，医療用のインプラント材料や組織工学用の足場材料として利用されている。また，ゼラチン（gelatin）は牛や豚の骨や皮などから無機成分のヒドロキシアパタイトを希塩酸や石灰で除去した後，40 ℃前後の温水で抽出して製造される。抽出中に熱せられるため，コラーゲンの三重らせん構造は破壊されて，ランダムコイル状になる。加温して溶解したゼラチン水溶液は冷却するとゲル化するのでゼリーなどの食品用途や薬剤カプセルに多く用いられている。コラーゲンペプチド（collagen peptide）は牛，豚，魚などの素材から抽出されるゼラチンをさらに酵素，酸・塩基，高圧熱水などで加水分解して低分子量化したものでゲル化能はなく，健康食品や化粧品などに利用されている。

エラスチン（elastin）は大動脈はじめ，靱帯，肺，皮膚，軟骨などの弾性線維の主成分である。生体内ではコラーゲンに次いで多量に存在し，その重要な機能は弾性である。生体内では血管平滑筋細胞や線維芽細胞において分子量7万程度のトロポエラスチン（tropoelastin）と呼ばれる前駆体が生合成される。トロポエラスチンは細胞外へ分泌され，細胞表面近傍でミクロフィブリルの配向に沿って自己集合した後，架橋が起こってエラスチンができる。トロポエラスチン水溶液を体温付近に加熱するとポリマー濃厚相と希薄相に相分離するLCST型の相図をもつ。この現象はコアセルベーション（coacervation）と呼ばれ，室温以下に冷却すると再び均一溶液に戻る。エラスチンの構成アミノ酸としてはGly，アラニン（alanine：Ala,），バリン（valine：Val），Proで約8割を占めており，量的には0.2〜0.4％と少ないが架橋構造を形成する特徴的なアミノ酸としてデスモシン（desmosine:Des）やイソデスモシン（isodesmosine:Ide）が含まれる。マグロ，ブリやカツオなどの動脈球由来のエラスチンを部分的に加水分解して取り出した水溶性エラスチンをバイオマテリアル材料に応用する研究が行われている。

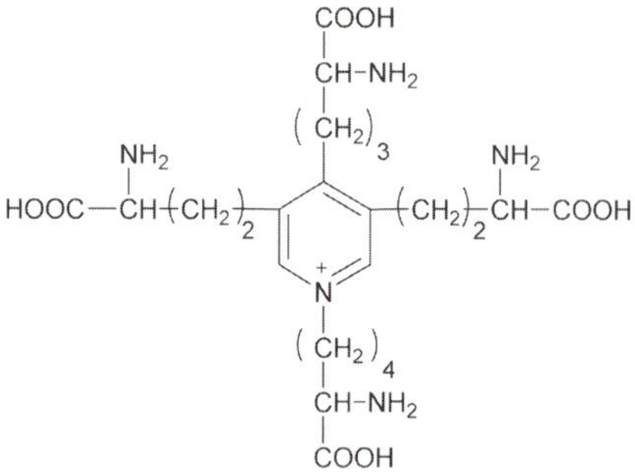

デスモシン 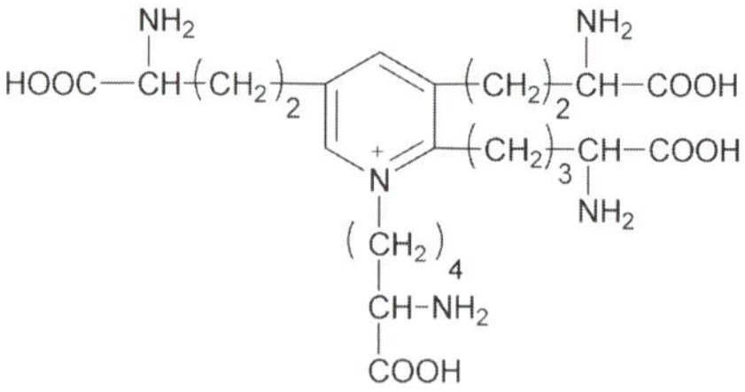　　　　　　　　　　　　イソデスモシン

　ケラチン（keratin）は繊維タンパク質であり，羊毛や毛髪，爪などの主成分である。システイン（Cys）のチオール基（-SH）が酸化カップリングしてジスルフィド結合（-SS-）を形成したシスチン（cystine）というアミノ酸を比較的多く含む点が特徴である（羊毛で約11%，毛髪で約5%）。毛髪や爪が燃えたときに不快な臭いがするのはシスチンの硫黄分によるものである。ケラチンのペプチド鎖はシスチンの構造に由来する架橋構造を含んでおり，強靭性に優れるが，逆に加工性に乏しい。

　フィブロイン（fibroin）はカイコの絹糸やクモ糸の主要タンパク質であり，Gly, Ala, セリン（serine：Ser）が主成分であり -(Gly-Ala-Gly-Ala-Gly-X)$_n$- （X = Ser or Tyr, Val）で表わされる一次構造を有する。これを再溶解して繊維やフィルムを再生する試みがなされているが，分子量を低下させずに溶解することが困難である。カイコの絹糸は生産性が高く，織物として衣料などに広く利用されている。クモ糸は強度や弾性に優れた繊維であるが大量に生産することができない。最近では遺伝子組み換えカイコを用いてクモ糸を作らせる研究などが行われている。

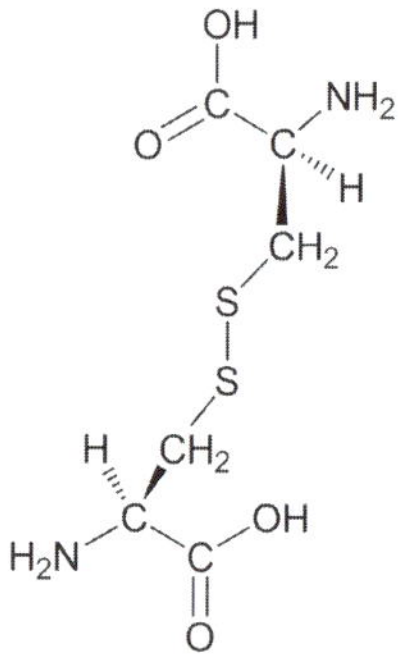

L-シスチン

　その他のタンパク質として，大豆や牛乳から得られるカゼイン（casein），水溶性の血清アルブミン（albumin）やフィブリノーゲン（fibrinogen）などは医用材料として利用されている。タンパク質はバイオベースポリマーや酵素分解型の生分解性ポリマーとして期待されているが，用途に限りがあるのが現状である。その理由としては，加工性と物性の制御が困難であり，生産性も低くコストダウンが図りにくい。また，タンパク質は免疫原性を持ち生体適合性に劣ることから医用分野への適用も限られている。今後のさらなる研究開発が望まれるところである。

　アスパラギン酸は熱重合するとポリスクシンイミドを生成し，塩酸で加水分解すると α-結合と β-結合を含んだポリアスパラギン酸が得られる。それ以外の α-アミノ酸は同様に熱重合してもジケトピペラジンが生成するため，一種類のアミノ酸からなるポリ（α-アミノ酸）でも合成するのは容易ではない。

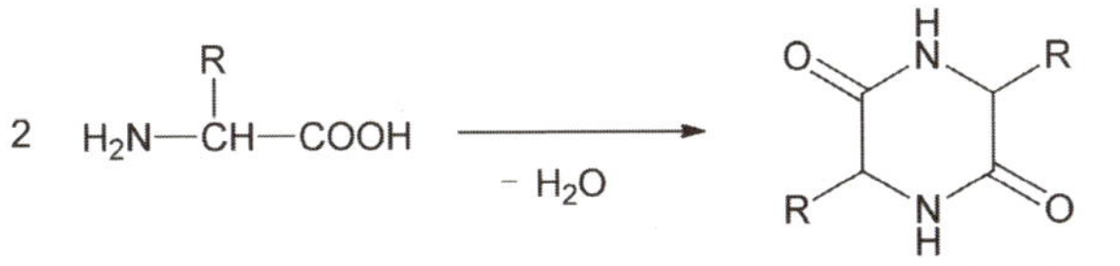

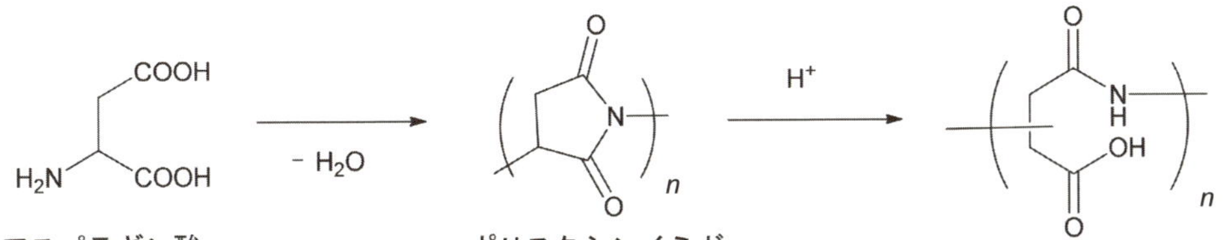

したがって，ポリペプチドを化学合成するには α-アミノ酸のアミノ基やカルボキシ基に保護基を導入して逐次的ペプチド鎖延長を行う必要がある。α-アミノ酸のアミノ基は図 8-24 に示した三つの方法により保護される。α-アミノ酸にピリジン，トリエチルアミン，水酸化ナトリウムなどの塩基の存在下，二炭酸ジ-tert-ブチル（di-tert-butyl dicarbonate：Boc$_2$O）と反応させることによりアミノ基を tert-ブトキシカルボニル（tert-butoxycarbonyl：Boc）基で保護することができ，強塩基よる加水分解や接触還元などの条件に対して安定である。Boc 基はトリフルオロ酢酸で処理することにより脱保護することができ，気体のイソブテンと炭酸ガスが副生するのみなので後処理が簡便である。N-(9-フルオレニルメトキシカルボニロキシ)スクシンイミド（N-9-(fluorenylmethoxycarbonyloxy)succinimide：FmocOSu）と塩基による処理で

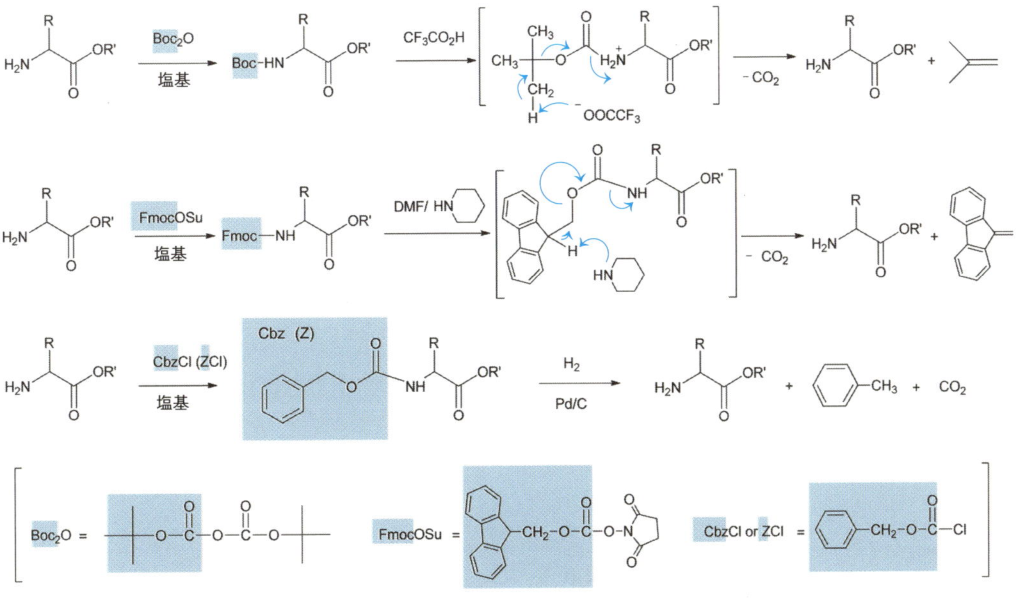

図 8-24　α-アミノ酸のアミノ基の保護と脱保護の方法

9-フルオレニルメトキシカルボニル（9-fluorenylmethoxycarbonyl：Fmoc）基で保護することができ，強酸性条件に対して安定である。DMF中ピペリジンで処理することにより脱保護することができる。また，クロロギ酸ベンジル（benzyl chloroformate：CbzClまたはZCl）と塩基による処理でベンジルオキシカルボニル（benzyloxycarbonyl：CbzまたはZ）基で保護することができ，強塩基や強酸性条件に対して安定であり，トルエンと二酸化炭素が副生するのみで後処理が簡便である。活性炭に担持したパラジウムを触媒として水素添加することにより脱保護することができる。強塩基よる加水分解や接触還元などの条件に対して安定である。

保護基を導入した α-アミノ酸を用いて順次ペプチド結合を形成する方法として，B. Merrifield（1984年ノーベル化学賞受賞）により考案されたペプチド固相合成法（solid-phase peptide synthesis：SPPS）がよく知られている（図8-25）。スチレン-ジビニルベンゼン共重合体（PS）にメトキシメチルクロリドを反応させクロロメチル基を導入した高分子ゲルのビーズに，FmocあるいはBoc基でアミノ基を保護した α-アミノ酸に反応させエステル結合によりアミノ酸を結合させる。なお，ポリスチレンビーズは表面をアミノ基変性したものを用いアミノ酸のカルボキシ基とアミド結合により連結される場合もある。その後，Fmoc保護基を外し，Fmoc基保護した別の α-アミノ酸を縮合剤とアミノ酸の α-炭素ラセミ化防止剤を用いて縮合する。縮合剤としてはジシクロヘキシルカルボジイミド（dicyclohexylcarbodiimide：DCC）やジイソプロピルカルボジイミド（diisopropylcarbodiimide：DIPC）など，ラセミ化防止剤としては1-ヒドロキシベンゾトリアゾール（1-hydroxybenzotriazole：HOBt）が用いられる。DCCの反応後に生成するジシクロヘキシル尿素は溶解性が悪く分離が困難となることがあるの

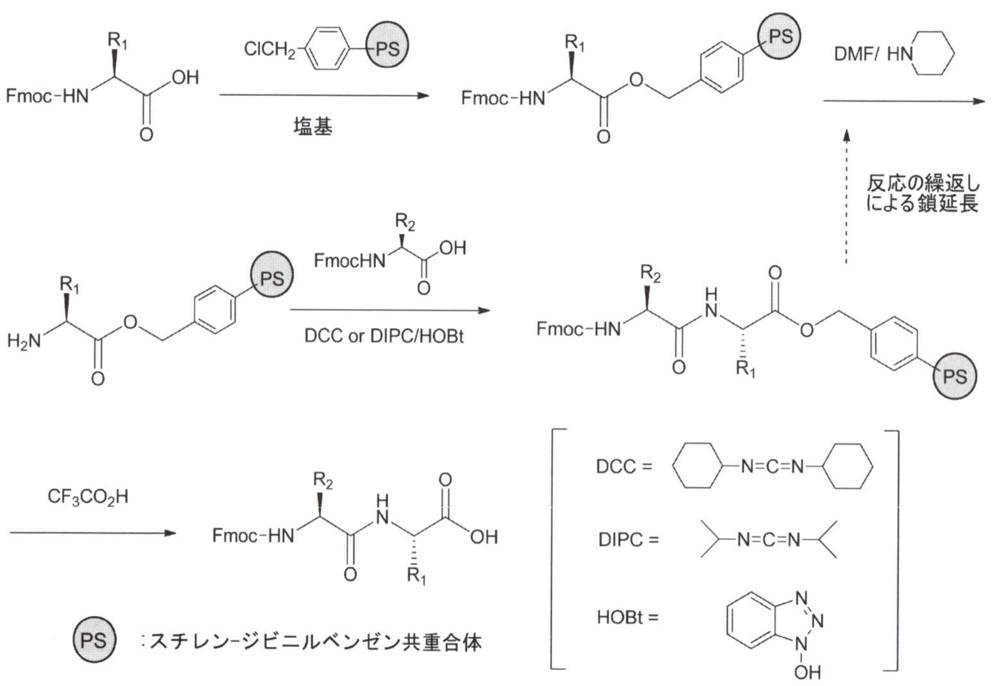

図8-25　Merrifieldのペプチド固相合成法

でDIPCなどが用いられることが多い。ペプチド鎖を延長していく場合は，Fmoc基の脱保護，Fmoc基保護α-アミノ酸の縮合を繰返していく。目的とするポリペプチド鎖が形成されればトリフルオロ酢酸を用いてポリスチレンビーズとのベンジルエステル結合を加水分解することによりポリペプチドを合成することができる。この原理に基づくペプチド合成機が市販されている。

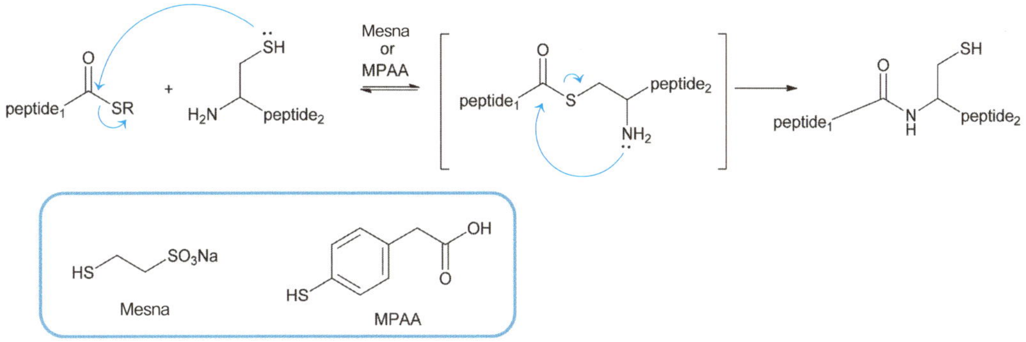

図8-26 ネイティブ化学ライゲーション法

SPPS法で縮合できるアミノ酸の数は50〜100程度であり，さらに長いポリペプチドを合成するにはSPPS法で合成したポリペプチド同士を化学的に結合させるネイティブ化学ライゲーション（native chemical ligation：NCL）という方法がとられる（図8-26）。末端チオエステルペプチドと末端システインペプチドを2-メルカプトエタンスルホナート（sodium 2-mercaptoethanesulfonate：Mesna）や4-メルカプトフェニル酢酸（4-mercaptophenylacetic acid：MPAA）を触媒として in situ チオエステル交換反応を行うことにより二つのペプチド鎖をつなぐことができる。

8.6　微生物産生ポリマーを利用する方法

微生物が細胞内に蓄積するポリエステルとしてポリ(3-ヒドロキシブタン酸)（poly (3-hydroxybutyrate)：PHB）やポリ(ヒドロキシブタン酸-co-ヒドロキシ吉草酸)（poly (3-hydroxybutyrate-co-3-hydroxyvalerate)：PHBV）がある。水素細菌として例えば *Ralstonia eutropha*（*Alcaligenes eutrophus*）をリン酸イオンと窒素源としてアンモニウムイオンを含むミネラル培地でエネルギー源としてH_2と炭素源としてCO_2を用いて培養すると，初期は菌体が増殖しPHBは合成されないが，アンモニウムイオンが消費された15時間以降になるとPHBの生合成が開始される。培養開始後約60時間後には乾燥菌体重量の約80%にも達するPHBが菌体内に蓄積される。すなわち，炭素源以外の窒素やミネラル源が欠乏する条件でエネルギー貯蔵物質としてPHBを蓄積する。PHBはT_g 4 ℃，T_m 178 ℃の生分解性ポリマーである。引張弾性率が3.5 GPa，破壊引張ひずみが約7%と剛直で脆く，成形性もよくないことからあまり注目されなかった。最近，遺伝子組み換え大腸菌を用いて分子量数百万の超高分子量PHBを生合成し，破壊強さをPET並みまで向上できることが報告されている。

イギリスの ICI 社は PHB の物性を改良するために，3-ヒドロキシブチレート（3HB）を基本として共重合体の微生物産生の研究を行った．*Ralstonia eutropha* に炭素源としてグルコースのみを用いると PHB が生成し，プロピオン酸のみを炭素源として用いると 3-ヒドロキシバリレート（3HV）ユニットを 40 モル % 含んだ 3HB との共重合体 PHBV が得られる．グルコースとプロピオン酸の割合を調節することにより，3HV を 0〜40 モル % 含む PHBV を生産することができる．また，ブタン酸（酪酸）とペンタン酸（吉草酸）の混合炭素源では 3HV を 0〜95 モル % 含む PHBV を生産することが可能である．例えば 3HV ユニットが 11 モル % の PHBV は T_g 2 ℃，T_m 154 ℃ である．

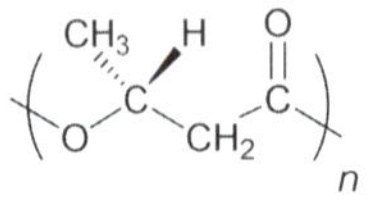

PHB

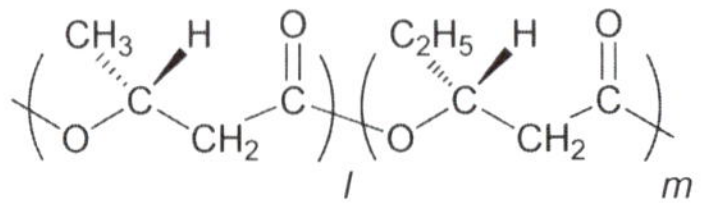

PHBV

高等動物や植物の産生するタンパク質以外に微生物が産生するポリアミノ酸（poly(amino acid)）として，納豆菌が産生するポリ(γ-グルタミン酸)（poly(γ-glutamic acid)：PGA），カビ（放線菌）の産生するポリ(ε-リジン)（poly(ε-lysine)：PL），シアノ細菌が分泌するシアノフィシン（cyanophycin：CGP）が知られている．また，化学合成されるポリアミノ酸としてはポリアスパラギン酸（poly(aspartic acid)：PAA）がある．シアノフィシンはアスパラギン酸（aspartic acid）とアルギニン（arginine）の二量体が結合した構造を有する．PGA はグルタミン酸，クエン酸，硫酸アンモニウムなどを含む培地で納豆菌（*Bacilus subtilis* など）が産生するポリアミノ酸であり，数十万から数百万の分子量を有する水溶性ポリマーである．菌体内で生成した L-グルタミン酸はラセマーゼにより L 体と D 体の混合物になり，これが重合されて PGA になり，菌体外に分泌されるので，PGA のアミノ酸残基はラセミ化している．PGA は保水性や増粘性が高く，化粧品や食品添加物などに利用されている．PGA を γ 線照射などにより架橋したものは吸水性ゲルとしても注目されている．PL はグルコース，クエン酸，硫酸アンモニウムなどを含む培地で放線菌（*Streptomyces alubulus*）が産生するポリアミノ酸であり，分

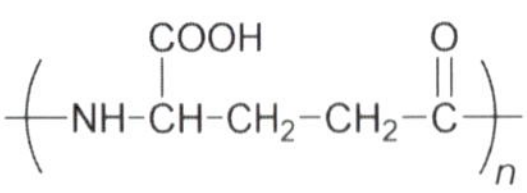

PGA

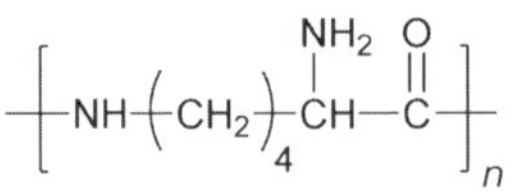

PL

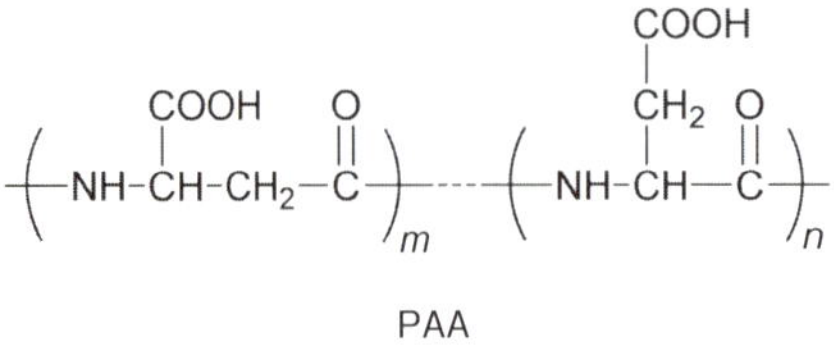

PAA

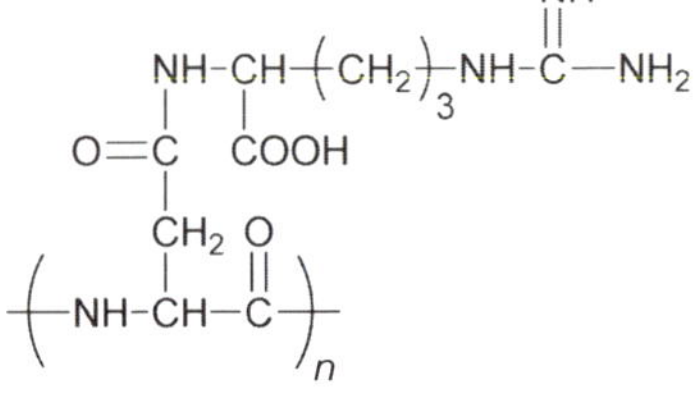

CGP

子量が数千の抗菌性をもった水溶性ポリマーである。PL は安全性の高い食品保存剤として使用されている。

　微生物が産生する多糖類としては先に述べたプルラン，カードラン，キサンタンガム，バクテリアセルロースなどがある。特に，バクテリアセルロースは，高弾性率，保水性が高い，細い繊維であるなどの特徴を活かして，スピーカーの音響振動板，創傷被覆材，高強度透明性複合材料などに利用されている。

8.7　バイオマス由来の基礎化学物質を利用する方法

　バイオマスを微生物あるいは遺伝子組み換え微生物による発酵，酵素反応などのバイオプロセスを軸に，必要に応じて従来の有機合成化学の手法を組み合わせて，ポリマーの原料となる基幹化合物として利用するバイオリファイナリー（biorefinery）も，将来的な石油資源の枯渇を考えると早い時期から体系的に進めていく必要性がある。デンプンは高等動物の重要な栄養源なので食料への利用を基本とするべきであるが，余剰品は酵素分解して D-グルコースに変換した後，発酵することにより基礎化学物質に変換することができる。セルロースも解重合してモノマー単位である D-グルコースにするのは可能であるが，セルラーゼなど効率的な加水分解酵素が低コストで得られないため，現状では工業的実施が困難である。また，セルロースは酸触媒により化学的に加水分解することも可能であるが，分解副生成物の後処理など非効率的なプロセスを含むため，酵素や微生物を用いたバイオプロセスの適用について検討が行われている。それにより，廃棄木材，未利用木質資源などから安価に D-グルコースを製造することができるようになれば，ポリマーを含む様々な有用物性を製造することができるようになると考えらえる。ここでは，現状としてデンプンを主体としてバイオリファイナリーによる基礎化学品への誘導，さらにはポリマーの合成について述べる。将来の循環型社会の構築のために，この技術は非常に重要になると考えられるので，現状での研究開発段階の成果から将来構想まで含めて紹介することにする。

　デンプンからのバイオリファイナリーにより最も開発が進んでいるのはポリ(L-乳酸)（PLLA）の製造である。PLLA は，トウモロコシなどから得られるデンプンを酵素分解してグルコースに変換し，さらに乳酸菌発酵により得られる L-乳酸の重縮合，ラクチドへの熱分解，開環重合により高分子量の PLLA が製造されている（図8-27）。PLLA はケミカルリサイクルによりモノマーに戻すことができ，コンポスト処理により生分解させることもできる（9．3．4 参照）。PLLA は T_g 56 ℃，T_m 179 ℃の結晶性ポリマーで，弾性に優れる反面，破断伸びが約 3％と低い樹脂であるが，可塑剤の添加により軟質フィルムの製造も可能である。容器包装，繊維や結晶化速度が遅いため透明性フィルムとしての用途がある。耐熱性が低く用途が限定されるが，次に示すような高耐熱化の検討が行われている。

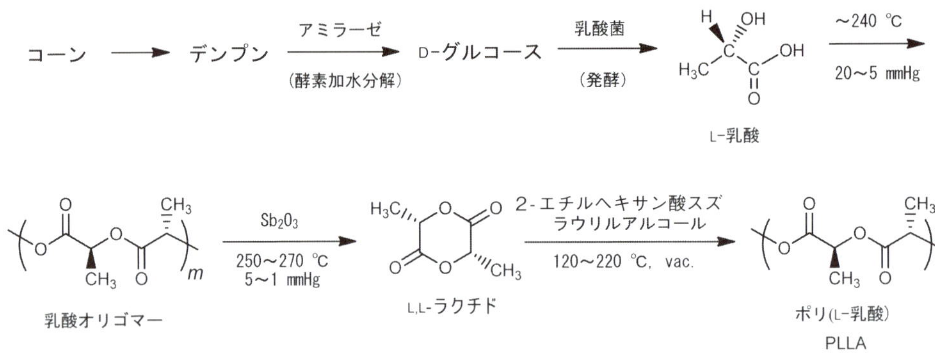

図 8-27 ポリ（L-乳酸）の合成

乳酸は天然にはL-体が多く存在するが，D-乳酸を生産する能力をもつバシラス（*Bacillus*）属の微生物を用いることにより，D,D-ラクチドの開環重合を経てポリ(D-乳酸)（PDLA）（T_g 59 ℃，T_m 178 ℃）が製造される。PLLA と PDLA のポリマーブレンドはステレオコンプレックスを形成するので，PLLA や PDLA よりも融点が 50 ℃程度高く（T_g 57 ℃，T_m 230 ℃），ステレオコンプレックスポリ乳酸（sc-PLA）と呼ばれる。また，D,D-ラクチドと L,L-ラクチドのラセミ混合物（D-体と L-体の等量混合物）のランダム共重合体（PDLLA）は T_g 57 ℃の非晶性ポリマーである。D,D-ラクチドと L,L-ラクチドの割合を変えて重合することにより結晶性や融点の異なるポリ乳酸を合成することができる。D,L-ラクチド（メソラクチド）は D,D-ラクチドや L,L-ラクチドよりも開環重合しやすいので，より少ない触媒量で共重合体を合成することができる（図 8-28）。

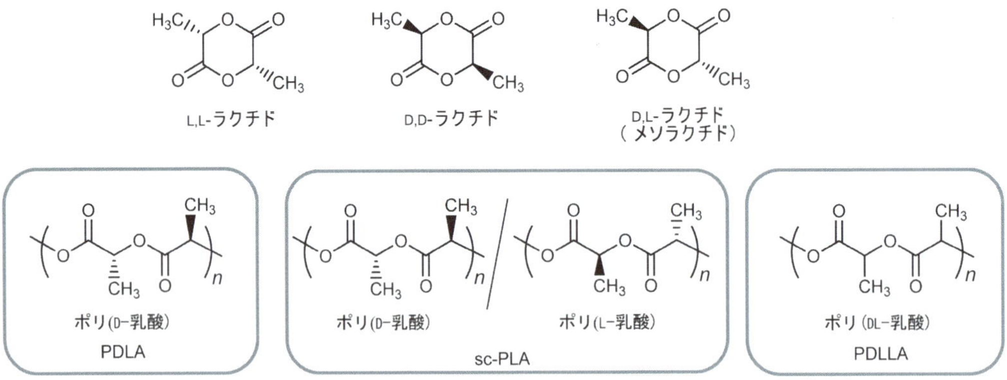

図 8-28 ラクチドの光学異性体とその他のポリ乳酸

ポリ乳酸以外の化学合成の生分解性ポリエステルとしては，1,4-ブタンジオール（BD）とコハク酸（SA）の重縮合により得られるポリブチレンサクシネート（poly(butylene succinate)：PBS）（T_g −34 ℃，T_m 114 ℃），ε-カプロラクトンの開環重合により得られるポリ(ε-カプロラクトン)（poly(ε-caprolactone)：PCL）（T_g −60 ℃，T_m 57 ℃），テレフタル酸，アジピン酸，BD を共

重合したポリ(ブチレンアジペート-co-ブチレンテレフタレート)(poly(butylene adipate-co-butylene terephthalate:PBAT)(T_g −24 ℃, T_m 120 ℃)などがある(図8-29)。これらのポリマーは現状ではいずれもバイオマス資源から製造されていない。PBSの原料モノマーであるBDとSAは現状では石油から製造されているが、SAはグルコースから発酵により作ることができ、さらにSAの還元によりBDを合成することができるので、将来的にはバイオマスから誘導可能なプラスチックである。

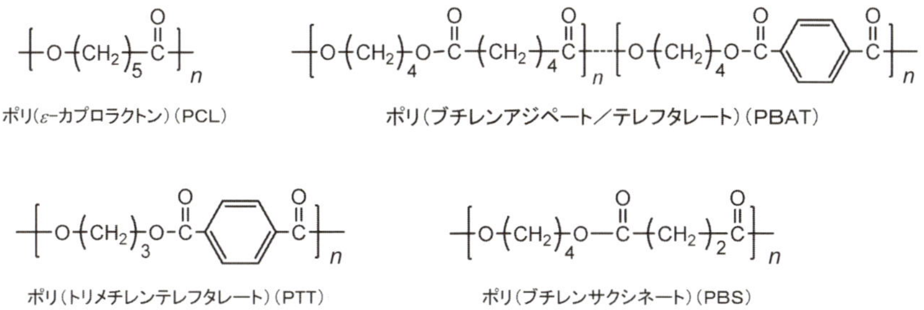

図8-29 ポリ乳酸以外の代表的な化学合成による生分解性ポリエステル

グルコースからの発酵法や植物油脂の加メタノール分解によるバイオディーゼル製造時の副生成物として得られるグリセリンからの発酵により誘導できる1,3-プロパンジオール(1,3-propanediol)とテレフタル酸からポリトリメチレンテレフタレート(poly(trimehylene terephthalate):PTT)を製造することができる。PTTは生分解性ポリマーではないが、バイオマス資源を利用したポリエステルとして注目されている。また、D-グルコースの還元により得られるソルビトールの酸触媒を用いた脱水エーテル化反応により合成することのできるイソソルビドを炭酸ジフェニルと重縮合するとバイオベースのポリカーボネートが得られる。このポリマーはT_gが173 ℃であり、ビスフェノールAから得られるポリカーボネートよりも20 ℃以上高い値をもつ。

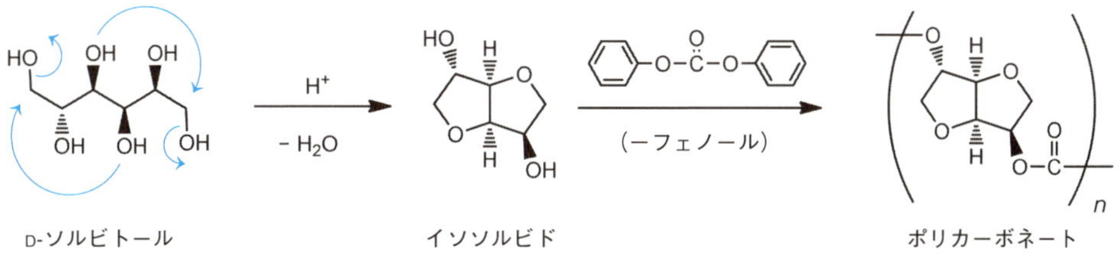

グルコースやショ糖を酵母菌により発酵して得られるエタノールはバイオエタノールと呼ばれ、ガソリンに代わる燃料としての利用が推進されている。また、バイオエタノールの脱水により得られるエチレンを重合することによるバイオポリエチレンも製造され始めている。今後、食品との競合がなく、地球上に最も多く存在する有機物であるセルロースを安価な方法で分解してグルコースを得て、バイオエタノールやバイオベースポリマーの基幹原料として使用することが重要となっていくと考えられる。以上述べてきたエタノール、1,3-プロパンジオール、グリセリ

ン，乳酸，コハク酸，ソルビトール，イソソルビドに加えてバイオリファイナリーにより誘導することのできる基幹化学物質の候補を図8-30に示す[7]。

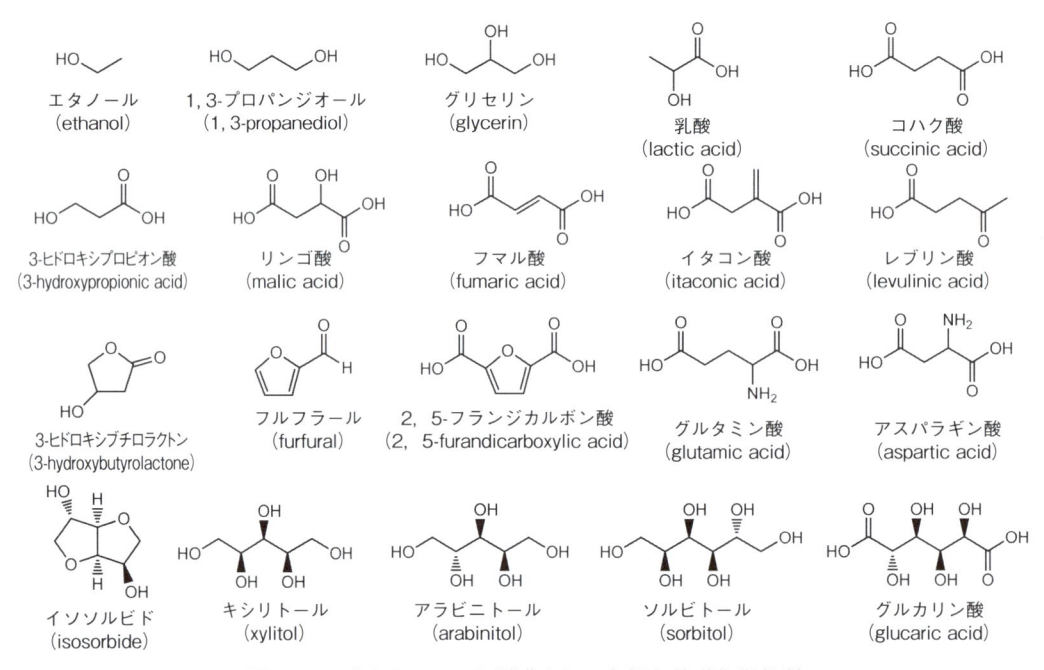

図8-30 バイオマスから誘導される有望な基礎化学物質

D-グルコース，D-フルクトースまたはD-スクロースを，塩酸，硫酸，固体酸などの酸触媒の存在下，加熱するとヒドロキシメチルフルフラール（hydroxymethylfurfural:HMF）を経て，レブリン酸が生成する。この反応における推定生成機構を図8-31に示しておく。グルコースやフルクトースのアルデヒドの互変異性により最初に生成するエンジオール（enediol）の脱水，閉環を経てHMFが生成する。その後のHMFからレブリン酸に至る反応機構のうち［ ］内の反応は推定であることを断っておく。セルロースの酸触媒による分解により直接レブリン酸を得ることもできる。HMFは酸化すると2,5-フランジカルボン酸となり，モノマーとして重要なテレフタル酸の代替原料となりうる。

レブリン酸は図8-32に示したようにγ-バレロラクトンを経て，THFの代替溶媒やガソリン添加剤などに使用できるメチルテトラヒドロフラン（methyltetrahydrofuran:MTHF）に誘導できる。

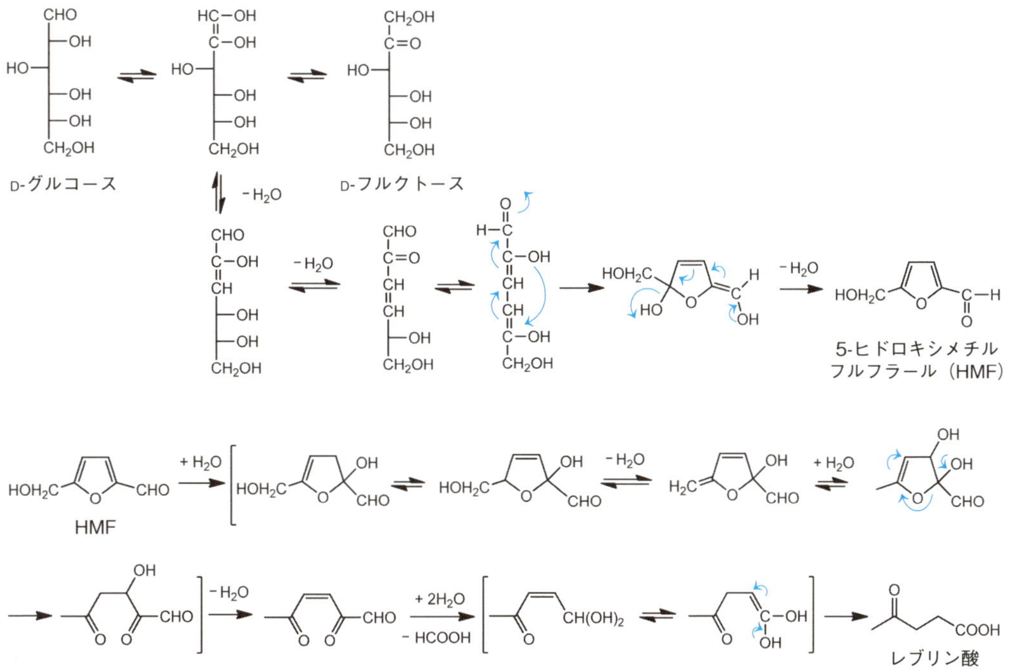

図8-31 グルコース，フルクトースから HMF とレブリン酸の推定生成機構

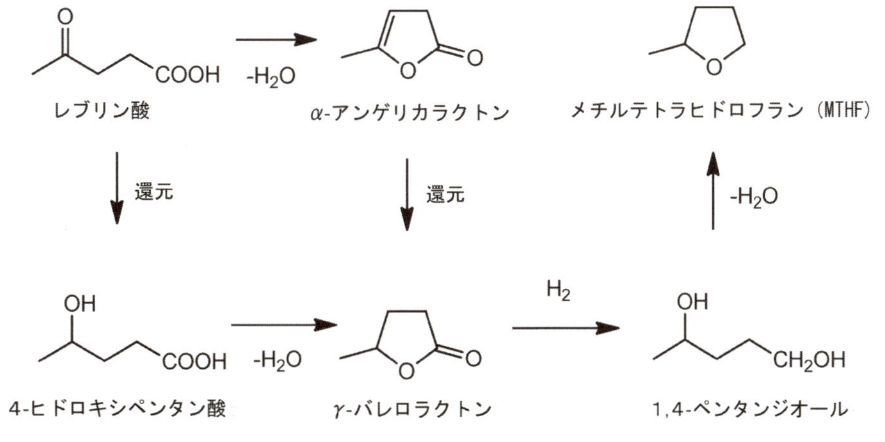

図8-32 レブリン酸から誘導される基礎化学物質の例

　フルフラールはトウモロコシの穂軸などを硫酸で処理することにより，ヘミセルロースが加水分解して生成するキシロースなどの五炭糖から3分子の水が脱離して得られる。反応機構は図8-31に示したグルコースから HMF の生成機構に類似しており，六単糖のメチロール（CH_2OH）基を水素に置き換えて考えればよい。フルフラールの脱カルボニル化反応により得られるフランを水添すると開環重合や溶媒として使用されるテトラヒドロフラン（tetrahydrofuran：THF）に変換することができる。フルフラールの水素化により得られるフルフリルアルコール

(furfuryl alcohol) はフラン樹脂の原料として使用されている。また，フルフリルアルコールをメチルエチルケトン中で塩酸触媒を用いて還流させると高収率でレブリン酸を合成することもできる。

3-ヒドロキシプロピオン酸は，独立栄養細菌の *Chloroflexus aurantiacus* の菌体外中間代謝物として見出された。バイオリファイナリーの重要なプラットホームになると期待されており発酵法による量産が検討されている。3-ヒドロキシプロピオン酸を脱水するとモノマーとして重要なアクリル酸に誘導することが可能であり，還元すると1,3-プロパンジオールになるのでPTTの原料モノマーとしても使用することができる。

コハク酸，リンゴ酸，フマル酸は微生物を含む生体系における解糖系（glycolysis）からクエン酸回路（citric acid cycle）またはTCA回路（tricarboxylic acid cycle）に至る糖代謝経路

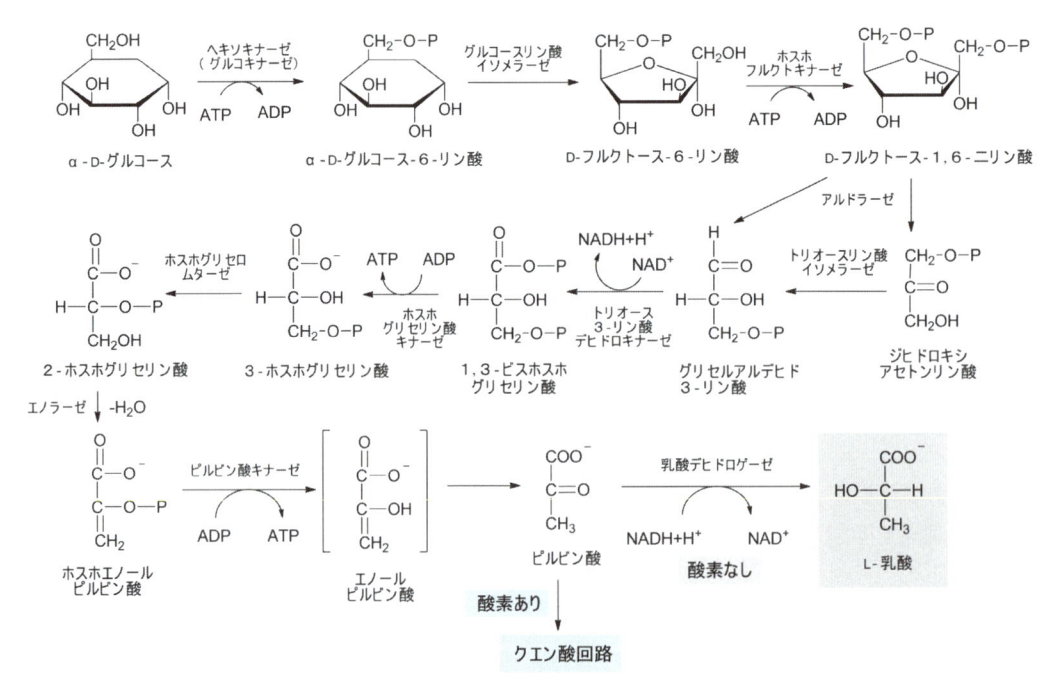

図 8-33　解糖系

の中間生成物であり，微生物による発酵により製造することができる．それらの物質を作るうえで生体系における糖の代謝を理解しておくことは重要である．図 8-33 は細胞質基質において酸素のない嫌気的条件でも起こる D-グルコースからピルビン酸に至る解糖系を示す．酸素がない条件では生成したピルビン酸は乳酸に変換される．酸素が存在する好気的条件ではピルビン酸は，図 8-34 に示したようにミトコンドリア内で脱炭酸と補酵素 A（coenzyme A：CoA）との結合によりアセチル CoA に変換されクエン酸回路のサイクルが回ることによりアセチル CoA のアセチル基が酸化されて 2 分子の CO_2 に変換される．ただし，図中に青く印したように，一回目のサイクルでは脱炭酸する炭素はアセチル CoA のアセチル基由来ではないので，二回目以降に CO_2 に分解されていく．その際，補酵素のニコチンアミドアデニンジヌクレオチド（nicotinamide adenine dinucleotide：NAD）とフラビンアデニンジヌクレオチド（flavin adenine dinucleotide：FAD）は生成する水素を捕捉して，還元型の $NADH + H^+$ と $FADH_2$ に変換される．

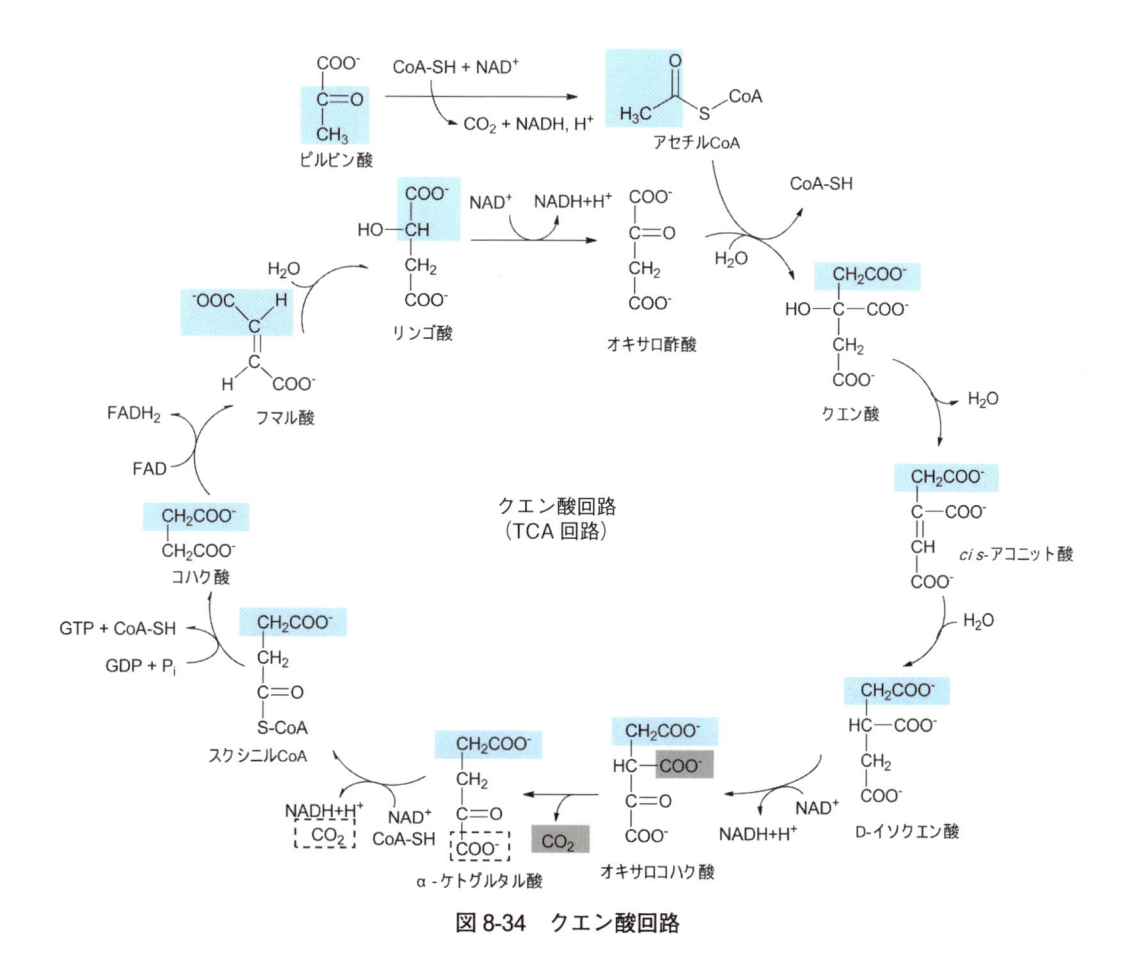

図 8-34　クエン酸回路

解糖系からクエン酸回路にいたる反応式をまとめると以下のようになる。

グルコース $+ 2ADP + 2P_i + 2NAD^+$
$\longrightarrow 2$ ピルビン酸 $+ 2ATP + 2NADH + 2H^+ + 2H_2O$ （解糖系：嫌気的）

2 ピルビン酸 $+ 2NAD^+ + 2CoA \longrightarrow 2$ アセチル$CoA + 2NADH + 2H^+ + 2CO_2$ （CoA 化）

2 アセチル$CoA + 6NAD^+ + 2FAD + 2GDP + 2P_i + 6H_2O$
$\longrightarrow 6NADH + 6H^+ + 2FADH_2 + 2CoA + 2GTP + 4CO_2$ （TCA 回路）

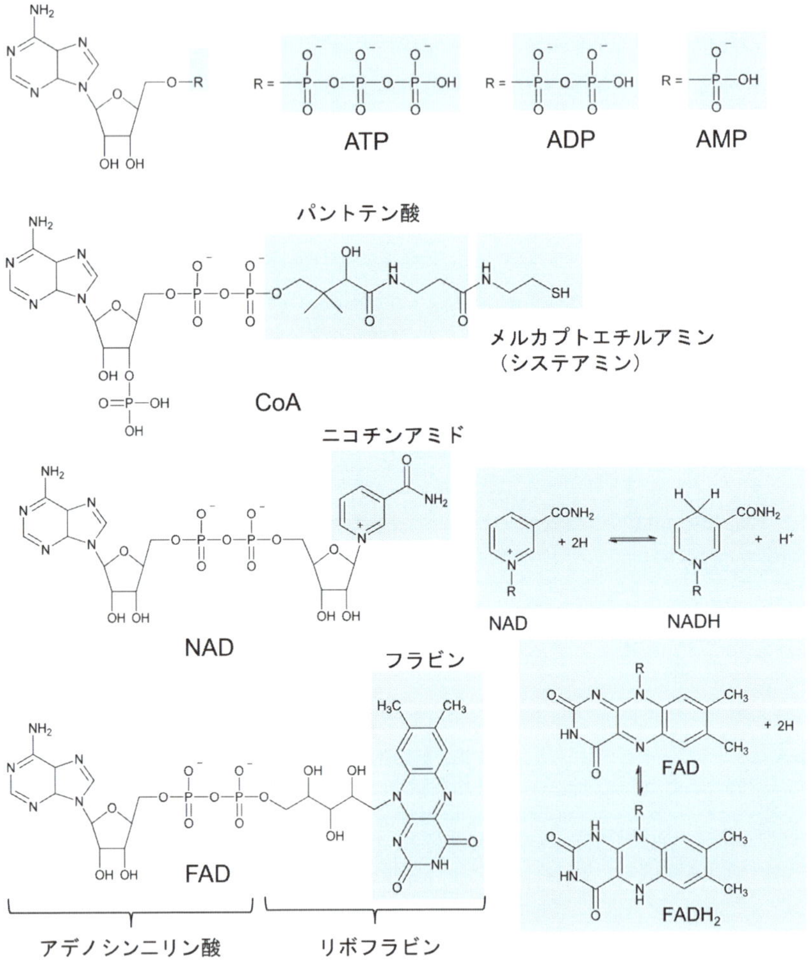

図8-35 主な補酵素の化学構造

　図8-35 には NAD，FAD，CoA，アデノシン三リン酸（adenosine 5'-triphosphate：ATP），アデノシン二リン酸（adenosine diphosphate：ADP），アデノシン一リン酸（adenosine 5'-monophosphate：AMP）の構造を示しておく。ATP はリン酸残基の三つのアニオン部分の静電的反発があるため高エネルギー物質であり，細胞中の代謝反応のエネルギー源となっている。図8-33 の解糖系において高エネルギー物質である ATP の収支は 0 のように思われるが，グルコース1分子の分解により2分子のグリセルアルデヒドが生成するので ATP は2分子生成する

ことになる。図8-34のクエン酸（TCA）回路ではATPは生成しないが，グアノシン二リン酸（guanosine 5'-diphosphate：GDP）がリン酸化されてグアノシン三リン酸（guanosine 5'-triphosphate：GTP）が生成する。GTPはATPのアデノシン部分がグアノシンに変わった物質であり，主に細胞内のシグナル伝達やタンパク質の機能調節に使われるが，GTP＋ADP⇔GDP＋ATPによりATPと相互変換できる高エネルギー物質である。クエン酸回路でNAD$^+$の水素化に際して副生成物のように生じるH$^+$は，ミトコンドリア内に濃縮される。解糖系やTCA回路により生成したNADHやFADH$_2$の形で捕捉された水素は，呼吸鎖（respiratory chain）における電子伝達系（electron transport system）において酵素の作用により最終受容体である酸素に渡され水になる。その際にミトコンドリアのマトリックスから膜間スペースにH$^+$がくみ出され濃度勾配が生じる。このH$^+$濃度勾配により生じる化学ポテンシャルを利用してADPとリン酸からATPが合成される。この過程は酸化的リン酸化（oxidative phosphorylation）と呼ばれる。ADPのアニオン性リン酸残基がプロトン化されリン酸イオンと反応しやすくなることが寄与している。以上が，解糖系，クエン酸回路から呼吸鎖に至る一連の異化（catabolism）経路である。

話をクエン酸回路の中間生成物に戻すが，フマル酸はケマンソウ（*Fumariaceae*）科の植物に含まれるほか，グルコースを基質としたリゾパス属のカビを用いて好気培養により得られる。イタコン酸はアスペルギラス属の菌類により糖類から得ることができる。フマル酸やイタコン酸は不飽和ポリエステル樹脂の原料として使用される。リンゴ酸はリンゴ果汁に含まれるほか，モナスカス属のカビを用いた発酵により製造される。リンゴ酸から化学合成あるいは微生物を用いて生分解性ポリマーのポリリンゴ酸を合成することができる。リンゴ酸をDMSO中で減圧下90℃で重合するとポリ（α,β-リンゴ酸）が得られる。リンゴ酸のα-ベンジルエステルの環状ラクトンを開環重合して脱保護するとポリ（β-リンゴ酸）が，β-ベンジルエステルの環状二量体を開環重合して脱保護するとポリ（α-リンゴ酸）が得られる（図8-36）。

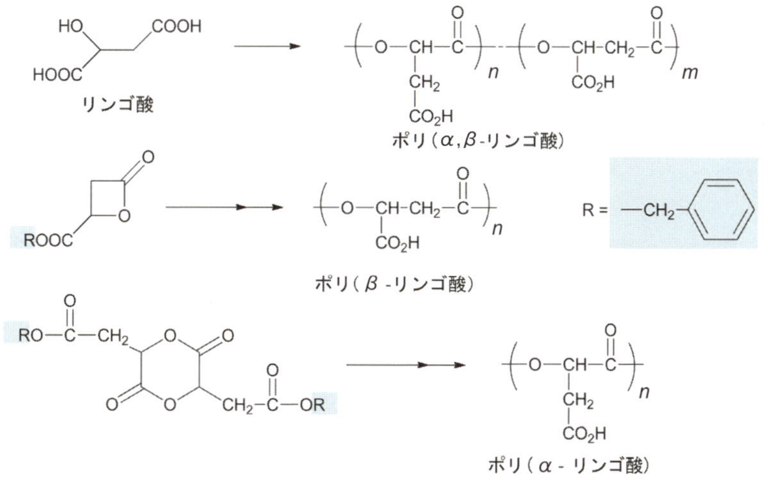

図8-36 ポリリンゴ酸の合成反応

それ以外に利用について検討されているものとして，図8-37に示した偏嫌気性，芽胞形成能を有するグラム陽性菌 *Clostridium* 属細菌による糖類からのアセトン・ブタノール（ABE）発酵がある。図8-33のピルビン酸の酸化的脱炭酸で生成するアセチルCoAがさらに二量化されてアセトアセチルCoA，続いて脱水・還元によりブチリルCoAに変換される。酸生成期にはアセチルCoAとブチリルCoAから酢酸と酪酸が生産され，菌体増殖と代謝に重要なATPが獲得される。増殖が定常期にいたると代謝転換が起こり，酢酸と酪酸はアセチルCoAとブチリルCoAに再同化される。アセチルCoAとブチリルCoAはエタノールとブタノールに還元され菌体外へと排出される。アセチルCoAとブチリルCoAの再同化の際に生じたアセト酢酸は脱炭酸されアセトンへと変換される。ブタノールはゼオライト触媒を用いた気相系での脱水反応によりブテンに変換され，バイオエタノールの脱水により得られるエチレンとのメタセシス反応を用いた不均化によりプロピレンが得られる。バイオマスから誘導されるプロピレンを重合して得られるポリプロピレンはバイオポリプロピレンと呼ばれる。バイオポリプロピレンの製造プロセスについては複数の方法が検討されており，バイオエチレンの二量化により得られるブテンとエチレンの不均化による方法，バイオエタノールから一段法でプロピレンリッチな低級オレフィンを得る方法，発酵法により得られるイソプロパノールを脱水する方法，ABE発酵により得られるアセトンを還元して得られるイソプロパノールを脱水する方法などが検討されている。ただし，イソプロパノール発酵についてはまだ研究段階であり，ABE発酵のプラスミド形質転換系を用いる方法，大腸菌を利用する方法などが検討されている。また，n-プロパノールを発酵法で生産する方法についても検討が行われている（図8-38）。

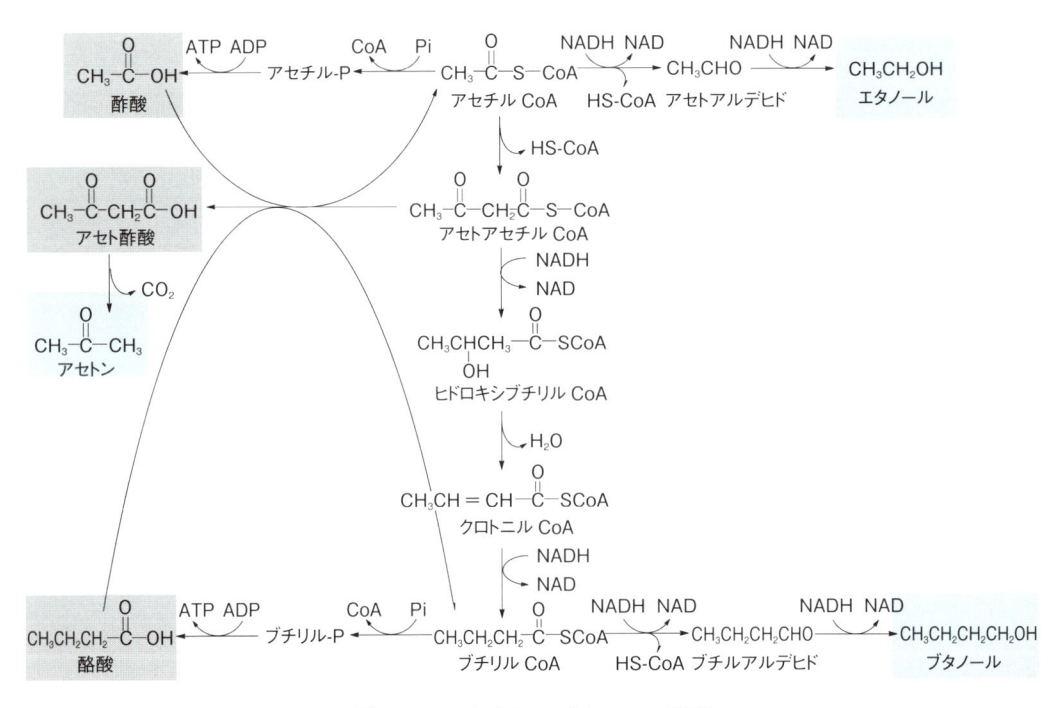

図8-37 アセトン・ブタノール発酵

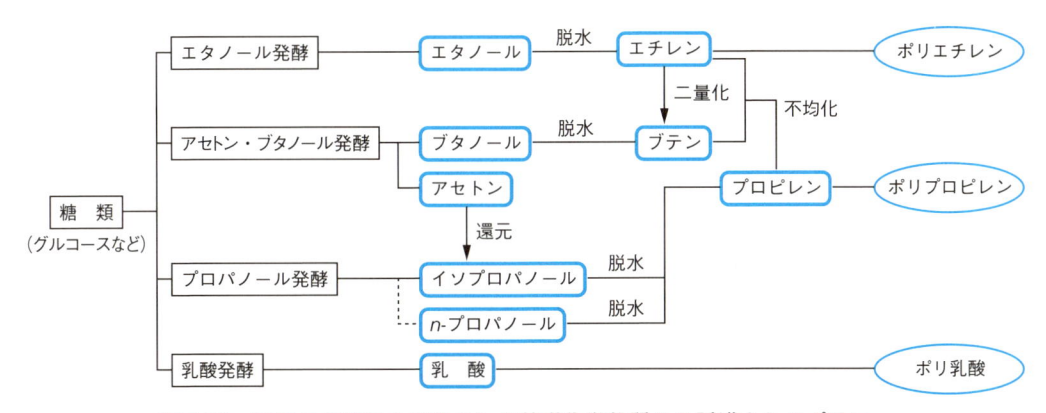

図 8-38 糖類の発酵により得られる基礎化学物質から誘導されるポリマー

最後に経済産業省，農林水産省と産学連携によるバイオ燃料技術革新協議会において 2008 年に提案された次世代統合バイオリファイナリーの概念図を図 8-39 に示しておく[7]。今後，バイオマス資源から燃料に加えて，ポリエチレン，ポリプロピレンを始めとする汎用プラスチックを製造する統合的な製造プロセスの開発が重要となっている。

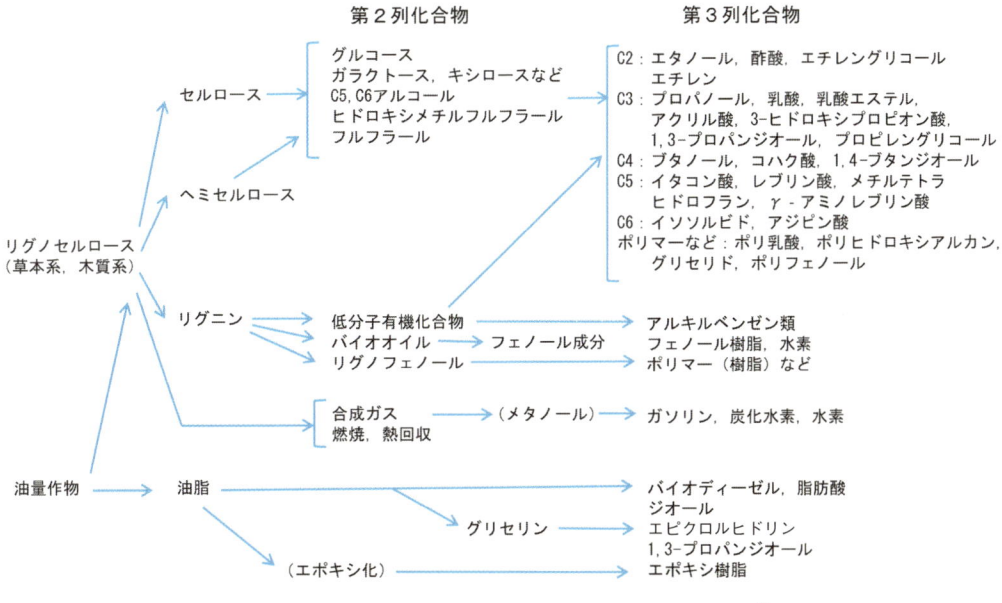

図 8-39 次世代統合バイオリファイナリーの概念図[7]

演習問題

1. D-グルコースは水溶液中でおよそ 62% が β-D-グルコピラノース, 38% が α-D-グルコピラノースの混合物として存在する。β体の方が多い理由について説明せよ。

2. セルロースは熱水に不溶であるが, その構造異性体のアミロースは熱水に可溶である。その理由を述べよ。

3. 以下に示したトレハロースは酵母やキノコ類に含まれる二糖類であり, デンプンから二段階の酵素反応により安価で大量に製造することができる。トレハロースは食品用途以外にバイオベースポリマーの原料モノマーとしても期待されている。アンモニア性硝酸銀水溶液を添加するとD-グルコースは沈殿が生じるがトレハロースは沈殿を生じない。その理由ついて説明せよ。

トレハロース

4. 図8-21に示した天然 α-アミノ酸のうち酸性アミノ酸と塩基性アミノ酸を挙げよ。

5. 図8-21に示した天然 α-アミノ酸のうちアルキル基, 芳香環, ヒドロキシ基, 硫黄原子を側鎖にもつアミノ酸を挙げよ。

6. 資源・エネルギー・環境問題から石油由来のポリマーよりもバイオベースポリマーが重要になってくると考えられる理由について説明せよ。

7. 現在はバイオベースポリマーの原料としてデンプンが多く用いられているが, 将来的にはセルロースに期待が寄せられている。その理由と, 現状ではセルロースを原料にして様々なバイオベースポリマーを合成することが困難である理由について説明せよ。

ポリマーの化学反応

9

ポリブチレンサクシネート/マニラ麻繊維複合材料

Before burial / 60 days

ポリ-L-乳酸/マニラ麻繊維複合材料

Before burial / 60 days / 120 days / 180 days

生分解性ポリマーと植物繊維からなる複合材料の土壌埋没試験における埋没日数による試験片の様子の変化。土壌埋没ではポリブチレンサクシネート（PBS）を用いた材料の方がポリ(L-乳酸)（PLLA）を用いた材料よりも早く分解する[8]。

9.1　高分子反応の分類と特徴

合成されたポリマーに新たな性質や機能を付与するために，高分子の反応を利用してポリマーを化学的に修飾することは工業的にも資源の有効活用という観点からも非常に重要である。高分子が関与する反応においては，以下のような高分子効果と呼ばれる要因により，低分子の反応とは全く異なる挙動を示す場合がある。

1) 分子間力，溶解性

ポリマーを反応溶媒と混合した場合，高分子同士には疎水性相互作用，静電力，水素結合，電荷移動相互作用などの分子間相互作用が強く，また，溶媒との混合によるエントロピーの増大の効果は低分子を用いた場合に比べて非常に小さいので，ポリマーは溶解性に乏しいことが多い。また，最初は溶解していても反応途中で相分離するなどの理由により反応が定量的に進行しない場合もある。さらに未反応や副生成物のポリマーの除去が困難な場合も多い。したがって，反応溶媒や試薬の選定にあたっては，反応率を上げるための工夫が必要である。

2) 立体効果

高分子鎖による立体遮蔽や排除体積効果により，かさ高い反応試薬との反応が起こりにくくなる。

3) 隣接基，多官能基効果

反応する官能基が数多く近接する場合や，異なる複数の官能基の位置が立体的に制御されている場合に，協同的な作用により反応が促進される。

4) 高分子反応場

高分子鎖が作り出す反応空間の疎水性や親水性の違いによって反応性が異なる。

5) 結晶性

一般に高分子鎖の結晶領域では非晶領域に比べて反応試薬が侵入しにくく，反応が起こりにくくなる。

高分子の反応は反応前後の分子量の変化から，分子量が増大する，あまり変化しない，低下するという三つの場合がある。分子量が増大する反応としては，7章において述べたリビングポリマーやマクロモノマーを利用したブロック，グラフト共重合体の合成や熱・光硬化性樹脂の架橋反応を利用した網目ポリマーの合成などを挙げることができる。分子量があまり変化しない例としては，高分子への官能基の導入や官能基変換の反応が挙げられる。分子量が低下する例としては，高分子の熱，光，生分解などがある。本章では，分子量があまり変化しない高分子の官能基変換と分子量の低下する分解反応について紹介する。

9.2　高分子の官能基変換

高分子への官能基の導入や官能基変換は，主に高分子と低分子の反応で行われる。基本的には低分子どうしの有機合成反応と変わらないが，反応条件を設定する場合には，先に述べた高分子

効果による影響について注意する必要がある。高分子効果のうち，**隣接基効果**（neighboring group effect）により官能基の変換が起こりやすくなる例を以下に示す。ポリアクリル酸エステルの塩基性条件での加水分解において，ひとたびエステルの加水分解によりカルボキシレートが生成すると隣接するエステル基のカルボニル炭素を攻撃して酸無水物が生成する。酸無水物は非常に加水分解されやすいのでこの反応が繰返されることにより反応が促進される。また，ポリ塩化ビニルとジチオカーバマート塩の反応においては，ジチオカーバマートアニオンが塩素と置換してカーバマート化されるとチオカルボニル基が隣接する C-Cl 結合に攻撃して六員環状カルボカチオンが形成され，次のカーバマートアニオンが攻撃されやすくなるため置換反応が 100 倍も速くなる。

高分子の官能基変換としてセルロースやデンプンを用いた例については 8 章において紹介したので，ここでは主にポリビニルアルコールとポリスチレンの官能基変換反応について述べる。

ポリビニルアルコール（poly(vinyl alcohol)：PVA）は酢酸ビニルのラジカル重合により得られるポリ酢酸ビニル（poly(vinyl acetate)：PVAc）をメタノール中で水酸化ナトリウム水溶液によりけん化することにより合成される。4.3 で述べたように PVA はアタックチックポリマーであるが結晶性ポリマーである。また，水溶性で洗濯のりにも利用される生分解性ポリマーである。なお，PVA の直接のモノマーにあたるビニルアルコールは実在せず，ケト-エノール互変異性（keto-enol tautomerism）によりアセトアルデヒド（acetaldehyde）として存在する。そのため，PVAc を経由して官能基変換することにより合成される。

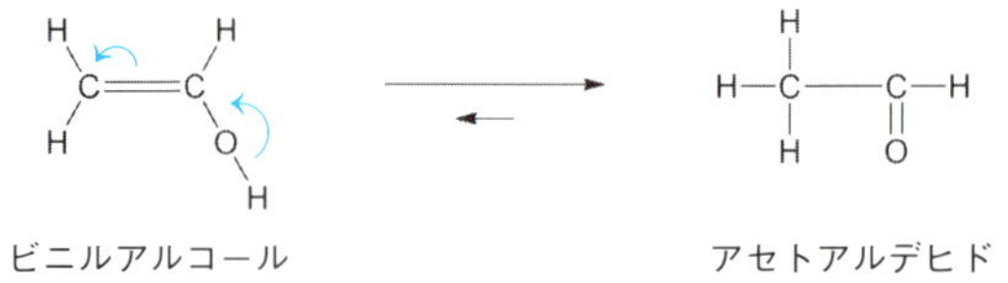

ビニルアルコール　　　　　　　　　アセトアルデヒド

8.1でアルコールとアルデヒドの酸触媒下でのアセタール化反応について説明したが，その反応をPVAとホルムアルデヒドを用いて行うとアセタール化が起こる。この際，隣接するヒドロキシ基同士でのアセタール化が優先され，通常の反応条件ではヒドロキシ基は30%程度残存する。ただし，アセタール化反応は平衡反応なので極めて長い反応時間においては結合の組み換えが起こる可能性がある。PVAは水溶性ポリマーであるが，得られたアセタール化物は水に不溶である。1939年に桜田一郎博士らにより開発され，ビニロンという名称の国産初の合成繊維として有名である。

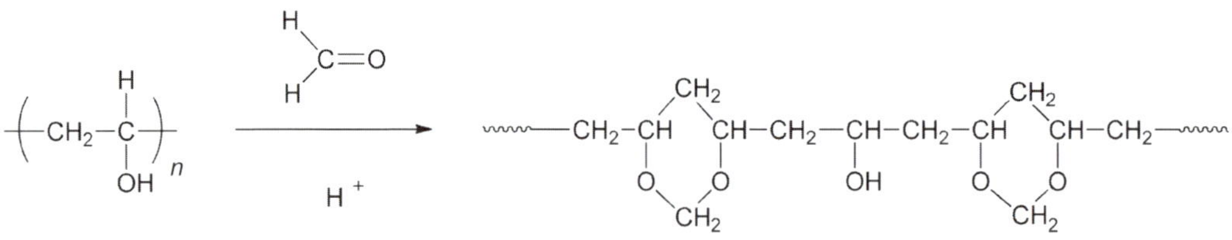

二級アルコールからケトンへの酸化反応としてアルミニウムトリイソプロポキシドと過剰量のアセトンやメチルエチルケトンを用いたオッペナウアー酸化（Oppenauer oxidation）という反応がある。この反応をポリビニルアルコールに適用した場合はケトン体が生成しない。これは主鎖の立体障害によりAlを含んだ立体的に混み合った中間体構造をとることができないためと考えられている。

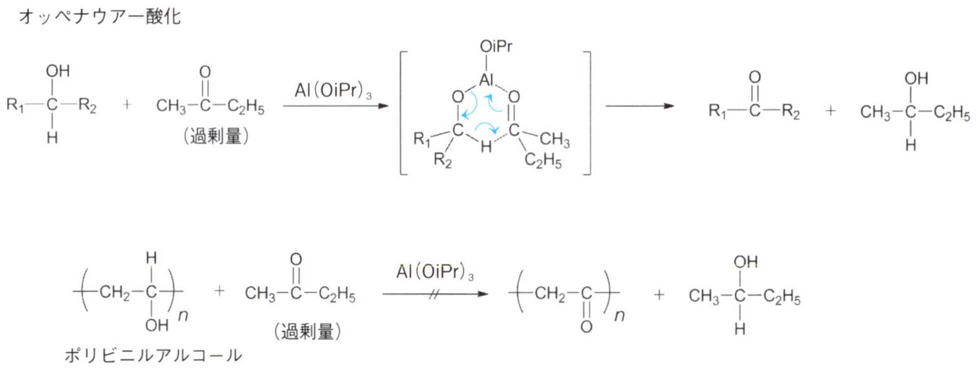

オッペナウアー酸化

ポリビニルアルコール

ポリスチレンに関しては芳香族親電子置換反応を利用して表9-1に示した各種の官能基を導入

することができる。クロロメチル化ポリスチレン（X ＝ CH_2Cl）はさらに求核置換反応させると様々な官能基に変換することができる。スルホン化ポリスチレン（X ＝ SO_3H）は陽イオン交換樹脂，第四級アンモニウム化ポリスチレン（Y ＝ $CH_2N^+R_3\ Cl^-$）は陰イオン交換樹脂として利用されている。

表 9-1 ポリスチレンの官能基変換

試薬A	置換基X	試薬B	置換基Y	試薬C	置換基Z
HNO_3/H_2SO_4	$-NO_2$	$HCl/SnCl_2$	$-NH_2$		
H_2SO_4	$-SO_3H$				
$Cl_2/FeCl_3$	$-Cl$				
$RC(=O)Cl/AlCl_3$	$-C(=O)R$				
$RX/AlCl_3$	$-R$ [*1]				
$ClCH_2OCH_3/ZnCl_2$	$-CH_2Cl$	R_3N	$-CH_2N^+R_3\ Cl^-$		
		R_3P	$-CH_2P^+R_3\ Cl^-$		
		$NH_2C(=S)NH_2$	$-CH_2SC(=NH)NH_2 \cdot HCl$	NaOH	$-CH_2SH$
		KCN	$-CH_2CN$		
		KN(フタルイミド)	$-CH_2N$(フタルイミド)	NH_2NH_2	CH_2NH_2
		$NaOC(=O)CH_3$ [*2]	$CH_2OC(=O)CH_3$	NaOH	CH_2OH

[*1] オルト体含む [*2] 相関移動触媒共存

炭素繊維（carbon fiber）は航空機などに使用される複合材料の強化用繊維として工業的に非常に重要であり，石油ピッチから製造されるピッチ系炭素繊維と**ポリアクリロニトリル**（polyacrylonitrile：PAN）から以下に示した高分子反応により製造されるPAN系炭素繊維がある。まず，PANの繊維を減圧下，300 °Cに加熱すると隣接するシアノ基の付加反応により分子内環化してラダーポリマーが生成する。これを不活性雰囲気中で1 000～1 500 °Cに加熱すると，脱水素芳香族化（一部酸化）してピリジン環が縮環したポリマーとなり，さらに脱窒素，脱青酸が起こり炭素化する。その後，表面処理・サイジングすることにより高強度炭素繊維が得られる。表面処理前の炭化物を不活性雰囲気中で2 000～3 000 °Cで加熱すると，さらにグラファ

イト化が進行して高弾性率炭素繊維が得られる。

9.3　ポリマーの分解反応とリサイクル

　大抵の高分子は熱によって分子鎖が切断されて低分子に分解（decomposition）する。高分子の種類によっては，光や微生物などによっても分解するものがある。分子鎖の切断が顕著ではなく，物性がそれほど低下しないような場合は劣化（degradation）と呼び分解と区別することも多いが，劣化は分解反応の初期過程に相当し，耐候性や耐熱性の向上のために光や熱による劣化を抑制することは重要である。また，微生物により生分解するプラスチックは，プラスチック廃棄物によるゴミ問題を解決する技術として重要である。特に，水産業，農業，レジャー用途など自然環境下で使用されるプラスチック材料が，材料破断や部品の落下などにより自然環境に放出され回収困難となるような場合は，生分解性を持つことが重要となる。逆に，廃棄物を容易に回収することができ，使用中の安定性が重要視されるような用途では，むしろ生分解性は好ましくなく，できる限りリサイクル使用されることが望ましい。プラスチックリサイクルの現状としては，使用済みプラスチック成形品を溶融して再度プラスチック原料や製品として使用するマテリアルリサイクルや燃焼時に発生する熱を電力などの形で回収するサーマルリサイクルが多く，使用済の廃棄ポリマーを化学分解や熱分解して原料モノマーや化学原料などとして利用するケミカルリサイクルは非常に少ない。ケミカルリサイクルはコストがかかることもあり現状では割合が少ないが，特にモノマーへ変換する場合は繰り返しリサイクルできるメリットがあり，今後のリサイクル率を増加させていくためには重要な方法であるといえる。ここでは，高分子の熱，光，生分解に関する基本的なことを解説し，最後にそれらの分解反応を利用したポリマーのケミカルリサイクルについて考える。

9.3.1 熱分解

ビニル系ポリマーの**熱分解**（thermal decomposition）反応は，主鎖の切断によるものと側鎖での分子内脱離反応によるものに大別できる。主鎖切断によるものは，さらに，ラジカル重合の成長反応の逆反応によりモノマーが生成する解重合反応と連鎖移動反応により生成するラジカル種の β 切断による反応の2種類がある。

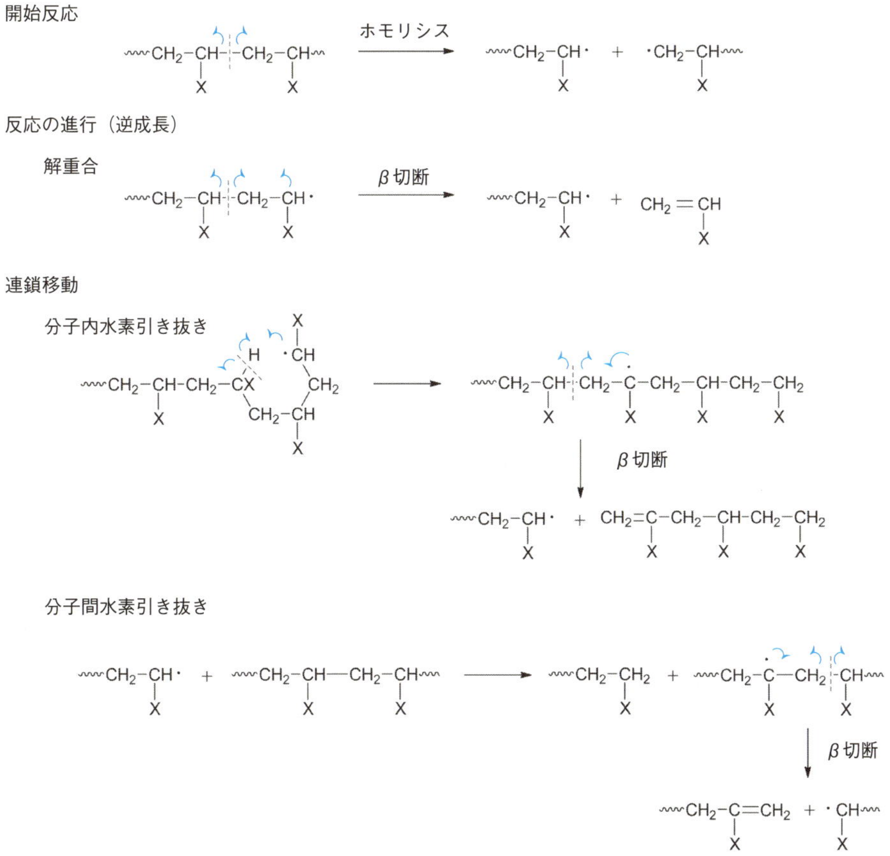

図9-1 主鎖の切断による熱分解の反応機構

主鎖の切断による熱分解の反応機構を図9-1に示した。ビニル系ポリマーを加熱すると，C-C 結合エネルギー（344 kJ mol^{-1}）は C-H 結合エネルギー（415 kJ mol^{-1}）よりも低いため，まず主鎖の C-C 結合がラジカル的に開裂してポリマーラジカルを生じる。この開裂をイオン的な開裂である**ヘテロリシス**（heterolysis）と区別するため**ホモリシス**（homolysis）という。生成したポリマーラジカルの末端の不対電子をもつ α 位の炭素の隣の β 位の炭素とさらにその隣の炭素の間の C-C 結合がホモリシスする，いわゆる β 切断を起こすとモノマーと重合度が一つ減少したポリマーラジカルが生成する。この反応はラジカル重合の成長反応の逆反応であり，**解

重合（depolymerization）と呼ばれる．温度が高くなるほど解重合の速度が速くなり，ある温度で重合と解重合の速度が等しくなる．この温度を天井温度と呼ぶ．天井温度以上で解重合反応が繰り返されると，順次分子量が低下しモノマーが高収率で得られることになる．また，ポリマーラジカルの分子内水素引き抜きにより生成した主鎖内部のラジカルの β 位で切断が起こると，低分子量の末端ビニルオリゴマーと末端ラジカルオリゴマーが生成する．一方，ポリマーラジカルにより別の高分子の水素が引き抜かれると，生じたラジカルの β 位で切断が起こってオレフィンとラジカル種に分解する．

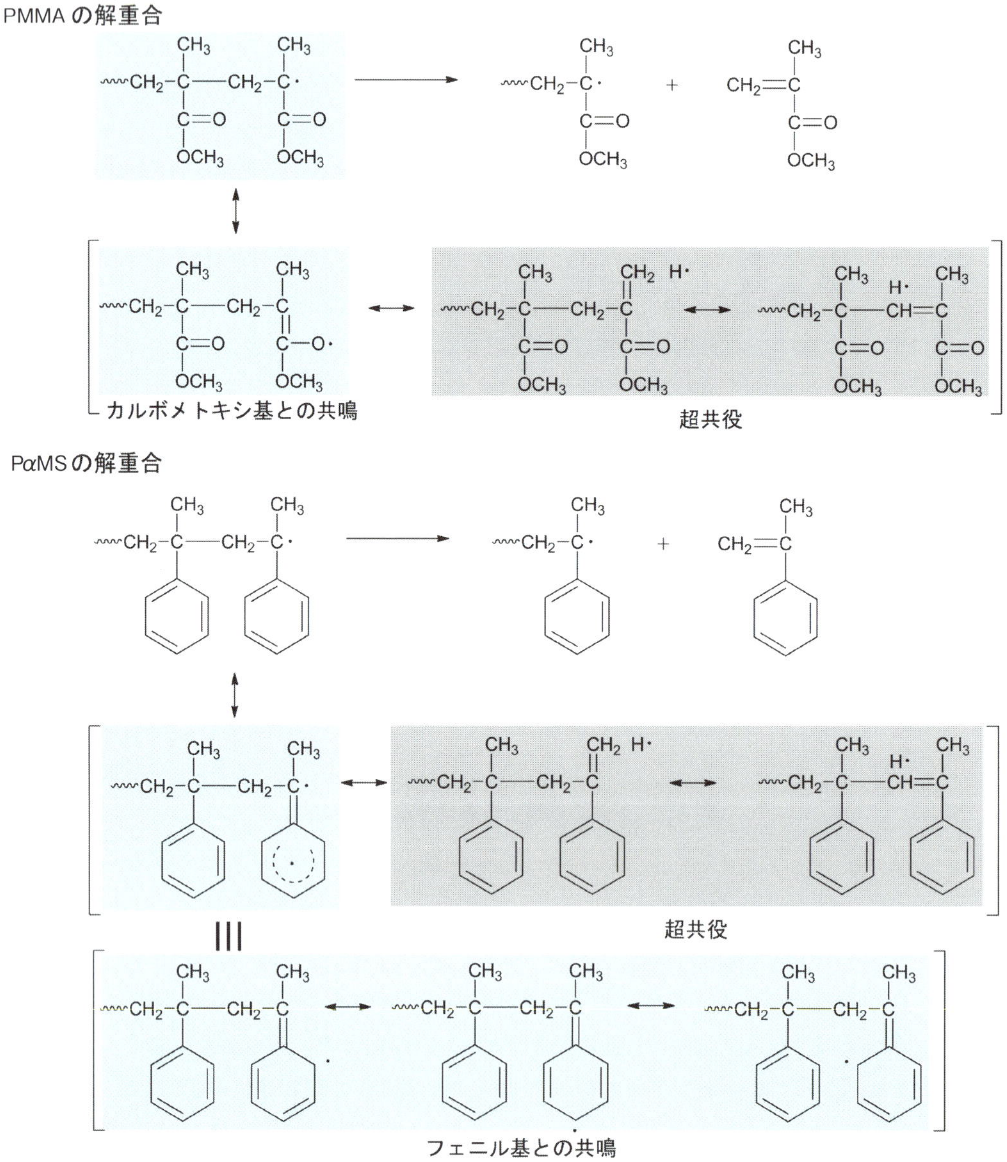

図9-2 ポリメタクリル酸メチルとポリ（α-メチルスチレン）の熱分解による解重合

置換ポリオレフィンの解重合および連鎖移動の起こりやすさは，主鎖のホモリシスにより生成するラジカルの安定性，ポリマーが連鎖移動を起こしやすい結合を持つかどうかによって決まる。例えば，ポリメタクリル酸メチル（PMMA）やポリ(α-メチルスチレン）（PαMS）では，熱分解により解重合が優先的に起こって，定量的に対応するモノマーが回収される（図9-2）。両ポリマーでは，主鎖のホモリシスにより生成するラジカルが，それぞれカルボメトキシ基やフェニル基と共鳴すること及び第三級ラジカルであるため隣接するメチル基との間での超共役が一部に寄与するので安定化している。また，共に α,α-二置換体であり，水素引き抜きにより安定な第三級ラジカルを生成できないこと及び主鎖のホモリシスにより生成した安定ラジカルではメチレン鎖の水素引き抜きが起こりにくいことから解重合が優先すると考えられる。

　一方，ポリエチレンでは，主鎖のホモリシスにより生成する第一級ラジカルは置換基による共鳴安定化効果がないので非常に不安定である。生成した不安定なラジカル種は，反応性が高いために，容易に分子内あるいは分子間での水素引き抜き反応による連鎖移動が起こり，生成したラジカルの β 切断が起こって不飽和 C＝C 結合を末端にもつオリゴマーが生成する。したがって，ポリエチレンの熱分解では，モノマーであるエチレンの回収率が約3％と非常に低く，複雑な炭化水素オリゴマーの混合物が得られる。

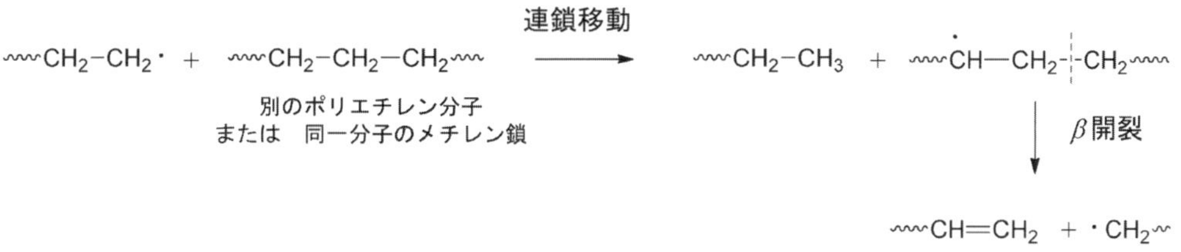

図9-3　ポリエチレンの熱分解による連鎖移動反応

　ポリスチレン（PS）やポリイソブチレン（PIB）では，解重合によるモノマーの回収と連鎖移動によるオリゴマーの生成が併発する。PαMS や PMMA の場合，熱分解によりモノマーがほぼ定量的に回収されるのに対して，PS ではスチレンモノマーの回収率は60％程度であり，約35％の重質油（スチレン二量体，三量体）と4％の軽質油（トルエン，α-メチルスチレン，エチルベンゼンなど）が生成する。一方，側鎖での分子内脱離反応によるものとしては，脱水や脱酸によるポリエンの生成と側鎖のエステル基のアルケンとカルボキシ基への分解反応がある。ポリビニルアルコール，ポリ塩化ビニル，ポリ酢酸ビニルは，それぞれ，水，塩化水素，酢酸が脱離してポリエンを生成し，そのポリエンは不安定であるためさらに分解を受ける。廃棄のポリ塩化ビニルは，熱分解により塩化水素を塩酸として回収し，生成したポリエンの分解による炭化水素は製鉄高炉における鉄鉱石の還元剤としてケミカルリサイクルされている。

ポリビニルアルコール　X = OH　　− H$_2$O
ポリ塩化ビニル　　　　X = Cl　　　− HCl
ポリ酢酸ビニル　　　　X = OCOCH$_3$　− CH$_3$COOH

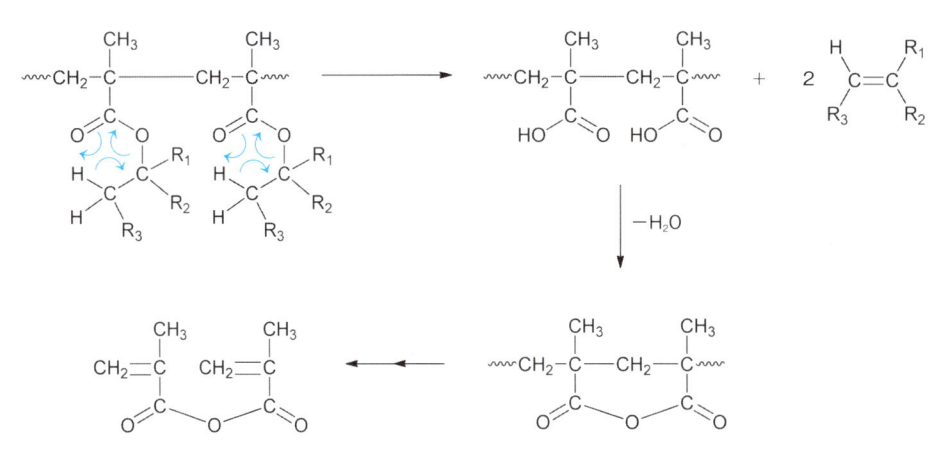

　ポリメタクリル酸アルキルの熱分解において，アルキル基の β 位に水素がある場合は図9-4に示したように六員環遷移状態を経てアルケンとカルボキシ基に分解する．さらに生成したポリカルボン酸は隣接するカルボキシ基同士で脱水して酸無水物となり，その後に解重合が起こって無水メタクリル酸が生成する．このような側鎖のエステル部分での分解が起こると原料モノマーの回収率が低下する．ポリメタクリル酸 tert-ブチルを熱重量分析（TGA）すると，230 ℃ 付近から tert-ブチル基の分解による 2-メチルプロペンとポリメタクリル酸の生成，引き続くポリメタクリル酸の脱水反応により約 40 wt% の重量減少が起こる．その後，平坦領域（プラトー（plateau））が現れて 400 ℃ 以上から主に解重合により無水メタクリル酸が生成して重量減少する（図9-5）．

図 9-4　ポリメタクリル酸アルキルの熱分解

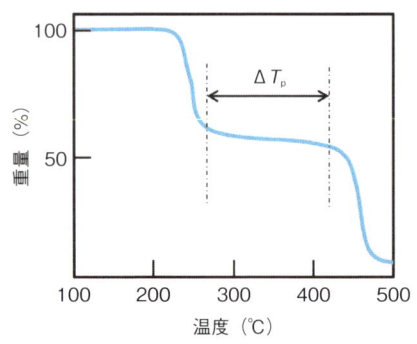

図 9-5　ポリメタクリル酸 tert-ブチルの TGA 曲線概略図

ポリメタクリル酸アルキルの TGA 曲線におけるプラトーの始まりから終わりまでの温度差 (ΔT_p) とアルキル基の種類の関係を表 9-2 に示した。アルキル基が $R_1 = R_2 = H$ であるエチル基やプロピル基の場合はプラトー領域がみられず，モノマーであるメタクリル酸エチルやメタクリル酸プロピルの回収率が非常に高い。それに対して R_2 にメチル基が置換すると ΔT_p の値が大きくなり，1 段階目のアルケンとカルボキシ基への分解が 2 段階目の解重合よりも起こりやすくなる。したがって，原料モノマーの回収率も低くなる。

表 9-2　ポリメタクリル酸アルキルの熱分解によるモノマー収率

アルキル	R_1	R_2	R_3	ΔT_p (℃)	モノマー収率 (%)
エチル	H	H	H	0	98.7
プロピル	H	H	CH_3	0	97.2
イソプロピル	H	CH_3	H	62	67.8
sec-ブチル	H	CH_3	CH_3	70	51.6
tert-ブチル	CH_3	CH_3	H	165	3.0

通常，ポリマーを空気中で熱分解した場合，酸素により熱酸化分解を伴うことが多い。また，不活性ガス中でのポリマーの熱分解に比べて酸素存在下で熱酸化分解の方がより低温で起こるのが一般的である。主鎖の C-C 結合あるいは C-H 結合のホモリシスにより生成したポリマーラジカル P・は酸素が共存すると次式のようにペルオキシラジカル POO・が生成する。ペルオキシラジカルはポリマー PH から水素引抜きによりヒドロペルオキシド POOH を生成し，その O-O 結合がホモリシスしてポリマーオキシラジカル PO・とヒドロキシラジカル・OH を生成する。PO・がポリマー PH から水素引抜きするとポリマーアルコール POH が生成する。また，ポリマーラジカル P・が再結合すれば PP が生成して停止する。これらの反応は P・や POO・の生成が繰り返されるので自動酸化反応と呼ばれる。実際には熱酸化分解の反応は非常に複雑であり，ポリマーラジカルの β 切断や，酸素によりさらに酸化されてアルデヒド，ケトンやカルボン酸なども生成する。

(開始反応)

$$PH \longrightarrow P\cdot + H\cdot$$
$$PP' \longrightarrow P\cdot + P'\cdot$$

(成長反応および連鎖移動反応)

$$P\cdot + O_2 \longrightarrow POO\cdot$$
$$POO\cdot + PH \longrightarrow POOH + P\cdot$$
$$POOH \longrightarrow PO\cdot + \cdot OH$$
$$PO\cdot + PH \longrightarrow POH + P\cdot$$
$$\cdot OH + PH \longrightarrow H_2O + P\cdot$$

（停止反応）

$$P\cdot + P\cdot \longrightarrow PP$$
$$POO\cdot + P\cdot \longrightarrow POOP$$
$$POOP \longrightarrow 安定な化合物$$

9.3.2 光分解

太陽光が地上に到達するまでに，地表から 11〜50 km の成層圏に存在する酸素分子は波長が 200〜240 nm の紫外線を吸収して酸素原子に分解し，酸素原子は酸素分子と反応してオゾンが生成する。オゾンは 320 nm 以下（λ_{max} = 254 nm）の紫外線を吸収して酸素分子と酸素原子に分解する。空気の密度は高度が高くなるほど低くなり，紫外線量は高度が高いほど強くなるため，地上 20〜25 km にオゾン層と呼ばれるオゾン濃度の高い部分ができる。それらの結果として，地表には波長が 320 nm 以下の相対的にエネルギーの高い光は弱められて到達するので，生物が皮膚ガンなどになることなく生息することができるのである。

$$O_2 + h\nu\ (\lambda = 200 \sim 240\,\text{nm}) \longrightarrow 2O$$
$$O_2 + O \longrightarrow O_3$$
$$O_3 + h\nu\ (\lambda \leq 320\,\text{nm}) \longrightarrow O_2 + O$$
$$O + O_3 \longrightarrow 2\,O_2$$

h：プランク定数，ν：振動数，c：光速，λ：光の波長とすると，光のエネルギーは次式で表わされる。

$$E = h\nu = h\frac{c}{\lambda} \tag{9-1}$$

したがって，波長が 320 nm の光のエネルギーは

$$E = 6.626\cdot 10^{-34}\,\text{J s} \times \frac{2.997\,925\cdot 10^{8}\,\text{m s}^{-1}}{320\cdot 10^{-9}\,\text{m}} \times 6.023\cdot 10^{23}\,\text{mol}^{-1} \cong 374\,\text{kJ mol}^{-1}$$

となり，C-H 結合の結合エネルギー 414 kJ mol^{-1} や C-C 結合の結合エネルギー 348 kJ mol^{-1} と比較すると，単純にエネルギー的には C-C 結合を開裂することができることになる。ただし，実際には吸収された光のエネルギーがすべて分解反応に使われるわけではないので，太陽光によりポリマーがすぐに分解するというわけではない。また，エネルギー的には地表に到達する 320 nm 以上の太陽光がポリマーを分解するエネルギーをもっていたとしても，ポリマーがその波長の光を吸収することができなければ分解反応は起こらない。プラスチックとしてよく使用される芳香族のポリエステルやポリアミドは 320 nm 以上に吸収があるが，ポリエチレン（LDPE: 低密度，HDPE: 高密度）やポリプロピレン（PP）は 250 nm 以上の光は吸収しない。しかし，それらのフィルムを屋外に放置しておくと，PP は約 2 ヵ月，HDPE は約 6 ヵ月，LDPE は約 18 ヵ月程度で光酸化劣化が起こる。これは PP や PE の分子鎖中に微量に含まれる脂肪族カルボニル基が 320 nm 付近まで吸収があるためである。

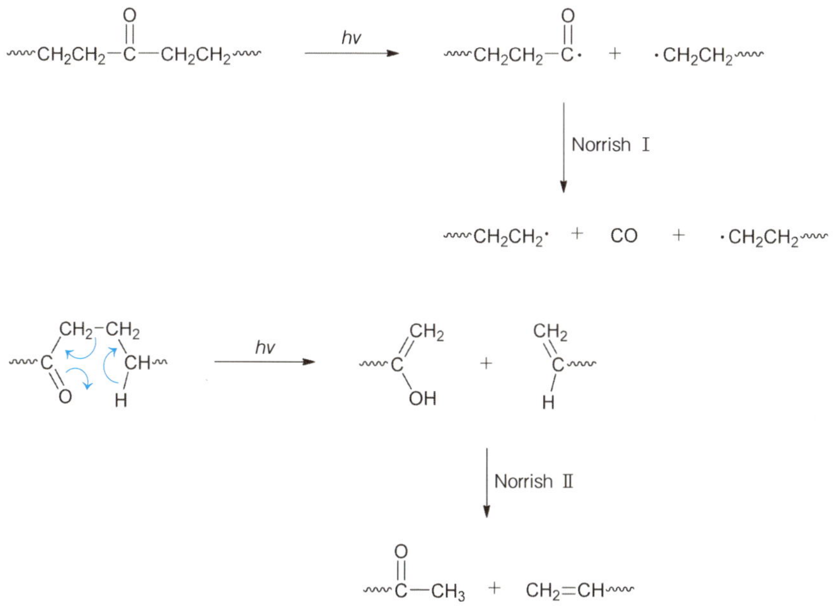

図 9-6　微量にカルボニル基をもつポリエチレンの光分解反応

例えば酸素が共存しない場合，PE はそのカルボニル基を反応点として，Norrish I 型および Norrish II 型の分解を起こす（図 9-6）。Norrish I 型では，まずカルボニル基の部分で光吸収が起こり，カルボニル炭素と隣接する炭素の結合がホモリティックに開裂して，二つのラジカル種を生成し，さらに，一酸化炭素が脱離して炭化水素ラジカルを生成する。Norrish II 型では，光励起され六員環遷移状態を経て，オレフィンとエノール誘導体を与える。エノール体は互変異性して，アセチル体に変換される。

酸素が存在すると，Norrish I 型の光分解反応により生成したラジカル R・が別の PE 分子から水素引抜きにより連鎖移動反応が起こって，さらに酸素分子と反応してペルオキシラジカルを生成し，その後，以下に示したような過程を経て光酸化劣化（photo-oxidation degradation）が進行する。生成した脂肪族カルボニル基をもつポリマーは再び Norrish I 型および II 型の分解を起こす（図 9-7）。

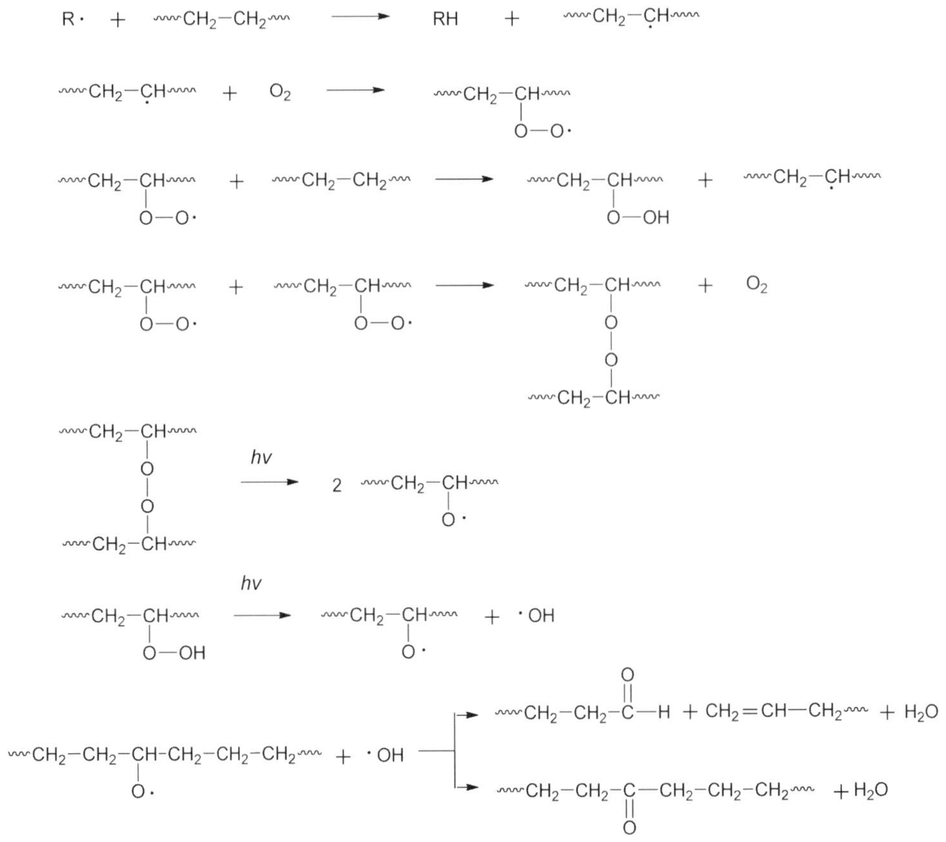

図9-7 ポリエチレンの光酸化劣化反応

　先に説明したHDPE, LDPE, PPの光酸化劣化はそのような反応過程により進行していると考えられる。PPは第三級炭素についた水素があるが，PEは第二級炭素についた水素がほとんどであるため，PPの方が最初の水素引抜きが起こりやすいので約2ヵ月と最も短期間で劣化したと考えられる。同様に考察すると，枝分かれの多いLDPEの方が枝分かれの少ないHDPEよりも早く光酸化劣化するはずであるが，実際はその逆になっている。それは，HDPEでは結晶化度がLDPEよりも高く，結晶領域と結晶領域の間は，量的に少ない非晶領域のポリマーで連結されている（タイ分子）。このタイ分子が切断されるとアキレス腱が切れたかのように強度低下が大きくなる。一方，LDPEでは非晶領域のタイ分子が多く存在するので，少々の分子切断が起こっても完全に両結晶領域が離れてしまうことはないので力学物性上の劣化が起こるのが遅くなると考えられている。このようにポリマーの劣化度を調べる場合に，化学結合の切断を反映する物理量を調べているのか，間接的な高次構造の変化による物性の低下を調べているのかを見極める必要がある。

9.3.3 生分解

　石油資源から誘導される一般的な合成プラスチックは微生物によって分解しないので，廃棄されると自然環境中に蓄積されていくことになり環境汚染につながる．それに対して，微生物により分解する生分解性プラスチック（biodegradable plastics）は廃棄後，自然環境中で最終的に炭酸ガス，メタン，水にまで分解されるので，プラスチック廃棄物による環境汚染を解決する画期的なプラスチックとして，1970年代から注目を集め，盛んに研究開発が行われてきた．高分子の生分解には，酵素によって加水分解される酵素加水分解（enzymatic hydrolysis）と酵素の作用を受けずに分解される非酵素加水分解（non-enzymatic hydrolysis）があり，さらに分解が起こる場所から，生体内と生体外に区別される．酵素による分解は，特定の分子構造に対して作用する基質特異性と，特定の分解反応が起こる反応選択性をもっている．エステル結合はリパーゼ（lipase），アミド結合はプロテアーゼ（protease），1,4-グリコシド結合はアミラーゼ（amylase）やセルラーゼ（cellulase）によって特異的に分解される．微生物分解は酸素を必要とする好気性微生物分解（aerobic microbial degradation）と酸素を必要としない嫌気的微生物分解（anaerobic microbial degradation）に分けられる．一般的に微生物により分解・代謝されるプラスチックを生分解性プラスチックと呼ぶ．ここでもその慣例に従うが，本来，"生分解"は"微生物分解"の上位概念であり生物が関与した分解を意味する．

　例えば，生体外酵素加水分解の場合，一般に分解と代謝の二つのプロセスがある（図9-8）．まず微生物から体外に分泌される酵素が高分子に基質特異的に吸着して加水分解を受け，低分子量物質を生成する（一次的生分解）．その後，低分子量物質が，微生物の細胞膜を浸透して取り込まれ，さまざまな代謝経路を経て，好気的条件下では最終的に炭酸ガスと水に，嫌気的条件下では最終的にメタンと炭酸ガスに分解される（究極生分解）．また，生分解性プラスチックとして代表的なポリ乳酸は，まず生体外非酵素的加水分解により低分子量化した後，微生物分解を受けるので，ポリブチレンサクシネートやポリヒドロキシアルカノエートなどの他の生分解性ポリエステルよりも分解速度が遅い（9章中扉の写真参照）．

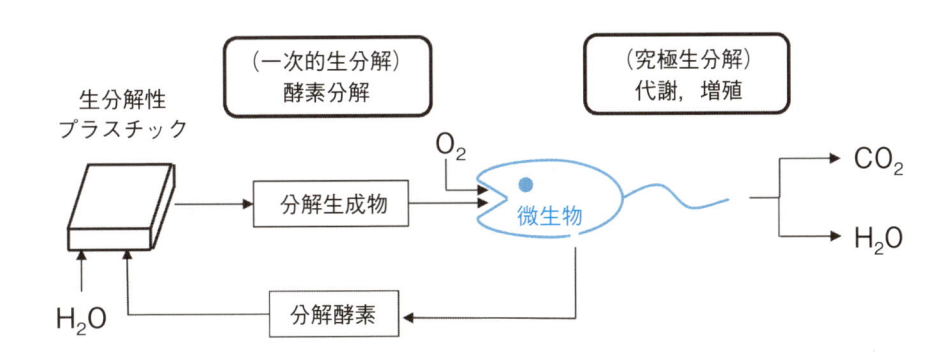

図9-8　生分解性プラスチックの酵素加水分解を含む好気的微生物分解機構

生分解度を分析する試験環境としては、土壌埋設、水中浸漬、堆肥（コンポスト）埋設があり、それぞれ野外での実地試験（フィールド・テスト）と実験室レベルでの試験がある。日本バイオプラスチック協会により定められている試験方法として、JIS K 6950（ISO14851）「水系培養液中の好気的究極生分解度の求め方（閉鎖呼吸計を用いる酸素消費量の測定による方法）」、JIS K 6951（ISO14852）「水系培養液中の好気的究極生分解度の求め方（発生二酸化炭素の測定による方法）」、JIS K 6953（ISO14855）「制御されたコンポスト条件下の好気的究極生分解度及び崩壊度の求め方（発生二酸化炭素の測定による方法）」などがある（表9-3）。いずれも認定された試験機関における試験において6ヵ月以内の試験期間における生分解度が60％以上のプラスチックが生分解性プラスチックであると認定される。

表9-3 生分解性プラスチックの主な国際標準試験法

試験方法	ISO14851 JIS K 6950-2000	ISO14852 JIS K 6951-2000	ISO14855 JIS K 6953-2000
概要	好気的水系培養液中での生分解		好気的コンポスト過程での生分解
植種源	主に都市下水処理場の活性汚泥		安定・熟成コンポスト
植種濃度	懸濁固形物として 30～1 000 mg L^{-1}（標準 30 mg L^{-1}）		-
試験体	100～2 000 mg L^{-1}（標準 100 mg L^{-1}）		100 g/600 g コンポスト
試験期間	BOD値が一定のレベルになって生分解がそれ以上進まなくなったとき。最大6ヵ月		最低45日（最大6ヵ月）
試験温度	20～25±1 ℃		58±2 ℃
測定	酸素消費量	二酸化炭素発生量	二酸化炭素発生量
陽性対照材料	アニリンまたは生分解度が既知のポリマー（微結晶粉体、灰分のないセルロースろ紙、またはポリ(3-ヒドロキシブタン酸)（PHB））（試験終了時の分解度60％以上で試験が有効）		粒径20 μm以下の薄層クロマトグラフィー用セルロース（45日目の分解度70％以上で有効）
陰性対照材料	試験材料と同じ形状の非分解性ポリマー（ex. ポリエチレン）任意		記載なし
その他	補助的な情報として、炭素収支の測定が完全生分解性を確認するのに役立つ。例）残存ポリマー量の測定、培養液中の溶存炭素濃度（DOC）の測定、分子量測定（GPC）		試験終了時に試験片の崩壊の程度、重量減少を測定してもよい。

例えばJIS K 6950における水系培養液中での生分解度試験においては、植種源として所定量の活性汚泥（activated sludge）が用いられる。試料は250 μm以下の粉体が推奨されているが、対照物質と同一形状・寸法のフィルム、破片、断片、成形体を用いてもよいとされている。陽性対照試料としては、アニリンまたは生分解度が既知のポリマー（微結晶性セルロース粉末、灰分のないセルロースろ紙、またはポリ(3-ヒドロキシブタン酸)（poly(3-hydroxybutyrate)：PHB）が用いられ、試験終了時の陽性対照試料の分解度60％以上で試験が有効とされる。生物化学的酸素要求量（biochemical oxygen demand：BOD）を、例えば呼吸計フラスコの体積を一定に保つのに要する酸素の量を測定するか、体積または圧力を自動的もしくは手動により測ることにより測定される。例えば前者の方法では、生分解が起こると微生物が酸素を消費して炭酸ガスを発生し、その炭酸ガスはアルカリトラップにより吸収されるので試験容器内の圧力が減少する。その圧力減少を圧力計により検知して電気信号として酸素発生装置に送くられ、酸素を発

生させる．初期圧力まで回復するまでに要した電気量から酸素消費量を測定する，いわゆるクーロメーター式 BOD 測定装置が用いられる．後者の方法では，発生した炭酸ガスをアルカリトラップにより吸収させるのは同じであるが，そのときの圧力低下をマノメーターの目盛により読み取るマノメーター式 BOD 測定装置がよく用いられる．試験温度は 20 ～ 25 ± 1 ℃，試験期間は最長で 6 ヵ月で，それ以内の場合は BOD 値が一定レベルになって生分解がそれ以上進まなくなるまでである．時間 t における生分解度 D_t（%）は

$$D_t = \frac{S_t - B_t}{\text{ThOD}} \times 100 \tag{9-2}$$

により求められ，S_t は試料培養液の時間 t における BOD 値（mg），B_t は空試験培養液の時間 t における BOD 値（mg），ThOD は試料を完全に酸化するのに必要とする理論酸素要求量（mg）である．ThOD は，試料の元素組成が既知か，元素分析により決定することができれば算出することができる．分子量が M_t で $C_cH_hCl_{cl}N_nS_sP_pNa_{na}O_o$ の組成をもつ化合物の ThOD は

$$\text{ThOD} = \frac{16[2c + 0.5(h - cl - 3n) + 3s + 2.5p + 0.5na - o]}{M_t} \tag{9-3}$$

となる．

例えば，陽性対照区として用いられる PHB では，組成が $(C_4H_6O_2)_n$ なので $c = 4$，$h = 6$，$o = 2$，$M_t = 86$ となり

$$\text{ThOD} = \frac{16(2 \times 4 + 0.5 \times 6 - 2)}{86} = 1.6744 \left(\frac{\text{mg}}{\text{mg-PHB}}\right)$$

となる（8.5 参照）． JIS K 6950 とよく似た方法に JIS K 6951（ISO14852）「水系培養液中の好気的究極生分解度の求め方（発生二酸化炭素の測定による方法）」もあるが，詳しくは JIS 規格を参照されたい．

生分解性ポリマーには，化学合成系，動植物由来の天然物を利用した系，微生物が作り出す微生物産生系がある．それぞれの代表例を表 9-4 に示した．ポリ乳酸は非酵素的加水分解により低分子量化した後，微生物により生分解されるため，ポリ(3-ヒドロキシ酪酸/吉草酸) やポリ(ε-カプロラクトン) とは異なり，水系培養液中の好気的究極生分解度試験や重量減少評価による土壌埋没試験では分解速度は遅く，コンポスト試験において比較的早い分解性を示す．

表9-4 生分解性ポリマー

タイプ	ポリマーの名称（略号）
化学合成系	ポリ乳酸（PLA）
	ポリブチレンスクシネート（PBS）
	ポリエチレンスクシネート（PES）
	ポリ(ε-カプロラクトン)（PCL）
	ポリ(ブチレンアジペート／テレフタレート)（PBAT）
	ポリ(エチレンアジペート／テレフタレート)（PEAT）
	ポリビニルアルコール（PVA）
天然物利用系	デンプン／脂肪族ポリエステル or PVA
	エステル化デンプン
	キトサン／セルロース／デンプン
	酢酸セルロース
微生物産生系	ポリ(3-ヒドロキシブタン酸)（PHB）
	ポリ(3-ヒドロキシブタン酸／吉草酸)（PHBV）
	プルラン
	バクテリアセルロース
	ポリ(γ-グルタミン酸)
	ポリ(ε-リジン)

9.3.4　分解反応を用いたリサイクル

表9-5にプラスチック廃棄物の三つのリサイクル方法を示した。2009年度の国内での調査結果では国内樹脂生産量1 121万tに対して総排出量912万tで，そのうちマテリアルリサイクルが200万t（21.9%），サーマルリサイクルが486万t（53.3%），ケミカルリサイクルが32万t（3.5%）で合計の有効利用率が78.7%になる。一方，未利用率21.3%のうち，単純焼却が107万t（11.7%），埋立てが88万t（9.6%）となっている[9]。ちなみに2000年度は，総排出量997万tに対してマテリアルリサイクルが139万t（13.9%），サーマルリサイクルが345万t（34.6%），ケミカルリサイクルが10万t（1.0%）で合計の有効利用率が49.5%であったので，最近になって廃棄プラスチックの有効利用が進んでいるといえる。マテリアルリサイクルは使用済みプラスチック成形品を溶融して再度プラスチック原料や製品として使用するものであり，最も望ましいリサイクル方法であると考えられる。しかし，単一種類の使用済み品が大量に純品で回収されることは少ない。フィルムは複数の種類のポリマーからなる積層膜になっている場合が多く，また，成形物はポリマーブレンドになっていることも多い。ペットボトルや工場での未使用ロス品など以外に，マテリアルリサイクルを促進していくためには製品形態から見直す必要がある。一方，焼却時に発生する熱エネルギーを電力などの形で回収するサーマルリサイクルはここ数年増えているが，1回限りのリサイクルである点は注意する必要がある。

表 9-5 プラスチック廃棄物の三つのリサイクル

分　類	手　法		
マテリアルリサイクル（材料リサイクル）	再　生利　用		プラスチック原料化プラスチック製品化
ケミカルリサイクル		原料・モノマー化高炉還元剤コークス炉化学原料化	
	ガス化油　化		化学原料化燃　料
サーマルリサイクル（エネルギーリサイクル）		セメントキルンゴミ発電RDF（廃棄物固形燃料）	

　ケミカルリサイクルは，使用済の廃棄高分子を化学反応により分解して原料モノマーや化学原料などとして利用する方法である．コストがかかることもあり現状では割合が少ないが，特にモノマーへ変換する場合は繰り返しリサイクルできるメリットがあり，今後のリサイクル率を増加させていくためには重要な方法であるといえる．先に熱分解において述べたように PMMA は熱により主鎖の C-C 結合の開裂が起こり比較的安定な第三級ラジカルが生成するので，ポリマー鎖への連鎖移動が起こりにくく，末端から順次モノマーが解離してほぼ定量的にモノマーが回収される．ポリスチレンも同様な熱分解によりモノマーを回収することができるが，連鎖移動が起こるため PMMA よりも回収率が低くなり，重質油と呼ばれるスチレンの二量体や三量体などの芳香族炭化水素油が生成し，燃料として利用されている．ポリ塩化ビニルは窒素中 350 ℃ 付近で熱分解することにより大部分の塩化水素を回収することができる．塩化水素は塩酸として，残りの炭化水素残渣はコークスの代わりとして鉄鉱石（酸化鉄）の還元剤として利用されている．

　重縮合や重付加によって合成されるポリマーのケミカルリサイクルは加溶媒分解によりモノマーを再生させる方法が一般的である．ポリエチレンテレフタレート（PET）はエチレングリコールによる加アルコール分解によりビス(2-ヒドロキシエチル)テレフタレート（bis (2-hydroxyethyl)terephthalate: BHT）に変換した後，メタノールを用いたエステル交換反応によりジメチルテレフタレート（dimethyl terephthalate: DMT），加水分解によりテレフタル酸にして，それらのモノマーを PET の合成に使用する方法が工業的に実施されている．この方法により使用済ペットボトルからペットボトルを再生することができる．

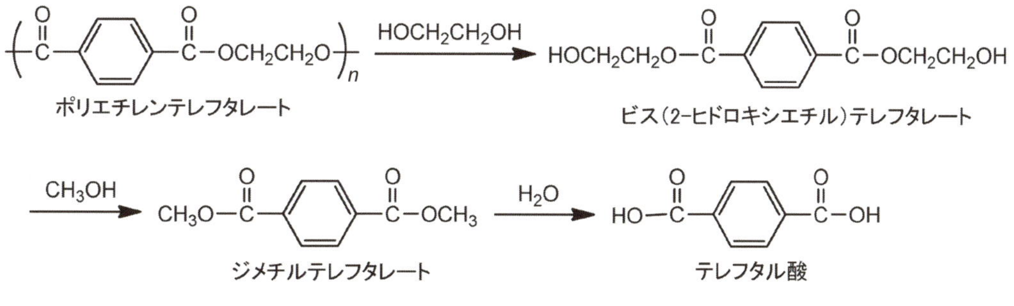

図 9-9　ポリエチレンテレフタレートのケミカルリサイクル

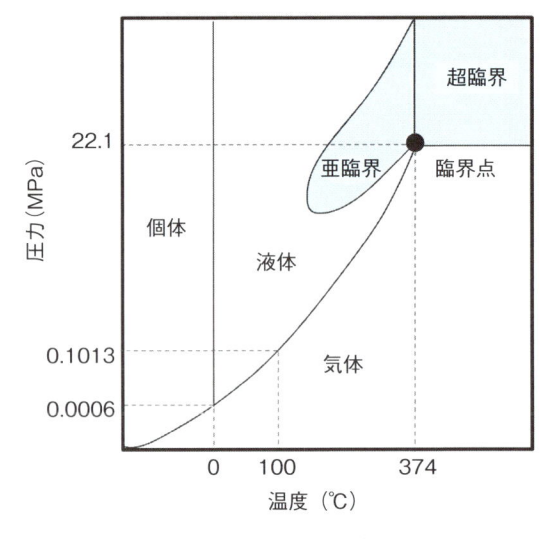

図 9-10 水の状態図

　大気圧（0.101 3 MPa）の下で氷を氷点以下の温度から昇温していくと，0 ℃で融解して液体になり，100 ℃で沸騰して気体になる。さらに温度が上昇すると理想気体の方程式に従って水蒸気は膨張していくが，374 ℃以上の温度で圧力を増大させていくと収縮していくが，22.1 MPa 以上の圧力になると気体でも液体でもない超臨界状態（super critical state）になる（図 9-10）。超臨界水（臨界点は 374 ℃，22.1 MPa）は，通常の水よりも比誘電率が低く，水素イオン濃度が高くなるので，有機化合物を溶解しやすく，触媒作用が高くなる。超臨界水を用いると，PET は無触媒で約 30 分の反応時間で，ほぼ定量的にテレフタル酸とエチレングリコールに変換される。水以外に超臨界メタノール（臨界点 240 ℃，8.1 MPa）などを用いたプラスチックの分解も検討されており，廃棄物の新しい処理方法として注目されている。

　ナイロン 6 はリン酸触媒を用いて 260 ℃付近で解重合して生成する ε-カプロラクタムを減圧蒸留によりケミカルリサイクルすることができる。ナイロン 66 はナイロン 6 に比べると技術的に未解決の部分が多いが，アルカリ加水分解に電気分解を組み合わせることによるヘキサメチレンジアミンとアジピン酸の回収プロセスが BASF 社により開発されているという。

　ポリウレタンの実用化段階にあるケミカルリサイクル法としてはグリコール分解がある。グリコール分解は，エチレングリコールなどの低分子ジオールとアルカノールアミンなどの触媒を用い，ポリウレタンを 200 ℃付近で 1～2 時間加熱して分解させ，液状のポリオールとして回収

するものである。

$$\sim R_2-N(H)-C(=O)-O-R_1-O-C(=O)-N(H)-R_2-N(H)-C(=O)-O-R_1\sim \xrightarrow[\sim 200\ ^\circ C]{HO-R_3-OH}$$

$$\sim R_2-N(H)-C(=O)-O-R_3-OH + HO-R_1-OH + HO-R_3-O-C(=O)-N(H)-R_2-N(H)-C(=O)-O-R_3-OH + HO-R_1\sim$$

　それ以外のポリウレタンのケミカルリサイクル法としては，アミン分解，アンモニア分解，加水分解，熱分解などの方法があり，現状では実用化には至っていない。アミン分解は粉砕またはチップ化されたポリウレタンをモノエタノールアミンなどのアルカノールアミンとともに140〜150 °Cで加熱し，ポリエーテルポリオールおよび低分子オリゴマーに分解する方法である。この方法では完全にモノウレアまで分解される。アンモニア分解は高温（139 °C）高圧（14 MPa）でアンモニアによりポリオール，アミンおよび尿素に分解する方法である。加水分解法は水酸化ナトリウムなどの触媒を用い常圧あるいは高温高圧で，水との反応によりポリオール，炭酸ガス，アミンを回収する方法である。熱分解は高温高圧において触媒の存在下に熱分解して油化し，炭化水素として回収する方法である。廃棄ポリウレタンを900 °C付近で無酸素下において基礎原料のガスと油にする方法と500 °C，40 MPa程度の条件で水素ガスの存在下に分解し，ガソリンに類似の油とガスにする方法がある。エステル結合，アミド結合，ウレタン結合からなるポリマーは加水分解や加アルコール分解により解重合させてモノマーまで分解することができる。

　基本的に可逆な平衡反応により結合が形成されて重合するポリマーはその天井温度よりも高い温度でもとのモノマーに戻すことが可能である。例えば，電子求引性基（electron withdrawing group:EWG）の置換したジエノフィル（dienophile）と電子供与性基（electron donating group:EDG）の置換したジエン（diene）は60 °C程度の加熱で容易にディールス・アルダー（Diels-Alder:DA）反応をしてシクロヘキセン誘導体を与える。この反応は可逆反応であり100 °C以上の温度では逆ディールス・アルダー（retro Diels-Alder:rDA）反応が起こりジエンとジエノフィルに戻る。この反応をビスマレイミド（bismaleimide: BMI）とビスフラン化合物の間で行うと重付加によりポリマーが得られる，さらに高い温度で加熱するとモノマーのBMIとビスフランに戻すことができる。このような熱可逆反応を用いたケミカルリサイクルはまだ実用化には至っていないが今後検討していくべき一つの方向性であるといえる。

熱硬化性樹脂の硬化物や加硫処理した天然ゴムなどは架橋構造が形成されているので不溶・不融となるため，熱溶融によるマテリアルリサイクルができない。このようなネットワークポリマーにおいても上で述べたDA反応などの熱可逆反応や水素結合やイオン相互作用などの超分子架橋を利用すると加熱により熱溶融できるネットワークポリマーを作ることができる。

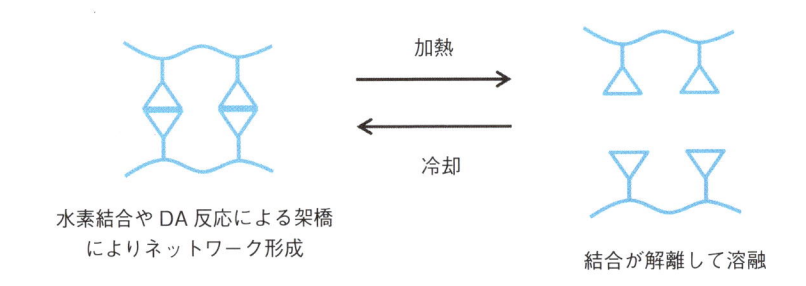

例えば，ポリイソプレンに無水マレイン酸をエン反応させ無水コハク酸ユニットを導入した後，アミノトリアゾールと反応させてアミド酸とする。得られたポリマーは室温でトリアゾールアミド酸部分が分子間多重水素結合することにより超分子的な架橋構造が形成されるので加硫ゴムと同様なゴム弾性を示す。このポリマーは加熱すると185 ℃付近で多重水素結合が解離して熱溶融するのでマテリアルリサイクルや再成形が可能である。

分子間で多重水素結合を形成

　植物が光合成により空気中の炭酸ガスを固定化して作ったデンプンやセルロースなどの多糖類を原料として用いたバイオベースポリマーのうち生分解性をもつものは廃棄後，微生物により生分解されて再び炭酸ガスに分解される。このような資源循環はバイオリサイクルといわれる（8 章扉参照）。生分解性ポリマーを酵素分解してモノマーとして回収し，再び酵素重合によりポリマーを合成する方法なども検討されている。生分解性を有するバイオベースポリマーとして代表的なポリ(L-乳酸)（PLLA），ポリヒドロキシブタン酸，ポリ（ヒドロキシブタン酸-co-ヒドロキシ吉草酸）などはバイオリサイクルできるポリマーである。PLLA はバイオベースポリマーであるが乳酸オリゴマーのラクチドへの熱分解とラクチドの開環重合など製造工程において石油資源に基づくエネルギー投入が必要である。したがって，バイオベースの生分解性ポリマーであっても単純にすべて生分解すればよいということではなく，マテリアルリサイクル，ケミカルリサイクルなどの複合的なリサイクルについても検討しておくことが必要である。PLLA は天井温度よりも高い 250～300 ℃ の温度で，弱塩基性の酸化マグネシウム（MgO）を触媒として処理するとラセミ化を防止することができ，光学純度の高い L,L-ラクチドをケミカルリサイクルすることもできる。

　本当の意味で"環境にやさしいポリマー"を開発するためには，石油などに依存しない再生可

能資源を原料として使用すること以外に，その製造工程から輸送・使用・廃棄・リサイクルに至るすべての工程を含めた環境負荷を評価する**ライフサイクルアセスメント**（life cycle assessment：LCA）という手法を活用して環境への影響をトータルで評価することが重要である。現状では環境負荷よりもコストが優先される傾向にあるが，地球温暖化の進行や将来的な化石資源の枯渇を考えると，LCAを十分に考慮して，後世に悪影響を及ぼすことのない豊かでかつ持続可能な社会を実現できるような材料や技術の開発が今後益々重要になるであろう。

演習問題

1. 4-エチルピリジンに臭化ベンジルを反応させた場合は，反応が円滑に進行してベンジルピリジニウム塩が定量的に得られるのに対して，ポリ(4-ビニルピリジン)と臭化ベンジルの反応では，反応の進行とともに反応性が低下し，すべてのピリジン環がイオン化されない。なぜ両者にこのような反応性の違いがでるのか説明せよ。

2. 次のポリマーのうち熱分解によるモノマー回収に適したポリマーを一つ選び，その理由を説明せよ。
    (1) ポリメタクリル酸メチル　(2) ポリエチレン　(3) ポリプロピレン

3. ポリメタクリル酸アルキル類において，アルキル基がエチル基の場合は熱分解によりモノマーを定量的に回収することができるが，アルキル基が *tert*-ブチル基の場合はほとんど原料モノマーが回収されない。その理由を説明せよ。

4. 活性汚泥を含む水系培養液中でポリ(ε-カプロラクトン)（PCL）の粉末 1.00 g を生分解させたところ，30日間で 1.50 g の酸素が消費された。PCL を含まない参照培養液中における酸素消費量は，同条件下で 0.12 g であった。このときの PCL の生分解度を求めよ。

5. 以下のポリマーは Norrish II 型により光分解する。その分解過程を反応式で示せ。

    $$-\!\!\left(\!CH_2-\!CH\!\right)_{\!n}\!-$$
    $$\quad\quad\quad |$$
    $$\quad\quad\quad O=C-C(CH_3)_3$$

6. 次のポリマーのうちケミカルリサイクルとして加水分解によるモノマー回収に適したポリマーを一つ選び，回収されるモノマーの構造式と名称を書け。
    (1) ナイロン6　(2) ポリビニルアルコール　(3) ポリエーテルスルホン

演習問題解答

1章

1. 高分子とは，モノマーの構造単位の繰返しから成る分子量がおよそ1万以上の分子である．
2. ポリマー中のモノマー成分に対応する繰返し単位の数である．
3. 単結合のまわりの内部回転によりいくつかの立体配座をとることができ，その単結合が多数回繰返された高分子では，膨大な数の分子形態をとる．この多様な分子形態により，高分子鎖は無秩序な凝集構造をとったり，分子間や分子内相互作用により秩序だった凝集構造をとる．これが高分子らしさの発現理由である．
4. 低分子 - ミセル説が正しいとするならば，試料の濃度や溶媒を変更して比粘度を測定すると会合状態が変化するため，比粘度／濃度が試料の分子量に比例するというStaudingerの粘度律は成り立たないことになる．
5. Staudingerはデンプンやセルロースのヒドロキシ基を酢酸エステル化し，さらに加水分解によりデンプンやセルロースを再生した．また，ポリ酢酸ビニルを加水分解して得られるポリビニルアルコールを再び酢酸エステル化する反応も行った．これらの反応により分子間水素結合をなくしたり，再び水素結合を復活させても，浸透圧法で測定した重合度が本質的に変化しないことを実験的に証明した．
6. 超分子高分子とは，複数の分子が共有結合ではなく，水素結合，イオン的相互作用，電荷移動相互作用，配位結合，van der Waals力などの特別な相互作用により秩序だって集合し，高分子のようにふるまう分子集合体のことである．

2章

1.

$CH_2=CF_2 \longrightarrow$ —CH$_2$—CF$_2$—CH$_2$—CF$_2$—   —CH$_2$—CF$_2$—CF$_2$—CH$_2$—   —CF$_2$—CH$_2$—CH$_2$—CF$_2$—

　　　　　　　頭-尾結合　　　　　頭-頭結合　　　　　尾-尾結合

2. (1) H$_2$C=CH—CH=CH$_2$ (1,2,3,4) →

　1,2-付加　　　cis-　　　trans-
　　　　　　　　　　1,4-付加

(2)

```
   1     4
   2     3
```
→ cis- trans-   cis-   trans-
   ⎣____1,2-付加____⎦ ⎣____1,4-付加____⎦

3. AAA, AAB, ABA, ABB, BAB, BBB の 6 通り, 交互共重合体にみられる連鎖: ABA, BAB; ブロック共重合体にみられる連鎖: AAA, BBB

4. n が偶数のとき, 連子は奇数の $(n-1)$ 個の二連子 (m または r) で指定される。中央の二連子を中心に左右が対称な n 連子の数は $2^{(n-2)/2}$ であり, 中央の二連子に m と r の 2 種類あるので, 左右を入れ替えて重なる n 連子の数は $2 \times 2^{n/2-1}$ になる。単純計算による n 連子の数 $2^{(n-1)}$ を左右入れ替え分が二重に数えられているとすると $2^{(n-1)}/2 = 2^{n-2}$ となるが, 左右対称な n 連子を二重に減じているので片方を足しておく必要がある。よって, n 連子の種類は $2^{n-2} + 2^{n/2-1}$ になる。n が奇数のとき, 左右が対称な n 連子の数は $2^{(n-1)/2}$ なので, n 連子の種類は $2^{n-2} + 2^{(n-1)/2-1}$ になる。

5. (1) $R = 0.153\,\text{nm} \times \sin(112°/2) \times 100 \cong 12.7\,\text{nm}$

   (2) 式 (2-35) より $\langle R^2 \rangle^{1/2} = 0.153\,\text{nm} \times \{100 \times [1 + \cos(180-112)°]/[1 - \cos(180-112)°]\}^{1/2}$
   $\cong 2.27\,\text{nm}$ で, (1) の R の $2.27/12.7 \cong 0.18$ 倍である。

   (3) $\sigma = \exp[-2000/(1.38 \times 10^{-23} \times 300 \times 6.02 \times 10^{23})] \cong 0.448$, 式 (2-41) より
   $\langle \cos \phi \rangle = (1 - 0.448)/(1 + 2 \times 0.448) \cong 0.29$, 式 (2-42) より $\langle R^2 \rangle^{1/2} = 0.153\,\text{nm} \times [100 \times (1 + \cos 68°)/(1 - \cos 68°) \cdot (2 + 0.448)/(3 \times 0.448)]^{1/2} \cong 3.06\,\text{nm}$, (2) の $\langle R^2 \rangle^{1/2}$ の $3.06/2.27 \cong 1.35$ 倍である。

6. $\langle S^2 \rangle = \dfrac{1}{n+1} \sum_{i=0}^{n} S_i^2 = \dfrac{1}{n+1} \sum_{i=0}^{n} \left(ib - \dfrac{1}{2} nb\right)^2 = \dfrac{b^2}{n+1} \sum_{i'=-n/2}^{n/2} i'^2 = \dfrac{2b^2}{n+1} \sum_{i'=1}^{n/2} i'^2$

   $= \dfrac{2b^2}{n+1} \cdot \dfrac{1}{6} \cdot \dfrac{n}{2} \left(\dfrac{n}{2} + 1\right)\left(2 \cdot \dfrac{n}{2} + 1\right) = \dfrac{(nb)^2}{12}\left(1 + \dfrac{2}{n}\right)$ $\left(i' \equiv i - \dfrac{1}{2}n\right)$ (AP-43) 使用

7. 式 (2-52) より $\langle R^2 \rangle = 2ql = Cnb^2$ なので

   $q = \dfrac{Cnb^2}{2l} = \dfrac{6.7n \times 0.153^2}{2 \times 0.153n \times \sin(112°/2)} \cong 0.62\,(\text{nm})$

8. $l/q = 3 \times 10^7/60 \gg 1$ なので式 (2-53) より

   $\langle S^2 \rangle^{1/2} = \left(\dfrac{ql}{3}\right)^{1/2} = \left(\dfrac{60 \times 3 \times 10^7}{3}\right)^{1/2} \cong 24\,500\,(\text{nm}) = 24.5\,(\mu\text{m})$, DNA1 本の体積は

   $\pi \times (1\,\text{nm})^2 \times 3\,\text{cm} \cong 9.4 \times 10^7\,\text{nm}^3$ となる。この円柱状分子が隙間なく球状に凝集した場合の半径は $[9.4 \times 10^7\,\text{nm}^3 \times 3/(4\pi)]^{1/3} \cong 282\,\text{nm}$ となる。したがって, $282/24\,500 \cong 1/87$ 程度まで縮むことになる。

3章

1．(1) $M_n = \dfrac{(10 \times 3 + 30 \times 5 + 10 \times 7) \times 10^4}{10 + 30 + 10} = \dfrac{250 \times 10^4}{50} = 5.00 \times 10^4$

$M_w = \dfrac{(10 \times 3^2 + 30 \times 5^2 + 10 \times 7^2) \times 10^8}{250 \times 10^4} = \dfrac{1\,330 \times 10^8}{250 \times 10^4} = 5.32 \times 10^4$

$M_z = \dfrac{(10 \times 3^3 + 30 \times 5^3 + 10 \times 7^3) \times 10^{12}}{1\,330 \times 10^8} = \dfrac{7\,450 \times 10^{12}}{1\,330 \times 10^8} \cong 5.60 \times 10^4$

$M_v = \left[\dfrac{(10 \times 3^{1.6} + 30 \times 5^{1.6} + 10 \times 7^{1.6}) \times 10^{4 \times 1.6}}{250 \times 10^4}\right]^{1/0.6} = \left(\dfrac{677}{250}\right)^{1/0.6} \times 10^4 \cong 5.26 \times 10^4$

$M_w/M_n = 5.32 \times 10^4/(5.00 \times 10^4) \cong 1.06$

(2) $M_n = \dfrac{(5 \times 1 + 10 \times 3 + 20 \times 5 + 10 \times 7 + 5 \times 9) \times 10^4}{5 + 10 + 20 + 10 + 5} = \dfrac{250 \times 10^4}{50} = 5.00 \times 10^4$

$M_w = \dfrac{(5 \times 1^2 + 10 \times 3^2 + 20 \times 5^2 + 10 \times 7^2 + 5 \times 9^2) \times 10^8}{250 \times 10^4} = \dfrac{1\,490 \times 10^8}{250 \times 10^4} = 5.96 \times 10^4$

$M_z = \dfrac{(5 \times 1^3 + 10 \times 3^3 + 20 \times 5^3 + 10 \times 7^3 + 5 \times 9^3) \times 10^{12}}{1\,490 \times 10^8} = \dfrac{9\,850 \times 10^{12}}{1\,490 \times 10^8} \cong 6.61 \times 10^4$

$M_v = \left[\dfrac{(5 \times 1^{1.6} + 10 \times 3^{1.6} + 20 \times 5^{1.6} + 10 \times 7^{1.6} + 5 \times 9^{1.6}) \times 10^{4 \times 1.6}}{250 \times 10^4}\right]^{1/0.6}$

$= \left(\dfrac{718.8}{250}\right)^{1/0.6} \times 10^4 \cong 5.81 \times 10^4 \qquad M_w/M_n = 5.96 \times 10^4/(5.00 \times 10^4) \cong 1.19$

(1) と (2) の高分子混合系いずれにおいても，$M_n < M_v < M_w < M_z$ の関係がある。(1) と (2) の M_n は等しいが，(2) は (1) よりも分子量分布が広く，より高い M_v, M_w, M_z をもつ。したがって，多分散度 M_w/M_n は (2) の方が (1) よりも大きく，多分散度が 1 よりも大きいほど分子量分布が広いことを表している。

2．(1) 式 (3-50) より

$$\Pi = RT\left(\dfrac{c}{M} + A_2 c^2\right) = 8.31 \times 300 \times \left[\dfrac{1.0 \times 10^{-3}}{10^4} + 5 \times 10^{-4} \times (1.0 \times 10^{-3})^2\right]$$

$\cong 2.51 \times 10^{-4}\,(\text{J cm}^{-3} = \text{m}^2\,\text{kg s}^{-2}\,\text{cm}^{-3}) = 251\,(\text{m}^{-1}\,\text{kg s}^{-2} = \text{N m}^{-2} = \text{Pa})$

(2) $h = \Pi/(\rho g) = [251/(1.0 \times 9.8)](10^{-1}\,\text{cm}) = 25.6\,(10^{-1}\,\text{cm}) = 2.56\,(\text{cm})$

3．(1) $K = 4\pi^2 \times 1.5^2 \times 0.10^2/[6.02 \times 10^{23} \times (633 \times 10^{-7})^4]\,\text{cm}^2\,\text{mol}\,\text{g}^{-2} \cong 9.19 \times 10^{-8}\,\text{cm}^2\,\text{mol}\,\text{g}^{-2}$

(2) $\theta = 30°$ のとき，$k^2 = [4\pi \times 1.5 \times (\sin 15°)/633]^2\,\text{nm}^{-2} \cong 5.94 \times 10^{-5}\,\text{nm}^{-2}$,

$\theta = 90°$ のとき，$k^2 = [4\pi \times 1.5 \times (\sin 45°)/633]^2\,\text{nm}^{-2} \cong 4.43 \times 10^{-4}\,\text{nm}^{-2}$

(3) $\theta = 30°$ のとき，$Kc/R_\theta = 9.19 \times 10^{-8} \times 10^{-3}/(6.08 \times 10^{-5})\,\text{mol}\,\text{g}^{-1} \cong 1.51 \times 10^{-6}\,\text{mol}\,\text{g}^{-1}$

$\theta = 90°$ のとき，$Kc/R_\theta = 9.19 \times 10^{-8} \times 10^{-3}/(5.78 \times 10^{-5})\,\text{mol}\,\text{g}^{-1} \cong 1.59 \times 10^{-6}\,\text{mol}\,\text{g}^{-1}$

(4) 傾き $= (1.59 - 1.51) \times 10^{-6}/[(4.43 - 0.594) \times 10^{-4}]\,\text{mol}\,\text{nm}^2\,\text{g}^{-1} \cong 2.09 \times 10^{-4}\,\text{mol}\,\text{nm}^2\,\text{g}^{-1}$,

切片 $= (1.51 \times 10^{-6} - 2.09 \times 10^{-4} \times 5.94 \times 10^{-5})\,\text{mol}\,\text{g}^{-1} \cong 1.50 \times 10^{-6}\,\text{mol}\,\text{g}^{-1}$

$M_w = 1/$切片 $\cong 6.67 \times 10^5$, $\langle S^2 \rangle^{1/2} = (3M_w \times$ 傾き$)^{1/2} \cong (3 \times 6.67 \times 10^5 \times 2.09 \times 10^{-4})^{1/2}$ nm $\cong 20.5$ nm

4．(1) $c = 0.005 \text{ g cm}^{-3}$ のとき，$\eta_r = 150/120 = 1.25$, $\eta_{red} = (1.25 - 1)/0.005 \text{ cm}^3\text{g}^{-1} = 50 \text{ cm}^3\text{g}^{-1}$,
$c = 0.010 \text{ g cm}^{-3}$ のとき，$\eta_r = 190/120 \cong 1.58$, $\eta_{red} = (1.58 - 1)/0.010 \text{ cm}^3\text{g}^{-1} = 58 \text{ cm}^3\text{g}^{-1}$

(2) 傾き $= (58 - 50)/(0.010 - 0.005) = 1600$, 切片$= [\eta] = (50 - 1600 \times 0.005) \text{cm}^3\text{g}^{-1}$
$= 42 \text{ cm}^3\text{g}^{-1}$

(3) $M_v = ([\eta]/K)^{1/a} = (42/0.070)^{1/0.60} \cong 42700$

4章

1．(1) $l = 2 \times 0.153 \text{ nm} \times \sin(112°/2) \cong 0.254 \text{ nm}$, c 軸の格子定数 0.253 nm とほぼ一致する。

(2) $\rho_{cr} = 4 \times 14.03/(6.02 \times 10^{23} \times 0.740 \times 0.493 \times 0.253) \text{ g nm}^{-3} \cong 101.0 \times 10^{-23} \text{ g nm}^{-3}$
$= 1.010 \text{ g cm}^{-3}$

(3) $1/0.97 = \chi_c/1.01 + (1 - \chi_c)/0.83$　$\chi_c \cong 0.810$, 結晶化度 81.0%

2．(1) 式 (4-5) より $\tan\phi = y/r = 6.4/50 = 0.128$, $\phi° = 7.29°$, 式 (4-4) より $h = 1 \times 0.154$ nm $/\sin 7.29° \cong 1.21$ nm

(2) $2 \times [3 \times 0.153 \times \sin(112°/2) + 2 \times 0.143 \times \sin(114°/2)]$ nm $\cong 1.24$ nm であり (1) で求めた値とほぼ一致している。

3．イソタクチックポリプロピレンが全トランス型の立体配座をとると側鎖のメチル基が同じ方向にでるので立体障害が大きくなる。その立体障害が緩和できるトランスとゴーシュが交互になった立体配座の方が安定になり，メチル基が外側を向いたらせん構造をとる。

4．液晶ポリエステルはサーモトロピック液晶であり，熱溶融した状態でネマチック液晶となる。そのため，せん断変形がかかると粘性が低下するので小型精密電子部品の射出成形に適している。全芳香族ポリアミドは熱溶融できないので射出や押出成形はできないが，リオトロピック液晶であるため濃硫酸に溶解して液晶性を示し，その溶液を湿式紡糸することにより高強度繊維が得られる。

5章

1．ポリマーのガラス転移温度は非晶領域における高分子鎖のセグメントが運動し始める温度であり，通常はその温度では液体には変化しない。融点は結晶領域における高分子鎖の空間的な繰返しパターンが熱運動により崩れて液体になる温度である。

2．ガラス転移温度 (T_g) は，DSC，TMA，DMA などの方法により測定することができる。熱可塑性ポリマーでは DSC において T_g は変曲点として観測される。ただし，結晶化度の高いポリマーでは非晶領域が割合的に少なく明確は変曲点として観測されない場合がある。また，T_g の近い 2 種類のポリマーブレンドでは二つの T_g が明確に分離できない場合もある。熱硬化性樹脂の硬化物などのネットワークポリマーは DSC では明確な T_g が観測されない場合がある。そのような試料では TMA による線膨張係数の変化や DMA による $\tan \delta$ 極大温度から T_g を評価することができる。た

だし，DMAによる$\tan\delta$極大温度はDSCによるT_gよりも10～20Kほど高い値を示すことが多い。また，DMAでは比較的T_gが近いポリマーブレンドでもそれぞれのT_gが極大ピークとして観測されるため分離しやすい。TMAはネットワークポリマーのT_g測定に適しているが，柔らかい熱可塑性ポリマーではT_g近傍で軟化して逆に熱膨張率が負の値となり測定できない場合もある。

3. $\sigma_M = 2 \times 10^3 \text{N}/(0.004 \text{ m} \times 0.01 \text{ m}) = 50 \times 10^6 \text{N m}^{-2} = 50 \text{ MPa}$
   $E_t = (200 \text{ N} - 40 \text{ N})/[(0.004 \text{ m} \times 0.01 \text{ m}) \times (0.0025 - 0.0005)] = 2 \times 10^9 \text{N m}^{-2} = 2 \text{ GPa}$
   $\varepsilon_B = 0.30 \times 100 = 30\%$

4. 式 (5-56) より，$\sigma_{fm} = 3 \times 100 \text{N} \times 60 \text{mm}/(2 \times 10 \text{mm} \times 4^2 \text{mm}^2) \cong 56.3 \text{N mm}^{-2} = 56.3 \text{MPa}$
   式 (5-57) より，$s = \varepsilon_f L^2/(6h)$ なので，$\varepsilon_f = 0.0005$ のとき $s_1 = 0.0005 \times 60^2 \text{mm}^2/(6 \times 4 \text{mm}) = 0.075 \text{mm}$, $\varepsilon_f = 0.0025$ のとき $s_2 = 0.0025 \times 60^2 \text{mm}^2/(6 \times 4 \text{mm}) = 0.375 \text{mm}$, $\varepsilon_f = 0.30$ のとき $s_{fB} = 0.30 \times 60^2 \text{mm}^2/(6 \times 4 \text{mm}) = 45 \text{mm}$,
   式 (5-58) より，$E_f = [60^3 \text{mm}^3/(4 \times 10 \text{mm} \times 4^3 \text{mm}^3)][(10 \text{ N} - 2.5 \text{ N})/(0.375 \text{ mm} - 0.075 \text{ mm})] \cong 2110 \text{ N mm}^{-2} = 2.11 \text{ GPa}$

5. 式 (5-106) と式 (5-107) より，$\sigma = I_C l/(VA) = 1.0 \times 10^{-6} \text{A} \times 1.0 \text{ cm}/(2.0 \text{ V} \times 1.0 \text{ cm}^2) = 5.0 \times 10^{-7} \text{A V}^{-1}\text{cm}^{-1} = 5.0 \times 10^{-7} \Omega^{-1}\text{cm}^{-1} = 5.0 \times 10^{-7} \text{S cm}^{-1}$

6. 式 (5-119) より，$\varepsilon_r = 1.0 \times 10^{-3} \text{m} \times 2.3 \times 10^{-12} \text{F}/(1.0 \times 10^{-4} \text{m}^2 \times 8.85 \times 10^{-12} \text{F m}^{-1}) \cong 2.6$

7. ポリエチレンの繰返し単位（CH_2）の式量は14なので，$\phi = 4.711/(14/0.95) \cong 0.3197$,
   $n = [(1 + 2 \times 0.3197)/(1 - 0.3197)]^{1/2} \cong 1.55$，付録5に記載されている屈折率1.54と近い値である。

6章

1. (1) 式 (6-4) より $x_n = 1/(1 - 0.99) = 100$, $x_n = 1/(1 - 0.999) = 1000$
   (2) $r = 1.00/1.05 \cong 0.952$, 式 (6-3) より $x_n = (1 + 0.952)/[2 \times 0.952(1 - 0.999) + (1 - 0.952)] = 39.1$

2. (1) $r = n/(n+1)$，式 (6-5) より $x_n = [1 + n/(n+1)]/[1 - n/(n+1))] = 2n + 1$

   (2)
   $$\text{HO-CH}_2\text{CH}_2\left[\text{O-}\underset{\underset{O}{\|}}{\text{C}}\text{-(CH}_2)_4\text{-}\underset{\underset{O}{\|}}{\text{C}}\text{-O-CH}_2\text{CH}_2\right]_n\text{OH}$$

   (3) $M_n = n\text{C}_8\text{H}_{12}\text{O}_4 + \text{C}_2\text{H}_6\text{O}_2 = 172n + 62$
   (4) $172n + 62 = 2400$, $n \cong 13.59$, $r = n/(n+1) = 13.59/14.59 \cong 0.931$

3. (1) の重縮合では x_n はモノマー濃度の影響を受けないので，いずれの濃度でも式 (6-15) より $x_n = 1 + \sqrt{K} = 1 + \sqrt{300} \cong 18.3$
   (2) の重付加では式 (6-27) より $c_0 = 0.1 \text{ mol L}^{-1}$ では $x_n = \sqrt{c_0 K} = \sqrt{0.1 \times 2000} \cong 14.1$
   $c_0 = 5 \text{ mol L}^{-1}$ では $x_n = \sqrt{5 \times 2000} = 100$

4．(1) 式 (6-45) より $[\mathrm{P}\cdot] = \left(\dfrac{2 \times 4.7 \times 10^{-4} \times 0.7}{1.3 \times 10^{9}}\right)^{1/2} (5.0 \times 10^{-2})^{1/2} \cong 1.59 \times 10^{-7}\ (\mathrm{mol\ L^{-1}})$

(2) 式 (6-40) より $R_\mathrm{p} = 4.3 \times 10^{4} \times 9.0 \times 1.59 \times 10^{-7} = 6.15 \times 10^{-2}\,(\mathrm{mol\ L^{-1}\ min^{-1}})$

5．$r_1 = (0.86/1.0)\exp[-3.69(3.69+0.8)] \cong 5.48 \times 10^{-8} \cong 0$

$r_2 = (1.0/0.86)\exp[0.80(-0.80-3.69)] \cong 3.20 \times 10^{-2}$

$r_1 r_2 = \exp[-(3.69+0.8)^2] \cong 1.76 \times 10^{-9} \cong 0$

$r_1 r_2$ がほぼ 0 なので交互共重合体 -$\mathrm{M_1M_2M_1M_2M_1M_2}$- が生成する。

6．

$M_\mathrm{n} = n\mathrm{C_8H_8} + \mathrm{C_4H_{10}} = 104n + 58 = 10\,000,\quad n \cong 95.6$

7．ビニルエーテルに HI が付加した後，C-I 結合が $\mathrm{I_2}$ により活性化され炭素が $\delta+$，$\mathrm{I_3}$ が $\delta-$ に帯電し，連鎖移動や停止反応することなくリビング的にカチオン重合する。

8．$\mathrm{BF_3}$ エーテル錯体に系中に微量に存在する水によりプロトン酸が生成してトリオキサンに付加し，形成されたオキソニウムイオンの隣の炭素にトリオキサンの酸素孤立電子対が攻撃し，カチオン重合機構により開環重合が進行する。末端のヘミアセタールは不安定で解重合しやすいので無水酢酸によりアセチル化して安定化してポリアセタールとして利用されている。

7章

1．SB ジブロック共重合体の合成においては S ($e = -0.80$) と B ($e = -0.50$) のアニオン重合の反応性に大きな差がないので，どちらを先に重合しても合成できる。しかし，MMA ($e = 0.40$) はカルボメトキシ基が強い電子求引性基であるためアニオン重合性は高いが，逆に生成したリビングアニオンが安定になるため MMA よりもアニオン重合性の低い S を重合することができない。したがって，S を重合した後，MMA を重合する必要がある。

2．まずブタジエン（B）を付加重合するとポリブタジエン（PB）が得られる。PB は多くの二重結合をもつのでラジカルによってアリル位の水素が引き抜かれポリマーラジカルを生じやすい。ここを開始点としてアクリロニトリル（A）とスチレン（S）をラジカル共重合すると PB 主鎖に A と B の共重合体からなる側鎖が伸びたグラフト共重合体が得られる。これが ABS 樹脂である。A に基づく構造は極性の高いシアノ基をもつためメッキ性に優れ，PB に基づく構造はゴム成分であるため耐衝撃性に優れ，S に基づく構造はベンゼン環をもつため剛性に優れる。

3．(1) A
$$OCN-R{\left[N(H)-C(=O)-O-(CH_2CH_2CH_2CH_2O)_x-C(=O)-N(H)-R\right]}_n NCO \quad \left[R = \text{(4,4'-methylenediphenyl)}\right]$$

B
$$\left\{\left[N(H)-C(=O)-N(H)-CH_2CH_2-N(H)-C(=O)-N(H)-R\right]\left[N(H)-C(=O)-O-(CH_2CH_2CH_2CH_2O)_x-C(=O)-N(H)-R\right]_n\right\}_y$$

(2) ポリブチレンオキシド構造を含有するウレタンブロックはソフトセグメントとして作用する。エチレンジアミンに基づく尿素結合からなるユニットはハードセグメントであり，分子間水素結合により凝集して超分子的な架橋点となり，エラストマーとしての特性が発現する。この架橋は水素結合などの分子間力によるものなので，加熱すると溶融するため熱可塑性を示す。

4．平均官能基数 $f_{av} = (2f + f2)/(f + 2) = 4f/(f + 2)$ なので，式 (7-2) の f に f_{av} を代入すると
$$x_n = \frac{1}{1 - \frac{4fp}{2(f+2)}} = \frac{f+2}{f+2-2fp} = \frac{f+2}{(1-2p)f+2}$$
となり，式 (7-7) に一致する。

5．(1) エポキシ基は一官能なのでビスフェノール A 型エポキシ樹脂は二官能性モノマーである。一つのアミノ基は 2 個のエポキシ基と反応できるのでエチレンジアミンは四官能性モノマーである。ビスフェノール A 型エポキシ樹脂とエチレンジアミンを $2n : n$ のモル比で反応させるとエポキシ基 $4n$ mol，アミン活性水素（NH）$4n$ mol になるので官能基比で 1：1 の化学量論的な仕込みになっている。

(2) 式 (7-4) に $f = 4$ を代入すると $p_c = 1/\sqrt{3} \cong 0.577$ となる。また，式 (7-7) より
$x_n = (4+2)/\{[1 - 2 \times (1/\sqrt{3})] \times 4 + 2\} \cong 4.3$ である。

(3) 式 (7-7) に $f = 4$ を代入すると $x_n = 6/(6 - 8p)$，$x_n \to \infty$ のとき，$p = 6/8 = 0.75$ となる。

6．図 7-15 に示された低分子有機ゲル化剤は分子間で水素結合できるヒドロキシ基，カルボキシ基，アミド基，エーテル酸素などの官能基や結合を一つの分子に複数個もっているため，分子間で水素結合した場合に自己組織化して超分子高分子になることができる。また，長鎖のアルキル基やベンゼン環などの疎水性部分があるので分子間での疎水性相互作用も考えられる。また，分子構造が非対称であり，有機溶媒に高温で溶解した後，冷却しても結晶化しにくい構造をもっている。

8章

1. β体は安定な椅子形立体配座において，グルコピラノースの環に直接結合したすべてのヒドロキシ基とメチロール基（CH_2OH）が六員環に対して斜め外方向にでたエクアトリアル位になり，立体障害が少ない。それに対してα体は椅子形立体配座において，一つのヒドロキシ基が必ず垂直方向にでたアキシャル位になるので立体障害が大きくなり不安定化して存在割合がβ体よりも少なくなる。なお，グルコピラノース環のC-1位炭素（アノマー炭素）に置換したヘテロ原子性（ここでは酸素）置換基が立体的考察から予測される障害の少ないエクアトリアル配置よりもアキシャル配置をより安定化するというアノマー効果（anomeric effect）が有機化学において知られている。この効果は，ピラノース環内酸素の電子対による双極子とアノマー位の置換酸素原子の双極子が反対向きで安定化されることによると考えられており，D-グルコピラノースの場合，気相中ではα体が優先されるが，水溶液中では溶媒和によりアノマー効果がみられなくなり，逆に立体的に有利なエクアトリアル配置をとったβ体の比率が多くなる。

2. セルロースはグルコースがβ-1,4-結合により連結されたポリマーであり，ジグザグ型の直鎖状に近い構造をしており分子間で強い水素結合があるため熱水に溶解しない。それに対してアミロースはグルコースがα-1,4-結合により連結されたポリマーなので，分子内で水素結合したらせん構造をとっているため，熱水に溶解する。

3. D-グルコースは水溶液中で非環状構造におけるヒドロキシ基とアルデヒド基が反応してヘミアセタール化してα体とβ体の二つの環状構造として存在しているが常にアルデヒド基をもった非環状構造と平衡状態にある（図8-3参照）。アルデヒド基には還元性があり銀イオンを還元して銀が析出する。それに対してトレハロースは一つのα-グルコピラノースの1位のヘミアセタールがもう1分子のα-グルコピラノースの1位のヒドロキシ基とアセタール化した構造をとっておりアルデヒド基をもつ非環状構造とは平衡状態にはない。したがって還元性をもたない。

4. 酸性アミノ酸（等電点）：アスパラギン酸（2.77），グルタミン酸（3.22）
   塩基性アミノ酸（等電点）：アルギニン（10.76），リジン（9.75），ヒスチジン（7.59）

5. アルキル基をもつアミノ酸：アラニン，バリン，ロイシン，イソロイシン
   芳香環をもつアミノ酸：フェニルアラニン，チロシン，トリプトファン
   ヒドロキシ基をもつアミノ酸：セリン，トレオニン，チロシン
   硫黄を含むアミノ酸：メチオニン，システイン

6. バイオベースポリマーは再生可能なバイオマス資源から誘導されるポリマーであり，石油資源の価格高騰や将来的な石油資源の枯渇に対しても安定して製造することができる。また，炭酸ガス濃度増加による地球温暖化が深刻な環境問題となっている。バイオベースポリマーの炭素源は，植物による光合成により炭酸ガスが固定された炭素を用いているので，たとえ焼却により炭酸ガスが発生しても炭酸ガスのトータル量は変化しない，すなわち，カーボンニュートラルな材料として注目されている。また，バイオベースポリマーはもともと天然資源を原料にしているので生分解性をもつものが多く，ポリ乳酸などのバイオベース生分解性ポリマーは廃棄物による環境問題も低減できるということで期待されている。

7. 地球規模で考えると人口は急激に増加しており将来的な食糧難を考えると，栄養源となるデンプンよりも直接には栄養源にならないセルロースを高分子材料の原料に用いた方が好ましい。また，セルロースは地球上に最も多く存在する有機化合物なので，安価に製造できる可能性をもっている。現状ではデンプンはアミラーゼによる酵素分解によりグルコースへの変換が容易なので，発酵法を用いて様々な基礎化学品に変換することができる。セルロースは爆砕などの後にセルラーゼによる酵素分解や酸加水分解によりグルコースに変換することは可能であるが，もともと結晶化度が高く水にも不溶であり，安価にグルコースに変換するプロセスの確立は十分とはいえない。今後，セルロースの選択的なグルコースへの解重合やバイオリファイナリーによる基礎化学品へ誘導するプロセスの確立が重要になっている。

9章

1. 4-エチルピリジンが臭化ベンジルと反応してベンジルピリジニウムカチオンが生成しても1分子中のカチオン電荷は+1であり分子内での電荷反発はない。しかし，ポリビニルピリジンでは反応の進行とともに1分子中にカチオン電荷が溜まり大きな電荷反発が起こるため反応が進行しにくくなる。

2. (1)のポリメタクリル酸メチル（PMMA）。ポリエチレンやポリプロピレンは熱分解するとC-C結合がホモリティックに切断されラジカルが生成するが連鎖移動しやすいため，別の分子や分子内での水素引き抜きが起こり，そのβ-位で切断して分子量が様々な不飽和C=C含有オリゴマーが生成する。そのためモノマーはほとんど回収されない。それに対してPMMAはC-C結合の開裂により生じるラジカルが図9-2に示したように安定化しているため連鎖移動が起こりにくいので，端から順番にモノマー成分が解重合していく。そのため高収率でモノマーが回収される。

3. ポリメタクリル酸エチルは上記2のPMMAと同様な理由により高収率でモノマーが回収される。しかし，ポリメタクリル酸$tert$-ブチルでは図9-4に示したように側鎖の$tert$-ブチル基の部分からイソブテンが脱離し，隣接するカルボキシ基同士での脱水により酸無水物が生成した後に解重合していくのでモノマーであるメタクリル酸$tert$-ブチルはほとんど回収されず，イソブテンと無水メタクリル酸が生成する。

4. PCLの繰返し単位の組成式は$C_6H_{10}O_2$であるので，$C_6H_{10}O_2 + (15/2)O_2 \rightarrow 6CO_2 + 5H_2O$
より，1.0 gのPCLの生分解により理論酸素消費量は，$1.0 \times (15/2) \times (16 \times 2)/(12 \times 6 + 1.0 \times 10 + 16 \times 2) = 2.10$ g，また，式(9-3)を用いても同じ結果が得られる。したがって生分解度は$100 \times (1.50 - 0.12)/2.10 \cong 66\%$

5.

6. (1) ナイロン6。回収されるモノマーは ε-カプロラクタム。

付録 1 高分子命名法

　国際純正応用化学連合（IUPAC）による高分子の命名法としては構造基礎名（structure-based nomenclature）と原料基礎名（source-based nomenclature）の二系統がある。構造基礎名は，優先される構成繰返し単位（constitutional repeating unit: CRU）を規則に従い選択し，その二価のCRUを可能な限り有機化学命名法に基づいて命名して括弧で括り，ポリ（poly）を接頭語として付けたものである。CRUは最小の繰返し単位であり，優位性の高い副単位から始め，左から右へ次位の優位性をもつ副単位へのより短い経路によって決められる方向に進めて記述される。副単位の優位性は①複素環式環，②ヘテロ原子を含む鎖，③炭素環式環，④炭素だけを含む鎖の順である。また，それぞれの副単位において，二価基の結合位置，置換基や多重結合の位置を示す番号はなるべく小さくなるようにする。ヘテロ原子における優位性の低下する順はO, S, Se, Te, N, P, As, Sb, Bi, Si, Ge, Sn, Pb, B, Hgである。それらの例は以下のようになる。

ポリ(4,2-ピリジンジイルイミノ-1,4-シクロヘキシレンベンジリデン)
poly(4,2-pyridinediylimino-1,4-cyclohexylenebenzylidene)

ポリ(2,4-ピペリジンジイルオキシメチレン)
poly(2,4-piperidinediyloxymethylene)

ポリ(オキシテレフタロイルヒドラゾテレフタロイル)
poly(oxyterephthaloylhydrazoterephthaloyl)

ポリ(1-ブテニレン)
poly(1-butenylene)

ポリ(1,2-ジオキソテトラメチレン)
poly(1,2-dioxotetramethylene)

　原料基礎名は，実在あるいは仮想のモノマー（原料）の名称にポリ（poly）を接頭語として付けたものであるが，日本語ではモノマー名は括弧で括らないが，英語でモノマー名が2語あるいはそれ以上からなる場合は括弧を用いる。例えば，ポリスチレンはpolystyrene，ポリ酢酸ビニルはpoly(vinyl acetate)，ポリメタクリル酸メチルはpoly(methyl methacrylate)となる。コポリマーはポリ(スチレン-*co*-メタクリル酸メチル)，{poly[styrene-*co*-(methyl methacrylate)]}またはコポリ(スチレン/メタクリル酸メチル)［copoly(styrene/methyl methacrylate)］のように表記する。コポリマーにおけるモノマーのつながり方を指定する場合は，交互共重合体ではポリ(無水マレイン酸-*alt*-スチレン){[poly[styrene-*alt*-(maleic anhydride)]}または*alt*-コポリ(無水マレイン酸/スチレン)［*alt*-copoly(styrene/maleic anhydride)］，ランダム共重合体では-*co*-の代わりに-*ran*-を用いて表記する。また，ブロック共重合体やグラフト共重合体は，それぞれポリスチレン-*block*-ポリブタジエン［polystyrene-*block*-polybutadiene］または*block*-コポリ(スチレン/ブタジエン)［*block*-copoly(styrene/butadiene)］，ポリブタジエン-*graft*-ポリスチレン［polybutadiene-*graft*-polystyrene］または*graft*-コポリ(ブタジエン/スチレン)［*graft*-copoly(butadiene/styrene)］のように表記する。

付表1 代表的なポリマーの構造基礎名および原料基礎名

構　造	構造基礎名	原料基礎名あるいは慣用名
─(CH$_2$CH$_2$)$_n$─	ポリ(メチレン) poly(methylene)	ポリエチレン polyethylene
─(CHCH$_2$)$_n$─ 　CH$_3$	ポリ(1-メチルエチレン) poly(1-methylethylene)	ポリプロピレン polypropylene
─(C=CHCH$_2$)$_n$─ 　CH$_3$	ポリ(1-メチル-1-ブテニレン) poly(1-methyl-1-butenylene)	ポリイソプレン polyisoprene
─(CHCH$_2$)$_n$─ 　C$_6$H$_5$	ポリ(1-フェニルエチレン) poly(1-phenylethylene)	ポリスチレン polystyrene
─(CHCH$_2$)$_n$─ 　Cl	ポリ(1-クロロエチレン) poly(1-chloroethylene)	ポリ塩化ビニル poly(vinyl chloride)
─(CHCH$_2$)$_n$─ 　OCOCH$_3$	ポリ(1-アセトキシエチレン) poly(1-acetoxyethylene)	ポリ酢酸ビニル poly(vinyl acetate)
─(CF$_2$CH$_2$)$_n$─	ポリ(1,1-ジフルオロエチレン) poly(1,1-difluoroethylene)	ポリフッ化ビニリデン poly(vinylidene fluoride)
CH$_3$ ─(CCH$_2$)$_n$─ 　COOCH$_3$	ポリ[1-(メトキシカルボニル)-1-メチルエチレン] poly[(1-methoxycarbonyl)1-methylethylene]	ポリメタクリル酸メチル poly(methyl methacrylate)
─(OCH$_2$CH$_2$)$_n$─	ポリ(オキシエチレン) poly(oxyethylene)	ポリエチレンオキシド poly(ethylene oxide)
─(OCH$_2$CH$_2$O─CO─C$_6$H$_4$─CO)$_n$─	ポリ(オキシエチレンオキシテレフタロイル) poly(oxyethyleneoxyterephthaloyl)	ポリ(エチレンテレフタラート)* poly(ethylene terephthalate)
─(HN─CO─(CH$_2$)$_4$─CO─NH─(CH$_2$)$_6$)$_n$─	ポリ(イミノアジポイルイミノヘキサン-1,6-ジイル) poly(iminoadipoyliminohexane-1,6-diyl)	ポリヘキサメチレンアジパミド (ナイロン-66) poly(hexamethylene adipamide)
─(HN─CO─(CH$_2$)$_5$)$_n$─	ポリ[イミノ(1-オキソヘキサン-1,6-ジイル)] poly[imino(1-oxohexane-1,6-diyl)]	ポリ(ε-カプロラクタム) (ナイロン-6) poly(ε-caprolactum)
CH$_3$ ─(O─C$_6$H$_2$(CH$_3$)$_2$)$_n$─ 　　CH$_3$	ポリ[オキシ(2,6-ジメチル-1,4-フェニレン)] poly[oxy(2,6-dimethyl-1,4-phenylene)]	ポリ(2,6-ジメチルフェニレンオキシド) poly(2,6-dimethylphenylene oxide)

*ポリ(エチレンテレフタレート)と呼ぶことも多い。

付録 2　主な非プロトン性極性溶媒

ポリマーの合成や反応に用いられる主な非プロトン性極性溶媒（polar aprotic solvent）を以下にまとめて示した。特に水への溶解性を書いていない溶媒は水と自由に混和する。ジメチルスルホン，スルホラン，ジフェニルスルホンは室温で固体であるが，高温で反応させる必要がある重縮合によく使用される。ε_r は極性の目安となる比誘電率である。

テトラヒドロフラン
tetrahydrofuran（THF）
m.p. -108.4 ℃
b.p. 66 ℃
ε_r 7.47（25 ℃）

1,4-ジオキサン
1,4-dioxane
m.p. 11.8 ℃
b.p. 101.1 ℃
ε_r 2.10（25 ℃）

$CH_3OCH_2CH_2OCH_3$
1,2-ジメトキシエタン
ジメチルセロソルブ
モノグライム
1,2-dimethoxyethane（DME）
dimethylcellosolve
monoglyme
m.p. -58 ℃, b.p. 82-83 ℃
ε_r 7.20（20 ℃）

$CH_3OCH_2CH_2OCH_2CH_2OCH_3$
ジエチレングリコールジメチルエーテル
ジグライム
diethylene glycol dimethyl ether（DEDM）
diglyme
m.p. -64 ℃, b.p. 162 ℃
ε_r 5.8（20 ℃）

CH_3CN
アセトニトリル
acetonitrile（ACN）
m.p. -45 ℃
b.p. 82 ℃
ε_r 36.00（25 ℃）

CH_3CH_2CN
プロピオニトリル
propionitrile
m.p. -91.8 ℃, b.p. 97.2 ℃
水への溶解性
11.9 g/100 g（40 ℃）
ε_r 29.7（20 ℃）

CH_3NO_2
ニトロメタン
nitromethane
m.p. -29 ℃, b.p.101.2 ℃
水への溶解性約10 g/100 mL
ε_r 36.16（25 ℃）

ニトロベンゼン
nitrobenzene
m.p. 5.85 ℃, b.p. 210.9 ℃
水への溶解
0.19 g/100 mL（20 ℃）
ε_r 36.09（25 ℃）

N,N-ジメチルホルムアミド
N,N-dimethylformamide
（DMF）
m.p. -61℃, b.p.153 ℃
ε_r 37.06（25 ℃）

N,N-ジメチルアセトアミド
N,N-dimethylacetamide
（DMAc）
m.p. -20 ℃, b.p.165 ℃
ε_r 37.78（25 ℃）

テトラメチル尿素
tetramethylurea
（TMU）
m.p. -1℃, b.p.177 ℃
ε_r 23.06（20 ℃）

N-メチルピロリジノン
N-methylpyrrolidinone
（NMP）
m.p. -24 ℃, b.p. 202 ℃
ε_r 32.58（20 ℃）

N,N'-ジメチルイミダゾリジノン
N,N'-dimethylimidazolidinone
（DMI）
m.p. 8.2 ℃, b.p. 224-226 ℃
ε_r 37.6（25 ℃）

N,N'-ジメチルプロピレン尿素
N,N'-dimethylpropyleneurea
（DMPU）
m.p. -20 ℃, b.p. 246 ℃
ε_r 36.12（20 ℃）

ヘキサメチルリン酸トリアミド
hexamethylphosphoramide
（HMPA）
m.p. 7.2 ℃, b.p. 235 ℃
ε_r 29.00（25 ℃）

ジメチルスルホキシド
dimethyl sulfoxide（DMSO）
m.p. 19, b.p. 189 ℃
ε_r 46.71（25 ℃）

ジメチルスルホン
dimethyl sulfone
m.p. 107-109 ℃, b.p.238 ℃
水への溶解度
150 g/100 mL（20 ℃）
ε_r 47.39

スルホラン
sulfolane
m.p. 27.4-27.8 ℃
b.p. 285 ℃
ε_r 42.13（25 ℃）

ジフェニルスルホン
diphenyl sulfone
m.p. 123-129 ℃
b.p. 379 ℃
水に不溶

付録 3　化学で使われる単位・記号・量

国際単位系 SI

国際単位系（The International System of Units：SI）は 1960 年の国際度量衡総会で決定されたものである。付表 2 に 7 つの SI 基本単位，付表 3 に SI 接頭語，付表 4 に SI 基本単位の組み合わせにより作られる固有の名称と記号を与えられている組立単位を示す。

付表 2　SI 基本単位と物理量

物理量	記号	単位	
		記号	名称
長さ（length）	l	m	メートル（metre, meter）
質量（mass）	m	kg	キログラム（kilogram）
時間（time）	t	s	秒（second）
電流（electric current）	I	A	アンペア（ampere）
熱力学温度（thermodynamic temperature）	T	K	ケルビン（kelvin）
物質量（amount of substance）	n	mol	モル（mole）
光度（luminous intensity）	I_v	cd	カンデラ（candela）

付表 3　SI 接頭語

大きさ	接頭語	記号	大きさ	接頭語	記号
10^{-1}	デシ（deci）	d	10	デカ（deca）	da
10^{-2}	センチ（centi）	c	10^2	ヘクト（hecto）	h
10^{-3}	ミリ（milli）	m	10^3	キロ（kilo）	k
10^{-6}	マイクロ（micro）	μ	10^6	メガ（mega）	M
10^{-9}	ナノ（nano）	n	10^9	ギガ（giga）	G
10^{-12}	ピコ（pico）	p	10^{12}	テラ（tera）	T
10^{-15}	フェムト（femto）	f	10^{15}	ペタ（peta）	P
10^{-18}	アト（atto）	a	10^{18}	エクサ（exa）	E
10^{-21}	ゼプト（zepto）	z	10^{21}	ゼタ（zetta）	Z
10^{-24}	ヨクト（yocto）	y	10^{24}	ヨタ（yotta）	Y

付表 4　固有の名称と記号をもつ SI 組立単位の例

物理量	SI 単位の名称	記号	SI 基本単位による表現
周波数・振動数（frequency）	ヘルツ（hertz）	Hz	s^{-1}
力（force）	ニュートン（newton）	N	$m\ kg\ s^{-2}$
圧力，応力（pressure, stress）	パスカル（pascal）	Pa	$m^{-1}\ kg\ s^{-2}\ (= N\ m^{-2})$
エネルギー，仕事，熱量（energy, work, heat）	ジュール（joule）	J	$m^2\ kg\ s^{-2}\ (= N\ m = Pa\ m^3)$
工率，仕事率（power）	ワット（watt）	W	$m^2\ kg\ s^{-3}\ (= J\ s^{-1})$
電荷・電気量（electric charge）	クーロン（coulomb）	C	$s\ A$
電位差（電圧）・起電力（electric potential difference, electromotive force）	ボルト（volt）	V	$m^2\ kg\ s^{-3}\ A^{-1}\ (= J\ C^{-1})$
静電容量・電気容量（capacitance）	ファラド（farad）	F	$m^{-2}\ kg^{-1}\ s^4\ A^2\ (= C\ V^{-1})$

電気抵抗 (electric resistance)	オーム (ohm)	Ω	$m^2 kg\, s^{-3} A^{-2}$ ($= V A^{-1}$)
コンダクタンス (electric conductance)	ジーメンス (siemens)	S	$m^{-2} kg^{-1} s^3 A^2$ ($= Ω^{-1}$)
磁束 (magnetic flux)	ウェーバー (weber)	Wb	$m^2 kg\, s^{-2} A^{-1}$ ($= V s$)
磁束密度 (magnetic flux density)	テスラ (tesla)	T	$kg\, s^{-2} A^{-1}$ ($= V s\, m^{-2}$)
インダクタンス (inductance)	ヘンリー (henry)	H	$m^2 kg\, s^{-2} A^{-2}$ ($= V A^{-1} s$)
セルシウス温度 (Celsius temperature)	セルシウス度 (degree Celsius)	℃	K $x\,°C = x + 273.15\,K$
平面角 (plane angle)	ラジアン (radian)	rad	$m\, m^{-1} = 1$
立体角 (solid angle)	ステラジアン (steradian)	sr	$m^2 m^{-2} = 1$
放射能 (radioactivity)	ベクレル (becquerel)	Bq	s^{-1}
吸収線量 (absorbed dose)	グレイ (gray)	Gy	$m^2 s^{-2}$ ($= J\, kg^{-1}$)
線量当量 (dose equivalent)	シーベルト (sievert)	Sv	$m^2 s^{-2}$ ($= J\, kg^{-1}$)
酵素活性 (catalytic activity)	カタール (katal)	kat	$mol\, s^{-1}$

SI 単位系以外の単位

SI 以外の単位で SI と併用される単位を付表 5 に，従来の文献や古い文献などにみられるその他の単位とその SI 単位への換算を付表 6 に示す．

付表 5 SI と併用される単位

物理量	単位の名称	単位記号	SI 単位による表現
時間 (time)	分 (minute)	min	60 s
時間 (time)	時 (hour)	h	3 600 s
時間 (time)	日 (day)	d	86 400 s
平面角 (plane angle)	度 (degree)	°	$(π/180)$ rad
体積 (volume)	リットル (litre, liter)	L	$10^{-3}\,m^3$, dm^3
質量 (mass)	トン (tonne, ton)	t	$10^3\,kg$
長さ (length)	オングストローム (ångström)	Å	$10^{-10}\,m$, $10^{-1}\,nm$
圧力 (pressure)	バール (bar)	bar	$10^5\,Pa$
面積 (area)	バーン (barn)	b	$10^{-28}\,m^2$
エネルギー (energy)	電子ボルト (electronvolt)	eV	$1.602\,18 × 10^{-19}\,J$
質量	統一原子質量単位 (unified atomic mass unit), ダルトン (dalton)	u, Da	$1.660\,54 × 10^{-27}\,kg$

付表 6 そのほかの単位と SI 単位との単位換算

物理量	単位の名称	単位記号	単位換算
温度 (temperature)	セルシウス度 (degree Celsius)	℃	$x\,°C = x + 273.15\,K$
温度 (temperature)	ファーレンハイト度 (degree Fahrenheit), 華氏度	F	$x\,F = (5/9)(x-32)\,°C$
長さ (length)	フィート (単数 foot，複数 feet)	ft	0.304 8 m
長さ (length)	インチ (inch)	in	2.54 cm
質量 (mass)	ポンド (pound)	lb	0.453 592 37 kg
質量 (mass)	オンス (ounce)	oz	28.349 523 125 g
力 (force)	重量キログラム (kilogram-force)	kgf	9.806 65 N
力 (force)	ダイン (dyne)	dyn	$10^{-5}\,N$

物理量	単位名	記号	数値
圧力 (pressure)	標準大気圧 (standard atmosphere)	atm	101 325 Nm^{-2} (Pa)
圧力 (pressure)	トル (torr), mmHg	Torr	$\cong$ 133.322 Nm^{-2} (Pa)
エネルギー (energy)	エルグ (erg)	erg	10^{-7} J
エネルギー (energy)	熱化学カロリー (thermochemical calorie)	cal$_{th}$	4.184 J
応力, 圧力 (pressure, stress)	重量ポンド毎平方インチ (pound-force per square inch)	lbf/in^2, psi	6 895 Pa (= N m^{-2}) = 6.895 × 10^{-3} MPa
応力, 圧力 (pressure, stress)	ケーエスアイ (ksi) (kilo psi)	ksi	10^3 psi $\cong$ 6.895×10^6 Pa = 6.895 MPa
応力, 圧力 (pressure, stress)	重量キログラム毎平方センチメートル (kilogram-force per square centimeter)	kgf/cm^2	9.806 65×10^4 Pa = 9.806 65× 10^{-2} MPa
応力, 圧力 (pressure, stress)	重量キログラム毎平方センチメートル (kilogram-force per square millimeter)	kgf/mm^2	9.806 65×10^6 Pa = 9.806 65 MPa
磁束密度 (magnetic flux density)	ガウス (gauss)	G	10^{-4} T
電気双極子モーメント (electric dipole moment)	デバイ (debye)	D	1/299 792 458×10^{-21} $\cong$ 3.335 641×10^{-30} C m
粘性率 (viscosity)	ポアズ (poise)	P	10^{-1} Pa s
動粘性率 (kinematic viscosity)	ストークス (stokes)	St	10^{-4} m^2 s^{-1}
放射能 (radioactivity)	キュリー (curie)	Ci	3.7×10^{10} Bq
照射線量 (exposure)	レントゲン (röntgen)	R	2.58×10^{-4} C kg^{-1}
吸収線量 (absorbed dose)	ラド (rad)	rad	10^{-2} Gy
線量当量 (dose equivalent)	レム (rem)	rem	10^{-2} Sv

また，付表7に主な基礎物理定数をまとめておく。

付表7 主な基礎物理定数

物理量	記号	数値と単位
真空の透磁率 (permeability of vacuum)	μ_0	$4\pi \times 10^{-7}$ N A^{-2}
真空中の光速度 (speed of light in vacuum)	c, c_0	299 792 458 m s^{-1}
真空の誘電率 (permittivity of vacuum)	$\varepsilon_0 = 1/(\mu_0 c^2)$	8.854 187 817$\cdots$× 10^{-12} F m^{-1}
電気素量 (elementary charge)	e	1.602 176 620 8(98)×10^{-19} C
プランク定数 (Planck constant)	h	6.626 070 040(81)×10^{-34} J s
アボガドロ定数 (Avogadro constant)	N_A, L	6.022 140 857(74)×10^{23} mol^{-1}
電子の質量 (electron mass)	m_e	9.109 383 56(11)×10^{-31} kg
陽子の質量 (proton mass)	m_p	1.672 621 898(21)×10^{-27} kg
中性子の質量 (neutron mass)	m_n	1.674 927 472(21)×10^{-27} kg
原子質量定数 (atomic mass constant) 統一原子質量単位 (unified atomic mass unit)	$m_u = 1u$	1.660 539 040(20)×10^{-27} kg
ファラデー定数 (Faraday constant)	F	9.648 533 289(59)×10^4 C mol^{-1}
リュードベリ定数 (Rydberg constant)	R_∞	1.097 373 156 850 8(65)×10^7 m^{-1}
気体定数 (gas constant)	R	8.314 459 8(48) J K^{-1} mol^{-1}
ボルツマン定数 (Boltzmann constant)	k, k_B	1.380 648 52(79)×10^{-23} J K^{-1}
重力の標準加速度 (standard acceleration of gravity)	g_n	9.806 65 m s^{-2}

付録 4　数学の公式

$$e = 1 + \frac{1}{1!} + \frac{1}{2!} + \frac{1}{3!} + \cdots = 2.718\,281\,823 \tag{AP-1}$$

$$e = \lim_{n \to \infty} \left(1 + \frac{1}{n}\right)^n \tag{AP-2}$$

$$e^a = \lim_{n \to \infty} \left(1 + \frac{a}{n}\right)^n \tag{AP-3}$$

$$e^{ix} = \cos x + i\sin x \tag{AP-4}$$

$$\log_e x = \ln x \tag{AP-5}$$

$$\log_{10} x = \log x \tag{AP-6}$$

$$\log_a x = \frac{\ln x}{\ln a} \tag{AP-7}$$

（数学分野では $\log_e x = \log x$ として書くことが多い）

$$\ln x = \ln 10 \cdot \log x \cong 2.302\,6\,\log x \tag{AP-8}$$

$$\log x = \frac{\ln x}{\ln 10} \cong 0.434\,29\,\ln x \tag{AP-9}$$

$$\ln N! \cong N\ln N - N \quad (\text{Stirling の公式}) \tag{AP-10}$$

$$\frac{\mathrm{d}f(x)}{\mathrm{d}x} = f'(x) = \lim_{\Delta x \to 0} \frac{f(x + \Delta x) - f(x)}{\Delta x} \tag{AP-11}$$

（ローマン体 d は数学分野ではイタリック体 d で書くことが多い。）

$$f(x) = g(x) \pm h(x) \longrightarrow f'(x) = g'(x) \pm h'(x) \tag{AP-12}$$

$$f(x) = g(x)h(x) \longrightarrow f'(x) = g'(x)h(x) + g(x)h'(x) \tag{AP-13}$$

$$f(x) = \frac{h(x)}{g(x)} \longrightarrow f'(x) = \frac{h'(x)g(x) - h(x)g'(x)}{g(x)^2} \tag{AP-14}$$

$$\frac{\mathrm{d}x^a}{\mathrm{d}x} = ax^{a-1} \tag{AP-15}$$

$$\int x^a \mathrm{d}x = \frac{1}{a+1} x^{a+1} + c \quad (a \neq -1) \tag{AP-16}$$

$$\frac{\mathrm{d}\sin x}{\mathrm{d}x} = \cos x \tag{AP-17}$$

$$\frac{\mathrm{d}\cos x}{\mathrm{d}x} = -\sin x \tag{AP-18}$$

$$\frac{\mathrm{d}\tan x}{\mathrm{d}x} = \frac{1}{\cos^2 x} \tag{AP-19}$$

$$\int \sin x \mathrm{d}x = -\cos x + c \tag{AP-20}$$

$$\int \cos x \mathrm{d}x = \sin x + c \tag{AP-21}$$

$$\int \tan x \, \mathrm{d}x = -\ln|\cos x| + c \tag{AP-22}$$

$$\frac{\mathrm{d}\ln x}{\mathrm{d}x} = \frac{1}{x} \tag{AP-23}$$

$$\frac{\mathrm{d}e^x}{\mathrm{d}x} = e^x \tag{AP-24}$$

$$\frac{\mathrm{d}\log x}{\mathrm{d}x} = \frac{1}{(\ln 10)x} \cong \frac{0.434\,29}{x} \tag{AP-25}$$

$$\int \frac{1}{x} \, \mathrm{d}x = \ln x + c \tag{AP-26}$$

$$\int e^x \, \mathrm{d}x = e^x + c \tag{AP-27}$$

$$\int_0^\infty e^{-ax^2} \, \mathrm{d}x = \frac{1}{2}\sqrt{\frac{\pi}{a}} \tag{AP-28}$$

$$\int_0^\infty x e^{-ax^2} \, \mathrm{d}x = \frac{1}{2a} \tag{AP-29}$$

$$\int_0^\infty x^2 e^{-ax^2} \, \mathrm{d}x = \frac{1}{4a}\sqrt{\frac{\pi}{a}} \tag{AP-30}$$

$$\int_0^\infty x^3 e^{-ax^2} \, \mathrm{d}x = \frac{1}{2a^2} \tag{AP-31}$$

$$\int_0^\infty x^4 e^{-ax^2} \, \mathrm{d}x = \frac{3}{8a^2}\sqrt{\frac{\pi}{a}} \tag{AP-32}$$

$$\int_0^\infty x^5 e^{-ax^2} \, \mathrm{d}x = \frac{1}{a^3} \tag{AP-33}$$

$$\int_0^\infty x^n e^{-ax} \, \mathrm{d}x = \frac{n!}{a^{n+1}} \tag{AP-34}$$

$$\int e^{ax} \, \mathrm{d}x = \frac{e^{ax}}{a} + c \tag{AP-35}$$

$$\int x e^{ax} \, \mathrm{d}x = \frac{e^{ax}}{a}\left(x - \frac{1}{a}\right) + c \tag{AP-36}$$

$$\int x^2 e^{ax} \, \mathrm{d}x = \frac{e^{ax}}{a}\left(x^2 - \frac{2x}{a} + \frac{2}{a^2}\right) + c \tag{AP-37}$$

$$\int x^3 e^{ax} \, \mathrm{d}x = \frac{e^{ax}}{a}\left(x^3 - \frac{3x^2}{a} + \frac{6x}{a^2} - \frac{6}{a^3}\right) + c \tag{AP-38}$$

$$\int x^n e^{ax} \, \mathrm{d}x = \frac{e^{ax}}{a}\sum_{r=0}^{n}(-1)^r \frac{n! x^{n-r}}{(n-r)! a^r} + c \tag{AP-39}$$

$$\sum_{i=0}^{n} r^i = \frac{1 - r^{n+1}}{1 - r} \tag{AP-40}$$

$$\sum_{i=0}^{n} i r^i = \frac{r(1 - r^n)}{(1-r)^2} - \frac{nr^{n+1}}{1-r} \tag{AP-41}$$

$$\sum_{i=1}^{n} i = \frac{1}{2}n(n+1) \tag{AP-42}$$

$$\sum_{i=1}^{n} i^2 = \frac{1}{6}n(n+1)(2n+1) \tag{AP-43}$$

$$\sum_{i=1}^{n} i^3 = \frac{1}{4} n^2 (n+1)^2 \tag{AP-44}$$

$$\sum_{i=1}^{n} i(i+1) = \frac{1}{3} n(n+1)(n+2) \tag{AP-45}$$

$$\sum_{i=0}^{n-1} \sum_{j=i+1}^{n} 1 = \sum_{i=1}^{n} i = \frac{n(n+1)}{2} \tag{AP-46}$$

$$\sum_{i=0}^{n} \sum_{j=0}^{n} 1 = (n+1)^2 \tag{AP-47}$$

$$\sum_{i=0}^{n-1} \sum_{j=i+1}^{n} |i-j| = \frac{n(n+1)(n+2)}{6} \tag{AP-48}$$

$$\sum_{i=0}^{n-1} \sum_{j=i+1}^{n} \cos^{|i-j|} \theta = \frac{n\cos\theta}{1-\cos\theta} - \frac{\cos^2\theta\,(1-\cos^n\theta)}{(1-\cos\theta)^2} \tag{AP-49}$$

$$\sum_{i=1}^{n-1} \sum_{j=i+1}^{n} \cos^{|i-j|} \theta = \frac{n\cos\theta}{1-\cos\theta} - \frac{\cos\theta\,(1-\cos^n\theta)}{(1-\cos\theta)^2} \tag{AP-50}$$

$$e^x = \sum_{n=0}^{\infty} \frac{x^n}{n!} = 1 + \frac{x}{1!} + \frac{x^2}{2!} + \frac{x^3}{3!} + \cdots \quad (|x|<\infty) \tag{AP-51}$$

$$\ln(1-x) = -\sum_{n=1}^{\infty} \frac{x^n}{n} = -x - \frac{1}{2} x^2 - \frac{1}{3} x^3 - \cdots \quad (|x| \leq 1,\ x \neq 1) \tag{AP-52}$$

$$\ln(1+x) = -\sum_{n=1}^{\infty} (-1)^n \frac{x^n}{n} = x - \frac{1}{2} x^2 + \frac{1}{3} x^3 - \cdots (|x| \leq 1,\ x \neq -1) \tag{AP-53}$$

$$\sum_{x=1}^{\infty} x p^{x-1} = \frac{1}{(1-p)^2} \quad (|p|<1) \tag{AP-54}$$

$$\sum_{x=1}^{\infty} x^2 p^{x-1} = \frac{1+p}{(1-p)^3} \quad (|p|<1) \tag{AP-55}$$

$$\sum_{x=1}^{\infty} x(x-1) p^{x-2} = \frac{2}{(1-p)^3} \quad (|p|<1) \tag{AP-56}$$

$$\sum_{x=1}^{\infty} x^2(x-1) p^{x-2} = \frac{2(p+2)}{(1-p)^4} \quad (|p|<1) \tag{AP-57}$$

$$\sum_{x=1}^{\infty} p^x = \frac{p}{1-p} \quad (|p|<1) \tag{AP-58}$$

$$\sum_{x=1}^{\infty} x p^x = \frac{p}{(1-p)^2} \quad (|p|<1) \tag{AP-59}$$

$$\sum_{x=1}^{\infty} x^2 p^x = \frac{p(1+p)}{(1-p)^3} \quad (|p|<1) \tag{AP-60}$$

$$\sum_{x=1}^{\infty} x^3 p^x = \frac{p(1+4p+p^2)}{(1-p)^4} \quad (|p|<1) \tag{AP-61}$$

$$\sum_{x=1}^{\infty} x(x+1) p^x = \frac{2p}{(1-p)^3} \quad (|p|<1) \tag{AP-62}$$

$$\sum_{x=1}^{\infty} x(x+1)(x+2) p^x = \frac{6p}{(1-p)^4} \quad (|p|<1) \tag{AP-63}$$

$$\sum_{x=1}^{\infty} x^3 p^{x-1} = \frac{1+4p+p^2}{(1-p)^4} \quad (|p|<1) \tag{AP-64}$$

$$\sin x = \sum_{n=0}^{\infty} \frac{(-1)^n}{(2n+1)!} x^{2n+1} \tag{AP-65}$$

$$\frac{1}{1-x} = \sum_{n=0}^{\infty} x^n \quad (|x|<1) \tag{AP-66}$$

付録 5 ポリマーの物性表

高分子材料として主に使用されるポリマーの基本的な物性値を付表8にまとめて示す。

付表8 各種ポリマーの物性値 (1)

ポリマー (種類)	試験法条件	高密度ポリエチレン HDPE	低密度ポリエチレン LDPE	isotactic- ポリプロピレン iPP	atactic- ポリスチレン PS (GPPS)	ポリメタクリル酸メチル PMMA	ポリエチレンテレフタレート PET	ポリブチレンテレフタレート PBT
略号	ASTM							
比重	D792	0.95-0.97	0.91-0.93	0.902-0.906	1.04-1.09	1.17-1.20	1.27-1.40	1.30-1.38
荷重たわみ温度 (℃)[*1]	D648	43-54	32-40	57-63	76-94	71-102	70-104	50-85
熱膨張係数 (10^{-5} K^{-1})	D696	11-13	16-18	5.8-10.2	6-8	5-9	6.5	6.0-9.5
引張強さ (MPa)	D638	21-38	7-16	30-38	34-83	48-76	48-73	57
引張弾性率 (GPa)	D638	0.41-1.1	0.11-0.25	1.1-1.5	2.8-4.1	3.1	2.0-4.1	1.9-3.0
破断伸び (%)	D638	50-100	90-800	200-700	1.0-2.5	2-10	30-300	50-300
曲げ強さ (MPa)	D790	7	-	41-55	60-96	90-120	71-130	82-115
曲げ弾性率 (GPa)	D790	0.7-1.1	-	1.6-1.9	-	2.7-3.2	2.4-3.1	2.3
アイゾット衝撃強さ (kJ m^{-2})[*2]	D256	>7.8(N)	NB(N)	2.9-7.8(N)	2(N)	1.4-2.2(N)	1.4-3.8(N)	5(N)
シャルピー衝撃強さ (kJ m^{-2})[*2]	D256	>4.9(N)	NB(N)	4.9-7.8(N)	1-2(N), 10(U)	2(N), 19(U)	6.5(N)	5(N), 40(U)
体積抵抗率 (Ω cm)	D257	>10^{16}	>10^{16}	>10^{16}	>10^{16}	>10^{14}	>10^{17}	10^{15}-10^{16}
(比)誘電率 ε_r [1 MHz]	D150	2.30-2.35	2.25-2.35	2.2-2.6	2.4-2.65	2.2-3.2	3.2	3.1-3.3
誘電正接 tan δ [1 MHz]	D150	<0.000 5	<0.000 5	<0.000 5-0.001 8	0.000 1-0.000 4	0.02-0.03	0.002 1	0.02
屈折率 n	D542	1.54	1.51	1.49	1.59-1.60	1.49	1.58	

[*1] 荷重 1.81 MPa [*2] NB:破壊せず (N) ノッチ付, (U) ノッチ無

付表 8 各種ポリマーの物性値 (2)

ポリマー（種類）	試験法条件	ポリオキシメチレン（ホモポリマー）	ナイロン66	ナイロン6	ポリカーボネート	ポリフェニレンスルフィド	ポリスルホン	ポリエーテルスルホン
略号	ASTM	POM	NY66 (PA66)	NY6 (PA6)	PC	PPS	PSU (PSF)	PES
比重	D792	1.425	1.13-1.15	1.12-1.14	1.2	1.35	1.24-1.25	1.37
荷重たわみ温度 (℃)[*1]	D648	124-136	66-104	66-79	129-141	105-135	174	201-203
熱膨張係数 (10^{-5} K^{-1})	D696	8.1	8	8.3	6.6	4.9	5.6	5.5
引張強さ (MPa)	D638	69-83	62-83	48-83	55-65	66-86	76	68-95
引張弾性率 (GPa)	D638	3.6	1.2-2.9	0.8-3.1	2.4	3.3	2.5	2.4
破断伸び (%)	D638	25-75	60-300	200-320	100-130	1.0-3.0	50-100	6-80
曲げ強さ (MPa)	D790	96-107	64-127	108	93	142	106	118-128
曲げ弾性率 (GPa)	D790	2.8	2.8	2.5	2.3	3.9	2.5-2.7	2.6
アイゾット衝撃強さ (kJ m^{-2})[*2]	D256	6.9-12.0 (N)	4.5-11 (N)	5.5-15 (N)	65 (N), NB (U)	2 (N), 8 (U)	5.5-6 (N)	7.8-8.5 (N), 6.5 (N), NB (U)
シャルピー衝撃強さ (kJ m^{-2})[*2]	D256		9.8-15 (N), NB (U)	3-6 (N), NB (U)	80 (N), NB (U)	3.3 (N)	5.5 (N), NB (U)	
体積抵抗率 (Ω cm)	D257	6×10^{14}	10^{14}-10^{15}	10^{12}-10^{15}	2.1×10^{16}	2.0×10^{16}	10^{16}	1.7×10^{15}
(比)誘電率 ε_r [1 MHz]	D150	3.7	3.4-3.6	3.5-4.7	2.96	3.6	3.14	3.7
誘電正接 tan δ [1 MHz]	D150	0.004	0.04	0.03-0.04	0.009-0.010	0.0011	0.0064	0.056
屈折率 n	D542	1.48	1.53	-	1.586	-	1.63	1.65

[*1] 荷重 1.81 MPa
[*2] NB：破壊せず　(N) ノッチ付，(U) ノッチ無

付表8 各種ポリマーの物性値 (3)

ポリマー (種類)	試験法, 条件	ポリエーテル エーテルケトン	ポリイミド 成形品	ポリイミド 25 μmフィルム	液晶ポリエステル SumikaSuper® S1000	ポリテトラフル オロエチレン	エポキシ樹脂 ビスフェノールA型	フェノール 樹脂
略号	ASTM	PEEK	PI (Vespel®)	PI (Kapton®)	LCP	PTFE	EP	PF
比重	D792	1.30	1.43	1.42	1.35	2.14-2.20	1.1-1.2	1.25-1.30
荷重たわみ温度 (℃)[*1]	D648	152-160	360	-	300	55	50-290	74-79
熱膨張係数 (10^{-5} K^{-1})	D696	4.0-4.7(<150℃)	4-5	2.7 (100-200 ℃)	5.1	10	4-8	6.8
引張強さ (MPa)	D638	97	86	330	69	27-35	34-82	41-62
引張弾性率 (GPa)	D638	3.6	3.1	3.4	1.77	0.40-0.55	1.9-4.9	2.8-3.4
破断伸び (%)	D638	30-150	7.5	80	8.0	250-400	3-10	1.5-2.0
曲げ強さ (MPa)	D790	110-170	83-110	-	100	-	59-120	76-117
曲げ弾性率 (GPa)	D790	3.6-4.2	2.5-3.1	-	3.24	0.55	1.8-3.2	
アイゾット衝撃強さ (kJ m^{-2})[*2]	D256	8 (N), NB (U)	0.043 (N), 0.75 (U)	-	22 J/m (N), 107 J/m (U)	14-16 (N)	1.5-4.9 (N)	1.3-2.6 (N)
シャルピー衝撃強さ (kJ m^{-2})[*2]	D256	7 (N), NB (U)	-	-				2.0-2.4 (N)
体積抵抗率 (Ω cm)	D257	10^{16}	10^{14}-10^{15}	10^{17}	10^{13}	>10^{18}	10^{14}-10^{18}	10^{12}-10^{13}
(比)誘電率 ε_r [1 MHz]	D150	3.3	3.55	3.3	3.44	2.1	3.3-4.0	4.0-5.5
誘電正接 tan δ [1 MHz]	D150	0.003	0.0034	0.0080	0.0151	0.0002	0.03-0.05	0.04-0.05
屈折率 n	D542	-	-	-	-	1.35	1.55-1.61	1.58-1.66

[*1] 荷重 1.81 MPa
[*2] NB：破壊せず　(N) ノッチ付，(U) ノッチ無

図表引用文献と参考文献

図表引用文献・HP

1) ウィキペディア　ETH-Bibliothek Zurich
2) 『世界のノーベル化学賞受賞者の経歴図鑑』HP
   http://chemistry.pateo.net/items/category/america/
3) 九州大学先導物質科学研究所　高原淳先生研究室 HP 「分子集合論資料 4」
4) Mechanical properties, morphology, and crystallization behavior of blends of poly(L-lactide) with poly(butylene succinate-*co*-L-lactate) and poly(butylene succinate) ; Mitsuhiro Shibata, Yusuke Inoue, Masanao Miyoshi, *Polymer*, **47** (10), 3557-3564 (2006).
5) http://listverse.com/2007/10/07/top-10-scientists-who-committed-suicide/
6) 『有機化学美術館』デンドリマー分子のサンゴ礁 2 (2つ目の図)
   http://www.org-chem.org/yuuki/yuuki.html
7) http://www.meti.go.jp/committee/materials/downloadfiles/g80326c05j.pdf#search='バイオ燃料技術革新協議会'
8) Biodegradation of aliphatic polyester composites reinforced by abaca fiber, Naozumi, Teramoto, Kohei Urata, Koichi Ozawa, Mitsuhiro Shibata, *Polym. Degrad. Stabl.*, **86**, 401-409 (2004).
9) 『社団法人プラスチック処理推進技術協会』HP

全体を通しての参考文献

高分子学会編,『基礎高分子科学』, 東京化学同人 (2006).
高分子学会編,『基礎高分子科学演習編』, 東京化学同人 (2011).
高分子学会編,『高分子科学の基礎 (第2版)』, 東京化学同人 (1994).
村橋俊介, 小高忠男, 蒲池幹治, 則末尚志編,『高分子化学 (第5版)』, 共立出版 (2007).
妹尾学, 栗田公夫, 矢野彰一郎, 澤口孝志,『基礎高分子化学』, 共立出版 (2000).
堤直人, 坂井 瓦,『基礎高分子科学』, サイエンス社 (2010).
井上祥平,『高分子合成化学』, 裳華房 (2002).
井上祥平, 宮田清蔵,『応用化学シリーズ4　高分子材料の化学』, 丸善 (1982).
大澤善次郎,『入門新高分子科学』, 裳華房 (2009).
中條善樹,『基礎化学コース　高分子化学Ⅰ　合成』, 丸善 (1996).
松下裕秀,『基礎化学コース　高分子化学Ⅱ　物性』, 丸善 (1996).
柴田充弘, 山口達明,『Ｅ－コンシャス高分子材料』, 三共出版 (2009).
高分子学会編,『新高分子実験学　第4巻　高分子の合成・反応 (3)　高分子の反応と分解』, 共立出版 (1996).
高分子学会編,『新高分子実験学　第3巻　高分子物性の基礎』, 共立出版 (1993).
桜内雄二郎,『新版プラスチック材料読本』, 工業調査会 (1987).
遠藤剛, 三田文雄,『高分子合成化学』, 化学同人 (2001).
三羽忠広,『基礎合成樹脂の化学』, 技報堂 (1975).
生分解プラスチック研究会編,『生分解プラスチックハンドブック』, エヌ・ティー・エス (1995).
木村良晴他,『高分子先端材料 One Point5 天然素材プラスチック』, 共立出版 (2006).
辻秀人, 筏義人,『ポリ乳酸―医療・製剤・環境のために―』, 高分子刊行会 (1997).
社団法人高分子学会高分子命名法委員会訳,『高分子の命名法・用語法』, 講談社 (2007).
公益社団法人　高分子学会 HP
化学と工業, 65, No.4 (2012)

索　引

あ 行

アイオノマー　201
アクリレート　199, 222
アセタール　210, 254
アセチル CoA　245
アセトン・ブタノール発酵　248
2,2'-アゾビスイソブチロニトリル　149
アタクチック　16, 68
アナカルド酸　228
アニオン重合　165, 182, 185, 187
アブラミの式　83
網目ポリマー　4, 184, 194
亜麻仁油　222
アミノ酸　230, 250
アミラーゼ　215
アミロース　210, 214
アミロペクチン　214
アルギン酸　216
アルドース　208
アロファネート結合　144

イオン伝導　116
異化　247
異性化重合　171
イソシアネート　143
イソソルビド　241
イソタクチック　16, 67
イソデスモシン　233
イタコン酸　247
一次構造　231
移動因子　110

ウベローデ　55
ウロン酸　216

液晶ポリマー　62, 74, 89, 136
エチルセルロース　213
エネルギー弾性　90
エポキシ樹脂　112, 143, 197, 205, 222
エラスチン　233
エレオステアリン酸　221
遠隔相互作用　20
エンタルピー　37, 40
エントロピー　37, 39
エントロピー弾性　90
エン反応　145, 272

オイゲノール　228
応力　89, 98
応力緩和　95
2-オキサゾリン　181

オストワルド　55
オッペナウアー酸化　254
オリゴマー　1
折りたたみ鎖結晶　71
オルガノゲル　202
オレイン酸　220
温度分散　111

か 行

カードラン　219
カーボンニュートラル　208
開環重合　176
開環メタセシス重合　180
開始剤　149, 150, 166, 169
開始反応　149
解重合　258
塊状重合　159
回転異性体　17
回転異性体近似モデル　27
回転半径膨張因子　30
解糖系　244
界面重縮合　136
ガウス鎖　23
化学反応　251
化学ポテンシャル　37
拡散平衡の式　42
下限臨界共溶温度　45
過酸化ベンゾイル　150
可塑化デンプン　215
カチオン重合　169, 182
カテナン　193
ガラス状態　78
ガラス転移　78
ガラス転移温度　78, 86, 125
加硫　198
カルダノール　228
カルボメトキシセルロース　213
カローザス　8, 137
環状アミン　180
環状アルケン　180
環状エーテル　176
環状スルフィド　181
環状ポリマー　4, 184
乾性油　220

幾何異性体　14
キサンタンガム　219
キシラン　218
キシログルカン　218
キチン　216
キトサン　216
希薄溶液　34
ギブズの自由エネルギー　36, 44

キャノンフェンスケ　55
球晶　71
共重合　5, 15, 159
共存曲線　42
極限粘度数　55
桐油　221, 222
均一ポリマー　36
近接相互作用　20

グアイアコール　228
クエン酸回路　244
屈曲性高分子　21
屈折率　121
クマリルアルコール　225
クマリン　227
クマル酸　227
クラウジウス-モソッティの式　119
グラフト共重合体　15, 187
クラフト法　212
クラフトリグニン　226
クリープ　96
グリコシド結合　211
グリセリン　220, 222, 241, 249
グリセルアルデヒド　208
グループトランスファー重合　169
グルコース　210, 215, 239, 244
グルコマンナン　218
グルロン酸　216
クレオソール　228

結合エネルギー　88
結合様式　14
結晶化エンタルピー　80
結晶化温度　80
結晶化挙動　83
結晶格子　63
結晶性ポリマー　62
ケトース　208
ケミカルリサイクル　256, 259, 268
ケラチン　234
ゲル化　195, 202
ゲル浸透クロマトグラフィー　35, 56
ケルビン四要素モデル　94
嫌気性微生物分解　265
懸濁重合　159
原料基礎名　285

コアセルベーション　233
光学遅延　125
光学的性質　113
好気性微生物分解　265
交互共重合体　15

公式　291
格子定数　63, 66
構成繰り返し単位　285
合成ポリマー　4
剛性率　100
構造基礎名　285
酵素加水分解　265
降伏点　101
高分子　1
高分子反応　252
高分子効果　252
高分子鎖の広がり　19
高分子説　6
高密度ポリエチレン　62
糊化　215
呼吸鎖　247
ゴーシュ　17
固相重縮合　136
固体構造　61
コドン　231
コニフェリルアルコール　225
コハク酸　244
ゴム状態　78
ゴム状平坦領域　111
固有粘度　55
コラーゲン　232
コレステリック相　74
コンバージェント法　191
コンプライアンス　107

さ行

サーマルリサイクル　256, 268
サーモトロピック液晶　74, 76
再結合　152
サイズ排除クロマトグラフィー　56
サルファイト法　212
酸化重合　141
酸化的リン酸化　247
三酢酸セルロース　213
三次構造　232

シアノエチルセルロース　213
シアノフィシン　238
シータ温度　30, 48
シータ状態　20
時間・温度換算則　109
示差走査熱量分析　78, 79
示差熱分析　78, 79
シシカバブ構造　73
システイン　234
持続長　28
シナピルアルコール　225
シナピン酸　227
ジヒドロキシアセトン　208
脂肪酸　220
ジムブロット　53
自由回転鎖　25
重合　258
重合禁止剤　157

重合体　1
重合度　1, 129, 130
重縮合　132, 182
周波数分散　111
重付加　128, 142
重量分率　34, 131
重量平均分子量　34, 52
自由連結鎖　21
主分散　111
準希薄溶液　34
蒸気圧浸透法　47
上限臨界共溶温度　45
植物油脂　220
シングルサイト触媒　174
シンジオタクチック　16, 175
伸長変形　98
浸透圧　45

水素結合　10, 202, 272
酔歩　21
数平均分子量　34
ステレオコンプレックス　240
スピノーダル分解　44
スメクチック相　74

成長反応　151
生物化学的酵素要求量　266
生分解性プラスチック　265
生分解度　267
絶縁性　114
ゼラチン　233
セルロース　211, 213
セルロースアセテート　5, 213
セロハン　212
旋光度　208
線状ポリマー　4, 184
せん断　100
セントラルドグマ　231
線膨張係数　81

相互作用パラメーター　40
相互侵入高分子網目　184, 200
相対粘度　55
相平衡　42
束縛回転鎖　26
塑性　90
ソルビトール　241
損失弾性率　106

た行

大豆油　222
耐熱性　85
大環状ポリマー　192
体積抵抗率　114
体積変形　100
ダイバージェント法　190
多糖類　208
多分散度　132
多分散ポリマー　36

たわみ　102
単位　288
弾性率　89, 99, 101, 102
炭素繊維　255
単独重合体　5, 15
タンニン酸　228
タンパク質　5, 230
単分散ポリマー　36

逐次重合　129
超分子　10, 201, 272
超臨界　270
直鎖状低密度ポリエチレン　175
貯蔵弾性率　106, 113
直交ニコル　71

停止反応　152, 170
ディールス・アルダー反応　271
低分子・ミセル説　6
低密度ポリエチレン　62, 156
デスモシン　233
テルペン　223
テロマー　156
電気感受率　118
電気的性質　113
電気伝導率　115
電子伝達系　247
電子伝導　116
天井温度　258
デンドリマー　183, 190
天然ポリマー　4
天然ゴム　4, 14, 90, 198, 224
天然ポリフェノール　225
デンプン　211, 214

等重合度反応　7
動的粘弾性　104, 110
導電率　115
特性比　27
独立回転鎖　26
トポロジカルゲル　202
トリオキサン　182, 250
トランス　14, 17
トレハロース　250

な行

ナイロン　70, 137, 179, 223, 270

二次構造　231
ニトロセルロース　5, 213
ニフェジピン　199
乳化重合　159
ニュートン流体　91
尿素樹脂　148

ネイティブ化学ライゲーション　237
熱可塑性エラストマー　185, 205
熱可塑性樹脂　5, 62

索　引

熱機械分析　78, 81
熱硬化性樹脂　5, 195
熱酸化分解　261
熱重量分析　78, 82
熱的性質　78
熱分解　82, 88, 257
ネマチック　62, 74
熱力学的性質　36
粘性率　91
粘弾性　94
粘度計　54, 92
粘度平均分子量　36, 56
粘度法　54, 92

濃厚溶液　34
伸びきり鎖結晶　72
ノボラック　146, 197

は 行

ハーゲン・ポアズイユの式　92
配位重合　172
バイオエタノール　241
バイオディーゼル　222
バイオベースポリマー　208
バイオポリエチレン　241
バイオポリプロピレン　248
バイオマス　208
バイオマスプラスチック　208
バイオリサイクル　273
バイオリファイナリー　239, 249
配向複屈折　124
排除体積効果　20
バイノーダル曲線　42
バイノーダル分解　44
ハイパーブランチポリマー　184, 190
バクテリアセルロース　212
はしご型高分子　184
バニリン酸　227
パルプ　212
半屈曲性高分子　21
反応度　129

ヒアルロン酸　219
光硬化性樹脂　195
光酸化劣化　263
光散乱法　48
光重合開始剤　199
光分解　262
非結晶性ポリマー　62
ビスコース　212
ビスマレイミド　144, 272
ひずみ　98
引張特性　99, 100, 125
ヒドロキシエチルセルロース　213
3-ヒドロキシブタン酸　237
3-ヒドロキシプロピオン酸　244
ヒドロキシプロピルセルロース　75, 213

ヒドロキシメチルフルフラール　242
ヒドロゲル　202
非ニュートン流体　91
ビニロン　254
ピネン　223
非プロトン性極性溶媒　140, 287
ひまし油　221, 222
比誘電率　117
ビュレット結合　144
表面抵抗率　114
ピロガロール　228

ファルネソール　224
フィブロイン　234
フェノール樹脂　146
フェルラ酸　227
フォークトモデル　94, 95, 108
付加縮合　146
不均一ポリマー　36
不均化　152
複屈折　123
複素弾性率　106
複素誘電率　119
副分散　111
房状ミセル構造　73
不斉炭素　15, 208, 210
フックの法則　89
物性表　294
物理定数　290
フマル酸　244, 247
プラスチック　5
ブラッグの条件式　64
フラボノイド　229
2,5-フランジカルボン酸　242
ブリル転移　70
フルフラール　243
フルフリルアルコール　243
プルラン　217
フローリー・ハギンス理論　37
ブロック共重合体　15, 185
分解温度　88
分解反応　256
分岐ポリマー　4, 184
分子特性　34
分子量分布　34

平均二乗回転半径　19
平均二乗両端間距離　19
平衡融点　84
ペクチン　218
ヘテロタクチック　16
ヘテロリシス　257
ペプチド　229
ペプチド固相合成法　236
ヘミアセタール　210
ヘミセルロース　211, 218
偏光顕微鏡　72
ペンタン効果

ポアソン比　99

芳香族求核置換反応　140
膨張因子　30
補酵素A　245
星型ポリマー　184, 189, 203
没食子酸　228
ボランニー式　64
ホモリシス　257
ポリ（α-メチルスチレン）　258
ポリ（ε-カプロラクトン）　178, 240
ポリ（ε-リジン）　238
ポリ（3-ヒドロキシブタン酸）　237
ポリ（ヒドロキシブタン酸-co-ヒドロキシ吉草酸）　237, 267
ポリ（ブチレンアジペート-co-ブチレンテレフタレート）　241
ポリアクリロニトリル　255
ポリアスパラギン酸　234
ポリアセタール　182, 280
ポリアミド　70, 74, 137
ポリアミノ酸　75, 238
ポリイオンコンプレックス　201
ポリイソブテン　170
ポリイソプレン　5, 13
ポリイミド　89, 139
ポリウレタン　143, 144, 186, 197, 271
ポリエステル　132
ポリエーテルエーテルケトン　89, 140
ポリエーテルスルホン　140
ポリエチレン　2, 18, 62, 67, 71
ポリエチレンテレフタレート　69, 135, 269
ポリカーボネート　122, 136, 193
ポリカテナン　193
ポリスルホン　140
ポリスチレン　68, 112, 152, 156, 167
ポリトリメチレンテレフタレート　69, 135, 241
ポリテトラフルオロエチレン　112, 118
ポリ乳酸　61, 77, 139, 240, 273
ポリ尿素　143
ポリビニルアルコール　68, 253
ポリフェニレンスルフィド　141
ポリフェニレンエーテル　141
ポリブチレンサクシネート　77, 135, 240
ポリブチレンテレフタレート　69, 135
ポリプロピレン　67, 172, 175, 262
ポリホルマール　134
ポリマー　1
ポリマーブラシ　187
ポリメタクリル酸メチル　149, 168, 258, 260, 269
ポリロタキサン　193

ま行

マーク・ホーウィンク・桜田の式　55
マーセル化　213
マイケル付加　144
マクスウェルモデル　94, 107
マクロモノマー　134, 187
曲げ特性　102, 125
マテリアルリサイクル　256, 268
マンデル酸　227
マンヌロン酸　216

ミクロフィブリル化セルロース　212
ミクロブラウン運動　18, 78
みみず鎖　28
ミルセン　224

命名法　285
メソ　16
メタロセン触媒　174
メチルセルロース　213
メラミン樹脂　148

毛細管粘度計　55, 92
モノマー　1
モノマー反応性比　161
モル分率　34, 131

や行

ヤング率　99

融解　78
融解エンタルピー　80
融解温度　78, 84, 86
融点　3, 78, 84
誘電緩和時間　120
誘電性　116
誘電正接　120
誘電損失　119
誘電率　117

溶液重合　159
溶液重縮合　138
ヨウ素価　220
ヨウ素デンプン反応　211, 214
溶融重縮合　135

ら行

ライフサイクルアセスメント　274
ラクタム　179
ラクトン　177
ラジカル樹脂　149, 182
ラセモ　16
らせん構造　67, 76
ラメラ　71
ランダム共重合体　15

ランダムコイル鎖　21
リオトロピック液晶　74, 76
力学的特性　89
リグニン　211, 225
リグニンスルホン酸　226
リグノフェノール　226
リサイクル　268
リシノール酸　221
理想鎖　21, 23
立体異性体　17
立体規則性　15, 174
立体規則性ポリマー　174
立体特異性重合　174
立体配置　15
立体配座　3, 17
リノール酸　220
リノレン酸　220
リビング重合　158, 166, 186, 189
リビングポリマー　158, 171
リモネン　224
両端間膨張因子　30
リヨセル　212
臨界点　42
リンゴ酸　244, 247
隣接基効果　253

冷結晶化温度　80
レイリー比　49
レオメーター　91, 110
歴史　6
レゾール　145
レターデーション　125
劣化　256
レドックス開始剤　151
レブリン酸　242
連鎖移動　153, 170, 259
連鎖重合　128, 149
連子　16
連続使用温度　85, 88

六炭糖　209
ロジン　224
ロタキサン　193

アルファベット

ADP　246
AIBN　149
AMP　246
ATP　246
BPO　150
Braggの条件式　64
Carothers, W. H.　8, 127, 137
Clausius-Mosotti　119
CoA　245
Cole-Coleプロット　121
CRU　285
Diels-Alder　271
DL表記　208

DMA　110
DNA　31, 231
DSC　79
DTA　79
ESI　58
FAD　245
Finemann-Ross法　162
Flory, P. J.　8, 33, 37
Flory指数　30
Gibbs-Thomsonの式　84
GPC　56
Huggins, W.　37
KP鎖　28
LCA　274
LCST　45
Lorentz-Lorenz式　121
Macromolecule　1
MALDI　58
MAO　174
Mayo-Lewisの式　160
Merrifield, R. B.　236
NAD　245
Natta, G.　8, 172
NMR　58
Norrish　263
Polanyi式　64
Q-eスキーム　163, 182
Rietveld解析　66
RNA　231
RS表記　208
Staudinger, H.　1, 6, 36
Staudingerの粘度律　7
Szwarc, M.　166
TCA回路　244
TEMPO　158, 186
TGA　82
TG-DTA　82
TMA　81
UCST　45
WLF式　110
X線回折　63
Ziegler, K.　127, 172
Ziegler-Natta触媒　174
z平均分子量　34

著者紹介

柴田充弘
(しばた みつひろ)

1985年　京都大学大学院工学研究科博士課程修了
　　　　工学博士
現　職　千葉工業大学教授
専　門　高分子合成化学，高分子材料

基本高分子化学
(きほんこうぶんしかがく)

2012年10月1日　初版第1刷発行
2025年10月1日　初版第9刷発行

　　　　　　　　　　　　　　　　ⓒ　著　者　柴　田　充　弘
　　　　　　　　　　　　　　　　　　発行者　秀　島　　　功
　　　　　　　　　　　　　　　　　　印刷者　入　原　豊　治

発行所　**三共出版株式会社**
　　　　郵便番号101-0051
　　　　東京都千代田区神田神保町3の2
　　　　振替00110-9-1065
　　　　電話03-3264-5711　FAX 03-3265-5149
　　　　https://www.sankyoshuppan.co.jp/

一般社団法人**日本書籍出版協会**・一般社団法人**自然科学書協会**・**工学書協会**　会員

Printed in Japan　　　　　　印刷・製本　太平印刷社

JCOPY〈(一社)出版者著作権管理機構委託出版物〉

本書の無断複写は著作権法上での例外を除き禁じられています．複写される場合は，そのつど事前に，(一社)出版者著作権管理機構(電話03-5244-5088，FAX 03-5244-5089，e-mail : info@jcopy.or.jp)の許諾を得てください．

ISBN　978-4-7827-0674-9

ポリマーの合成によく使用されるカルボン酸誘導体の慣用名

HCOOH	CH_3COOH	CH_3CH_2COOH	$CH_3(CH_2)_2COOH$	$CH_3(CH_2)_3COOH$	$CH_3(CH_2)_4COOH$
ギ酸 formic acid	酢酸 acetic acid	プロピオン酸 propionic acid	酪酸 butyric acid	吉草酸 valeric acid	カプロン酸 caproic acid

$CH_3(CH_2)_{10}COOH$	$CH_3(CH_2)_{12}COOH$	$CH_3(CH_2)_{14}COOH$	$CH_3(CH_2)_{16}COOH$
ラウリン酸 lauric acid	ミリスチン酸 myristic acid	パルミチン酸 palmitic acid	ステアリン酸 stearic acid

---

HOOC—COOH	HOOC—CH_2—COOH	HOOC—$(CH_2)_2$—COOH
シュウ酸 oxalic acid	マロン酸 malonic acid	コハク酸 succinic acid

HOOC—$(CH_2)_3$—COOH	HOOC—$(CH_2)_4$—COOH	HOOC—$(CH_2)_8$—COOH
グルタル酸 glutaric acid	アジピン酸 adipic acid	セバシン酸 sebacic acid

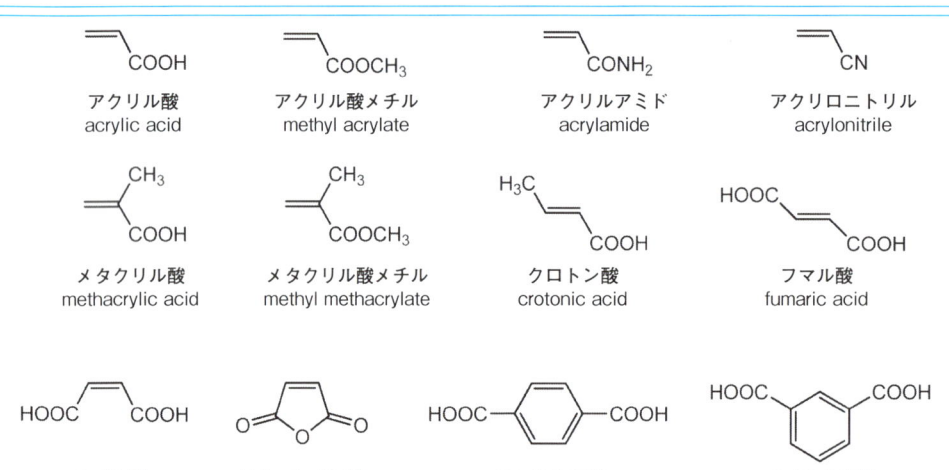

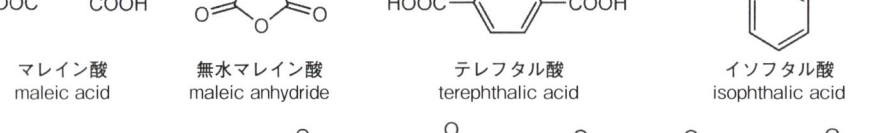

$CH_2=CH-COOH$	$CH_2=CH-COOCH_3$	$CH_2=CH-CONH_2$	$CH_2=CH-CN$
アクリル酸 acrylic acid	アクリル酸メチル methyl acrylate	アクリルアミド acrylamide	アクリロニトリル acrylonitrile
$CH_2=C(CH_3)-COOH$	$CH_2=C(CH_3)-COOCH_3$	$CH_3-CH=CH-COOH$	HOOC-CH=CH-COOH (trans)
メタクリル酸 methacrylic acid	メタクリル酸メチル methyl methacrylate	クロトン酸 crotonic acid	フマル酸 fumaric acid

マレイン酸 maleic acid	無水マレイン酸 maleic anhydride	テレフタル酸 terephthalic acid	イソフタル酸 isophthalic acid

フタル酸 phthalic acid	無水フタル酸 phthalic anhydride	無水トリメリット酸 trimellitic anhydride	無水ピロメリット酸 pyromellitic anhydride

3,3',4,4'-ビフェニル テトラカルボン酸二無水物 3,3',4,4'-biphenyl tetracarboxylic dianhydride	3,3',4,4'-ベンゾフェノン テトラカルボン酸二無水物 3,3',4,4'-benzophenone tetracarboxylic dianhydride	3,3',4,4'-ジフェニルスルホン テトラカルボン酸二無水物 3,3',4,4'-diphenylsulfone tetracarboxylic dianhydride